# 대통령을
# 위한
# 에너지강의

Energy for Future Presidents
대통령을 위한 에너지강의
Richard A. Muller
리처드 뮬러 지음
장종훈 옮김 | 허은녕 감수

살림

추천의 글

# 에너지,
# 자연 그대로의 본(本) 모습에 대한 성찰

**허은녕**
서울대학교 에너지시스템공학부 교수

18세기 산업혁명 이래로 인류 문명의 발전 과정에서 에너지가 차지하는 비중은 실로 막대하다. 선진국들은 단 한 나라도 예외 없이 에너지 문제를 최상위 정책이슈로 다루고 있으며, 경제성장에 미치는 에너지의 중요도는, 매년 엄청난 분량의 학술논문과 정책보고서가 에너지와 경제성장 간의 의미 있고 지속적인 연관관계를 보다 세밀하게 밝히기 위하여 작성되고 있음에서 재확인된다.

우리나라 역시 지난 60여 년간의 눈부신 경제성장 과정에서 에너지가 차지한 역할이 매우 컸다. 또한 정부는 에너지의 중요성에 걸맞은 주요 정책들을 시행하여 경제성장을 뒷받침해왔다. 1970년대 1·2차 석유파동으로 인한 경제위기를 국내 무연탄 증산을 통하여 막았으며, 이후 원자력과 천연가스의 적극적 도입으로 이제 전력, 취사, 난방 부문에서 석유가 차지하는 비중은 거의 무시할 수준이 되었다. 2차 석유위기 때이던 1979년에 만든 석유사업기금(현재의 에너지및자원사업특별회계)이나 정부 수립 이후 설립된 에너지자원 분야 공사들은 우리나라를 찾는 개발도상국 전문가들이 부러워하며 롤모델로 삼는 우리나라의 에너지정책 성공사례들이다.

21세기가 시작된 이래 에너지와 관련된 실로 다양한 국제적 이슈들이 한꺼번에 우리 앞에 등장했다. 10여 년간 지속되고 있는 국제 에너지 가격의 상승기조, 미국과 중국의 셰일가스 개발, 중동국가들의 민주화 및 분쟁 심화, BRICS 국가의 경제성장, 후쿠시마 원자력발전소 사고 그리고 지구온난화에서 비롯한 기후변화협약 문제 등이 그것이다

그러나 21세기 우리가 맞닥트리고 있는 가장 중요한 에너지 관련 문제는 17세기 이후 400여 년간 지속되어온 중심에너지 시대(17~19세기의 석탄, 19~20세기의 석유와 같이 50% 이상의 점유율을 가지면서 중심에 선 에너지원이 있던 시대)가 끝나가고 다양한 에너지원을 함께 사용해야 하는 새로운 시대로 접어들고 있다는 사실이다. 선진국마다 에너지 문제의 해결방안이 각기 달라지고 있으며, 또 앞으로 꽤 오랫동안 계속 그럴 확률이 높아졌다. 문제가 더더욱 복잡해지고 있는 것이다.

저자인 리처드 뮬러 교수는 미국 버클리대학교의 물리학 교수로 있는 동안 입자물리학 및 천문학 분야와 연계된 연구를 수행했다. 그의 제자인 솔 펄머터Saul Perlmutter 박사는 뮬러 교수가 시작한 슈퍼노바(Supernova, 초신성) 연구에서 탄생한 프로젝트를 이끌어 2011년 노벨물리학상을 공동수상하였다.

뮬러 교수는 또한 지구과학 분야에 관심이 많아 빙하시대 연구, 지구동물의 멸종시대 연구 등을 함께 수행하기도 했다. 수준 높은 물리학 연구로 여러 상을 수상한 뮬러 교수는 2010년에 '버클리 지구(Berkeley Earth)'라는 비영리단체를 딸 엘리자베스 뮬러와 함께 설립하고 지구온난화 문제를 집중적으로 연구하기 시작하였다. 미국정부의 과학 기술자

문단JASON에 속해 있던 뮬러 교수는 2011년 3월에 미국 의회에서 지구 온난화가 확실히 진행되고 있음을 연구결과를 통하여 증언하여 유명해졌다.

뮬러 교수는 또한 명강의로도 이름을 떨치고 있다. 그의 저서 『대통령을 위한 물리학』은 바로 그의 유명한 동명의 물리학 강의에서 비롯된 것이다. 뮬러 교수의 연구 분야를 살펴볼 때, 『대통령을 위한 에너지 강의』는 '대통령' 시리즈의 후속 작품이며 『대통령을 위한 물리학』에서도 지구온난화에 대한 의견을 피력하였던 뮬러 교수는, 이 책에서는 본격적으로 '에너지'에 대하여 그 본질이 무엇인지를 물리학자로서 진지하게 설명하고 있다.

이 책은 물리학자가 바라본 에너지의 본질에 대한 성찰의 산물이라고 할 수 있다. 자연과학을 연구하는 학자가 에너지라는 자연의 산물에 대하여 '자연과학적 사실'과 '자연과학적 연구'를 바탕으로 우리에게 에너지의 자연 그대로의 본 모습이 어떠한 것인지 보여주고 있다. 국제정세, 정치 및 각종 이익집단과 복잡하게 연계되어버려 에너지 그리고 에너지와 연관된 문제들의 본래의 참 모습을 보여주는 글과 책이 드문 요즘, 이 책은 본래의 에너지가 가진 모습을 과학적인 시각에서 쉽게 설명하고 있다.

책 제목에 있는 '대통령을 위한'이라는 수식어로 인하여 이 책이 국가정책이나 국제적 분쟁 등에 대한 저자의 국가에너지정책에 대한 제안을 피력한 것으로 생각한 독자들이라면 이 책을 읽으면서 적잖이 당황하게 될 것이다. '서문'에 소개된 우리가 일반적으로 알고 있는 것과는 크게 다른 내용을 정리해놓은 부분이나, 책이 진행되면서 나타나는 원자력이나 기후변화에 대한 저자의 글에서 나타나는 강한 어조에서 독자들은 상당한 불안감을 느낄 수도 있을 것이다. 이는 저자가 이 책을 쓴 목적이 에너지정책을 바꾸어보자고 하는 목적이 아니고 에너지가 가지고 있는 자연 그대로의 모습, 즉 과학적 사실을 대중에게 전달하고자 했기 때문이다. 원서의 부제인 'The Science behind the Headlines(신문기사 제목 뒤에 숨겨진 과학적 사실)'가 바로 이러한 저자의 집필 의도를 말해준다.

저자가 이 책의 머리말에서, 그리고 『대통령을 위한 물리학』에서도 밝혔듯이, 보통 사람들의 문제가 대부분 '잘못된 내용을 너무 많이 알고 있다는 것'에서 오기에, 이를 본래의 위치로 돌려놓고자 하는 저자의 노력이 이 책에 담겨 있는 것이다. 일반인들이 읽고 이해하기 쉽도록 에너지의 본 모습을 설명함으로써 잘못된 지식을 바로 잡아 에너지 문제를 바르게 풀 수 있기를 기대하는 것이다. 그리고 대통령과 정책입안자들도 이 책을 읽어서 올바른 정책을 입안하고, 나아가서 대중들에게 이를 알려주기를 바라면서 말이다.

저자는 방대한 과학적, 기술적 자료와 자신이 직접 진행하였거나 동료학자들이 진행한 과학연구들의 결과를 응용하여 이야기를 풀어가고 있는데, 책 전반을 관통하고 있는 글의 내용은 다음의 3가지로 요약할 수 있다.

> 첫째, 화석에너지라고 통칭되는 석유, 석탄, 천연가스는 그 부존량이 막대하고 기술 및 가격 경쟁력이 우수하여 비록 19~20세기의 중심적 위치는 아닐지라도 상당한 위치를 지속적으로 점할 것이며, 특히 천연가스는 셰일가스의 발견으로 미국의 중요 에너지원이 될 것이다.

둘째, 태양광, 풍력, 바이오연료 등 재생에너지로 배표되는 신규 에너지원이나 수소, 전기차 등 자동차신기술들은 잠재력은 크나 아직도 기술적 한계가 크며, 따라서 주요 경쟁상대인 천연가스를 이기고 경쟁력을 가지기 쉽지 않을 것이나 원자력은 그 반면 일반인의 생각보다 안전하고 활용가치가 높다.

마지막으로, 지구온난화는 실제로 일어나고 있고 그 대부분이 인간 활동에 기인하지만 실제적으로 효과를 볼 수 있는 대처법은 아직 공개적으로 발표된 적이 없다.

저자의 이야기를 에너지 정책적 입장에서 이야기하면 이른바 '보수적인 개혁'의 입장이라고 할 수 있다. 지구온난화가 확실히 나타나고 있어 이의 해결은 중요하나, 재생에너지 등 신규 에너지원이나 기제안된 온실가스 감축방법들은 기술적 신뢰성 및 경쟁력이 떨어진다. 반면 천연가스를 중심으로 하는 화석연료의 경쟁력은 지속적으로 좋을 것이며, 원자력의 지속적 사용, 화석연료의 친환경화 기술, 그리고 셰일가스의 사용 등이 가장 효과적인 방안일 것이라는 입장이다. 그리고 이러한 입장은 현재 IEA(International Energy Agency)와 같은 선진국 국제기구나 선진국들의 정책보고서에서 공통적으로 나타나는 내용이다.

저자의 이야기에 놀라는 사람들은 대부분 특히 지금까지 알고 있던 다음의 3가지 잘못된 사실에서 오해가 발생하였음을 이 책을 통해 알 수 있다.

먼저 화석연료가 곧 고갈될 것이라는 잘못된 지식이다. 현재 부존여부를 알고 있는 미래에 사용가능한 석유, 석탄, 가스의 매장량이 인류가 지금까지 사용한 총량보다 수배에서 수십 배에 달하고 있음을 IEA 등의 국제기구가 발표하는 보고서에서 숫자와 그림으로 보여주고 있음에도 불구하고, 화석연료가 곧 고갈될 것이라고 사람들은 인식하고 있다. 대표적으로 틀린 정보다. 저자는 이를 천연가스 횡재 등으로 표현하며, 화석연료가 생각보다 엄청난 양이 있으며, 이로 인하여 신기술들이 특히 천연가스와 치열하게 경쟁해야 함을 말하고 있다. 우리나라 울릉분지 부근에 부존되어 있음을 확인한 가스하이드레이트 등 아직까지 개발기술이 존재하지 않는 화석연료까지도 포함한다면 아마도 화석연료의 부존량은 수백 년 어치는 충분히 넘을 것이다. 이러한 화석에너지 부존량에 대한 오해는 원자력이나 재생에너지 등 화석에너지의 경쟁위치에 있는 에너지원의 전문가들이 많이 하고 있어 더욱더 안타깝다.

두 번째는 이른바 '위험 회피'적 태도다. 실질적인 위험이 같은 2가지 대안 중 확률이 매우 적더라도 사고 발생 시 피해가 매우 큰 대안을 더욱 기피하는 현상이다. 원자력이 바로 그러한데, 저자는 이를 낯섦, 또는 공포라고 부르고 있다. 사실 이 내용은 재생에너지로도 확대되고 있다. 풍력의 경우가 그러한데, 지역주민들의 반대가 커지고 있는 것이다. 과학자인 저자의 입장에서는 이러한 대응들이 객관적이고 합리적이지 않게 보일 수 있을 것이다.

마지막은, 누군가 대통령 옆에 에너지 기술 또는 과학 기술 분야 전문가가 있어서 잘 알아서 조언해주고 있을 것이라는 생각이다. 대부분의 국가들이 에너지 기술이나 과학 기술 분야의 중요성을 인지하고 담당부서를 두는 것과 달리 에너지 기술이나 과학 기술 분야의 중요성을 인지하고 이를 담당할 전문가를 대통령 참모진 안에 두는 경우는 선진국에서조차도 매우 드물다. 한국의 경우도 마찬가지로, 에너지를 담당하는 정부조직은 있으나 에너지 기술, 나아가 과학 기술 분야의 전문가가 청와대 참모진에 임명되는 사례는 최근 크게 줄어든 상태다. 정책 수립 이전에 과학 기술적 본래 모습이 어디에 있는지 말해줄 전문가가 대통령 옆에 없는 것이다. 객관적인, 더 좁혀서 과학 기술적인 사실이 가리키는 방향이 어느 쪽인지 알고 있는 상태에서 이를 바탕으로 정책을 입안할 때와 그렇지 못할 때의 차이는 자명하다.

지난 100년 동안 일어난 에너지 기술의 발전은 매우 놀랍다. 대표적인 것이 바로 원자력 기술이다. 핵분열의 에너지를 이용하는 원자력발전은 인류 역사상 처음으로 인공적으로 만든 에너지원으로, 석탄과 석유를 대체할 것으로 기대되어 왔으나 수차례의 사고로 인하여 중심에너지원의 위치에 오르는 데 실패하였다. 그 반면 석유 및 가스 생산기술은 크게 발전하여 불가능하다고 여겨졌던 셰일가스 및 셰일오일의 상업적 개발에 성공하였다. 또한 LED 등의 발명은 조명 부분의 에너지 효율을 크게 개선하여 에디슨이 발명한 백열등을 150년 만에 사라지게 하였으며, 자동차 내연기관, 가전제품 등 에너지 사용기구의 효율 역시 20세기 초반에 비하여 크게 개선되었다.

에너지 문제에서 기술의 중요성이 더욱 커짐에 따라 국제적인 이슈도 점차 지정학적 패러다임이 기술개발의 패러다임으로 변화되고 있다. 셰일가스, 재생에너지, 기후변화 대응기술 등이 기술개발로 이루어지는 대표적인 에너지 문제 해결 사례들이다. 또한 이러한 기술개발로 이제 전통적인 영역의 붕괴 역시 일어나고 있다. 고체인 석탄, 액체인 석유, 기체인 천연가스의 경계가 기술개발로 모호해지고 있고, 재생에너지, 청정화석에너지 그리고 원자력에너지 간의 경쟁구도가 장기간 지속될 것으로 예상되고 있는데, 이의 해결은 기술개발의 속도에 기인할 것으로 전망되고 있다.

미국은 2001년, 일본은 2003년, 영국, 스위스 등 유럽국가들은 2002

년에 국가에너지계획을 수립했다. 국제유가가 배럴당 20달러 선일 때였다. 우리나라도 2003년에 기초연구를 했지만 제1차 국가에너지기본계획을 실제로 발표한 시기는 2008년 8월이었다. 국제유가가 배럴당 140달러에 달했을 때였다. 선진국들은 1999년부터 국가차원의 장기에너지계획 수립을 시작하여 에너지 안보Energy Security 및 에너지 기술개발을 2가지 주요 축으로 의견수렴과정을 거쳤는데, 이때 미국과 일본, 중국 등은 적극적 화석에너지 확보전략으로, 유럽국가들은 에너지 절약 및 재생에너지 전략으로 양분되었으며, 이러한 차이가 현재 기후변화협약에서 분명하게 양 진영의 입장차로 나타나고 있다.

뮬러 교수는 책 말미 대통령에 전달하는 제안서에서 에너지 정책의 가장 중요한 두 목표로 에너지의 안정적 확보와 기후변화 대응 간의 균형을 들었다. 에너지의 안정적 확보에는 해외자원개발, 신재생에너지, 에너지 신기술 등 공급측 전략들이, 기후변화 대응에는 청정연료, 에너지절약 등 소비측 전략들이 포함되어 있다. 이 두 부분에 대한 우리나라의 성적표는 아직 초라하다. 세계에너지협의회World Energy Concil가 발표한 2013년도 에너지지속성지수Energy Sustainability Index에 따르면 우리나라는 에너지 안보 부문에서 103위, 환경지속성Environmental Sustainability 부문에서 85위를 기록하였다. 에너지 안보에서 일본은 43위, 중국은 18위임을 참조하면 한국의 상태가 매우 심각함을 인식할 수 있다. 우리나라가 에너지와 자원을 단순히 수입하는 데 오랫동안 의존하여 물리적인 자급자족은 물론 기술적인 자급자족에 대한 전략과 노력이 부족하여 생긴 결과라고 할 수 있다. 균형은커녕 기반조차 모자라는 상태인 것이다.

선진국들은 에너지 공급원 확보에 대한 종합적 기술개발전략 수립 및 이를 국가전략에 연계하는 작업을 지속적으로 해오고 있다. 우리나라도 이제 기본적인 에너지 자립노력 없이는 지속적 사회발전이 불가능하다는 공감대가 필요하며, 공공부문의 노력도 중요하지만 민간이 보다 많이 에너지 분야 기술혁신에 참여할 수 있도록 에너지 분야 민간산업의 육성 및 관련 규제를 완화하는 노력이 필요하다. 저자는 책의 결론 부분인 미래 대통령을 위한 조언에서 특히 대통령이 나서서, 장기적인 관점에서 정책을 추진할 것을 권하고 있다.

이 책은 복잡한 에너지 문제를 일반인도 흥미롭게 읽을 수 있도록 다양한 사례들과 그림 자료를 덧붙여 상세하고 친절하게 설명하고 있다. 일반인들과 에너지와 에너지기술에 관심 있는 분들은 물론 특히 에너지 분야를 연구하고자 하는 젊은 학생들에게 일독을 권한다. 보다 전문적인 공부에 들어가기 이전에 그간 잘못 알고 있었던 사실들을 상당 부분 바로잡는 데 큰 효과가 있을 것이기 때문이다. 지난 20여 년간 에너지 자원경제학 및 기술경제학 분야에 종사한 감수자의 입장에서 보면 이 책은 과학술자의 입장에서 표면에 보이는 에너지와 에너지 문제의 실제 뿌리와 원천이 어디에 있는지 다시 한 번 일깨워주는 책이다. 과학적 사실이 가지는 생명력이 풍부한 이 책은 앞으로 상당기간 동안 좋은 참고 서적으로 사용될 것이다. 멋진 글로 번역해주신 번역자와 출판사에 감사의 인사를 전하며, 『대통령을 위한 에너지 강의』가 선진사회로의 도약을 준비하고 있는 우리나라 국민이 에너지와 에너지의 역할을 이해하는 데 크게 도움이 되기를 바란다.

# 감사의 말

멀런 다우니, 조너선 카츠, 조너선 레빈 그리고 딕 가윈 등 원고의 초안을 작성하는 데 도움을 준 많은 분들에게 고마움을 표한다. 내가 에너지 문제에 관심을 가지게 된 데는 일정 부분 스티븐 쿠닌, 아트 로젠펠트, 스티브 추 그리고 네이트 루이스 등 몇몇 친구들의 영향이 있었다. 버클리 지표면 온도 프로젝트의 공동 제안자, 그리고 에너지 기술 및 전략 자문회사인 뮬러 앤드 어소시에이트의 CEO인 나의 딸 엘리자베스 뮬러와 함께 에너지 기술과 전략에 대한 연구를 하는 것은 커다란 즐거움이었다. 원고를 정리한 스테파니 히버트의 인내심과 보살핌에 감사한다. 특히 이 책을 쓰도록 고무하고 내용과 문체 모두에 귀중한 조언을 해준 잭 레프체크에게 감사한다.

## 서문

> “사람들의 문제는 무식함이 아니라 잘못된 것을 너무나도 많이 알고 있다는 것이다.”
>
> -조시 빌링스(Josh Billings), 19세기의 코미디언. 하지만 이 말은 종종 마크 트웨인(Mark Twain)이 했다고 잘못 인용된다(그래서 결론적으로 자기 자신에 대한 격언이 되었다).

미래의 대통령은 반드시 ‘에너지’를 이해해야 한다. 또한 조시 빌링스의 격언이 말해주듯, 다른 사람들이 무엇을 어떻게 착각하고 있는지 잘 파악하는 것도 중요하다. 대통령이라면 에너지에 대해 잘못 이해하는 사람들의 실수를 부드럽게 지적하고 고쳐줄 책임이 있다. 대통령은 대중의 에너지 강사가 되어야 한다.

에너지에 대해서 알아야 할 내용은 참으로 방대하다. 정치적 성향과 편견을 무시하고 에너지를 객관적으로 공부해본다면 굉장히 의아하고, 직관적으로 잘 이해가 되지 않는 결론을 얻게 될 것이다. 아래에 이 책에서 다루게 될 그런 비직관적인 결과들을 나열해보았다. 이 책의 독자는 놀라지 않더라도 대부분의 주변 사람들은 이 글을 읽고는 깜짝 놀랄 것이다.

- 후쿠시마 원전 사고와 멕시코만의 석유 유출은 생각보다 큰 사고가 아니었으며 그 때문에 에너지 정책의 근간이 크게 바

꿀 필요는 없다.

- 지구온난화 현상(이건 실제로 존재하고 부분적으로 인류의 탓이긴 하다)은, 수익성 있고 비용이 덜 드는 방법을 찾아내면 중국과 다른 개발도상국의 온실가스 배출량을 통제할 수 있다.

- 최근에 셰일층에 저장된 엄청난 천연가스 매장량을 개발하여 사용할 수 있다는 사실이 발견되었다. 셰일가스는 수십 년간 미국의 에너지 정책에 아주 중요한 영향을 끼칠 것이다.

- 미국은 화석연료가 부족한 게 아니다. 운송용 연료가 부족하다. 합성연료, 천연가스, 셰일오일 매장량과 자동차들의 연비에 미래의 열쇠가 있다.

- 에너지 생산성은 아직도 개선될 여지가 엄청나게 많이 있다. 에너지의 효율과 절약을 위한 연구에 투자를 한다면 버나드 메이도프(Bernard Madoff)의 폰지형(피라미드 방식) 사기보다 더 이득을 볼 수 있다. 게다가 이 이득은 면세다(!).

- 태양에너지는 엄청난 개발이 이루어지고 있다. 하지만 태양에너지의 잠재력은 태양열발전소가 아닌 태양전지에 있다. 태양에너지의 주경쟁자는 천연가스다.

- 풍력은 대안에너지원으로 충분한 잠재력이 있다. 하지만 그 잠재력을 끌어내려면 송·배전 시스템이 더 개발되어야 한다. 풍력발전기가 많이 생산되면서부터 환경운동가의 우려와 반대도 늘어나고 있다. 풍력의 주경쟁자는 천연가스다.

- 에너지 저장(풍력과 태양에너지의 간헐성 문제 때문에)은 복잡성과 고비용이라는 문제를 안고 있다. 가장 비용효율적인 방식은 배터리를 사용하는 것이겠지만 천연가스로 보조 공급을 하는

것이 더 쌀 수도 있다.

■ 원자력에너지는 생각보다 안전하고, 핵폐기물 저장은 그리 어려운 문제가 아니다. 대중이 원자력에너지를 두려워하는 것은 잘못된 정보와 낯섦 때문이다. 원자력에너지의 주경쟁자는 천연가스다.

■ 바이오연료가 가지는 중요성은 미래의 운송용 에너지의 안정적 공급에 있지 지구온난화 방지에 있는 게 아니다. 옥수수 에탄올은 바이오연료로 보지 말아야 한다. 바이오연료의 주경쟁자는 천연가스다.

■ 합성연료는 유용하고 중요하며 제대로 개발하면 원유 가격을 배럴당 60달러 이하로 유지할 수 있다. 천연가스에서 만들어진 합성연료는 자동차 동력원으로 압축천연가스를 상대할 수 있는 몇 안 되는 에너지다.

■ 빠른 속도로 개발·발전되고 새로운 돌풍을 일으킬 에너지가 있다. 바로 셰일오일이다. 미국의 셰일오일 매장량은 어마어마하다. 그리고 상업적으로 생산하는 방법이 이미 개발되어 있다. 셰일오일은 합성연료보다 쌀 것이라고 추측되며, 에너지 시장에 새로운 경쟁자로 부상할 것으로 보인다.

■ 수소에너지 시장은 미래가 없다. 가장 '낭만적'이라고 여겨지는 대안에너지 – 예를 들자면 지열에너지, 조석에너지, 파동에너지 – 들은 모두 대규모 개발을 할 만한 투자가치가 없다.

■ 하이브리드 자동차들은 미래가 밝다. 하지만 충전용 하이브리드나 전기에만 의존하는 자동차들의 미래는 그렇다고 볼 수 없다. 배터리 교체 비용을 고려하면 일반 자동차보다 더 비싸기 때문인데, 다만 납축전지를 쓰고 단거리(40~60마일)를 운행

하는 자동차라면 중국이나 인도 같은 개발도상국에서 많이 쓰일 수 있겠다.

- 공개적으로 발표된 이산화탄소 증가에 대한 대처법 중 실질적으로 그 효과를 볼 수 있는 가능성을 가지고 있는 대처법은 거의 없다고 본다. 선진국이 본보기가 되어 대처법을 실용화하고 성공한다고 해도 개발도상국에서 비용을 감당하지 못한다면 '본보기'가 될 수 없다. 그나마 쓸 만한 대처법은 미국이 노하우를 적극적으로 공개하여 개발도상국들이 석탄에서 셰일가스로 변환할 수 있게 도와주는 것뿐이다.

위에 나열된 내용은 바로 미래의 대통령이라면 모두 숙지해야 하는 것들이다. 그리고 대통령은 이 내용들을 국민에게 설명해야 할 것이다. 대중이 잘못 알게 되어 발생할 수 있는 잘못된 정책을 막기 위해서 말이다.

차례

## 책을 시작하며

오늘날 에너지는 세상에서 가장 중요한 필수품이 되었다. 국가의 부와 에너지 사용은 깊이 연관되어 있다. 많은 나라에서 에너지 전쟁이 시작되고 있다. 세계 석유의 2%만 공급하는 나라(리비아)의 혼란이 세계 석유 가격을 10%나 인상시킬 정도로 에너지 문제는 민감하다.

에너지 재난은 번갈아 가며 계속 일어난다. 2010년 멕시코만에서 일어난 막대한 석유 유출 사고는 미국에게 역사상 최대의 생태학적 재난을 안겨주었다. 핵 지지자의 낙천적인 예상에도 불구하고 핵 사고는 계속해서 발생하고 있다. 스리마일 섬, 체르노빌 그리고 모든 것이 안전하게 보일 즈음에 후쿠시마 원전 사고까지 일어났다. 그리고 지금 우리는 새로운 에너지 관련 위기를 목격하고 있다. 바로 전체 해양을 오염시킬 수 있는 수압파쇄, 즉 천연가스 천공법이 도마에 오른 것이다. 과도한 에너지의 사용은 인류 역사에 최대의 재난을 초래할지도 모른다. 폭풍, 홍수 그리고 (역설적으로) 가뭄을 수반하는 지구온난화로의 폭주 말이다.

현대 사회가 겪는 경제적 위기는 에너지에서 유래하는 것이 많다. 연간 500억 달러에 이르는 무역수지 불균형의 원인 중 절반은 석유 수입으로 인한 것이다. (그리고 더 악화될 수 있다.) 중국은 석유를 두고 미국과 경쟁하고 있으며, 석유 수입이 연간 50%씩 증가하고 있다. 석유에 대한 과도한 의존은 시장에 막대한 압박을 주는데, 특히 10년간 석유 생산이 정점에 이를 것으로(그리고 초과) 예상되기 때문이다. 많은 국가들이 에너지 불안정으로 위협을 받고 있다. 프랑스와 독일은 러시아가 (아마 우크라이나를 견제하기 위해) 2009년 어느 날 단 하루 동안 가스관을 차단했을 때 자신의 위기를 발견했다.

이러한 문제에도 불구하고 우리는 에너지가 언제나 공급될 것임을 당연한 것으로 여기고 있다. 집에 전기가 끊긴다면 누구나 당황스러울 수밖에 없다. 가격이 상승하면 누군가는 속임수를 쓸 것이다. 에너지를 싼값에 사용하는 것은 사치가 아니라 필수가 되었다. 에너지는 이제 많은 사람들에게 인간의 기본적인 권리로 받아들여지고 있다.

에너지가 고갈되고 있다는 소식을 듣고 있지만, 그럼에도 막대한 투자만 있다면 발굴할 수 있는 에너지가 곳곳에 널려 있다는 주장이 넘쳐난다. 우리가 충분히 똑똑하고, 거대 에너지 기업체가 오도하지만 않는다면 말이다. 태양열에너지, 바다의 조수, 풍력 그리고 지구 중심에서부터 서서히 확산하는 열이 있다. 화석연료에 종속되는 것은 석유메이저회사라고 알려진 마약밀수꾼이 조종하는 중독일 뿐이라고 말한다.

우리에겐 에너지가 필요하지만 동시에 우리는 가지고 있는 에너지를 낭비하고 있다. 내가 강의를 하는 캘리포니아대학교 버클리 캠퍼스의 큰 강의실은 낮에도 인공조명을 사용한다. 겨울에는 지나치게 난방을 하고 여름에는 지나치게 냉방을 한다. 사치스러운 짓이다. 에너지 절약은 힘이 달리는 자동차, 눈에 거슬리는 형광조명, 거실에서도 스웨터를 입어야 하는 불편함 등을 수반한다는 오명을 뒤집어쓰고 있다.

에너지는 국가 안보, 국방, 경제, 모두의 심장이며, 대통령뿐 아니라 시민에게도 판단을 내리는 데 중심이 되는 기준이다. 아직도 에너지는 추상적이고 불가사의하다. 물리학 책은 '작업을 행하는 능력'이라고 에너지를 정의한다. 그러나 이런 정의는 능력과 작업의 기술적인 정의를 이해하지 않는 한 도움이 되지 않으며, 동시에 마찬가지로 추상적인 회피일 뿐이다. 우리는 에너지를 절약하라는 이야기를 많이 듣지만, 물리학자는 에너지 보존은 자연의 법칙이라고 말한다(에너지 '절약'과 에너지 '보존'은 동일하게 conservation이라는 단어를 쓴다. -옮긴이). 에너지는 매우 혼란스러울 가능성이 있다. 미래의 대통령은 그것에 대해 진실로 무엇을 알아야 할까?

대통령은 에너지부 장관이나 과학 기술 보좌관에게 에너지 문제를 간단히 처리하라고 시킬 수 있지 않을까? 그렇게 간단하다면 얼마나 좋을까? 다음과 같은 그럴듯한 시나리오를 떠올려보자.

- 과학 기술 보좌관은 태양열발전을 격찬하고, 경제 보좌관은 자동차 산업의 소멸을 슬퍼하며, 국무부 장관은 사우디아라비아 또는 이란과 같은 산유국에서 발생하는 혁명에 절망하고 있다. 에너지에 대한 지식은 이 모든 문제에 대처하는 주요 요소다.

- 에너지부 장관은 후쿠시마 원자력발전소 사고는 핵발전이 가져올 끔찍한 재난의 징조라고 말하는 반면, 과학 기술 보좌관은 미국에는 쓰나미의 위험이 없고 방사능 유출로 사망한 사람이 없으며 사고는 핵 발전의 중요함을 보여주는 것이라고 말한다. 대통령은 두 의견을 비교해서 판단을 내려야 하지만, 이렇게 상반되는 의견을 조정하는 일은 불가능한 것 같다.

보좌관들의 의견 불일치를 극복하고 올바른 결론에 도달하는 방법은 무엇일까? 물론 답은 그들의 결론뿐 아니라 그들이 각자의 결론에 이르게 된 사실과 논리까지 이해해야 한다는 것이다. 첨단 기술의 세계에 살고 있지만 나이 든 지도자가 이해하기 쉽도록 정리한 경제·정치·외교·국방 정보만으로 나라를 이끌 수는 없다. 하지만 에너지에 대해서만큼은 반드시 알고 이해해야 한다. 그리고 힘들더라도 국민과 의회를 이끌어야 한다. 여론조사에 따라 움직일 수는 없다. 왜냐하면 국민은 모든 이슈에 대한 미묘한 균형을 평가하지는 않을 것이기 때문이다. 완강한 저항이 따를 것이다.

이 책의 목표는 충고가 아니라 교육이다. 때때로 의견을 제시하지만 주의해야 한다(과학자의 의견일 뿐 대통령이 되었을 때 다른 방침을 취한다고 해서 놀라거나 실망하지는 않겠다). 최소한의 정보를 주는 작은 길일 뿐이다.

이 책은 포괄적이라기보다는 오히려 간결하다. 필수적인 요소만 강조했다. 대통령은 당사자로서 더 깊게 이해하는 데 도움이 되는 근본적인 과학과 정보를 최대한 알아야 한다.

이 책은 최근에 일어난 몇몇 에너지 재난을 새로운 시각으로 바라보면서 시작한다. 에너지 관련 사고가 발생하면 신문의 머리기사를 장식하고, 이러한 머리기사는 종종 에너지에 대한 공공의 태도를 반영하게 된다. 아직까지 신문의 머리기사는 자주 틀리거나 잘못된 정보를 제공하고 있다.

매월, 매년 이어지는 재난을 통해 우리는 선입관이 틀렸다는 것을 깨닫는다. 그것은 후쿠시마 원전 사고, 멕시코만 석유 유출 사고 그리고 기후변화에 미치는 화석연료의 영향에 대해서 많은 국민들이 느끼는 부분에서 분명하다.

이 책의 2부에는 급격하게 변화하고 있는 에너지 '전망'을 다룬다. 모든 수송방식 – 자동차, 트럭, 비행기 – 은 액체에너지 – 석유, 디젤연료, 휘발유 – 에 의존하고 있다. 아직까지는 국내 공급량에 의존해 위태롭게 운영되고 있다. 천연가스를 이용할 수 있다는 것은 매우 행운이다. 그러나 사람들이 천연가스자동차를 타려고 할지는 미지수다. 그리고 새로운 천연가스 추출법인 '수압파쇄'는 환경에 얼마나 해로울 것인가? 막대한 매장량의 셰일오일shale oil에 같은 기술을 사용하면 얼마나 효과적일까? 평소 생활 방식에서 에너지를 조금 줄이는 것이 많은 사람들이 생각하는 것처럼 어려운 것일까? 아니면 어렵지 않게 가능한 걸까? 우리가 무시하고 마는 어리석은 일에 정말로 막대한 투자가 이루어질까?

이 책의 3부에서는 주요 신기술을 검토할 것이다. 그중 일부는 매우 오래된 것이긴 하지만 새롭게 각광받고 있다. 밤이면 사라지는 태양을 이용할 수 있는 방법은 없을까? 원자력발전은 과연 끝난 것일까? 후쿠시마의 잿더미 속에서 불사조처럼 다시 살아나진 않을까? 도대체 수소경제hydrogen economy에서 어떤 일이 일어날까? 우리의 아이들은 모두 전기자동차를 운전하게 될까? 이것들은 모두 언론의 기사와 기업체의 과장으로 인해 왜곡되는 문제들이다.

후반에 이르러, 우리는 놀랍게도 미뤄왔던 문제를 마주치게 된다. 에너지란 무엇인가? 물리학자들은 명료하게 정의를 내리고 있지만, 에너지 정책에 대부분의 관심을 쏟는 대통령에게는 도움이 되지 않는다. 그래서 나는 우리가 정의를 내리려 하기 전에 에너지에 관한 모든 것을 배우는 몰입 방법을 사용했다. 사실 이 부분은 읽지 않아도 무방하다. 보는 순간 알게 될 테니 에너지를 따로 정의할 필요는 없다.

마지막으로, 이 책의 말미에서 나는 누군가가 나에게 조언을 요청했다고 가정하고 한마디하려고 한다. 제5부는 과학자의 좁은 식견에 근거한 개인적인 의견이므로 별로 중요하지 않다.

대통령은 경제적 한계, 국가 안보 그리고 국제 외교와 함께 기술적 가능성을 조정해야 하는 일을 맡은 사람이다.

우수한 대통령은 리더가 되어야 하며, 그것은 올바른 결정을 한다는 것 이상을 의미한다. 대통령은 국가의 스승이다. 과학 기술 보좌관, 에너지부 장관 혹은 누구라도 국민에게 그들이 가진 공통된 인식이 반드시 사실이 아닐 수도 있다는 것을 설득할 수는 없다. 그런 업적은 투표를 통해 다른 사람보다 더 많은 신뢰를 얻은 사람만이 이루어낼 수 있을 것이다.

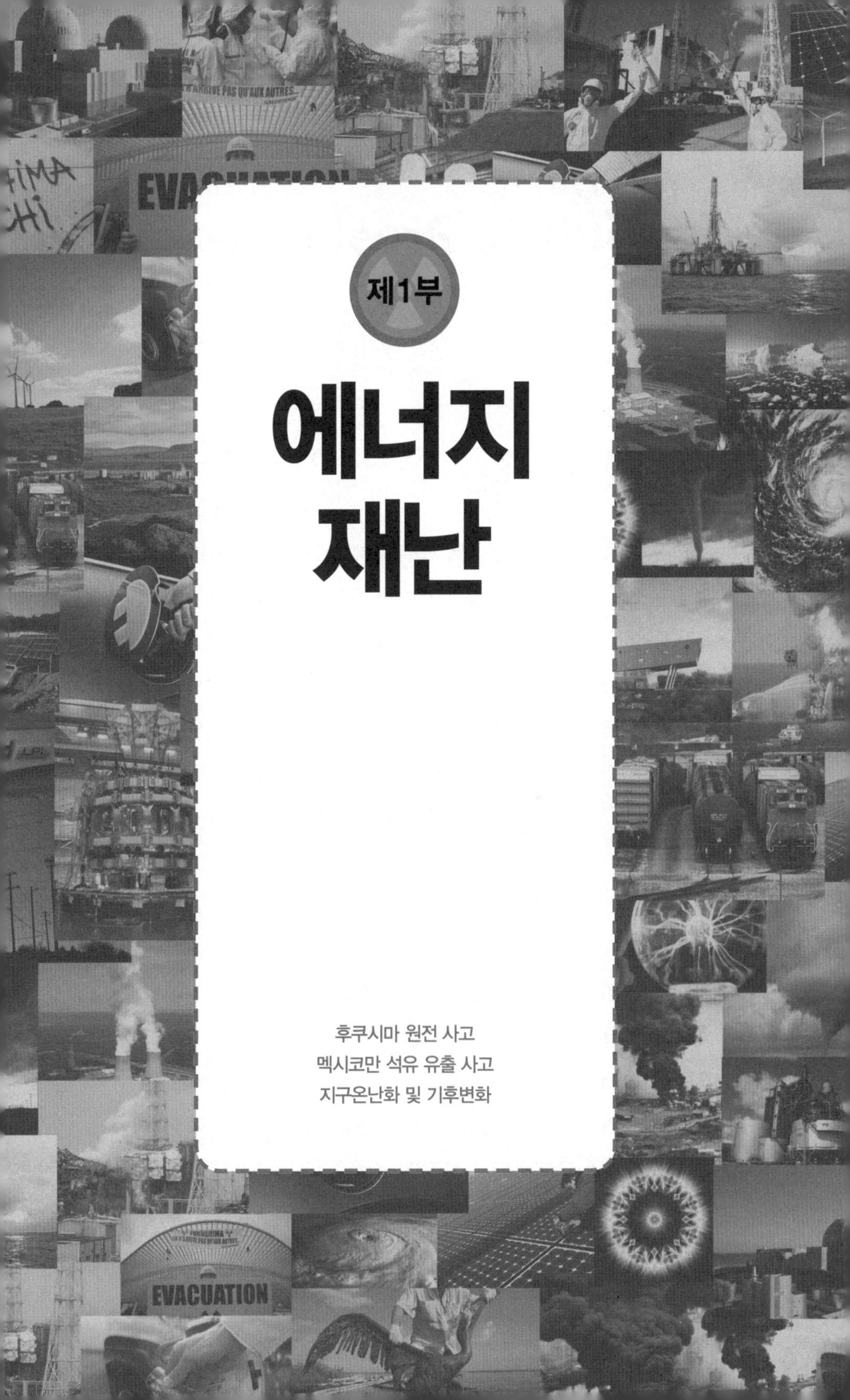


## 제1부

# 에너지 재난

후쿠시마 원전 사고

멕시코만 석유 유출 사고

지구온난화 및 기후변화

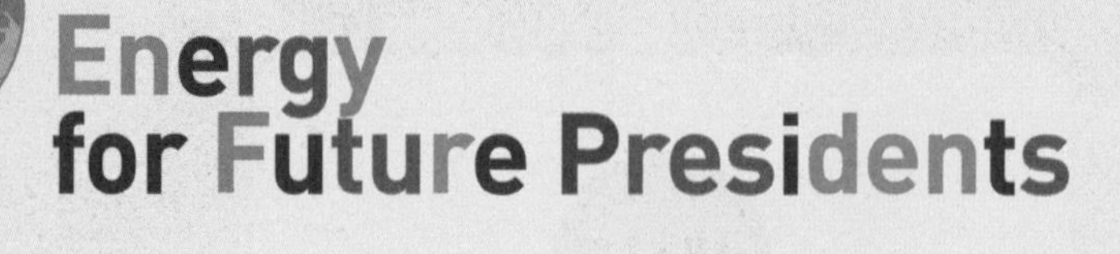


에너지는 중요하다. 미국은 매일 2,000만 배럴의 석유를 소비하는 것으로 추정된다. 따라서 에너지 사고는 매우 중요하다. 문제는 주요 에너지 사고의 발생 횟수가 증가하고 있다는 것이다. 일본의 후쿠시마 원자로 멜트다운, 멕시코만 석유 유출, 테네시 강 석탄재 폐기물 침투, 가스 유전 수압파쇄로 인한 만과 강의 오염 그리고 어쩌면 가장 중요한 지구온난화와 기후변화가 있다. 특히 지구온난화는 아마도 인류가 문명을 만들어낸 이래 지금까지 경험하지 못한 극한 상황으로 우리를 인도할 것이다. 이러한 공포스러운 상황은 막대한 에너지를 갈망한 결과다. 따라서 앞서 가는 환경주의자들은 청정하고 안전한 에너지는 오직 에너지를 과감하게 축소하는 것뿐이라고 합의하기에 이르렀다.

모든 에너지 사고는 재난일까? 신문 머리기사를 본 첫인상만으로 판단하자면 의심할 여지없이 그런 것 같다. 물론 비참한 소식도 대부분 명확하게 들려온다. 멕시코만 석유 유출 사건은 미국 역사상 최악의 환경 재난이었다. (정말 그럴까?) 후쿠시마는 원자력발전이 통제 불가능하다는 사실을 다시 한번 입증했다. (실제로 그랬을까?) 사실 뉴스를 처음 보았을 때 느낌은, 시간이 지남에 따라 풍부한 정보가 쌓여가면서 달라진다. 그리고 사건은 뒷전으로 밀려난다. 그러므로 사건이 일어나고 몇 달 또는 몇 년이 지난 뒤, 그 재난이 실제로 얼마나 심각했는지 새로 살펴보는 것은 가치 있는 일이다.

3개의 대형 사건(후쿠시마, 멕시코만 기름 유출 그리고 지구온난화)을 다시 살펴보자. 그리고 추가 조사를 통해 얻은 세부 사항으로부터 우리가 배운 것을 면밀히 살펴보자. 우리는 올바른 사실을 획득해야 하며, 전망에 따른 결론을 내려야 하고, 착각을 바로잡아야 하고, 실제로 일어났거나 현재 일어나고 있는 사건의 핵심에 도달해야 한다. 우리에게는 의견 차이, 혼란 그리고 무지에 휘둘리는 에너지 정책을 구사할 여유가 없다.

# 후쿠시마 원전 사고

## 멜트다운

2011년 3월 11일 거대한 지진이 일본을 강타했다. 진도 9.0. 1906년 샌프란시스코에서 발생한 지진보다 30배 이상 강력한 지진이다. 설상가상 해저에서 발생한 이 지진은 괴물을 낳았다. 3층 건물 높이의 쓰나미가 해안을 격파하고 내륙을 치고 들어와 1만 5,000명 이상의 사망자를 냈고, 10만 채 이상의 건물을 무너뜨렸다.

쓰나미로 인한 가장 큰 희생자는 후쿠시마 해안에 있던 제1원자력발전소였다. 해수를 냉각수로 사용할 수 있다는 이유로 해안에 설치된 발전소다(그림 1-1). 지진으로 인해 원자로reactor에 있던 2명의 작업자가 사망했고, 다른 사람들은 쓰나미에 의해 사망했다. 몰아친 쓰나미의 높이는 15미터였던 것으로 보인다. 그러나 몇 시간, 몇 주, 그리고 몇 달이 지나자 이 파괴된 핵발전소의 최종적인 피해자는 수천에서 수만 또는 그 이상으로 증가했다. 발전소는 대규모의 지진에도 살아남도록 설계되

〈그림 1-1〉 멜트다운 중인 후쿠시마 원자로. 증기는 노심을 식히는 냉각수가 과열되어 발생한 것이다.

었지만, 아무도 15미터짜리 쓰나미는 예상하지 못했다. 원자로는 심각하게 파손되었다. 내부의 우라늄이 원자폭탄처럼 폭발하진 않았을까?

아니다. 아무것도, 쓰나미도, 소행성의 충돌도 (테러리스트들이 점거하더라도) 후쿠시마 원자로를 핵폭탄처럼 폭발시킬 수는 없다. 공학적 문제가 아니라 원자로 자체의 물리적 특성 때문이다. 핵폭탄 같은 걸 만들어 내려면 수많은 우라늄이 있어야 한다. 만약 그렇지 않다면, 더 많은 국가와 테러 집단이 벌써 그런 무기를 가졌을 것이다.

핵폭탄과 원자력발전소 모두가 핵 연쇄반응에 따르며, 경우라늄 원자 U-235의 처리로 TNT 분자가 방출하는 에너지의 2,000만 배에 이르는 막대한 에너지를 방출하여 폭발(핵분열)한다. 핵분열은 핵 내부에 있는 작은 미립자인 중성자neutron를 조금 방출하고 이런 중성자가 다른

U-235 원자와 충돌하면 핵분열을 유발하며 더 많은 중성자를 만든다. 각 단계를 거칠 때마다 중성자는 2배씩 늘어나고, 대략 80단계를 거친 뒤에는 (80차례의 분열은 수백만 분의 1초 만에 이루어진다) 1파운드의 우라늄이 핵분열하여 TNT 2,000만 파운드(10킬로톤) 분량의 에너지를 방출한다.

핵분열된 핵은 열 형태로 에너지를 축적하며, 태양의 1,000배가 넘는 고온 입자를 생성한다. 주변 물질은 증발하거나 이온화하며, 또한 폭발적인 고압 플라즈마로 변해서 모든 것을 파괴한다.

폭탄이 이런 방식으로 작동하려면 우라늄은 이상적으로 순수한 U-235여야 한다. 그러나 원자력발전소의 우라늄은 단지 4%만 U-235이고 나머지는 중성자를 흡수하지만 연쇄반응을 일으키지 않는 U-238로 되어 있다. 편법을 쓰지 않는 한 순수하지 않은 U-238로 인한 연쇄반응은 절대 진행되지 않는다. 제2차세계대전 중에 엔리코 페르미Enrico Fermi가 발명한 편법은 우라늄에 탄소 또는 물을 혼합하는 방식이었다. 충분한 경우에는 중성자가 먼저 탄소나 물에 충돌하며 U-238에 충돌하기 전에 에너지를 잃는다. 그리고 중성자는 속도를 잃는다(이것을 감속이라고 한다). U-238의 독특하지만 중요한 성질은 그와 같은 저속 중성자를 잘 흡수하지 않고 튕겨내는 것이다. 궁극적으로 중성자는 U-235에 충돌하며 연쇄반응이 지속된다. 원자로는 방출하는 중성자 하나로만 새로운 핵분열을 유발하도록 해서 에너지 방출비를 평균적으로 불변으로 유지한다.

중성자에 가해지는 저속성이 대폭발을 방지하는 것이다. 무언가 이상이 있는 경우에는 연쇄반응이 폭주하는데, 이를 반응성 사고reactivity accident라고 부른다. 에너지가 증가하지만 중성자가 아주 저속으로 이동하기 때문에, 폭발도 저속으로 발생한다. 에너지 밀도가 TNT 수준에 도달하면 반응기는 폭발해버리고 연쇄반응은 멈추게 된다. 이때 방출되는 에너지는 TNT와 비슷한 정도로, 원자폭탄으로 방출되는 에너지보다 2,000만 배 정도 약하다.

1986년에 체르노빌 원자력발전소가 핵 연쇄반응의 폭주로 다이너마이트처럼 폭발했다. 이를 반응성 사고라고 한다. 〈그림 1-2〉를 보라. 폭발은 발전소 건물 대부분을 무너뜨리기에 충분했지만 그렇게 되지는 않았다. 이어지는 재난은 폭발 때문이 아니라 막대한 양의 방사능 낙진이 방출됨으로써 발생했다. 방사능 유출로 인해 발생된 암 환자들은 대략 만 2만 4,000명으로 추산되고 있다. 다행히도 대부분이 쉽게 치료될 수 있는 갑상선암이었다.

〈그림 1-2〉
무너진 체르노빌 발전소. 비록 연쇄반응이 폭주했어도 1986년 체르노빌 폭발은 반응기를 감싸고 있는 발전소 건물 이상을 무너뜨릴 만큼 크진 않았다.

체르노빌과 다르게 후쿠시마의 발전소는 폭발하지 않았다. 축적된 수소가스 때문에 건물 상단이 폭발했지만, 발전소 건물 자체는 쓰나미로부터 무사했으며, 자체적으로 차단되었고, 몇 시간 동안 안전하게 자리 잡고 있었다. 비록 연쇄반응이 중단되었어도, 노심에 위험한 수준의 열을 일으킬 만큼의 방사성 물질이 있었는데, 처음에는 냉각펌프가 상황이 걷잡을 수 없이 커지는 것을 막아주었다. 가장 최근에 건설된 발전소에는 이런 펌프가 필요 없다. 용수를 순환시키기 위해 자연 대류를 적용하여 설계했기 때문이다.

그러나 후쿠시마 발전소는 최신식이 아니었다. 펌프를 구동하려면 보조 전력장치를 써야 했다. 이런 장치는 지진과 쓰나미로 폐허가 되어도 잘 작동하며 발전소를 냉각 상태로 유지한다.

물론 보조 냉각장치가 영원히 작동하리라 예상하지는 않았다. 정상 전력으로 복구될 때까지를 대략 8시간으로 가정하여 설계되었다. 이런 계획은 쓰나미가 강타하는 기간시설의 막대한 파괴를 예상하고 만든 것이 아니었다. 비상전력은 소진되었고, 연료가 과열되어 다량 융해되었다. 기술적으로, 후쿠시마 사고는 발전소 정전 장애station blackout failure로 부르기도 하는데, 전기가 없어 설비가 손상을 입었기 때문이다. 멜트다운은 거대하고 끔찍한 방사능을 방출시킨다. 이때 유출된 방사능은 1979년 스리마일 섬에서 발생한 미국 원자력발전소 사고 때 발생한 것보다 훨씬 많은 양이었다. 사실상 방사성 물질 방출량은 1986년 체르노빌 원자력발전소 사고 다음으로 많을 정도로 어마어마했다.

## 방사능 유출

후쿠시마 원자력발전소의 냉각되지 않은 연료가 과열되면서 연료와 핵폐기물을 보관하는 금속 피막이 녹아내렸다. 휘발성 기체가 스며 나오고 양은 더 많아졌다. 가장 위험한 것은 아이오딘과 세슘의 방사성 동위원소인 I-131과 Cs-137이다. 아이오딘은 반감기가 짧아 빠르게 붕괴하며 방사선을 내기 때문에 사고 초기의 방사선 중 가장 큰 비중을 차지한다. 더욱이 아이오딘을 흡입하거나 마시면 몸의 갑상선에 축적되며 암을 유발할 가능성이 있다. 역설적으로, 아이오딘이 급격하게 붕괴된다는 것은 또한 좋은 소식이기도 하다. 반감기가 8일이므로 I-131의 방사능은 2개월째에 이르면 대략 초기 수준의 0.5% 수준으로 떨어진다. 지금쯤(2012년 8월 기준)은 이미 후쿠시마에서 방출된 모든 I-131은 사라졌을 것이다.

근처에서 I-131이 방출되었다면 보호 수단을 얻기는 어렵지 않다. 아이오딘화칼륨 알약을 복용하면 된다. 갑상선은 아이오딘(비방사성)으로 포화되며 더 이상 흡수되지 않는다. I-131로부터 일시적으로 보호받게 된다. 몇 달만 기다리면 갑상선은 안전하다. 그럼에도 불구하고, 많은 사람들이 후쿠시마 사고로 흡입한 방사능의 양은 상당하다.

세슘으로부터 나온 방사능은 서서히 붕괴되기 때문에 초기에는 양이 적다. 하지만 이것은 방사능이 더 오래 지속된다는 것을 뜻한다. 세슘의 반감기는 30년이다. 방사능 스트론튬(Sr-90)도 거의 비슷하다. 이러한 방사성 원소들은 더 느리게 방사선을 방출하지만, 느리게 방출되는 방사선은 더 오랫동안 주위를 떠돌며, 모르는 사이에 퍼진다는 것을 뜻한다. 발전소에 자리를 잡을 수도 있고, 동물이나 사람들이 먹을 수 있는

데, 그럴 경우는 뼈에 축적된다.

1986년 체르노빌 사태에서 무엇보다 끔찍한 것은, 엄청난 피해가 확산되고 있었음에도 아이오딘과 세슘 그리고 스트론튬으로부터 국민을 보호하지 않았다는 사실이다. 그 성분들은 오염된 풀을 먹은 젖소에서 짜낸 우유를 통해서 지속적으로 몸에 쌓이게 된다. 체르노빌 사태와는 달리 후쿠시마의 공무원들은 주민들에게 사고 지역으로부터 피난하라고 신속하게 지시했고, 후쿠시마 지역에서 재배하던 식품의 소비도 금

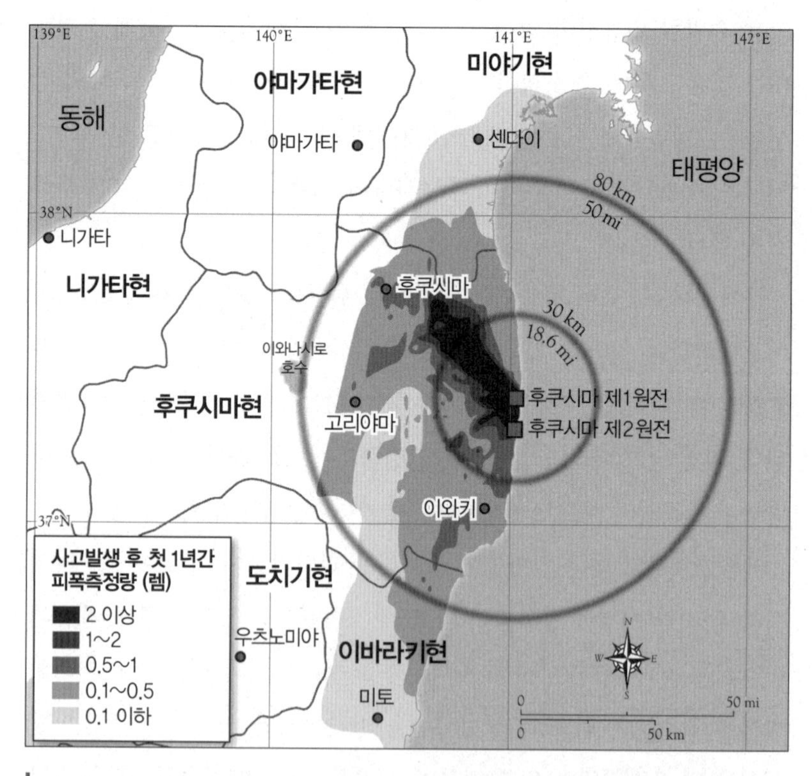


〈그림 1-3〉 후쿠시마 지역의 지도다. 사고 후 각 지점에서 연간 잔류하는 인원에 피폭되는 예상 피폭량을 나타낸 것이다. 해안에서 북서쪽으로 이어지는 어두운 지역은 2렘 이상으로 표시되고 있다. 먼 지역은 0.1렘 이하이다.

지했다.

후쿠시마의 오염은 과연 얼마나 심각할까? 〈그림 1-3〉은 방사능이 방출된 날로부터 1년 동안 해당 지역에 사람들이 남아 있다고 가정했을 때의 방사능 피폭량을 나타낸 것이다. 그 지역에서 성장하거나 재배하는 식품의 방사능은 포함하지 않았는데, 그와 같은 식품은 유통을 금지했기 때문이다.

## 방사능과 인명 피해

인체에 대한 방사능 손상은 '렘[rem]'이라는 단위로 측정한다. 100렘 이상의 방사선량에 노출되었다면 곧바로 병에 걸리게 되는데 이를 방사선 질환[radiation illness]이라고 한다. 주변에 방사선 치료를 받아본 사람이 있다면 잘 알겠지만 방사능에 노출되면 메스꺼움, 탈모, 기운이 빠지는 느낌 등의 증상이 나타난다. 후쿠시마 사고에서, 이렇게 크게 노출된 사람은 없었다. 작업자는 25렘 이상의 방사선량을 피하기 위해 노출되는 시간을 엄격하게 제한했다(물론 몇몇은 이 수준을 다소 초과했다). 250~350렘 정도의 더 큰 방사선량이라면, 생명에 위협이 될 정도로 증상이 심각해진다. 필수 효소가 손상되며 사망률은 (치료하지 않을 경우) 50%다.

그럼에도 불구하고, 소량의 방사능으로도 암이 발생될 수 있다. 25렘의 방사선량은 방사선 질환을 유발하지 않지만, 암에 걸릴 확률은 1%다. 거기에 추가로 20%의 확률이 '자연적'인(충분히 알려지지 않은) 원인으로부터 온다. 암에 걸릴 위험은 노출된 방사선량에 비례하므로 50렘의 방사선량은 암에 걸릴 확률을 2%로 높인다. 75렘은 3%다. 이러한 방사선량이 암에 미치는 영향, 즉 25렘에서 75렘에 대해서는 히로시마와 나가사키의 사례에 대한 암 연구로 입증되었다. 아주 낮고 지속적으로 비례하는 양에 대해서는 알려지지 않았지만, 지금 당장은 방사선량으로 간주한다.

여기서 도움이 될 대략적인 계산 방법을 하나 들어 보겠다. 25렘은 암 발생률을 1% 높이므로, 암에 걸리는 방사선량은 2,500렘(25렘×100)으로 정의할 수 있다. 물론 방사선량이 과도하게 많으면 방사선 질환으로 사망한다. 그러나 그것이 1,000명에게 확산되어 모든 사람에게 2.5렘씩 피폭되었다면, 그렇다 해도 여전히 2,500렘이 암을 유발할 수 있다. 왜냐하면 세포의 전체 수는 동일 수의 핵 붕괴로 손상된 세포의 전체 수와 동일하기 때문이다. 사실상 100만 명에게 확산된 경우에 2,500렘은 여전히 하나의 암(평균)만을 유발한다. 방사선량은 방사선 손상의 정도를 나타낼 뿐 하나의 암을 일으키는 정도라면, 분할되는 사람의 수가 얼마인지와 무관하다.

간단한 공식으로 계산을 요약할 수 있다. 암이 얼마나 과도한지를 알려면, 퍼슨-렘Person-rem을 구하기 위하여 한 사람당 평균 방사선량으로 인구수를 곱한 다음에 2,500으로 나누면 된다. 후쿠시마의 암을 계산하기 위하여 이 방법을 적용할 수 있다. 후쿠시마 사고 때 유출된 방사선량에 더 근접하여 살펴보자.

〈그림 1-3〉에서 후쿠시마 해안에서 내륙으로 이어지는 어두운 부분은 불길하게 보인다. 가장 깊숙한 부분의 방사선량은 가장자리가 2렘이며 내부가 2렘 이상이다. 특히 22렘의 고방사선량이, 반응기로부터 14마일 떨어진 나미에 지역에서 측정되었다. 이 값은 피난할 때까지의 전체 방사선량을 나타내며, 나미에의 경우는 2011년 4월 22일자다. 그 후

고수준의 방사선이 급격하게 저하했다. 가장 크게 줄어든 성분은 아이오딘이었으며, 8일마다 50%씩 수준이 저하되었다.

그와 같은 방사선량 때문에 얼마나 많은 암이 유발되었을까? 답을 계산하기 위하여 방사선량이 가장 많은 곳의 전체 인구를 대략 2만 2,000명으로 하고 최대 방사선량을 22렘으로 가정해보았다(이러한 전통적인 가정은 항상 위험을 과대 평가한다). 예상되는 초과 암 환자의 수는 인구(2만 2,000명)를 피폭량(22렘)으로 곱하여 2,500으로 나눈 것으로 194명 정도다. 이런 식이라면 상대적으로 피난이 늦을수록 피해가 크다.

동일 집단의 일반적인 암 발병률을 비교하자. 사고가 없어도 암 비율은 인구의 대략 20%이므로 앞의 경우 4,400명이다. 여기서 추가로 발생한 암 환자 194명을 따로 추적할 수 있을까? 그렇다. 왜냐하면 대부분 갑상선암이기 때문이다. 갑상선암은 드물다(그러나 치료가 가능하다). 다른 종류의 암은 아마도 확인하지 못할 것이다 왜냐하면 일반 암의 통계적 고유 편차이기 때문이다.* 슬프게도, '일반' 암으로 사망하는 4,400명 대부분이 원자력발전소 때문에 암에 걸렸다고 믿으면서 죽어간다. 그것이 바로 인간의 본성이다. 우리는 비극의 이면에 있는 원인을 조사했다. 일반 암의 원인은 비록 흡연이 유인자로 알려져 있지만 확실하지 않다. 히로시마와 나가사키 폭격의 생존자를 대략 10만 명으로 추산하는데, 그중에서 2만 명가량이 사망하거나 암으로 사망한 것으로 추정된다. 그러나 그들 중 대략 800명만 원자폭탄에 의해 암에 걸렸다. 유사한 도시에서 조사한 것도 알려져 있다. 방사선에 노출되면 암이 증가하지만 자

---

* 암 환자의 기댓값이 4,400명이라면 표준편차는 66명이다(4,400의 제곱근). 그러므로 통계학적으로 예상 가능한 최댓값은 4400+198(66×3)=4,598 밖에 안 된다. 게다가 생활방식의 차이를 감안한다면 암발생률 증가를 확인하기 위해 표본을 더 세분화해야 하는데 그럴 경우 통계 중요성은 더욱 줄어들게 된다.

연발생률에 조금만 더하는 것뿐이다. 아직까지도 800명의 희생자보다 훨씬 많은 사람들이 자신의 암을 원자폭탄 탓으로 돌리고 있다.

후쿠시마 밖의 지역은 어떨까? 지도에서 볼 때 이웃 지역은 대략 인구 4만 명에 평균 방사선량은 1.5렘이므로 전체 피폭량은 4,000×1.5=60,000퍼슨-렘으로 계산되며, 예상되는 추가 암 환자의 수는 60,000÷2,500=24명이 된다.

이 숫자는 낮은 것일까? 그들의 사망은 모두 비극이지만, 신문에서 받는 느낌에 비하면 훨씬 덜하다. 위험 지역으로부터 도망친 덕분에, 방사능 유출로 인한 총 사망자의 수는 나미에 도심과 근처는 거의 확실하게 300명 미만으로 유도되었고, 더 정확한 추정은 (최댓값에 비해 평균값으로 노출된 경우를 적용하여) 100명 미만으로 제시되고 있다. 100명이 암으로 사망했다는 것은 물론 끔찍한 일이지만, 쓰나미로 1만 5,000명이 사망한 것과 비교하면 아주 적은 수다.

거리가 더 먼 지역은 어떨까? 수많은 사람들에게 똑같이 나눠는 방사능의 작은 입자조차도 암의 원인으로 생각될 수 있다. 사실 우리는 우주선(cosmic ray, 우주에서 오는 방사선)과 지구에 상존하는 자연방사능(natural radioactivity, 우라늄, 토륨, 그리고 지면의 자연적인 방사능 칼륨)에 둘러싸여 있다. 이러한 자연적인 수준은 일반적으로 연간 0.3렘(300밀리렘)이다. 엑스선 검사를 비롯한 기타 의료적 치료를 통한 노출을 포함하는 경우에는 0.3렘을 추가한다. 몇몇 지역은 자연적인 수준보다 높기도 하다.

## 덴버의 방사선량

콜로라도의 덴버는 특히 자연방사선의 농도가 높은데, 주로 방사성 라돈 가스 때문이다. 이 라돈 가스는 지역의 화강암에 기반을 둔 소량의 우라늄 농축물에서 방출된다(몇몇 사람은 덴버의 과다 방사선이 대부분 덴버가 고도가 높아 더 강력한 우주선을 받기 때문이라고 잘못 알고 있다). 덴버 지역에 산다면, 연간 평균 0.3렘의 추가 방사선량에 노출된다. 미국의 더 많은 지역의 라돈에 대한 방사선량은 라돈닷컴(http://www.radon.com/radon/radon_map.html)에서 확인할 수 있다. 사이트는 리터당 피코퀴리(pCi/l)의 단위로 노출량에 대한 정보를 제공한다. 연간 렘으로 변환하려면 0.09로 곱하면 된다.* 종종 밀리시버트로 부르는 단위가 보이는데, 1밀리시버트는 0.1렘, 즉 100밀리렘이다. 그러므로 덴버의 과도한 방사선량은 연간 3밀리시버트다.

고도의 방사능 수준에도 불구하고 덴버는 아무런 영향도 받고 있지 않으며, 오히려 미국 내 다른 지역에 비해 암 발병률이 더 낮다. 몇몇 과학자들은 이것을 낮은 수준의 방사선이 오히려 암 저항성을 유도함을 보여주는 증거라고 해석한다. 내가 보기에, 이런 불일치는, 생활 방식의 차이에 더 비중이 있는 것 같다. 낮은 수준의 방사선량이 건강에 상대적으로 나쁘다는 가정을 계속 이어가보자. 암 유발 방사선량 계산식에 따라, 덴버의 과도한 방사선량 0.3렘은 방사선 유도 암으로 인한 사망률이

---

* 이 근사 환산 계수는 "Health Risk Attributable to Environmental Exposures: Radon," by P.S. Steifer and B. R. Weir, published in the Journal of Hazardous Material volume 39 (1994)라는 논문 요약문의 pp. 211-223에서 구할 수 있다. 이 환산 계수가 근사 환산 계수인 이유는 개인의 숨을 쉬는 속도, 라돈 붕괴 생성물이 몸에 접촉할 때까지의 시간 등의 여러 가지 요소를 포함하기 때문이다. 덴버의 라돈 평균 노출 수치는 4.5pCi/l다. 이것을 렘으로 환산하면 0.4렘, 즉 미국 평균 라돈 평균 노출 수치보다 0.3렘 더 높다.

0.3÷2,500=0.00012임을 뜻한다. 이 확률은 너무 작아서 인구에 대해 측정하거나 검출하기가 불가능하다.* 검출이 불가능한 위험은 정책을 결정하는 데 작은 역할을 할까? 그것은 하찮은 의문이 아니다. 미래의 대통령이라면 이것에 대해서 생각해볼 필요가 있다.

2011년 10월 15일 「뉴욕타임스」는 1면에 '시민들, 도쿄 주변 20개의 방사능 위험 지역 발견'이라는 제목의 기사를 올렸다. 3면에는 모든 사람들이 두려워하는 연간 1밀리시버트 수준의 위험 지역이 있다고 주장하는 기사가 실렸다. 방사능 수치가 100밀리렘 또는 0.1렘이다. 이 기사는 이 정도 수치는 체르노빌에서 지속적으로 강제 이주를 시켜야 하는 것과 동일한 수준이라고 보도하고 있다. 물론 이 수치가 덴버에서 행복하게 살아가는 사람들의 평균 과다 방사선량과 비교하면 작은 수치라는 것은 언급하지 않았다.

무엇 때문에 체르노빌의 피난 수준을 그렇게 낮게 설정한 것일까? 몇몇 사람들은 사전예방원칙Precautionary Principle을 적용해야 한다고 주장한다. 불확실함이 있다면, 의식적으로라도 지나칠 정도로 만전을 기해야 한다는 것이다. 국제방사선방호위원회ICRP는 방사선량이 연간 0.1렘을 초과하면 피난을 권장한다. 덴버 지역 방사선량의 3분의 1 수준이다. 위원회의 권고안은 너무 조심스러운 게 아닐까? 불필요하다. 0.1렘(그리고 도쿄의 공포)에서 지속되고 있는 체르노빌의 피난으로 야기되는 거주의

---

* 만약에 100만 명의 사람을 대상으로 통제실험을 한다면(현재 의학기술상 불가능하다), 약 20만 명의 암 환자를 예측할 수 있다. 물론 통계학 변동 때문에 실험의 결과가 딱 맞아떨어지기는 거의 불가능하며, 일반적으로 20만의 제곱근, 즉 447, 정도의 변동이 있을 거라고 예측한다. 0.3렘의 라돈 노출로 인한 암 환자 증가율이 0.0012×100만, 즉 120이란 점을 감안하면, 0.3렘의 라돈 노출의 영향력은 통계적으로 무의미하다. 만약의 1억 명의 사람을 대상으로 통제실험을 한다면, 표준편차는 4,470명이며, 방사능 노출로 증가된 암 환자의 수는 1만 2,000명으로 예측할 수 있다. 즉 방사능으로 인한 암 환자의 증가는 3표준편차보다도 적으므로 통계적으로 관찰하기가 거의 불가능하다.

분산은 방사선 자체에 의한 것보다 더 해로운 논쟁거리가 될 수 있다. 처방약의 부작용이 질병 자체보다 더 나쁠 수 있다. 엄격하게 적용하자면 ICRP의 표준에 따라 덴버의 주민들은 즉시 피난해야 한다.

1979년 펜실베이니아주의 스리마일 섬 원자력발전소 사고 후에 케메니위원회Kemeny Commission는 '방사선 유출에 의한 건강 피해' 연구를 진행했다. 위원회는 주요 피해는 암이 아니라 불필요한 공황 상태로 유도되는 심리학적 압박이라는 결론을 내렸다. 실제로 원자력발전소보다는 흡연으로 인해 유도되는 스트레스에 더 많은 피해를 입는 것으로 보인다.

가장 이상한 사실은 몇몇 덴버 지역 신문들이 대양을 횡단하여 후쿠시마 방사능 구름에 대해 경고하고 있다는 것이다. 관측된 방사능 구름은 마이크로렘 단위로 측정되었는데, 덴버의 자연방사선에 비해 1,000분의 1 정도로 미미했다. 경고는 발전소의 방사선이 자연방사선보다 어느 정도 위험할 것이라는 잘못된 믿음의 결과다. 또는 대부분의 사람들이 이미 자연방사능의 세계에 살고 있는 것을 바로 알지 못한다는 뜻이다.

신문을 읽으면 종종 여기서 추정한 것보다 더 높은 후쿠시마의 예상 암 사망자 수를 보게 될 것이다. 가장 생각해볼 만한 높은 수는 핵 전문가로 명성이 높은 딕 가윈Dick Garwin이 계산한 것이다. 그가 가장 최적화하여 추정한 사망자 수는 대략 1,500명이다. 내가 제시한 100명보다 훨씬 많다(하지만 여전히 쓰나미로 인한 직접적인 사망자 수의 10%이기는 하다). 가윈은 내가 사용하는 것과 동일한 수치를 사용하지만 후쿠시마의 인구 구성이 변하지 않는 상태에서 방사능을 매립, 정화, 세척이 불가능하다는 가정 아래 잔여 방사선으로 인해 유발할 수 있는 지속적인 손상에 대해 70년간의 시간으로 설정했다. 즉 기지의 사실로부터 미지의 사실을 추정한 것이다. 더욱이 덴버의 방사선량에 관한 논쟁을 무시한 채 작은 노출조차도 비례적으로 위험하게 가정하여, 작은 방사선량으로부터 예상되는 사망자 수를 계산에 포함하고 있다(이것은 물론 존경하는 미국 과학아카데미가 채택하고 있는 전제 조건이기도 하다). 가윈의 수치를 반박하려는 것은 아니지만, 상황을 이해해야 한다고 믿는다. 덴버에 동일하게 적용한다면 덴버의 방사선량은 해마다 이월되는 것으로 간주해야 한다. 그러면 70년에 걸쳐 0.3렘×70(년) 또는 사람마다 21렘으로 합계를 한다. 이것에 60만 명(현재 덴버의 인구)으로 곱하고, 2,500렘으로 나누면 가윈이 후쿠시마에 대해 예측한 수보다 3배가 넘는 5,000명의 예상 암 환자 수를 얻게 된다.

나는 이처럼 거대한 두 수치가 불편하다. 이 수치들은 비례적으로 예상되는 암 이론에 기반을 두고 있는 것이다. 그러나 그것은 결코 시험한 적이 없는 이론이며 가까운 장래에도 시험할 수 없다. 그리고 백혈병에 대해서도 실패한 것으로 알려져 있다. 동시에, 이론이 틀렸다고 확신할 수도 없다. 그러나 상대적으로 큰 이 두 개의 숫자는 오해를 일으킬 소지가 있다고 본다. 덴버는 미국의 나머지 지역보다 암 발생률이 더 높지 않을 뿐 아니라 오히려 더 낮다. 덴버의 방사선량 이하로 무시되는 위험치는 관측할 수 없으며 기타의 환경에서 일상적으로 (그리고 적당하게) 생략하고 있다. 비록 가윈은 1,500명이라는 수치를 제시했지만 그 또한 후쿠시마 지역의 피난이 장점보다 해악이 더 클 수도 있다는 점에 비해 충분히 작은 숫자라고 언급하고 있다. 피난은 헤아릴 수 없지만 매우 현실적으로 삶을 무너뜨린다.

몇몇 사람들은 보수적인 추정치를 제공한다는 이유로 검증되지 않은 선형가설을 세워야 한다고 믿고 있다. '보수적'이라는 형용사에 주의하

자. 무엇이 보수적이냐는 것은 당신의 방침에 따라 다르다. 과도하게 평가된 사망치가 보수적인 추정치일까? 그렇다면 이에 따라 피난과 공황상태로 더 많은 분열을 유도할 수 있다. 그것이 진정으로 신중한 것일까? 이 책에서는 보수적인 추정치보다 더 나은 최상의 추정을 제공하려고 하며 여러분이 중요하게 여기는 것에 따라서 조정할 수 있도록 할 것이다. 대통령이라면, 각료와 보좌관에게 보수적인 것이 아닌 최상의 추정치를 요구할 것이다. 그렇지 않으면 그 수치에는 제공한 사람의 편견이 구체적으로 드러나게 된다.

사망을 과대평가하는 또 다른 방법은 최상의 과학적 연구로 정의된 것에 비해 훨씬 더 높게 유도된 암 위험을 적용하는 것이다. 예를 들면 영화 〈체르노빌의 심장〉은 체르노빌 지역의 높은 사망률과 병을 방사능 유출 탓으로 돌리고 있다. 반면 좀더 신중한 분석에 따르면 문제를 지역 특유의 높은 흡연율과 알코올 소비율을 원인으로 꼽고 있다.

가장 유용한 추정은 내가 주장한 것이라고 생각한다. 아직까지 방사선으로 인해 암에 걸린 사람은 100명이 넘지 않는다. 잔여 방사선이 추가 위험을 유발할 것이라고 걱정하는 후쿠시마의 거주자는 그 지역에서 벗어나면 위험을 피할 수 있을 것이다. 하지만 추가적인 암은 통계로 관측할 수 없으며, 자연적인 암과 현대생활에서 겪는 다양한 위험에 연계되어 있다는 사실을 인정할 필요가 있다.

## 요점: 그래서 어떻게 해야 하는가?

쓰나미는 끔찍했다. 거대한 파도만으로 1만 5,000명 이상 사망했다. 또한 그 때문에 원자력발전소가 녹아내려, 암 사망자를 유발했고 파도가 강타하지 않은 지역의 많은 사람들이 피난을 떠나야 했다.

원자력발전소 붕괴로 인한 경제적인 영향은 소름이 끼칠 정도다. 사망과 피난으로 인해 사람들이 입은 피해 역시 크다. 그러나 방사선으로 인한 비극적인 사망자는 100명이 넘지 않는다. 쓰나미로 인한 사망자 수와 비교하면 무척 적은 수이며, 따라서 정책 판단의 주요 요소로 고려할 수는 없을 것이다.

후쿠시마 원자력발전소는 진도 9.0의 지진 또는 15미터의 쓰나미에 견디도록 설계되지 않았다. 주위의 토양은 오염되었으며, 복구에 여러 해가 소요될 것이다. 그러나 핵으로 인한 피해는 지진이나 쓰나미로 인한 것보다 현저하게 작다. 일본(그리고 미국)의 원자력발전소 복구 체계는 이런 일이 다시는 일어나지 않도록 보강되어야 한다. 언제나 비극에서 배워야 한다. 그러나 후쿠시마 사고가 원자력발전을 종식하는 이유가 되어야 하는 것일까?

절대적으로 안전한 것은 없다. 모든 것에 이상적으로 견디는 원자력발전소를 설계해야 할까? 소행성과 혜성의 충돌은 어떻게 대비해야 할까? 대규모 핵전쟁은 어떤가? 아니다, 물론 아니다. 소행성 또는 전쟁으로 인한  파손은 손상된 원자력발전소에서 방출되는 방사능으로 추가되는 작은 피해와는 비교도 할 수 없다.

쓰나미로 인한 직접 사망과 파괴가 100배 더 크다는 사실을 고려하면, 후쿠시마 방사능 유출에 대해 과도하게 반응하는 것이 놀라울 뿐이다. 원자력발전소가 멜트다운된 것에 관심이 쏠린 이유는 그것이 해결이 가능한 문제이기 때문일 것이다. 반면에 15미터짜리 쓰나미로부터 일본을 보호할 그럴듯한 방법은 없다. 영구적으로 해안에서 20마일 떨어진 곳에 옮겨 가서 살라고 해야 하는 것일까? 도쿄 구간을 포함하는 동부 해안에 15미터 높이의 장벽을 건설해야 할까?

원자력발전소의 안전을 위하여 여기에 지침을 제시한다. 원자력발전소가 파괴되거나 손상되었을 때, 유출되는 방사능으로 인한 피해는 원자력발전소의 기초가 파괴되는 것에 비해 작으므로, 충분히 튼튼하게 지어야 한다. 추가로 비용이 소요된다면, 2차 피해가 아니라 원인이 되는 재난을 회피하는 데 써야 한다.

이에 덧붙여, 방사능과 관련해서는 덴버의 피폭량을 표준으로 채택하도록 제시한다. 계획을 세우거나 재난 대책을 세울 때, 덴버의 거주자가 연간 자연적으로 노출되는 양 미만의 방사능 수준은 완벽하게 무시해야 한다. 0.3렘=300밀리렘=3밀리시버트다. ICRP가 권고하는 피난 권장 방사선량을 최소한 이 수준으로 높여야 한다. 그리고 덴버 정도의 방사선량에 여러 차례 노출되더라도 피난을 하거나 과장된 반응을 보일 만큼 해롭지는 않다는 사실을 인정해야 한다.

이런 기준에 따라 본다면 후쿠시마 원자력발전소 단지는 적합하게 설계되었다. 새로운 발전소는 물론 더 안전하게 만들 수 있겠지만, 최저 기준은 후쿠시마다.

후쿠시마 원자력발전소 멜트다운의 비극에 대한 책들이 저술되고 있고 (2012년 초) 일본은 모든 원자력발전소를 폐쇄하는 중이다. 이 정책으로 유발되는 고난과 경제적 피해는 막대할 것이지만, 원자력발전소로 인한 위험은 작아질 것이다. 핵에 대해 모종의 조치를 취하는 것은 일본의 진짜 위기를 향한 관심을 돌리는 데 도움을 줄 것이다. 바로 또 다른 거대한 지진과 쓰나미의 위협에 어떠한 대책도 없다는 것이다.

# 멕시코만
# 석유 유출 사고

오바마 대통령은 "우리 역사상 가장 끔찍한 환경 재난"이라고 했다. 이 재난은 "어업을 할 수 있는 영해와 국가의 보물"을 계속 파괴하고 위협하고 있다고 말을 이었다. 바로 아름답고 풍부한 멕시코만과 그 주변의 해안을 일컫는 말이다. "이러한 석유 유출은 미국이 겪어본 적 없는 최악의 환경 재난입니다. 그리고 지진이나 허리케인과 달라서 당장 혹은 며칠 동안 피해를 입는 간단한 사건이 아닙니다. 멕시코만에 유출된 수백만 갤런의 석유는 전염병 이상의 것으로, 우리는 수개월 그리고 수년에 걸쳐서 이와 싸워야 합니다."

2010년 7월 15일, 3개월에 걸친 노력 끝에 석유 유출은 최종적으로 차단되었다. 그날 대통령 보좌관인 데이비드 액설로드David Axelrod는 멕시코만 석유 유출 사고는 '모든 역사상 가장 끔찍한 환경 재앙'*이라며 오

* "Sound Politics: Sound Commentary on Current Events in Seattle, Puget Sound and Washington State,"(July 15, 2010, http://soundpolitics.com/archives/014103.html.)

바마보다 더 직설적으로 표현했다. 이 사고를 1930년대의 가공할 스모그는 물론 중세 유럽의 삼림 파괴와 같은 역사적인 재난보다 더욱 끔찍한 것으로 분류한 셈이었다. 과장은 갈수록 심해져, 사건이 발생했을 당시 데이터를 열심히 보는 게 차라리 나을 정도였다.

최종적으로 6,000마리 이상의 동물 사체가 발견되었는데, 대부분 새였다. 특히 석유에 흠뻑 젖은 펠리컨의 가슴 아픈 사진이 크게 주목을 받았다〈그림 1-4〉. 사망한 동물의 수가 얼마나 되는지 균형 잡힌 시각으로 보려면, 미국 어류및야생동식물보호국이 해마다 미국 건물의 유리창에 부딪혀 죽는 새의 수를 1억~10억 마리로 추정한다는 데 주목하자. 고압 전선 때문에 또 1억 마리가 사망하며 1만~10만 마리 정도가 낚시 그물에 걸려서 죽는다.

〈그림 1-4〉 멕시코만 석유 유출 사고 직후 괴로워하는 펠리컨. 이 사고 관련 가장 유명한 사진 중 하나다. "나한테 왜 이러세요? 어떻게 이런 일이 일어나게 내버려둘 수 있어요?" 하고 외치는 것 같다.

1989년 엑슨 발데즈Exxon Valdez호가 난파한 뒤 아름답던 해변이 타르로 뒤덮여버린 끔찍한 이미지가 쏟아져 나왔다. 멕시코만 석유 유출 사고 때는, 그와 유사한 해변 사진은 보이지 않았다. 텔레비전 뉴스에서는 오염을 정화하기 위해 해변을 돌아다니는, 새로 세차한 거대한 트랙터 차량을 보여주었다. 나는 해변을 원래 상태로 복원하기 위해 석유와 타르 그리고 오물을 정리하는 모습을 예상했다. 그러나 뉴스는 모래가 아닌 기계에만 초점을 맞추었다.

뉴스 화면에 가려진 배경을 연구한 결과 내가 할 수 있는 최선의 말은 해변에 타르가 무척 적었을 것이라는 거다. 나는 다소 냉소적이 되었다. 석유를 유출한 배후 회사는 거대 복합기업체 브리티시 퍼트롤리엄(BP, British Petroleum)이었다. 지역 공동체가, 다른 일거리를 찾고 있는 해변 청소부에게 돈을 내라고 BP를 설득해야 할까? (나는 9학년 여름방학 때 해변을 청소하는 일을 한 적이 있다. 매일 아침 6시부터 9시까지 일했는데, 하루 사이에 얼마나 많은 쓰레기로 해변이 난장판이 되었는지 어처구니가 없을 정도였다.)

BP를 비롯한 다른 정유사들은 석유가 유출됐을 때의 초기 대응을 잘 배워둔 것으로 판명되었다. 석유가 해변에 도달하는 것을 차단하는 방법 말이다. BP는 (어쨌든 생계가 막막해진) 지역의 어부들을 고용했으며 부표와 장벽을 배치하는 광대한 계획을 수립하고, 수 톤의 유처리제를 뿌렸다. 유처리제는 비누와 비슷하다고 할 수 있는데, 물로부터 석유를 분리하고 분해하기 위한 것이다. 결과는 터무니없게도 매우 성공적이었다. 사실상 모든 해변이 깨끗해졌다.

좋은 소식이었다. 관광사업을 재건할 수 있었다. 하지만 유튜브에 찍어올리기 쉽지 않을 정도로 잠재적인 피해가 있었다. 먼 바다는 어떨까? 어업에 끼친 영향은 무엇일까? 그리고 향후 10년간 미칠 영향은 무엇일까?

이와 같은 사례에서 볼 수 있듯이, 가설로부터 진실을 분리하는 것은 어려운 일이다. 특정한 사건이 일어났다는 이야기를 들었는데, '모든 역사상 가장 큰 재앙'이라고 하는데도 언론에서 끔찍한 사진을 볼 수가 없다면(또는 펠리컨 사진과 함께 동일한 장면만 되풀이된다면) 일반적으로 3가지의 그럴듯한 시나리오를 그려볼 수 있다.

1. 피해는 점차적으로 두드러질 것이다. 이 유출로 인하여 곧 돌고래와 고래가 사망하고 궁극적으로 넓게 퍼진 타르와 다른 심각한 재앙의 지표를 보게 될 것이다. 여러 해 동안 관광산업은 몰락할 것이다.

2. 피해 규모가 은폐되었을 것이다. 비록 멕시코만 해변이 훌륭하게 보이더라도 탐사 및 과학적 조사를 통해 심해가 가혹하게 파손되었다는 결론이 제시된다. 멀리 떨어져 있다고 해서 사안을 덜 중요하게 만들지는 못한다.

3. 사고는 재해가 아니지만 그럼에도 불구하고 '재해에 가까운' 나쁜 상황이 될 수도 있었다. 예를 들면 BP가 유전을 막을 때 운이 따르지 않았다거나, 하필이면 그때 허리케인이 몰아치거나 하는 상황 말이다.

얼마간의 시간이 흐른 지금 시점에서 보면 멕시코만 사고는 세 번째 시나리오에서 언급한 것과 비슷한 상태로 확실하게 이동했다. 어업은 재개되고 관광객은 멕시코만의 아름다운 해변으로 되돌아오고 있다. 피해 은폐에 대한 주장도 있지만 추측에 불과하거나 다소 불확실한 부분이 있다. 세 번째 시나리오는 불확실하고 과장된 경향이 있다. 유감스럽게도, 이 사태가 재해 수준이 아니었다는 결론을 내리는 것은 국민과 정부 어느 쪽에게도 이롭지 않다. 간접적으로 영향을 받는 부분(예를 들면 관광사업의 축소)조차도 국민은 잃어버린 소득에 대한 변상을 바란다. 정부는 아마도 많은 국민을 곤란에 빠뜨리는 가혹한 측정으로 재해를 과장하려 했다는 사실을 인정하지 않을 것이다. 또한 BP로부터 얻어낼 수 있는 수십억 달러도 주시할 것이다.

그런 시나리오의 리스트에는, 공포감이 과장되었을 수도 있다는 가능성, 사고가 '재해에 가까운' 수준이 아닐 수도 있다는 가능성 그리고 안타깝기는 하지만(11명이 사망한 것) 환경적으로는 허용할 만한 수준이었다는 – 영구적인 영향은 없고 몇 가지 규정만 수정하면 앞으로 쉽게 방지할 수 있다는 – 사실이 언급되지 않았음에 주목하자. 이 네 번째 시나리오는 정치적으로 매력적이지는 않은데, 정부나 언론 모두 과민반응을 보였다는 사실을 인정하고 싶지 않을 것이기 때문이다. 심지어 이런 시나리오는 책임을 회피하려는 시도로 보일 수 있기에 피의자인 BP도 이런 설명을 부인했다.

이런 문제를 이해하려면 무슨 일이 일어났는지 더 자세하게 살펴야 한다.

## 딥워터 호라이즌 호 사고

2010년 4월 20일에 시작된 멕시코만의 딥워터 호라이즌 석유 굴착 장비 폭발 사고로 11명의 작업자가 사망하고 17명 이상이 부상했다. 이 장비는 딥워터 호라이즌이라는 이름에 어울리게 320피트(약 98미터)나

될 정도로 높았지만, 루이지애나 해변에서 66킬로미터나 먼 바다에 있었기 때문에 수평선 위로는 보이지 않았다.

이 굴착 장비는 해저에 고정되어 있지 않았다. 해저로부터 5,000피트 (1,524미터) 정도에 떠서 길고 유연한 배관을 해저 1만 8,000피트(약 5,487미터)에 있는 석유 시추공에 연결했다. 상단의 암석 무게 때문에 배관 속의 석유는 엄청난 압력을 받고 있었고, 결국 굴착 장비가 폭발할 때 배관이 분리되어 석유가 초당 26갤런(약 100리터)의 속도로 뿜어져 나오기 시작했다.*

우연히 땅에 파이프를 꽂았다가 유정을 찾는 바람에 졸부가 되었다는 옛날 영화를 생각해보자. 석유가 통제할 수 없이 표면으로 분출하고 굴착 장비 소유자는 갑자기 부자가 된 행운에 매우 기뻐한다(최소한 영화에서). 하지만 실제로 그와 같은 분유정은 석유를 어마어마하게 낭비하는 것이기 때문에, 장비를 조작하는 사람은 신속하게 배관을 막는다. 땅 위에서 작업하기도 무척 어려운 일인데, 딥워터 호라이즌 유정은 거의 해저 1마일 깊이에 있었다. 원격 잠수정이 물속 깊이 들어가 사진을 보내는 것은 가능하지만 그 이상 기대하는 것은 무리였다. 분유정을 막는 것은 최상의 조건에서도 하기 힘든 일이다.

수백만 갤런의 석유가 바다로 흘러들어갔다. 「뉴욕타임스」는 매일 석유가 유출된 지역을 지도로 나타냈다. 〈그림 1-5〉는 사고 후 두 달 뒤인 2010년 6월 26일의 모습이다. 큰 다각형은 오바마 대통령이 해안 400마일(약 644킬로미터)까지 확장한 어로 금지 구역이다.

---

* 공식적 숫자는 일일 5만 3,000배럴(약 840만 리터)이다. 1배럴당 42갤런이고, 하루는 86,400초이니 1초당 26갤런(약 98리터)인 셈이다.

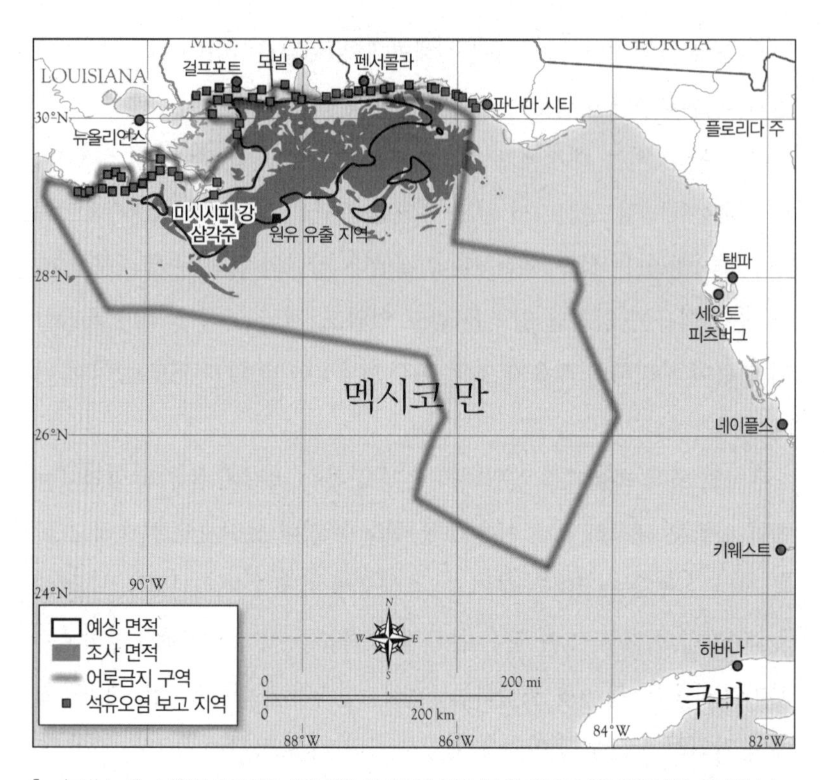


▎〈그림 1-5〉 딥워터 호라이즌 석유 유출 최대 피해 면적. (출처: 2010년 6월 26일자 「뉴욕타임스」)

심각한 예측들이 쏟아져 나왔다. 플로리다 서부 해안이 폐허가 될 것이라는 예측도 있었고, 해양 학자들은 석유가 플로리다 반도를 돌아서 멕시코 만류를 타고 미국 동부, 아마도 케이프 코드와 메인 주의 북부 멀리까지 그리고 심지어 유럽까지 오염시킬 가능성(실제 같은)을 제시했다.

일간 자료를 본 바로는, 표면의 석유층은 우려했던 것만큼 확산되지 않았다. 〈그림 1-5〉의 지도는 석유의 최대 피해 면적을 대략적으로 나타낸 것이다. 석유는 계속해서 흘렀지만(7월 15일까지 마개를 틀어막지 못했다), 수면에 뜬 석유는 증가하지 않았다.

석유는 조금도 플로리다로 흘러들지 않았다. 석유는 어디로 간 것일까? 최소한 부분적으로는 예상할 수 있다. 어느 정도는 증발하고, 더러는 물에 분산되었으며, 또 어느 만큼은 물에 가라앉거나 정화 작전에 따라 제거되었을 것이다.

원유는 탄화수소hydrocarbon라는 화학 혼합물로 구성된다. 혼합물 분자는 수소 원자 구조 주위의 탄소 원자 사슬이다. 최단 사슬은 1탄소의 메탄이며 2탄소는 에탄, 3탄소는 프로판 그리고 4탄소는 부탄이다. 최단 탄화수소는 기체이며 대기로 사라진다. 어느 정도 더 무거운 석유 분자(8탄소의 옥탄 그리고 16탄소의 세탄)는 경량 액체이며, 따라서 물에 뜬다. 멕시코만 석유 유출 사고 당시 위성 화상에 보이는 것이다. 원래의 휘발유와 마찬가지로(탄화수소와 같은 혼합물) 궁극적으로는 증발된다.

석유층이 충분히 두꺼우면 석유는 연소될 수 있다. 얇다면 궁극적으로 분산 또는 자연 순환으로 충분히 희석될 때까지 잠재적으로 물을 유독성으로 만들며 용해된다.

전체 유출량은 대략 2억 5,000만 갤런(약 9억 5,000만 리터)으로 추정된다. 대략 100만 세제곱미터, 축구장 정도의 크기다. 많은 양이긴 하지만, 바다는 넓다. 만약 유출된 석유가 분산되거나 증발하거나 가라앉지 않는다면 〈그림 1-5〉의 진하게 표시된 색의 '조사 면적' 구간(대략 1만 제곱미터)을 대략 2,000분의 1인치, 즉 일반적인 종이 또는 머리카락만큼의 두께로 가득 채울 것이다. 해수 아래에서 (5,000피트 깊이에서) 직접 용해만 하면 석유는 100만 분의 1미만으로 희석된다. 유독성으로 간주되는 수준을 밑돈다. 유출 규모는 엄청났고 생태계에 큰 피해를 끼쳤지만(더 이상 그런 유출이 일어나지 않길 바라지만) 그럼에도 불구하고 이 사례는 오염을 제거하는 진정한 방법은 희석이라는 것을 보여주고 있다. 바다는 대단히 넓다.

말 많고 탈 많은 다량의 계면활성제를 다량 해수에 뿌리는 목적은 석유가 더 큰 덩어리로 뭉치지 않도록 만드는 것이다. 작은 덩어리를 먹는 박테리아는 외부 표면에만 접촉할 수 있으므로 큰 덩어리는 느린 속도로 사라지기 때문이다. 그리고 바닷새의 깃털 또는 바다 포유 동물의 털에 달라붙는 것은 큰 덩어리뿐이다.

더 무거운 분자는(20 이상의 탄소) 타르 형태로 응고되며 물보다 밀도가 더 커 가라앉는다. 해저에서 이러한 타르는 석유를 게걸스럽게 먹어치우는 박테리아의 공격을 받는다. 속도는 얼마나 빠를까? 심해를 관측하기가 매우 힘들기 때문에 잘 알 수 없다. 멕시코만 석유 유출에 대해 좀처럼 사그라지지 않는 생태학적 재해에 대한 대부분의 불만은 박테리아의 활동이 느리며, 가라앉은 석유가 해저층의 생물을 죽인다는 가정을 기반으로 한다.

가라앉은 석유를 다 먹어버리는 이러한 박테리아의 능력은 많은 사람들에겐 놀랍겠지만 전문가들에겐 그렇지도 않다. 멕시코만은 1979년의 익스톡Ixtoc 재해를 포함한 다른 유출 사고보다 아주 빠르게 복구되었다. 비록 매년 유출되는 석유의 총합이 딥워터 호라이즌에서 유출된 석유의 1% 미만이기는 하지만, 멕시코만에는 많은 양의 석유가 자연적으로 유출되고 있다. 그럼에도 불구하고 멕시코만에서의 자연적인 공급은 석유를 다 먹어버리는 박테리아를 무성하게 만들기에 충분하다. 그 박테리아들에게, 딥워터 호라이즌의 석유 유출은 축제의 시작이었다.

석유 유출은 2010년 7월 15일에 마침내 멈추었으며, 2개월 후인 9월 19일, 유정은 공식적으로 봉인되었다.

## 피해

실제로 얼마나 많은 피해를 입은 것일까? 앞서 언급한 바와 같이 딥워터 호라이즌의 폭발로 11명이 사망하고 17명이 부상했다.

석유 유출은 해양학자들이 '청색 바다blue ocean'로 불리는 멕시코만 연안에서 일어났다. 스크립스 해양학협회의 전 이사인 윌리엄 니렌버그William Nierenberg는 이 해역은 해양학자들에겐 사막으로 통하는 곳이라고 설명한 적이 있다. 상어가 다니는 곳이기는 하지만 영양소가 적어서 사실상 생명이 넘치는 곳이 아니다. 생태학자에게, 사막은 뜨겁고 건조한 곳을 의미하는 것이 아니라 생명의 밀도가 낮은 곳을 뜻한다. 청색 바다보다 더 해안에 가까우면 '녹색 바다green ocean'라고 하는데, 심해수가 용천하고 강물(미시시피와 같은)로부터 흘러들어오는 영양소가 풍부한 생명의 기반을 제공한다. 심해에서의 석유 유출은 중단시키기가 더 힘들긴 하지만, 실제로 생산성 높고, 생명이 넘치며, 영향도 풍부한 녹색 바다 영역에서 멀리 떨어져 있기도 하다.

유정이 봉인되고 표면의 석유가 대부분 사라진 후에 BP는 야생 생물의 사망 기록을 보고했다. 동물 피해는 6,814마리(새 6,104마리, 바다거북 609마리, 돌고래 및 기타 포유류 100마리 그리고 파충류 1마리)였다. 대부분이 바다에서 수집되었으며 BP는 신문에 그 동물들의 사진이 실리는 것에 확실히 협조하지 않았다. 물론 얼마나 많이 생략됐는지 알기는 힘들지만 대단히 많은 사람들이 조사를 하고 있었다. 사진 한 장으로 유명해진 펠리컨 한 마리보다는 훨씬 더 많았다.

흑다랑어는 특히 추산이 힘들다. 산란기에 바닷가에서 산란하는 중에 유출이 발생했으며, 해양 재단은 위성 사진을 바탕으로 석유 유출로 인해 흑다랑어 치어의 20% 이상이 줄었다고 추정했다.

그러나 환경적인 영향이 실제로 얼마나 더 컸을까? 이 문제는 여전히 커다란 논쟁거리다. 후쿠시마 원자력발전소에서 유발한 암처럼, 대부분의 재해는 계산은 가능하지만 관측은 되지 않으며, 그나마 계산도 매우 불확실하다. 몇몇 사람은 보수적인 추산을 하지만 후쿠시마에서처럼, 보수적이라는 것의 의미는 당신의 방침에 달려 있다. (몇몇 환경주의자들의 관점을 취해서) 피해 규모를 과소평가하진 않았는지 확인하고 싶은가? 또는 어업, 관광업, 산업계의 과장된 추산 때문에 피해규모를 과대평가하고 있지 않은지 확인하고 싶은가?

몇몇 사람은 사고의 가장 큰 피해는 정부의 과잉조치로부터 온다고 생각한다. 유출 사고 후에 오바마 대통령은 심해 시추에 대해 일시적인 금지를 선언했으며, 금지령은 수천 명의 일자리는 물론 지역의 유류 산업을 일시적으로 중단시켜 지역경제에 심각한 타격을 주었다. 물론 이와 같은 결정은 교묘한 사후약방문과 같다. 두 번째 유출이 있어도 오바마는 결코 포기하지 않았을 것이다. 그는 조지 W. 부시 전 대통령이 카트리나 허리케인 때 제대로 대처하지 못한 탓에 장기간 후유증을 앓았다는 것을 의심할 여지없이 절실히 느끼고 있었다.

거대한 해역이 어로 금지로 묶였기에 처음에는 지역산업이 황폐화될 것으로 우려했었다. 많은 어민들은 해변에 도달하는 석유를 대부분 차단하는 장벽 설치에 도움을 주기 위하여 BP에 고용되었다. 물론 그들 대부분은 어업에 종사하는 편이 훨씬 나았을 것이다. 석유 세척은 더러운 작업일 뿐 아니라 석유 증기에는 잠재적인 위험성이 있다. 어떤 면에서는 어업 금지로 BP가 지역의 바다에 대한 지식과 경험이 있는 어부, 유능하게 임무를 수행할 사람들을 얻게 된 셈이다.

멕시코만의 바다는 구간별로 천천히 여가용 낚시와 새우, 굴 그리고 게의 상업적 어업을 위해 다시 개방되었다. 유출 지점으로부터 1,000제곱마일 구간을 포함하는 전체 구간은 초기 유출 후 1년 만에 최종적으로 개방되었다. 시험 결과 해수 표본의 99%에서 석유 잔여물이 검출되지 않았으며, 유처리제조차도 연방 제한에 비해 1,000배나 낮은 것으로 나타났다. 물고기와 새우가 번성했다. 조업도 매우 성공적이었다. 해양 야생생물에게는 오염으로 인한 고통보다 낚시 금지로 인한 혜택이 더 큰 것 같았다. 멕시코만이 얼마나 잘 복구되었는지는 실로 깜짝 놀랄 정도다. 최소한 측정할 수 있는 부분에서는 그렇다.

관광산업은 위태롭게 유지되면서 일시적으로 손해를 입었다. 호텔뿐이 아니라 지역 식당과 기타 오락시설이 방치되었다. 미국관광협회에 따르면 40만 개 이상의 관광산업 일자리가 재해로 영향을 받았으며, 관광사업의 부정적인 효과는 3년간 230억 달러를 초과할 수 있다고 주장했다. 이와 같은 것을 숫자로 설명하기는 항상 힘들며, 이런 사안에 대해 발표되는 집단 보고서는 BP에 배상금을 청구하는 데 관심을 두고 작성된 것임에 주의해야 한다. 배상금의 규모는 그 지역이 얼마나 빨리 예전의 활발했던 관광지로 회복되느냐에 달려 있다.

## 의원병

딥워터 호라이즌의 재해에 책임을 져야 마땅한 사람은 누구일까? 대부분의 사람들은 당연히 유전 개발권을 갖고 있는 BP가 책임을 져야 한다고 생각한다. 실제로 BP는 즉각적으로 책임을 인정했다. 회사는 석유가 유출된 후 곧바로 발표문을 냈는데(대변인은 오바마 대통령이었다), 재해의 피해를 보상하기 위하여 200억 달러의 자금을 신탁하겠다는 것이었다. 다소 많은 것처럼 보였지만 얼마나 길게 피해가 지속될지 알지 못했기 때문에, 누군가는 심하게 부족하다고도 했다.

물론 유출은 BP 자체에 막대한 손해를 입혔다. 먼저 BP는 유정을 봉인하는 데 112억 달러를 소비했다. 추가로 대략 400억 달러 정도를 소송비용으로 지출했는데, 3개의 다른 회사와 소송 중이다. 각각 딥워터 호라이즌의 소유자이며 운용자(축조에 5억 달러 비용)인 트랜스오션 사, 폭발 방지장치 제조업체인 카멜레온 사, 유정 시멘트 업체인 홀리버튼 사다.

BP가 입은 가장 큰 손해는 그동안 쌓아온 명성이었으리라. 사건이 있기 몇 년 전 '브리티시 퍼트롤리엄'이라는 사명을 BP로 바꾸었고, 광고에서는 BP를 '석유를 넘어서Beyond Petroleum'라는 글자가 나오도록 했으며, 환경을 생각하는 에너지 회사라는 평판을 구축하기 위해 애를 썼다. 딥워터 호라이즌의 재해가 일어난 뒤 국민들은 BP를 배척하기 시작했으며, 몇몇 주유소의 BP 상표는 조롱거리가 되어 1990년대 후반까지 BP가 미국에서 쓰던 상표명인 아모코Amoco로 다시 변경하기도 했다.

멕시코만 해안 시추 작업을 금지시켰던 6개월 동안, 경제학자들에 따르면 수십억 달러의 경제적 손실이 발생했다.* 추가로 주식 가치 역시 100억 달러 이상 하락한 것으로 추정되지만, 어쩌면 이 역시 일시적인 과잉반응이다.

돌아보면, 신속하고 강력한 보호 조치가 얼마나 충분하게 손실을 막

---

* 더 자세한 분석을 원한다면, http://www.noia.org에서 다음 글을 참조하라. "The Economic Cost of a Moratorium on Offshore Oil and Gas Exploration to the Gulf Region," by Joseph R. Mason, Louisiana State University, July 2010.

았으며, 보호 조치 자체로 인해 얼마나 많은 손실이 생겼는지를 따져보는 게 좋을 것 같다. 의료 용어인 의원병(醫原病, Iatro genic disease)은 의사를 방문하거나 도움을 받은 것에 비해 더 해로운 결과가 나타났을 때 쓴다. 일례로 대기실에서 다른 환자에게서 병이 옮는 것을 들 수 있다. 의원성 사망은 마취의 오용 그리고 절차상의 잘못이 수술실에서 발생할 때 일어난다. 딥워터 호라이즌의 재해는 이런 부분이 얼마나 될까?

딥워터 호라이즌 재해가 시작되었을 때 정부는 석유 유출을 차단하기 위한 기술적 방법에 깊이 관여했다. 당연한 이야기지만 정부에게 심해 개발 업계의 노력을 대체하거나 도울 만큼 쓸 만한 기술은 부족했다. 하지만 정부의 과잉대응이 상황을 악화시켰을까? 해변은 깨끗했다. 관광 산업의 손실이 오로지 석유 유출 때문일까? 혹은 오바마 대통령과 각료들의 과장된 성명이 무언가를 유발한 것은 아닐까?

석유 유출 후 1년 만에 루이지애나 주지사인 바비 진달Bobby Jindal은 지역의 재탄생을 선언했다. 지역언론은 멕시코만의 새우를 다시 먹게 된 것을 축하했다. 루이지애나주립대학교의 생태학자이며 교수인 에드워드 오버톤Edward Overton은 환경적 영향은 1989년 알래스카의 엑슨 발데즈 석유 유출에 비해 훨씬 덜 심각한 것이라고 말했다. 그는 "엑슨 발데즈랑은 완전히 다릅니다. 아주 달라요."라고 말했다.*

결국 멕시코만 석유 유출 사고는 대재앙이라기보다는 준재해급이었으며, 3등급 재난 중 하나였지만 한편으로는 그보다 훨씬 나쁜 상황이 될 수도 있는 사고였다. BP가 만약 제때 유정을 막지 못했거나 최악의

---

* Kathy Finn, "Gulf Gets Taste of Recovery One Year after Spill,"(Reuters, April 20, 2011, http://www.reuters.com.)

타이밍에 허리케인이 몰아치는 상황 말이다. 물론 그 최악의 상황에 얼마나 가까이 있었는지 알 방법은 없다. 우린 운이 좋았을까, 나빴을까?

멕시코만 석유 유출 사고는 에너지 정책에 어떤 교훈을 주었는가? 이 사고의 경험이 정치 지도자들을 보수적으로 만들고 최악의 상황을 가정하고 움직이게 만드는 것은 확실한 것 같다. 예방원칙을 채택하고 지나치게 안전에 치중하도록 한다. 하지만 그런 방식은 대중매체를 통해 사람들에게 확 와 닿을 법한 최악의 사례만을 뽑게 되는 잠재적인 편향의 문제가 있다. 사실상 지역 경제 또는 국가 경제의 손해조차도 더 큰 위협으로 향할 수 있다. 멕시코만 석유 유출은 환경에 큰 악영향을 끼쳤지만, 내가 볼 때는 과잉반응으로 인한 문제가 더 컸다.

물론 판단은 환경과 경제에 부여하는 상대적인 가중치에 좌우되며, 합리적인 사람조차도 그 적절한 균형에 대한 대답은 매우 다를 수 있다(그리고 다르다). 예방이 무엇이냐는 것은 그것을 주장한 사람의 머릿속에만 있는 것이어서 간단한 가이드라인으로써의 예방원칙은 잘 먹히지 않는다. 사람들은 흥분하게 되면 때로는 균형 잡힌 판단을 하기보다는 자신이 확신하는 것을 택하기도 한다. 과장된 시각은 대중적인 이미지에서 지속되고, 그것은 이롭지 못한 방식의 정책을 유지하게 만든다. 멕시코만에서 시추 작업을 중단하고 다른 바다로 가야 할까? 아마도 그럴 것이다. 그러나 멕시코만 석유 유출에 대한 과장된 수사에 근거하여 결정을 내려선 안 된다. 대통령은 모든 사실에 입각해 균형 잡힌 결정을 내려야 한다. 물론 여러분은 현명하게 처신하려고 하겠지만, 그런 태도 때문에 재선에 영향을 미칠 포퓰리즘의 공격을 받기 쉬워질 수도 있다.

# **지구온난화**와 기후변화

에너지와 관련된 가장 큰 문제는 아마도 지구온난화일 것이다. 또한 지구온난화는 기후변화와도 밀접한 연관이 있다. 많은 사람들이 이것을 이 시대에 가장 중요한 문제로 간주하고 있다. 그들은 현 세대는 미래에 소름 끼치는 유산을 넘겨주고, 우리의 아이들과 아이들의 아이들은 현 세대가 저지른 나태의 결과로 인해 고통받을 것이라고 걱정한다. 또 다른 사람들은 기후변화가 언론의 주목을 받아 돈줄이 풀리길 바라는 과학자와 정치가가 벌이는 가장 큰 사기라고 믿는다.

그럭저럭 진실을 끼워맞추는 것은 대단히 어려운 일인데, 크게 볼 때 신문은 극단적인 관점으로 보도하고 과학적 논의에 비해 더 큰 논쟁을 제기하기 때문이다. 양 극단에 선 사람들은 서로 상대방이 말도 안 되는 소리를 하고 있다고 비난하며, 모두 자기들이 옳다고 주장한다. 진리는 한가운데 깊이 묻혀 있다.

여기 미래의 대통령이 지구온난화와 기후변화에 대해 알아야 할 것들에 대해 간단히 요약해보겠다.

1. 국민에게 제시되는 대부분의 증거는 과장되거나 왜곡되어 있다.

2. 지구온난화는 실제로 존재하고 위험하며 확산을 막기 위하여 신중하게 노력할 만한 가치가 있다.

3. 이론이 옳다고 가정해도 (그렇지 않을 수도 있지만), 지금까지 지구온난화를 막기 위해 제안된 것 중에 현실적으로 먹힐 만한 건 하나도 없다.

세 문장은 너무 놀랍고 또는 심지어 틀린 것처럼 보일 수도 있을 것이다. 그래서 우선 간단히 살핀 후에 어떻게 이런 결론이 나오게 되었는지 구체적으로 검토해보자.

## 지구온난화의 간단한 개요

지난 세기에 걸쳐 인간이 사용한 화석연료가 크게 증가하여 대기 중 이산화탄소($CO_2$) 농도가 40% 늘어났지만 이산화탄소는 여전히 미량 기체다. 대기 중 겨우 0.04%를 차지하고 있을 뿐이지만, 모든 식물을 구성하는 탄소의 근원이며 이는 동물들도 마찬가지다. 적은 양이긴 해도 무시할 수 없는 양이다.

그럼에도 이것이 중요한 이유는 이산화탄소 기체가 열 복사(적외선 램프에 사용되며 눈에 보이지 않는 적외선 복사와 같은 것)를 가두는 경향이 있기 때문이다. 이런 면이 온실의 온도를 높이는 것과 비슷하여 온실효과 greenhouse effect라고 부른다. 많은 사람들에게 더 친근하고 비슷한 비유로 '주차한 자동차 효과'를 들 수 있다. 광선은 닫힌 유리 창문을 통해 들어올 수 있지만, 더운 공기는 빠져 나갈 수 없다. 열은 차폐되고 내부 온도는 상승한다.

이산화탄소는 기체이지만 열을 가둔다. 수증기는 더 큰 요인이지만 바다, 강 그리고 호수의 매우 많은 물은 인간의 경험상 수증기의 양을 직접 통제할 수 없도록 대기에 접촉되어 있다. 대기 중 수증기 양은 대부분 물과 대기의 온도에 의해 결정된다. 메탄도 중요하다. 산소, 질소, 아르곤은 대기의 주요 성분이지만 사실상 열 복사를 흡수하지 않기 때문에 간접적으로만 기여한다.

대기는 아주 오래전부터 이산화탄소를 갖고 있었고, 온실효과도 아주 오래전부터 존재했었다. 사실상 이산화탄소가 없고 다른 자연적인 온실가스도 없다면, 지구 온도는 물리적으로 계산했을 때 빙점 이하로 떨어지고 말 것이다. 온실가스는 해수가 결빙되는 것을 방지하고 지구를 따뜻하게 유지하는 담요다.

지난 두 세기 동안 인류는 대기의 담요 효과를 조금 더 늘릴 수 있을 만큼의 이산화탄소를 만들었고, 결과적으로 지구의 온도도 조금 상승하게 되었다. 어느 정도일까? 그것은 말하기 매우 힘든 일이다. 다른 요인들, 특히 태양에너지의 변동이나 엘니뇨와 같은 자연적인 해류의 변동도 기후변화에 영향을 미치기 때문이다.

최근 세기 동안 지구의 온도에 대한 최고의 기록은 온도계 측정을 통해 이루어졌다. 1724년에 다니엘 파렌하이트Daniel Fahrenheit는 수은 온도계를 발명했다. 18세기 후반에 미국에서 최초의 측정이 공식적으로 벤저민 프랭클린Benjamin Franklin과 토머스 제퍼슨Thomas Jefferson이 이끌던 연방정부에 보고되었다. 세계 전체로 적용하기는 불충분하지만, 그 불충분한 자료에 현대의 통계적 방법을 적용하면 당시의 전체 지구의 평균 온도를 추정할 수 있다.*

이 책을 저술하기 시작했을 때 3개의 주요 과학 단체가 온도계 자료를 분석했다.** 결과는 기후변화를 연구하기 위하여 설립된 국제위원회 IPCC(기부변화에 관한 정부 간 협의체, Intergovernmental Panel on Climate Change)가 요약했다. IPCC가 무엇을 뜻하는지 기억할 필요는 없지만 약자는 알 필요가 있다. 수년마다 IPCC는 대량의 구체적인 보고서를 발행한다. 이 단체는 2007년에 기후변화에 대한 작업으로 노벨 평화상(앨 고어와 공동으로)을 받았다. 사람들이 지구온난화에 대한 '합의된 의견'이 있다고 이야기하는 것은 IPCC의 보고서를 뜻한다. 가장 최근의 보고서(2007년)에서 IPCC의 결론은 이전의 50년간 지구의 기온이 대략 섭씨 0.64도 상승했으며, 이 온난화의 '대부분'은 주로 온실효과에 의한 인위적(인간에 의해 발생하는) 변화였다는 것이다. 동일한 50년간 평균 육지 온도는 섭씨 0.9도 상승했다(육지는 바다에 비해 더 온난하다. 왜냐하면 육지는 열이 지면에 농축되어 머물기 때문이다. 바다에서는 파도가 물을 혼합하며 100피트 이상의 깊이로 열을 희석시킨다). IPCC는 물론 1800년대 후반 이래로 지구가 따뜻해지고 있지만 초기 온난화의 일부 또는 전체는 태양의 세기 변화에 기인한다고 단언했다. 그 기간 동안 인간에 의한 변화가 있었는지는

---

* 그 당시에 기록되지 않은 지역들을 제외한 지역의 데이터를 사용하여 전 세계의 온도를 추측한 이후 현재 데이터를 이용해 구한 정확한 온도와 비교하여 그 당시의 기록의 정확성을 확인할 수 있다.

** 영국의 HadCRU는 영국 메트 오피스의 해들리 센터와 이스트 앵글리아 대학의 기후연구소의 협력 그룹이다. 이 그룹의 일부는 기후 게이트(Climate gate) 사건 때 악명을 떨쳤다. 거침없이 기후변화의 위험에 대해 경고하는 짐 핸슨(Jim Hansen)이 이끄는 고다드 우주기술 연구소(Goddard Institute for Space Science)에 있는 미국 항공우주국(NASA) 그룹. 노스캐롤라이나, 애슈빌에 있는 미국 해양대기관리처(NOAA). 그리고 캘리포니아 샌타바버라에 있는 비영리 기관인 노빔(Novim)의 후원으로 버클리, 오리건, 조지아에 있는 과학자들과 통계학자들로 구성된 우리 팀, 버클리 지구(Berkeley Earth) 연구소다. 우리 팀이 관측한 자료를 공개할 즈음에 팀 멤버이자 암흑에너지의 발견자인 솔 펄머터가 2011년 노벨 물리학상을 받았다.

측정할 수 없었다.

50년간 0.64도가 올랐다는 지구온난화에 대한 IPCC의 수치는 생각보다 덜한 것일까? 1년에 100분의 1도 조금 넘게 오른 셈이다. 과학자들이 어마어마한 자료를 분석하는 걸 제외하면, 검출하기가 힘든 참으로 적은 상승분이다. 많은 사람들이 비록 합의했다 하더라도, 인간이 온난화에 끼친 영향이 너무 적다는 사실이 놀랍다. 최근에 나의 제자들에게 물어보았는데, 온도 상승폭이 그렇게 작다는 것을 아는 (또는 추측하는) 사람이 없었다. 그러나 대부분의 과학자(나를 포함하여)가 우려하는 것은 지금까지 일어난 온난화의 양이 아니라, 앞으로 다가올 훨씬 더 큰 폭의 온난화다.

비록 IPCC의 분석이 타당한 것처럼 보이지만, 그 분석의 방대한 함의를 고려하면 추정치가 맞다는 확신을 줄 무언가가 필요하다. 온난화 위협에 대한 과잉반응은 에너지 안보에, 나아가 미국 경제에 위협을 줄 수도 있기에 보다 신중해야 하고 위험의 정도를 정확하게 알아야 한다. 다소 신중한 회의론자들은 IPCC의 결론을 심각하게 비난하며, IPCC가 온난화를 과잉 추정했다고 주장한다. 그들은 IPCC가 일방적인 자료를 선택하는 것이 지닌 위험성을 무시했고, 온도 관측소의 정확성도 떨어졌으며 증가폭도 잘못 판단했다고 말했다. 비록 해수면 상승과 같은 다른 측정치들을 통해서도 어느 정도 온난화가 일어나고 있다는 것을 확인할 수는 있지만 이들은 간접적인 지표라서 변화의 추세가 급격한지 완만한지 구분할 수 없다. 온난화에 대한 균형 잡힌 반응은 상승의 속도를 정밀하게 아는 것에 달려 있다.

2009년에 나는 딸 엘리자베스와 함께(우리는 이전에 첨단기술 전문 컨설팅회사를 창업해서 함께 일한 경험이 있다) 불확실성을 제시하기 위한 새로운 과학적 연구단체를 구성하기로 했다. 이름은 버클리 지표면 온도 프로젝트Berkeley Earth Surface Temperature Project로 지었다(종종 BEST 프로젝트이라고 부르는 사람도 있지만, 우리는 약어를 잘 쓰지 않는다). 더 상세한 정보는 BerkeleyEarth.org에서 찾을 수 있다.

프로젝트는 완전히 개방적이고 투명한 과정을 거쳐 완료되었다. 우리의 분석은 모든 사람이 볼 수 있도록 공개되었으며 캘리포니아주의 샌타바버라에 있는 비영리 연구 기관인 노빔Novim의 후원을 받아 조직되었다. 솔 펄머터(Saul Perlmutter, 우주론 연구로 노벨 물리학상을 받았다), 아트 로젠펠트(Art Rosenfeld, 에너지 효율 및 절약에 대한 국제적 작업으로 명성이 자자하다) 그리고 자료 분석에 있어 따를 자가 없는 젊은 물리학자 로버트 로드Robert Rohde를 포함한 정상급 과학자를 영입했다.

우리가 세운 목표는 전 세계 4만여 개의 관측소에서 기록한, 이용할 수 있는 디지털 데이터를 최대한 활용하는 것이었다. 이전의 팀은 전체 관측소 중 20% 미만을 이용했으며, 주로 길고 지속적인 기록이었다. 우리는 그런 관측소가 관측소 주변 환경의 변화에 영향을 받는 점을 우려했다. 일례로, 처음엔 교외 지역에 설치된 온도계가 수십 년에 걸쳐 도심 근처까지 확장되면 점차 온도가 오르는 것처럼 관측될 수 있다. 그래서 우리는 16억 회에 달하는 온도 측정값을 다루고, 14가지 데이터 세트와 거의 그 경우의 수만큼의 다양한 데이터 형식을 통합하고 그것을 다룰 새로운 통계적 기법을 개발했다. 이것의 대부분은 로드가 만든 주목할 만한 발명 덕에 가능했다. 더욱이 다른 과학자가 용이하게 적용할 수 있는 형식에 자료를 입력하도록 설정하여 더 많은 사람들이 독립적인 분석을 수행할 수 있었다. 우리는 얼마 전에 이것을 완성했다. 이 자료는 BerkeleyEarth.org에서 다운로드할 수 있다.

언론은 우리를 '회의론자 떨거지'로 매도했다. 이전의 작업이 벌써 노벨상으로 검증되었는데 재분석을 한다고? 나조차도 스스로 이상하게 여겨졌다(내가 진짜 회의론자인 걸까? 그렇게 생각하지 않는다. 최소한 언론의 비평 기사에서 언급한 정도까지는 아니다). 나는 과학자들은 '적절하게 회의적'(우리 팀의 통계 자문인 데이비드 브릴링거가 즐겨 쓴)이어야 할 의무가 있다고 생각했다. 다른 한편, 회의론은 균형감을 가져야 한다. 과학자는 납득시킬 수 없을 정도로 회의적이서도 안 된다. 그리고 회의론은 '모든 과학자들이 한 톨의 의심도 남기지 않고 만장일치로 동의할 때까지 기다립시다'와 같은 식의 무대응을 요구하는 것처럼 보일 위험도 있다. 어쨌든 적당한 회의론이 없다면, 지식은 결코 진보하지 않을 것이다.

IPCC에 문제를 제기하는 사람들에 대해, 모든 명백하고 부정할 수 없는 증거를 무시하는 '거부자'라며 비난하는 사람도 있다. 지구온난화에 대한 회의론은 진화론을 거부하는 것과 유사한, 과학 자체에 저항하는 운동으로 매도되었다. 그와 같은 대접은 부당하다. 회의론을 공격하는 많은 사람들은 반대 자체에 불평하는 매우 비객관적인 행위를 한 것이다. 나는 기후과학의 유효성을 지지하는 청원에 서명을 간청하는 미국물리학회[나는 펠로(fellow)로 선출되었다]를 포함하여 몇몇 단체의 태도가 당황스러웠다. 기후과학을 지지한다고? 회의론자들의 비판이 고찰의 무가치함을 의미하는 것일까? 나는 UC버클리의 여러 물리학 교수들이 이 청원에 서명한 것을 알게 되었으며, 관측소의 수준이 낮다는 사실을 무시한 이유와 그 관측소마저 편향적으로 선택한 것을 문제 삼지 않은 이유를 물었다. 그들은 각 사례에서 이런 문제를 들은 적이 없으며, 당연히 그런 것들을 무시할 수 없다고 말했다. 그들은 과학을 방어하는데 자신들의 지지가 필요하다고 생각했기 때문에 청원에 서명한 것일

뿐, 실제로 제기되는 문제를 바라보지는 않았다. 그들의 서명이 의미하는 영향력에도 불구하고, 그들은 결론을 확인하기 위해 필요한 과학적 전문지식을 적용하지 않았다.

내가 타당하다고 보는 이전의 보고서에 대한 큰 불만점은 다음과 같다.

1. 많은 온도계가 부실하게 설치되어 있었으며, 더러는 건물 근처, 더러는 아스팔트 포장도로, 또 어떤 것은 열 공급원 근처에 있었다. 그와 같은 온도계는 온난화와 관계없이 가열된 상태를 나타낸다.

2. 연구진이 분석하기 전에 원본 데이터를 '조정'했다. 계측기, 현지화 그리고 기록 방법을 고려하기 위한 것이었다. 조정이 미친 영향은 온도 상승의 추정치를 증가시키는 것으로 알려져 있다. 편향된 부분은 없을까? 부정확하다면 그와 같은 '교정'은 실제보다 더 가열된 것으로 표시될 수 있다.

3. 도시는 과도한 에너지 사용과 아스팔트 등 지면의 광선 흡수에 의한 비온실효과로 인해 가열되고 있다. 이런 추가적인 온난화를 '도시 열섬 효과(urban heat island effect)'라고 부른다. 대규모로 분산된 온도 관측소는 대부분 도시에 위치해 있었는데, 따라서 이런 가열은 지구온난화의 평균치를 증가시킨다.

4. 모든 자료를 적용하지 않았으며 많은 관측소를 무시했고, 가열량의 과대평가를 유발할 수 있는 편향된 방법으로 선택되었다 (예를 들면, 장기간의 기록을 가진 관측소만 선택하는 식).

버클리 지표면 온도 프로젝트는 이러한 문제를 제기하기 위해 열심히 일했다. 이전 단체가 적용한 '전지구 기후이력 네트워크global historical climate network'의 7,280개나 되는 관측소의 5배 이상(3만 6,866개의 관측소)

에 적용할 수 있는 모든 자료를 포함시켜 편향된 자료 선택을 피했다. 쉬운 일이 아니었다. 단기간의 자료를 조합할 수 있는 정교한 통계적 방법을 적용해야 했다. 우수한 관측소의 온도를 분석하여 관측소의 편향된 품질을 시험하고, 불량한 관측소는 별도로 처리했다. '매우 외진' 지역(도시 지역으로부터 먼 지역)만을 분석하여 편향된 도시를 시험했으며, 모든 내륙 지역에 포함되는 응답을 비교했다. 어떠한 수정도 하지 않음으로써 데이터 교정 오차를 피했다. 의심스러운 변화가 있는 경우에는 해당 위치에 표지를 붙이고 해당 지점에서 나온 데이터를 2개의 기록으로 나누었다.

마침내 2011년 후반에 앞에서 언급한 효과들에 의해 편향되지 않은 구체적인 내륙의 표면온도를 추정하는 데 이용할 데이터를 얻을 수 있었다. 나의 방법에 따라 정밀도를 확장하고 불확실성을 축소하여 결과를 얻었는데, 대략 내륙에서 섭씨 0.9도 상승한 것으로 나타나 이전의 연구진이 구한 것과 매우 가까웠다. 결국 회의론자들의 우려 중 어느 것도 이전의 결과를 부당하게 편향시키지 않았다고 결론지었다. 결과적으로 그들 연구진은 결과 분석에 매우 주의를 기울였으며 잠재적인 오차들도 잘 관리했다는 점도 알 수 있었다.

그러나 우리는 어느 정도 완전히 새롭고 흥미로운 결과도 획득했다. 우리가 선택한 통계적 방법은 브릴링거의 지침에 따라 로드가 주로 개발했으며, 이전에 완료한 시점에서 1753년까지 거의 2배 정도 더 이전의 기록으로 확장했는데, 이 장기간의 기록으로 어떤 놀라운 결론에 도달했다. 〈그림 1-6〉은 연간 내륙 표면온도 그래프다.

지금은, 중앙을 가로지르는 '완만한 정합'으로 지칭하는 두꺼운 선을 무시하자. 급격하게 상하로 변동하는 얇은 선은 지구 육지 온도의 연간

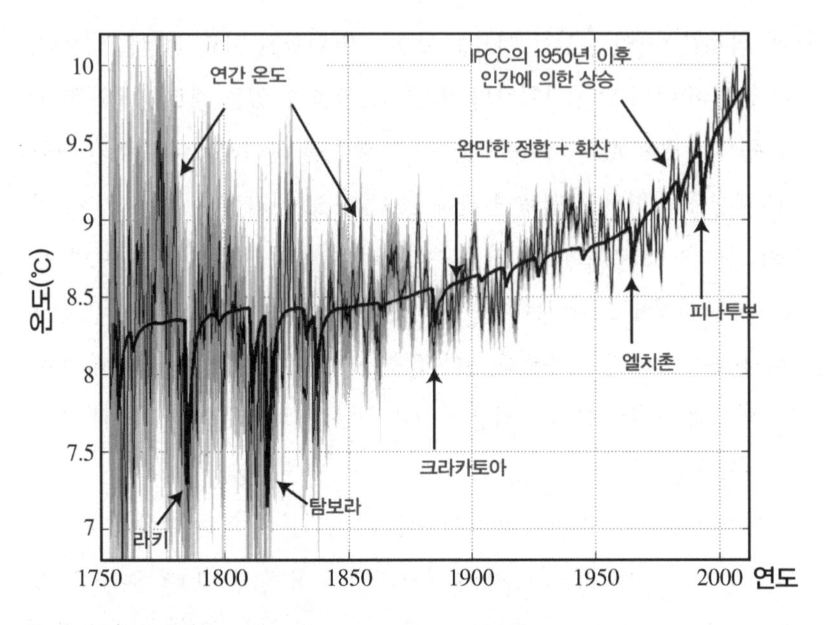


**버클리 지표면 온도 연구 결과**

〈그림 1-6〉 1800년부터 현재까지의 내륙 지역의 평균적인 지구 온도 상승폭을 나타낸 그래프다. 얇은 선은 추정 온도를 나타낸다. 회색 영역은 예상된 불확실성 한계를 나타낸다. 어두운 선에 대해선 본문에서 설명한다. 이 선은 대형 화산의 폭발을 측정하여 도출한 것으로 부분 부분 급락 지점이 나타나는 완만한 곡선이다.

평균을 계산하여 나타낸 것이다. 주위의 엷은 회색 구간은 연간 불확실성을 나타낸다. 즉 제한된 통계 또는 제한된 지리학적 적용 범위에서 정밀하게 정의할 수 없는 온도를 뜻한다. 불확실성 한계는 넓은 범위에 수천 개의 온도계가 깔려 있는 현대에는 매우 작지만 (너무 작아서 잘 보이지도 않는다) 측정 범위도 듬성듬성하고 100개도 없던 시절에는 매우 크게 나타난다. 그러나 이러한 큰 불확실성에 따르더라도 1700년대 후반에서 1800년대 초반으로 넘어갈 때 온도가 현저하게 급강하하며, 현대에 나타나는 모든 것에 비해 모두 급격하게 변동한다. 우리는 이것이 화산 폭발로 인해 나타나는 단기간의 냉각기간이었음을 깨달았다.*

1783년과 1815년쯤에 발생한 급강하 지점은 라키 및 탐보라의 거대한 화산폭발로 인해 생긴 것으로 확인된다. 폭발성 화산 작용은 성층권에 수백만 톤의 황산염 입자를 분출할 수 있으며, 대기 중에 여러 해 동안 머물면서 태양광선을 반사해 지면을 냉각시킨다. 탐보라 화산폭발은 규모가 엄청나서 냉각 지속, 흉작 그리고 식량 부족으로 세계에 수많은 죽음을 안겨준 '여름 없는 해'로 유명한 1816년을 만든 폭발이라는 평을 받고 있다. 나머지 급강하는 1883년(크라카토아), 1982년(엘치촌) 그리고 1991년의 피나투보 폭발이다. 나이가 어느 정도 있는 사람이라면 폭발 후에 대략 2년 동안 지속된 아름다운 '피나투보의 저녁노을'을 기억할 것이다.

화산의 황산염 입자가 지구에 낙하하면 그중 일부는 그린란드와 남극에 형성되는 빙하에 포획된다. 측정된 침전물은 〈그림 1-6〉에서 급강하하는 두꺼운 선으로 나타난다. 이런 얼음에서 채취한 표본과 내가 관측한 온도 하강 간의 밀접한 일치는 관측소가 적었음에도 불구하고 확인되며, 우리는 이러한 통계적 방법에 따라 실제로 1700년대 후반의 온도를 유의미한 정도로 결정할 수 있게 되었다.

---

* 나는 뉴멕시코, 산타페에서 2011년 11월에 열린 기후 컨퍼런스에서 그 냉각 주기를 화산폭발과 관련하는 해석에 대해 의문점을 제시하는 발표를 한 적이 있다. 그 당시 난 1815년 탐보라 폭발로 의해 시작한다는 냉각 주기가 원래는 1809년에 시작했고 '여름이 없었던 해'(1816년에 있었던 유명한 냉각 주기. 6, 7, 8월에도 눈과 서리가 여러 지역에서 기록되었으며 세계 온도가 0.4~0.7도나 하락했다. - 옮긴이)의 원인은 탐보라 폭발이 아니었을 수도 있다는 가능성을 제시했다. 그러나 그날 오후에 로드가 온라인에서 탐보라 폭발 6년 전, 즉 1809년에 탐보라 폭발급의 화산 폭발이 있었다는 사실을 담고 있는 지금까지 관심을 못 받은 출판물을 찾아냈다. 이 화산 폭발은 아직도 이름이 없을 정도로 역사적 의미가 부여되지 않았지만 이 폭발에서 발견된 얼음 표본의 황산염 퇴적층은 탐보라 화산의 표본과 맞먹는다. 화산 폭발이 냉각 주기의 원인이란 설을 반박하기는커녕, 이 출판물의 발견으로 온도 기록만으로도 화산 폭발을 발견할 수 있다는 점을 보여줬다. 그래서 다음 날 나는 5분의 시간을 빌려 내가 발표한 의문점은 틀렸고, 냉각 주기의 시발점은 화산폭발일 수도 있다고 정정하여 발표했다.

지금부터 두터운 선의 완만한 부분을 설명할 텐데, 대부분의 자료가 중앙에 위치해 있다. 초기에 우리 팀은 1753년부터 진행하는 온도에서 상대적으로 지속적인 상승을 관측했으며(일시적인 화산 급강하를 무시하고), 나는 완만한 곡선에 따라 자료의 정합을 시도했다. 먼저 간단한 포물선을 적용했는데, 잘 맞아떨어졌다. 나중에 지수와 5차 다항식을 포함한 다른 함수로 시도했다. 그러나 로드는 다른 방향으로 진행했다. 그는 지구온난화에 대하여 대단히 박식했다. 그는 사실상 지구온난화 아트Global Warming Art로 부르는 유명한 계획의 설립자이며, 자료를 추적하고 도표화하며 결과를 인터넷에 올린다. 특히 위키피디아에 올린 그의 그래프는 많은 과학자가 자신들의 주제에 맞는 자료를 찾을 때 가장 좋은 원천이 된다.

로드는 내가 했던 분석을 다시 했지만, 이번에는 추상적인 수학 함수 대신에 이미 알고 있는 이산화탄소 농도 곡선을 피팅에 이용했다. 물론 이산화탄소는 온도가 아니라 100만 단위로 측정하므로(공기 분자 100만 개 중에 섞여 있는 탄산가스 분자의 수이며 영어로는 part per million volume이며 ppmv로 표기한다.- 옮긴이) 피팅을 최적화하기 위하여 가변 척도를 허용했다. 놀랍게도 2개의 매개변수를 피팅한 결과, 내가 시도한 모든 함수에 비해 자료에 더 근접했다. 사실상 내가 로드의 $CO_2$ 정합에 화산을 추가하고 〈그림 1-6〉에 두터운 선으로 표시하여 '완만한 정합'으로 나타낸 것이다(대수 조정을 했으며 곧 설명할 것이다).

나는 지금까지 연구자로서 살아오면서 어마어마한 양의 자료를 분석했다. 입자물리학부터(박사학위) 천체물리학과 우주론 그리고 지구물리학(빙하기의 기원에 대한 저술도 남겼다)까지 연구했다. 그러나 과학에서 로드가 발견한 것만큼 밀접하게 일치하는 것을 발견하기는 힘들다. 일치는 놀랄 만한 것이다.

로드는 물론 정합을 개선하는 데 충분한 정도를 알기 위하여 태양 흑점의 수로 측정한 태양 가변성을 추가하려 했다. 하지만 통계적으로 의미 있는 정도의 개선은 보이지 않았다. 피팅과 가장 잘 맞는 이산화탄소와 흑점 데이터의 비율을 구한 결과, 흑점 데이터가 차지하는 비중은 통계적으로 0에 가까웠다. 그것 역시 나에게는 놀라웠다. 이 분석 결과는 우리에게 온난화는 전적으로 이산화탄소 농도에 기인하며 이전에 IPCC가 1950년대 이전의 온도 상승을 설명하는 데 썼던 태양 복사의 변동은 중요하지 않다고 말하는 것처럼 보인다.

돌아보면, 태양 흑점을 적용하지 않은 것은 합리적이었다. 태양열을 위성으로 측정한 결과는 태양 흑점 주기에서도 변화가 별로 없는 것으로 나타난다. 태양 흑점은 분명 어둡지만 흑점이 나타날 때는 태양의 밝은 부분으로 에너지가 우회하는 것 같다. 흑점이 많다고 해서 태양의 온도가 눈에 띄게 낮은 것은 아니었다. 나의 계산은 이러한 주기를 무시할 수 있으며, 이산화탄소와 화산만을 고려한 자료만으로도 대부분 충분히 설명된다는 것을 나타낸다.

이전에 아무도 $CO_2$ 곡선과 온난화 관측 간의 밀접한 일치를 알아채지 못한 이유는 무엇일까? 이유는 수학적이다. 250년에 달하는 방대한 데이터도 없었고, 데이터의 불확실성 범위를 줄일 수 없었기 때문이다. $CO_2$와 그 밖의 요인을 구분하기 위해서는 충분히 작은 오차 추정치로 보다 먼 과거까지의 데이터를 확보해야만 했다. 장기간의 그리고 정확한 기록만이 태양 활동이 미치는 영향을 시험(그리고 제외)할 수 있다.

물론 곡선 주변에는 몇 년밖에 지속되지 않는 단기간의 설명할 수 없는 변화도 존재한다. 어느 정도는 적도 부근 태평양 온도의 유명한 변동

현상인 엘니뇨 때문일 수 있다. 그러나 우리의 논문에서 이것은 북대서양의 움직임과 더 밀접하게 관련되어 있음이 밝혀졌다. 급격한 변동과 해양의 온도 추정치 사이에 높은 상관관계를 발견했다. 이 정합은 이 변동의 가장 중요한 원인이 될 수 있는 멕시코 만류의 흐름 변화를 암시하고 있다. 물론 여전히 가설이며, 아직까지 과학적인 결론이 아니다.

온난화와 $CO_2$ 간의 정교한 일치는 지난 250년간의 온난화 대부분(아마도 전부)이 인간에 의해 야기된 것임을 암시하고 있다. 매체가 회의론자로 낙인을 찍은 누군가가(바로 나다) 내린 훌륭한 결론이다. 아직까지도 나의 견해는 변하지 않았다. 초기에는 답이 없던 문제들로 인해 내 의견을 정립할 수 없었다. 버클리 지표면 온도 연구소에서 이루어진 방대한 작업 이전에는 그 답을 알 수 없었던 그 문제들이다. 나는 언제나 열린 자세를 원했으며, 여론의 압력이 아닌 자료와 객관적인 분석을 권유했다. 나의 소견은 변하지 않았다. 오히려 발전되었다.

우리의 연구 결과가 인간이 지구온난화의 원인이라는 실체를 드러내자, 우리의 스폰서들의 바람과는 반대로 신문에서는 우리가 결과에 이른 과정을 조롱하는 기사를 내보냈다. 우리는 수많은 재단의 재정적 지원을 받고 있었다. 리 폴거, 고든 게티, 빌 게이츠, 빌 보우즈 그리고 찰스 콕이 설립한 재단이 여기에 포함된다. 그러나 이런 재단들은 엘리자베스와 나에게 어떠한 특별한 결과도 '희망'하지 않음을 분명히 했다(사실, 그들이 그런 식으로 나왔다면 우린 지금 지원을 받지 않았을 것이다). 오히려 그들은 버클리 지구팀이 기후변화와 관련된 중요한 문제를 푸는 것에 대해 열린 자세와 객관적인 태도로 임하고 있다고 보기 때문에 지원하는 거라고 말했다.

나는 지금부터 향후의 온난화를 예측하는 데 이 결과들을 이용할 것이다. 물리적 계산으로만 죽죽 이어가면, $CO_2$가 미치는 추가 온실효과는 $CO_2$의 농도에 비례하지 않지만 $CO_2$ 농도의 대수에 비례한다 [이런 특징의 물리적인 이유는 $CO_2$ 흡수선폭에서 오는 효과가 대부분이라는 것과 관계가 있다. 흡수선폭은 대수적으로 늘어난다. 이런 반응은 복잡한 기후 모델을 통해 검증되었으며 크게 이론(異論)이 없다]. 사실 이런 특성에 의해, 〈그림 1-6〉에 나타난 로드의 완만한 피팅 곡선 부분은 $CO_2$의 농도에 직접 비례하는 것이 아니라 로그에 비례한다는 것을 알 수 있다.

지구온난화의 예상에 대해서는, $CO_2$ 농도가 산업화 이전의 2배, 560ppmv가 되는 시점에서 어떤 현상을 예측하느냐를 놓고 기후 모델 간의 결과를 비교하는 것이 일반적이다. $CO_2$ 지수가 지속적으로 증가한다고 가정하면 대략 2052년에 발생한다. 그런 상황에서 로그 계산*으로는 지금보다 1.6℃ 높은 연간 내륙 온도를 예상하고, 오늘날보다 1.1℃ 높은 지구 온도(육지+해양)를 예상한다. 그 후에 무슨 일이 발생할까? 여기서 수학적 방식에 따라 통찰해보자. $CO_2$가 지수적으로 증가하면 온실효과는 대수적으로 증가하며, 그다음에 온난화가 선형적으로 증가한다(지수를 획득한 경우에 대수화하고 다시 원래의 수로 되돌리기 때문이다).** 그래서 온도 상승폭을 2배로 늘려 잡으면 도달하는 시간 간격도 2배가 된다. 이것은 2052년 후에 대략 40년간 내륙에 걸쳐 또 다른 1.6℃ 상승과 육지와 바다를 합쳐 1.1℃ 상승하는 것을 의미한다. 그러므로 $CO_2$

---

* 산업화 이전의 $CO_2$ 레벨, 현재의 $CO_2$ 레벨, 산업화 이전 $CO_2$ 레벨의 2배는 각각 280, 395, 560 ppb이다. 이 수치에 각각 로그를 적용하면 (상용로그를 적용하겠지만 어느 로그이건 상관은 없다) 2.45, 2.60, 2.75로 변환된다. 각 값의 차이가 0.15란 점을 보아, 각 단계마다 예상 온도 증가치는 같다고 볼 수 있다. 즉 처음 단계 (1753년에서 2012년) 사이에 평균 육지 온도는 1.6°C 상승했고, 그다음 단계에서도 1.6°C가 오를 거라고 예측할 수 있다. 다음 단계는 2012년에서 2052년이다.

** 수학적으로 $\log_{10}(10^x) = x$ 라고 정의한다.

를 비롯한 온실가스를 대기로 방출하는 것을 중단할 때까지 40년마다 계속된다.

이런 계산은 세련되진 않지만 간단하다는 장점이 있다. 어떤 사람들은 IPCC의 복잡한 모형이 컴퓨터 명령어 안에 깊숙이 전제 조건을 숨기고, 이런 전제 조건을 어느 정도 정당화하지 않거나 조정하며 편향적인 결과가 나오도록 프로그램 개발자가 손 본 것이 아니냐고 불평한다.

이와 달리 나의 대수 계산은 완벽하게 투명하며, 복잡한 컴퓨터 기반 추정과 사실상 다르지 않은 추정을 제공한다. 곡선의 완만한 부분에 대해서 나는 2개의 매개 변수만 적용하는데, 오프셋offset과 척도다. 내가 현장에 일반적인 규정을 채택하고 자료와 정합 모두에 오프셋을 0으로 설정하면 실제로 매개변수는 하나뿐이다. 하나의 매개변수로 이와 같은 우수한 일치를 획득하는 것은 주목할 만한 일이다. 물리학자들이 선호하는 '근사치 계산back of the envelope calculation'인 것이다.

어떤 사람들은 이 계산이 수증기 되돌림, 메탄, 적설積雪, 연무 그리고 구름을 무시했다고 반박할지도 모른다. $CO_2$의 변화에 개략적으로 따르는 변화의 범위로 교정할 수 있는 진폭의 $CO_2$ 곡선을 적용하여 그와 같은 모든 작용의 지표로 간주할 수 있다. 이것을 시험하기 위하여 메탄을 별도로 다루는 프로그램을 시행해보았다. 실제로, 결과는 유사했지만 온도 변화는 2개의 성분으로 분할되었다. 물론 언제든 더 많은 매개 변수를 추가하여 더 일치하는 결과를 획득할 수 있다. 에어로졸을 추가할 수 있는데, 그렇다 하더라도 일치율만 더 높아질 것이다.

**결론**: 지난 250년에 걸쳐 인간에 의해 유발된 관측할 수 있는 온난화 경향의 모든 것을 계산해 낼 수 있는 것으로 드러났다. 이 모델에 따르면, 몇몇 새로운 현상이 일어나지 않는 한(구름의 갑작스러운 증가, 중국 경제

의 정체, '임계치tipping point'의 도달) 2050년까지 1.1℃(지구 전체) 그리고 1.6℃(육지)의 추가적인 온도 상승을 겪을 것이라고 암시하고 있다.

## 임계치

충분히 강력하다면, 양의 되먹임 효과는 불안정성을 유발하고 온난화를 가속시키거나 또는 급격하고 비참한 변화를 야기할 것이다. 온난화로의 폭주는 지구와 아주 유사한 다른 행성인 금성의 뜨거운 표면 상태(약 480℃)의 원인이다. 그와 같은 재해의 메커니즘은 임계치라고 부르는데, 지구의 여러 가능한 임계치들에 대한 연구가 이어져왔다.

- 남극의 빙원은 녹아버려 바다로 사라진다(세계 각지의 해수면이 100피트 이상 상승한다).
- 그린란드에서 녹은 물이 멕시코 만류를 막아 조류의 흐름을 태평양 쪽으로 바꾼다.
- 영구동토층이 녹으면서 유력한 온실가스인 메탄이 배출되고 온난화가 더 심해진다.
- 온난화한 북극 해수 때문에 해저층으로부터 메탄이 배출된다.

이 중에서 현재 긴급히 위험하다고 간주되는 것은 없다. 많은 사람들이 영구동토층의 메탄을 두려워하지만, 메탄은 영구동토층의 표면이 녹아도 특별히 더 많이 생산되지 않는 깊은 원천에서 나오는 것으로 판명되고 있다. 그린란드가 녹아내리는 시나리오는, 그 이론을 제시한 컬럼비아 대학교의 월러스 브로커 교수가 결국 심각한 위험이 되지 않는다는 계산을 제시할 때까지 큰 우려를 가져왔다. 가장 걱정되는 최고점은 아마도 북극 해수의 온난화겠지만, 예상되는 것에 비해 다음 세기에 온도가 더 크게 오르지는 않는다.

임계점에 대해 심히 걱정되는 부분은 그것이 눈앞에 닥쳐온 위험으로 다뤄지지 않는 것보다 머리 좋은 사람들도 스스로 깨닫지 못하고 있는 사고를 이어가고 있다는 점이다. 우리는 아직 기후를 조절하는 모든 주요 인자를 다 알고 있다고 말할 만큼 기후를 잘 이해하지 못하고 있다. 정말 위험한 임계점은 실존하지만 우리가 그 존재도 깨닫지 못하고 있는 임계점일 것이다.

물론 음의 되먹임 효과도 있을 수 있고, 그 경우 예상되는 온난화를 축소할 수 있다. 예를 들면 태양광선을 반사하는 더 많은 구름이 수증기를 생성한다고 가정하자. 단순히 구름의 양이 2% 증가한 것만으로도 이산화탄소가 두 배 증가했을 때의 예상 온난화를 무효화하기에 충분하다(이산화탄소의 수준이 지금까지 40%에 늘어난 것을 떠올리자). IPCC의 요약에 따르면 구름의 양은 아직 변화하지 않았다. 어쨌든, 구름의 변화에 대해 아는 것이 별로 없다는 점은 온난화 예측에서 불확실성의 가장 큰 원인이다.

지구온난화는 허리케인의 세기와 횟수의 변화, 해수면 상승, 강우량 분포의 이동 그리고 강우림과 산호초 같은 취약한 지역의 변화 같은 수많은 기후 관 변화를 유발할 수 있다. 어떤 비옥한 지역은 가뭄을 겪고, 다른 건조한 지역에는 비가 내릴 수도 있다. 모든 영향이 좋지 않은 것은 아니다. 이산화탄소는 식물의 성장을 증진하며(이런 효과를 위해 온실에 이산화탄소를 주입하기도 한다). 캐나다에 거주하는 몇몇 사람들은 약간 따듯한 기후에 대한 희망을 품는다. 그러나 대부분의 사람들은 진화의 유전자 돌연변이처럼 기후의 가장 급작스러운 변화가 대부분의 사람들에게 좋지 않다고 믿고 있다.

## 지역적 가변성

기후변화가 '명백하고 논쟁의 여지가 없다'는 불평에도 불구하고 증거는 실제로 매우 포착하기 힘들다. 그것을 알려면 신중한 과학적 분석을 실행해야 한다. 한 사람의 개인으로서는 알아차리기가 무척 어려울 것이다. 만약 알아차릴 수 있다면, 지역적 기상을 지구 기후로 혼동하는 경우일 것이다. 〈그림 1-7〉의 기상대 지도를 보자. 지도는 미국의 모든 기상대를 나타내며 아울러 최소한 100년간의 기록을 가지고 있다. 온도가 상승한 관측소는 플러스 기호로 표시했다. 온도가 하강한 관측소는 원으로 표시한다. 대략 관측소의 3분의 1이 실제로 가동되는 동안 온도 하강을 표시했다는 데 주목하라.

머리가 복잡할 것이다. 어떻게 전체적으로는 온난화가 진행 중인데 왜 저렇게 많은 관측소에서 온도가 내려가고 있을까? 그러나 세어보면, 비록 관측소의 3분의 1이 온도 하강을 나타내도 3분의 2는 온도가 오른 것을 발견하게 된다. 세계 7개 대륙 모두에 위치하는 3만 6,866개의 관측소를 살펴보면, 동일한 비율을 보인다. 지구온난화, 개별적인 관측소에서는 명백하지 않지만 평균적이다.

몇몇 관측소에서 온도 하강이 보이는 이유는 비록 지구 전체적으로는

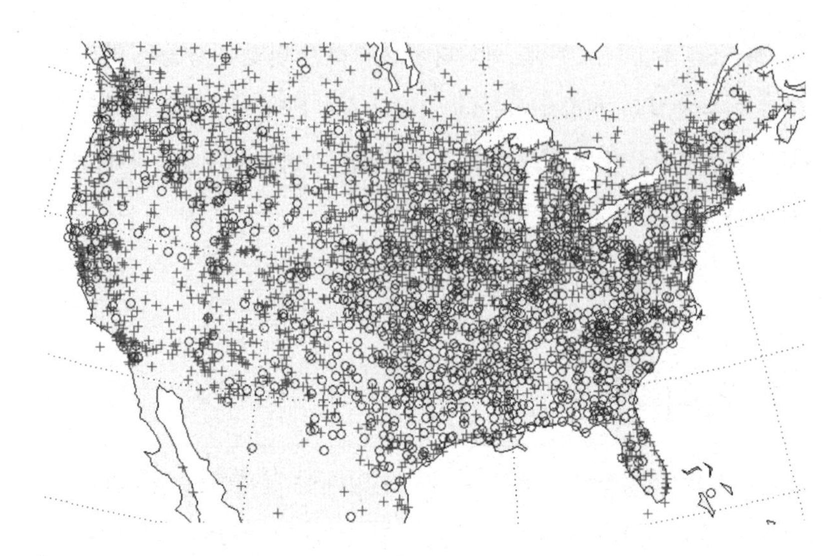

〈그림 1-7〉 지도는 미국 기상대의 온도를 나타내며 최소한 100년간의 기록을 가지고 있다. 온도가 상승하는 지역은 플러스 기호로 표시한다. 온도가 하강하는 지역은 원으로 표시한다. 관측소의 3분의 1이 온도 하강을 나타내며 3분의 2는 상승을 표시한다.

기후 온난화가 진행 중이더라도 지역적 기후 변화는 지구 평균치에 비하면 꽤 가변적이기 때문이다. 그리고 만일 인간이 유발하는 지구온난화가 2℃ 또는 3℃에 도달하면, 지역적인 변동이 온난화의 양을 상쇄하기에 충분하지 않을 것이고 사실상 세계의 모든 관측소가 온난화를 나타낼 것이다.

나는 종종 이런 변동성과 온도 하강을 보이는 지역이 많다는 것이 회의론자들에게 힘을 실어주고 있지 않은가 한다. 모든 사람의 3분의 1은 지난 세기에 걸쳐 온도가 하강한 지역에 거주한다. 지구온난화는 그들에게는 확실히 명백하지는 않다. 그러나 온도가 상승하는 지역에 거주하는 사람들도 마찬가지로 자신을 속이고 있는지도 모른다. 나는 연방 하원의원이 "지구온난화는 명백하기 때문에 여러분이 할 일은 밖으로 나가서 그것을 느끼는 것이다."라고 주장하는 것을 들은 적이 있다. 실제로 이 도시 그 지역의 온도 관측소는 지난 50년간 기온이 하강한 것으로 나타났다. 아마도 그는 자신의 고향을 기준으로 한 것 같았다. 그렇지 않으면 더운 날 과잉반응을 보인 것이다(그리고 실제로 워싱턴은 그날 무척 더웠다). 사실상 수백 또는 수천 개의 기록 없이 세계 평균 0.64도라는 현재의 작은 상승폭을 검출하기는 불가능하다.

지구온난화가 과학자를 제외하고는 알아차릴 수 없는 양이라는 말에 놀랐을지도 모르겠다. 허리케인이 증가하는 것과 같은 기후변화의 다른 양상은 어떨까? 토네이도는 어떨까? 산불은 어떨까? 허리케인 카트리나는 어떨까? 알래스카가 녹는 것은 어떨까?

이 중 어떤 것도 인간이 일으킨 지구온난화의 증거는 되지 못한다. 때때로 순수하게 지구온난화의 위험을 걱정하는 마음으로 무심결에, 혹은 고의적으로 과장하는 경우가 있지만 그런 현상들을 기후변화와 연관짓는 것은 과학적으로 올바르진 않다. 그와 같은 과장은 지구온난화를 비판하는 사람들에게 표적을 제공할 뿐이다. 내 의견으로는 온도 데이터는 의심의 여지가 없다. 다른 영향은 틀리거나 왜곡되었다. 그럼 위에서 말한 몇 가지 주장들을 살펴보기로 하자.

## 허리케인

〈그림 1-8〉은 1850년 이래로 10년마다 미국을 강타하는 허리케인의 수를 나타낸 것이다. 도표는 허리케인이 잦아지고 있다는 대중의 확신을 부정하는 것 같다. 2005년에 처음으로 알파벳 문자를 실제로 소진

하고, 허리케인 시즌에 충분한 만큼 문자를 재활용해야 했다(허리케인 이름은 QUXYZ를 제외한 알파벳 21개 문자로 시작하는 이름을 쓴다. 알파벳을 다 쓰면 그리스 알파벳으로 이름을 매긴다.-옮긴이). 그러나 알파벳을 모두 써버린 이유는 이제 먼바다에서부터 허리케인을 추적할 수 있기 때문이다. 그 지역은 배가 거의 다니지도 않지만 위성 사진을 통해 접근할 수 있고 부표로 풍력을 측정할 수 있는 지역이다. 더 많은 허리케인이 '관측'되었다는 사실이 반드시 허리케인이 더 많이 발생한다는 뜻은 아니다.

그와 같은 관측 작용을 보상하기 위하여 과학자는 '비편향 부표본unbiased subsample'을 선택한다. 미국 해안을 덮쳤던 허리케인은 1800년대 초 이래 신뢰할 만한 수준으로 보고되고 있기 때문에 이상적이다. 그와 같은 부표본을 적용하면 〈그림 1-8〉에서 볼 수 있듯이, 허리케인 발생

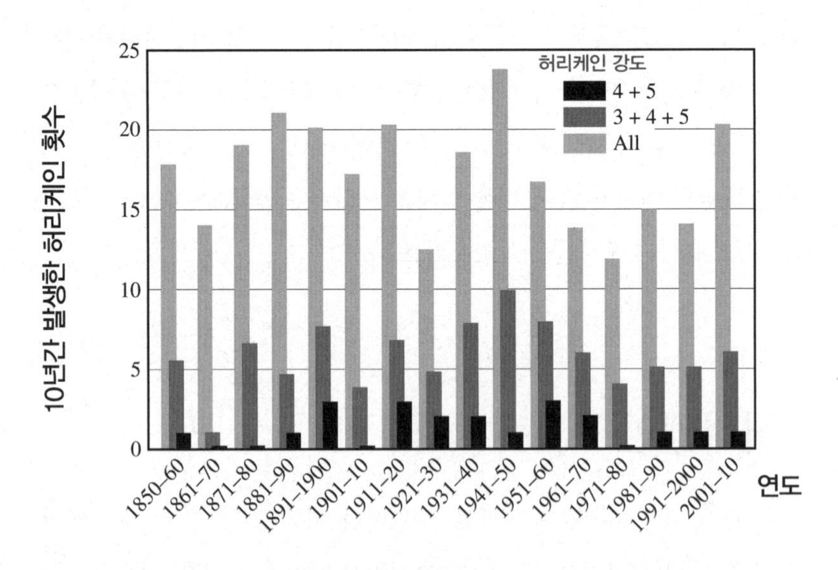


〈그림 1-8〉 10년 마다 미국을 강타한 허리케인의 수다. 흐린 막대는 전체 허리케인을 나타낸다. 짧은 검정색 막대는 가장 강력한 허리케인으로 나타내며(4와 5) 중간급 허리케인은 중간 막대로 나타낸다. 미국을 강타하는 허리케인의 비율은 증가하지 않았다.

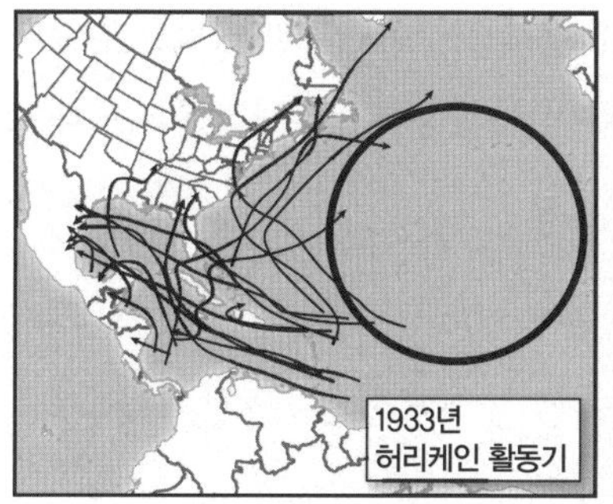

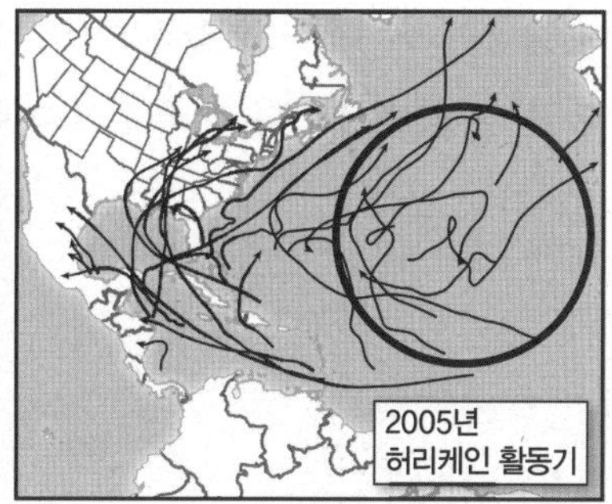


〈그림 1-9〉 국가 허리케인 센터의 크리스 랜드시가 그린 허리케인 추적 지도.* 1933년과 2005년 대서양 연안에서 발생한 가장 활동적인 허리케인의 연간 기록을 표시했다. 원은 활동에 큰 차이를 보이는 해양 구간을 강조하고 있다. 1933년에는 대서양 먼바다에서 허리케인이 검출되지 않았다. 먼 바다에는 소수의 관측 지점밖에 없었기 때문에 허리케인의 유무는 알 수가 없다.

비율은 증가하지 않았다.

〈그림 1-9〉의 지도는 1933년과 2005년에 대서양에서 일어난 허리케인을 나타낸다. 이런 지도는 자료를 선택할 때 나타나는 편향의 위험성을 명확하게 보여준다. 허리케인의 수가 늘어난 것처럼 보이지만 사실은 더 간단하다. 더 개선되고 광범위한 도구를 바탕으로 이전에 포착하지 못한 허리케인을 감지했을 뿐이다.

허리케인 카트리나는 어떨까? 5등급의 허리케인으로 생각할 수 있지만(가장 강력한 등급) 뉴올리언스를 강타했을 당시에는 사실 3등급이었다. 그 도시는 최근 10년간 직접 피해를 겪지 않은 작은 표적이었다. 뉴올리언스를 강타한 최초의 온건한 허리케인(카트리나)은 즉각적인 피해를 거의 입히지 않았지만 뉴올리언스 지역 대부분이 해수면보다 낮으며 이틀

---

* 크리스 랜드시의 차트는 "Counting Atlantic Tropical Cyclones back to 1900," (published in the journal Eos, volume 88 May 2007, PP. 197~202에서 찾을 수 있다.

날 제방이 무너졌다. 뉴올리언스의 붕괴가 지구온난화의 영향을 받았다고 볼 수 없는 것이다. 비록 온도 기록이 사실상 지구온난화를 나타내고 있더라도 말이다.

## 토네이도

2011년은 이례적으로 파괴적인 토네이도가 급증한 해로 기록되었다. 총 482명이 사망했고 그중 미주리 주 조플린에서만 117명의 사망자가 발생했다. 그러나 사망자 기록이 토네이도의 어마어마한 증가를 반영하는 것은 아니다. 그보다는 2011년에 발생했던 토네이도들이 인구 밀집 지역을 집중적으로 강타한 것이라고 봐야 한다. 〈그림 1-10〉은 1950년 이래 매년 발생한 강한 토네이도(F3~F5 등급)의 수를 나타낸 것이다. 경향을 보면 토네이도의 비율이 줄어드는 것을 볼 수 있다. 통계적 분석이 이 결론을 검증한다.

미국에서 강한 토네이도가 점진적으로 감소하는 것이 지구온난화 이론을 반박하는 것일까? 아니다. 이론은 강력한 토네이도의 숫자가 늘어날 거라고 예견한 적이 없다. 그저 늘어날 수도 있다고 예측했을 따름이다.

토네이도가 증가한다는 주장은 온난화로 인해 더 많은 에너지가 허리케인을 생성하는 데 쓰인다고 말한다. 감소한다는 주장에서는 극지방의 온난화가 적도 지방보다 더 커서 두 지역의 온도차는 줄어든다는 의견이다. 많은 이론들이 태풍을 만드는 것은 온도의 절댓값이 아니라 온도의 차이라고 보고 있다.

〈그림 1-7〉의 온도 관측소 지도를 보면 지난 100년간 미국 동남부 지

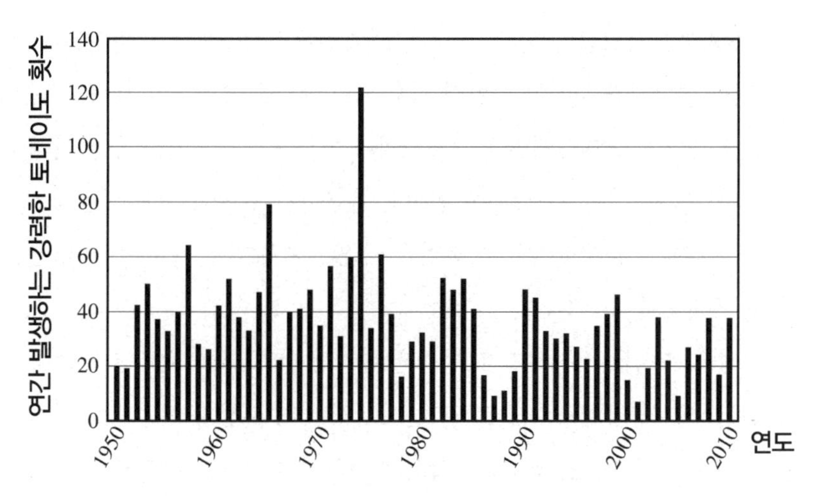


▌〈그림 1-10〉 1950년부터 현재까지 발생한 강력한 토네이도의 수.

역의 온도가 상승하지 않은 것으로 나타난다. 이 지역은 아직까지도 많은 사람들이 토네이도를 온난화 탓으로 돌리는 곳이다.

## 극지방의 온난화

알래스카와 남극 대륙은 어떨까? 이 두 극 지역의 융해는 확실히 지구 온난화를 강력하게 나타내는 것일까?

증거는 대부분의 사람들이 생각하는 것만큼 설득력이 충분하지 않다. 2001년에 IPCC는 곧 발사될 그레이스GRACE 관측 위성이 남극의 빙하에 대해 매우 정밀한 추정치를 구할 수 있을 거라고 기대했다.

'중력 복원 및 기후 실험Gravity Recovery and Climate Experiment'의 약자인 GRACE는 중력의 작은 변화(증가하거나 감소된 빙하로부터 발생하는 것 따위)

를 측정하는 정교한 장비다. 그래서 2001년에 IPCC는 남극 빙하의 연간 변화 예상치를 추정하기 위해 기후 모형 제작을 요청했다. 몇몇 사람에게는 놀랍게 들리겠지만 지구온난화가 빙하를 감소시키는 게 아니라 오히려 증가시키는 것으로 예상했다. 온난화가 진행되더라도, 남극은 빙점 아래에 머물지만 따뜻한 해양은 더 많은 수증기를 가지며, 더 많은 눈을 유발한다.

위성이 측정을 시작하자 모형들은 반박당했다. 남극 대륙의 빙하는 매년 36세제곱마일의 비율로 감소하고 있었다. 모형이 어떻게 그렇게 틀릴 수가 있을까? 불행하게도 답은 간단하다. 메르카토르 도법으로 보기엔 제법 커 보이지만 실제 남극 대륙은 지구 전체 면적의 2.7%를 차지할 뿐이며, 모델은 이렇게 작은 지역에 대해 신뢰성 있는 예측을 할 수가 없었다. 미세 기후는 지구 기후를 예상하는 것보다 훨씬 더 힘들다.

그래서 기후학자들은 모델을 다시 들여다보고 수정을 거듭해서 현재는 남극의 빙하가 감소하는 것을 재현할 수 있게 되었다. 이것이 지구온난화 이론의 성공을 뜻하는 걸까? 그렇지 않다. 이것은 그저 모델링의 한계를 드러내는 것에 불과하며, 존재하는 기록에 맞추어 끊임없이 수정을 해야 한다는 얘기다. 남

〈그림 1-11〉 북극의 위성 합성사진은 1979년과 2003년 사이 빙하의 범위가 축소된 것을 나타낸다.

〈그림 1-12〉 로알 아문센과 선원들이 캐나다 북부의 북극 해양을 통과한 배는 목조 선박인 이외아호였다. 1903~1906년 당시 북서 항로에는 얼음이 없었다.

극 대륙의 융해는 지구온난화의 증거가 될 수 없다는 것이다. 관측한 뒤에 영향을 예상하는 것은 이론이 틀렸다 하더라도 쉬운 일이다. 모델은 답이 나오기 전에 예측한 것으로 평가해야 한다.

모형은 북극 빙하가 감소하는 것으로 예상했으며, 〈그림 1-11〉의 북극 빙하 컴퓨터 화상대로 영향을 관측했다. 모형이 올바른지 입증해야 할까? 불행하게도 모형은 정성적이지 정량적이 아니므로 구체적으로 검증하기는 힘들다. 그리고 여기서 아주 신중해야 하며 '좋은 것만 고르는 cherry-picking' 함정에 빠지지 말아야 한다(식료품 가게에서는 가장 좋은 것만 골라서 산다. 우리가 체리를 고르는 것을 본 누군가가 이번 주는 체리가 모두 좋다고 생각한다). 남극 대륙에 대한 예상이 틀렸다는 것을 회상하자. 만약 모델의 실패는 무시하고 성공적인 결과만으로 판단하게 된다면 모든 모델이 성공으로 평가받을 것이다.

알래스카와 북극의 얼음이 녹는 것에 기여할 수 있는 또 다른 요인들도 있다. 오래된 해수면 온도와 압력 관측값을 살피다 보면 북반구에 10년 주기의 변동이 나타나는 것을 볼 수 있다. 그것은 다음과 같은 이름으로 불린다. '태평양 10년 주기 진동 Pacific Decadal Oscillation', '북대서양 진동', '대서양 10년 주기 진동North Atlantic Oscillation'이다. 위키피디아에서 그에 관한 모든 기사를 읽을 수 있다. 이런 진동은 완벽하게 이해되지 않지만 엘니뇨 주기에 따라 상승하는 태평양 적도 부근과 유사한 해양의 불안정한 상태일 수 있다. 북반구에서 일어나는 일도 이런 것일까? 가능성을 배제하기 어렵다.

몇몇 증거를 보면 북극 빙하에도 주기가 있음을 암시하고 있다. 로알 아문센Roald Amundsen과 6명의 선원은 이외아(Gjøa, 〈그림 1-12〉 참조)라는 작은 목조 쇄빙선을 타고, 1903~1906년 캐나다 북부에서 북서 항로를 따라 북극을 항해했다.

## 하키 스틱

버클리 연구소의 동료가 발견한 특히 감탄하지 않을 수 없는 도표는 일명 '하키 스틱' 그래프다. 이 하키 스틱 그래프는 매우 인상적인데, 1970년 이후 극적인 상승이 있는 현재의 기후는 적어도 지난 1,000년간 사실상 전례가 없었음을 보여준다. 〈그림 1-13〉은 이 그래프의 가장 유명한 판본으로, 「지구 기후의 상태에 대하여」라는 제목의 세계기상기구 1999년 보고서의 표지에 나타났다. 이 도표는 지난 1,000년간

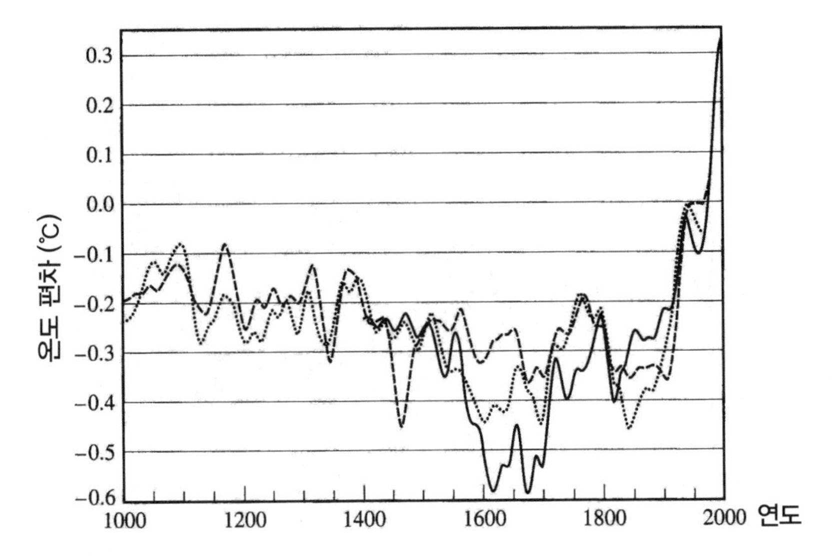


〈그림 1-13〉 1999년에 세계기상기구가 발행한 지난 1,000년간의 온도 변화 추정 그래프다. 대부분의 그래프는 '대체' 자료를 기반으로 했다. 나무의 나이테 폭과 산호의 성장 비율과 같은 간접 자료를 통해 추정한 것이다. 최근의 자료(1960년 이후)는 온도계로 얻은 것이다. 3개의 곡선은 3개의 단체가 다른 자료를 선택하여 분석한 것을 나타낸다.

지구의 온도에 대한 추정을 나타낸다. 물론 온도계는 1700년대까지는 정확하지 않으며, 20세기까지는 세계에 적용하기에는 뛰어나지 않았으므로 초기 세기의 추정은 나무의 나이테 폭, 산호의 성장 그리고 기타 간접적인 '지표proxies'를 포함하는 온도의 간접적인 표시자를 기반으로 한다.

다른 모든 증거는 잊어버리자. 이 도표에 나타낸 최근의 상승은 명확하며 논쟁의 여지가 없다. 현재의 온난화는 이전의 1,000년 동안 발생한 모든 것과 다르다. 완전히 다르다. 이 도표를 발행한 과학자는 완벽하게 정직하지는 않았다. 〈그림 1-14〉는 원래 자료인데, 그와 같은 극적인 최근의 상승을 나타내지는 않는다.

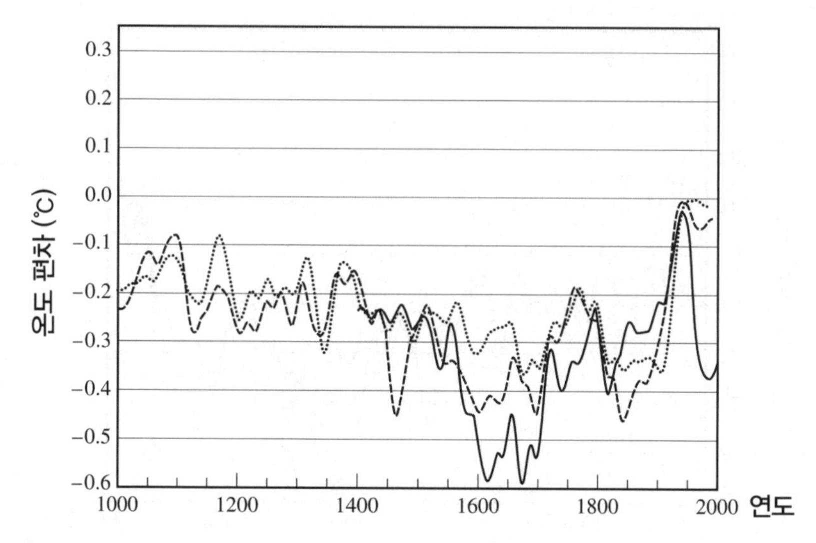


〈그림 1－14〉 〈그림 1－13〉과 동일한 도표이지만 원래 발행한 도표에 포함되지 않은 1960년대부터 진행하는 대체 자료를 포함하고 있다. 이 도표는 최근의 대체 자료를 대체하기 위하여 적용하는 온도계 자료를 포함하지 않는다.

그래프를 발행하는 데 책임이 있는 과학자는 최근의 대체 자료, 어느 정도의 급강하를 나타내는 것이 지구온난화가 생각하는 것만큼 나쁘지 않다고 생각하도록 독자를 호도하는 것으로 느껴졌다. '기후 게이트 Climate gate' 스캔들로 알려진 이메일 해킹 덕분에 이 사실이 알려졌다. 여기 사용된 지표 데이터 중 하나는 지난 40년간 온도 하강을 보여주고 있는데, 과학자들은 이것이 잘못되었다는 것을 알고 있었다. 온도계 데이터에서는 이 기간 동안 증가한 것으로 나타났기 때문이다. 부합하지 않는 이유는 무엇일까? 내가 내리는 최상의 추측은 이렇다. 대체 자료는 반드시 매우 신뢰할 만한 것은 아니다. 1600년에서 1700년 사이의 기간을 보면, 지난 40년간 3개의 곡선처럼 불일치하는 모습을 나타낸다. 나이테의 성장은 온도뿐 아니라 강우, 습도, 구름양과 아마도 풍력의 영향을 받는다.

과학자는 이렇게 불일치하는 자료로 무엇을 하는 것일까? 나는 입자 물리학으로 학위를 받았으며 나중에 천체 물리학에 대하여 잘 알게 되었으며, 이런 부문은 전통적으로 명확하다. 다루기 힘든 자료를 나타내고, 자료가 신뢰성이 없다고 생각하는 이유를 설명하며, 그다음에 자료를 무시하거나 '교정'하여 발생하는 것을 기술한다. 예정된 청중(회의적인 과학자)에게 이 모든 연구가 편향되지 않았음을 설득하기 위해 부단히 노력할 수밖에 없다.

자료의 불일치를 숨기는 것은 부당한 행동이다. 불행하게도 이 온도 그래프를 내놓은 연구진이 한 일이 바로 그런 행동이다. 지난 40년간의 대체 자료를 절삭하고, 온도계 자료로 대체했다(여기서 강조한다. 나의 과학적 훈련법에 따르면, 대체 자료는 대체하는 것은 옳다. 단, 다른 과학자들이 당신이 올바른 일을 한 것인지 판단하도록 하기 위해 제거한 자료를 제시해야 한다).

논문 중간에 그들은 자신들이 한 일을 말했지만 삭제한 데이터는 제시하지 않았으며, 그들은 회의적인 과학자들이 공개를 요청했음에도 그것을 거절했다. 출판된 도표는 유명해졌으며, 그것을 본 극히 소수의 사람만이 그것이 '조정'된 것임을 알아차렸다. 이 도표 자체는 과학자들에게 널리 알려져 있음에도, 조정되었다는 것은 잘 알려지지 않았다.

## 해수면 상승

기후변화를 알리는 모든 지표를 무시하고, 실제로 정확한 것만을 살펴보자. 바로 지구 해수면의 상승이다.

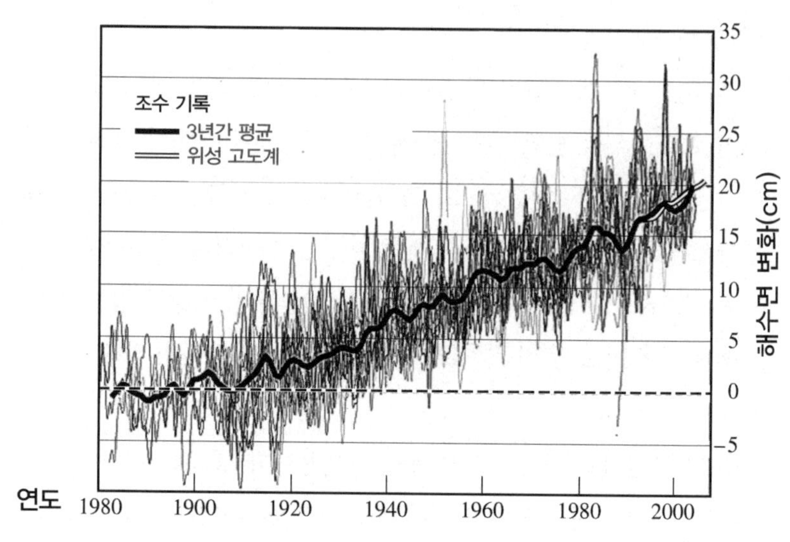


〈그림 1－15〉 조수의 높낮이 기록은 지난 130년 간 해수면이 상승했음을 명확하게 나타낸다.

IPCC에 따르면, 해수면은 지난 세기 동안 8인치(약 20센티미터) 상승했다. 해수면 상승은 〈그림 1-15〉에 잘 나타나 있다. 대부분의 상승은 따뜻해지면 해수가 팽창한다는 간단한 사실에서 기인한다. 또, 일부는 세계 도처의 빙하가 녹은 데서 기인할 수 있다.

해수면 상승을 설명하는 문제는 자연적인 원인에 기인하는 것인지, 지역적 오염에 기인하는 것인지를 알기가 어렵다. 예를 들면 그린란드의 빙하가 엄청나게 녹은 것은 매연 때문이라고 믿고 있다(이산화탄소에 비해 더욱 쉽게 통제할 수 있는 것이다). 바다 온도는 대기 온도에 비해 더 늦게 상승하는데, 해수의 밀도가 훨씬 더 크다는 간단한 사실 때문이다. 바다 표면에서 32피트(약 9.8미터)만큼의 무게는 대기 전체의 무게와 같다. 대기 온도와 해수 온도의 시간차를 알아내는 것은 매우 어려운 일이다. 그래서 온난화 수치에 대한 의심을 지우거나 검증할 목적으로 이 데이터를 사용하기는 어렵다.

또 다른 문제는 해수면 상승 기울기에 눈에 띄는 변화가 없다는 점이다. 육지 표면 온도를 나타낸 〈그림 1-6〉에서는 1970년부터 그래프가 가팔라지고 갑자기 상승하는 모습을 보였다. 온도의 급격한 증가는 화석연료(굵은 선)로 인해 대기의 이산화탄소가 증가하는 것과 놀랍게 일치한다. 우리가 알고 싶은 것은 지구온난화에 인간이 얼마나 영향을 미쳤는가 인데, 해수면 관련 자료에 그와 같은 급격한 경사가 없다는 것은 인간에 의한 지구온난화 때문에 해수면이 상승했다는 것을 확인하기가 힘들거나 불가능할지도 모른다는 것을 뜻한다.

그동안 해수면 상승이 겨우 8인치(20센티미터)라는 점은 되짚어볼 가치가 있다. 여기에서 미국은 전체 해수면 상승의 5분의 1정도, 즉 2인치(약 5센티미터) 상승에만 기여했다. 한 발 더 나아가면, 자동차는 거기에서 대략 4분의 1정도만, 즉 0.5인치 정도만 기여했다. 이 수는 차세대 자동차에 돈을 들여야 할지 고민할 때 유용할 것이다.

IPCC는 21세기를 지나는 동안 해수면이 1~2피트 추가로 상승할 것이라고 예상한다. 방글라데시의 해안과 태평양의 몇몇 섬에 영향을 주기에는 충분하지만, 영화 〈불편한 진실An Inconvenient Truth〉에서 가공할 만하게 묘사되는 플로리다 또는 뉴욕의 홍수를 만들 정도는 아니다.

그 영화에 나오는 범람은 그린란드 남극 대륙이 한 번에 녹아내릴 때나 가능하다. 이런 정도는 IPCC도 다음 100년 안에 발생할 것이라고 예상하지 않는 사건이다.

# 이것이 모두 사실이라면, 지구온난화를 막을 수 있을까?*

지구온난화를 막을 수 있을까? 대답은(꽤 놀라운 답이지만) 미래의 대통령이라면 이해할 필요가 있다. 이 논의를 위해서, 지구온난화의 이론이 절대적으로 정확하다고 가정해보자. 그럴 리가 없다고 생각하는 분들도 그저 참고 들어주기 바란다. 약간의 배경을 깔고 시작하겠다.

수년마다 기후변화에 대한 국제회의가 열린다. 세계 대부분의 국가 회원들은 문제를 논의하기 위해 모이며, 목표의 일치에 도달하기 위해 노력을 한다. 1997년 미국의 부통령 앨 고어Al Gore는 일본 교토에서 개최된 회의에 참석했으며, 미국을 대표하여 협약에 서명했다. 고어는 1990년 수준에 비해 5% 더 낮아질 때까지 온실가스 배출을 차단하는 데 동의했다. 서명에 대해 미국은 입장을 분명하게 하지 않았다. 여전히 상원이 비준을 해야 한다. 그런 일은 일어나지 않았다.

2009년 버락 오바마 대통령은 덴마크 코펜하겐에서 열린 기후변화 회의에 참가했다. 다수의 예비 회의가 있었고, 제안된 협약이 공개된다. 많은 사람들은 오바마 대통령의 서명을 기대했다. 하지만 그는 하지 않았다. 몇몇 사람들은 약속을 하지 않은 오바마의 정치적 반대자, 즉 공화당을 비난했다. 그러나 협약은 비준 전에 서명되었다. 그러고 나서 대통령은 의회에 설득을 시도했다. 사실상 오바마 대통령은 협약을 거부한 이유를 진술했는데, 중국이 시찰에 대한 동의를 거부했기 때문이었다.

---

* 이 섹션의 대부분은 「월스트리트 저널」에 실린 나의 기사 'Naked Copenhagen,' published December 12, 2009, in the midst of the Copenhagen meeting 에서 발췌한 것이다.

시찰이 그렇게 중요한 이유와 상황을 이해하려면 논의 중인 협약 내용을 봐야 한다. 이 동의에 따르면 미국은 2050년까지 80%의 온실 배출을 차단해야 한다. 선진국은 60~80%까지 배출을 차단하도록 협약한다. 그리고 중국과 개발도상국은 연간 4%씩 온실가스 배출원단위Greenhouse emission intensity를 축소하여 결과적으로 2040년까지 70%를 축소해야 한다(마지막 문장의 '배출원단위'라는 단어에 주목하자).

이제, 진짜로 낙관적으로 생각하자. 오바마 대통령이 공화당을 설득해 협약에 비준했다고 가정하자. 모든 지역(세계 전체)에서 그것을 준수한다고 가정하자. 중국이 시찰에 흔쾌히 허용한다고 가정하자. 세계의 모든 국가가 엄청난 목표를 달성한다고 하자. 대기중 이산화탄소 배출이 극적으로 저하될까?

아니다. 몹시 안타깝지만 아니다. 협약을 따르더라도 이산화탄소 배출량은 현재 수준의 거의 4배의 농도에 도달한다. 대기의 전체 이산화탄소는 2080년까지 1000ppmv 이상으로 상승한다(현재 390ppmv를 조금 넘는 양이다). 그리고 (IPCC의 기후 모형이 옳다면) 지구 온도는 섭씨 3도 이상 증가할 수 있다.

어떻게 그럴까? 답은 수치와 배출원단위라는 단어의 기술적 정의에 있다. 먼저 수를 보자. 네덜란드 환경영향평가국에 따르면 중국의 이산화탄소 배출량은 2002년에서 2010년까지 연간 11%의 비율로 증가했으며, 2006년 미국을 추월했다.* 환경영향평가국의 추정은 〈그림 1-16〉에 나타나 있다.

---

* J.G.J. Olivier, G. Janssens-Maenhout, J.A.H.W. Peters, J. Wilson, "Long-Term Trends in Global $CO_2$ Emissions", 2011 Report(The Hague, Netherlands: PBL Netherlands Environmental Assessment Agency, 2011).

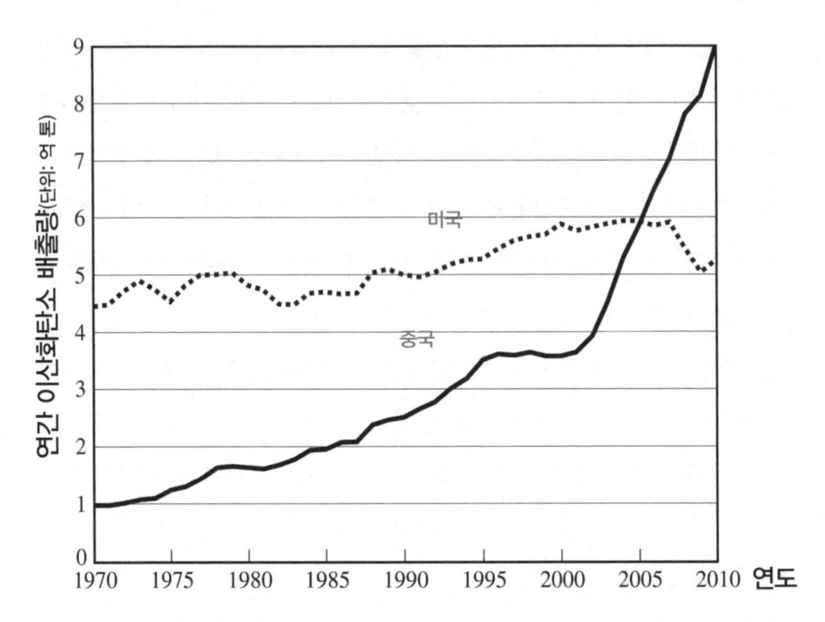


〈그림 1-16〉 중국과 미국의 $CO_2$ 배출량.*

2010년에 중국은 미국에 비해 70% 이상의 이산화탄소를 대기로 배출했다. 연간 10% 이상 배출량이 증가하고 있으므로, 여러분이 이 책을 읽고 읽는 지금도 미국의 배출량이 정체하거나 하강하는 반면에 중국의 연간 온실가스 배출량은 미국의 2배 혹은 그 이상이 되고 있을 것이다.

자, 그럼 배출원단위의 의미를 보자. 이것은 $CO_2$ 배출량을 GDP(국내총생산)로 나눈 것을 의미하는 법적 용어다. 중국 경제는 지난 20년간 연간 평균 10%의 성장을 기록했다. 이런 경제적 성장이 지속되는 경우에는 제안된 협약은 $CO_2$ 증가율을 4% 낮출 것을 요구한다. 이는 중국의

* 이 그림에 있는 데이터는 J.G.J. Olivier, G. Janssens-Maenhout, J.A.H.W. Peters, J. Wilson, "Long-Term Trends in Global CO2 Emissions, 2011 Report"(The Hague, Netherlands: PBL Netherlands Environmental Assessment Agency, 2011)에서 구할 수 있다.

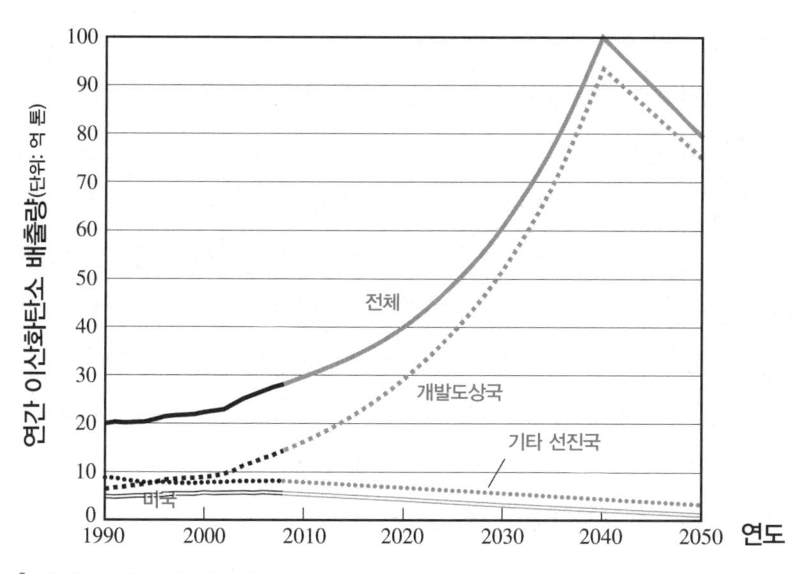


〈그림 1-17〉 코펜하겐 협약이 승인되어 잘 지켜지고 개발도상국이 고도의 경제성장률을 지속하는 것을 전제로 한 온실가스 배출 그래프(주로 이산화탄소와 메탄).

$CO_2$ 배출량이 연간 6%로 제한되는 것을 의미한다. 〈그림 1-17〉은 향후 제안된 제한값을 가정하여 $CO_2$ 배출량을 나타낸 것이다. 도약하는 경제성장에 따라 곡선이 폭발적으로 증가하는 것을 보라. 2012년에서 2040년까지 매년 6%씩 증가하여, 2040년에는 총 511% 증가한 결과를 나타낸다. 코펜하겐 협정이 함축하고 있는 의미는 막대하다. 대부분의 향후 $CO_2$ 배출은 개발도상국으로부터 초래할 것이며, 그중에서 중국이 44%를 차지한다.

중국은 이미 5개년 계획의 일부로써 연간 4%씩 $CO_2$ 농도를 축소하고 있다고 주장한다. 이런 주장이 정확하다면 중국의 온실가스 배출량은 네덜란드의 추정과 달리 현재 연간 6%까지 증가하고 있는 셈이다. 중국의 후진타오 주석은 코펜하겐에서 중국은 '축소'를 '지속'하겠다고 말했다. 그러나 추정치가 불확실한 만큼 반드시 시찰을 해야 한다. 신뢰하지만 검증은 필요하다. 오바마 대통령은 시찰을 주장했으며 후진타오 주석은 거절했다.

중국은 가난한 나라이며, 지금의 미국에 비하여 온실가스를 2배씩 배출한다고 해도 인구 1인당 배출량은 미국의 45%에 불과하다. 축소하라는 요구는 불공정한 것 아닐까? 그럴 수도 있다. 하지만 온난화는 인구당 배출량에 비례하는 것이 아니라 전체 배출량에 비례한다. 중국의 배출 농도는 현재 미국의 5배이며, 6%의 증가율(미국의 비율과 비교할 때)만으로도 인구당 배출량은 급속도로 증가하여 2025년까지 인구당 배출량에서도 미국을 초월하게 될 것이다.

중국은 지구온난화를 중대한 재해로 인정하고, 배출량을 축소하지 않을까? 아마도 그럴 것이다. 그리고 나는 〈그림 1-17〉에서 2040년부터 그들이 감축을 시작할 것이라고 가정했다. 그러나 에너지 사용은 부와 상관관계에 있으며, 부는 위대한 것이다. 중국은 가난, 영양실조, 기아, 부실한 건강, 불충분한 교육 그리고 제한된 기회를 극복하는 중이다. 중국의 지도자가 온도 변화를 조금이나마 피하기 위하여, 진보를 위험에 빠뜨릴까? 다른 또 하나의 복잡한 요인은 중국의 저성장이 정치적 불안정성을 유발할 수 있다는 것이다.

중국의 인구는 지방에서 도시로 어마어마하게 이동하는 중이며, 중국 정부는 일자리를 제공하려 하고 있다. 정치학을 연구하는 나의 동료는 중국의 지도자들이 연간 7% 아래로 국가 성장률이 저하되면 위기를 느끼게 될 것이라고 말한다.

2007년 IPCC 보고서에 큰 착오가 포함되었다는 것은 도움을 주지 못한다. 보고서에는 2025년까지 히말라야 빙하가 중국과 인도의 무서운

영향으로 인해 발생한 지구온난화로 녹아내릴 것이라고 기술되어 있다. 이러한 주장은 과학적이지 않다. 보고서의 심사위원은 생략하겠다고 말했지만, 저자(심사위원을 무시할 수 있는 능력이 있다)는 남겨두었는데 나중에 큰 충격을 줄 수 있는 주장이기 때문이라고 말했다. IPCC의 회장인 인도의 경제학자 라젠드라 파차우리Rajendra Pachauri는 이러한 주장의 착오는 보고서의 아주 작은 부분이라고 지적했다. 그러나 사실상 중국과 인도에 관해서는 전체 보고서에서 가장 우려되는 부분이자 틀린 부분이다. 위원회의 이전 연구 결과를 수용한 사람들은 그런 주장의 부정확성 때문에 IPCC를 불신하게 될 것이다.

미국의 배출 축소(〈그림 1-17〉을 다시 참조)는 중국의 급격한 성장률을 축소하지 않는 한 거의 달성하지 못할 것이다. 과거 미국의 과다한 온실가스 배출을 비난하는 것은 정당할지도 모르지만(또는 아니지만) 그렇게 하는 것으로는 문제가 해결되지는 않는다. 중국이 경제 성장 후에만 배출을 축소하는 식으로 미국을 모방한다면 막대한 이산화탄소의 증가를 겪게 될 것이다.

가능한 한 지구온난화와 관련하여, 선진국은 관계가 없게 된다. 미국이 배출량을 10% 축소할 때마다 중국의 6개월간 배출 증가율이 상쇄된다. 개발도상국들이 탄소배출량은 줄이지 않고 경제성장을 이어나가는 동안에는 모범을 보이는 것은 아무런 도움이 되지 않는다. 2040년까지 중국은 최강의 경제대국이 될 것이다. 서방은 논쟁을 벌일 수는 있겠으나 제재 또는 더 강력한 조치를 부과할 수 없다. 지구의 온도는 새로운 경제 부국에 좌우될 것이다.

온실가스를 감축하려는 서방 국가의 노력을 사례로 들 수 있겠으나 워낙 고비용이어서 개발도상국이 따를 수 없어 무의미하다. 개발도상국은 경제적 혜택을 제공하는 식의 저비용 친환경 정책을 채택할 것이다.

에너지 생산성을 개선(효율과 절약)하는 것은 앞으로 온실가스 배출을 현저하게 축소하며 아직까지도 유익하다. 큰 폭의 온실가스 감축은 중국이 전기에너지 공급원을 석탄에서 천연가스로 전환한다면 가능할 수 있다. 천연가스는 이산화탄소를 절반만 배출한다. 저비용의 태양에너지, 풍력 그리고 원자력발전은 좋은 의견이다. 이런 모든 것이 새로운 청정개발 메커니즘에 포함되어야 한다. 개발도상국의 지지를 얻으려면 친환경 기술은 극히 저비용이어야 하며, 선진국이 보조하거나 수익성이 있어야 한다. 선진국 역시 고비용의 배출 축소 프로그램을 쓰면 경제적 타격을 입을 수 있으며, 신중한 중국과 인도는 결코 그런 사례를 따르지 않을 것이다.

전 미국 부통령 앨 고어와 그가 서명한 '350' 운동(이산화탄소 농도를 392ppmv에서 350ppmv 수준으로 낮추는)에서는 무슨 협약이든 개발도상국에 압박을 주어선 안 된다고 되어 있다. 그러나 서방 국가만의 해결 방법에서는 언젠가 "최소한 온난화가 우리의 잘못이 아니다."고 말할 수 있는 범위를 제외하고, 배출 축소에 대한 문제조차 제시하지 않는다. 사실상 350ppmv로 이산화탄소를 줄이는 논의를 하면서 개발도상국을 제외한다면 〈그림 1-17〉에 나타난 바와 같이 일관성이 없게 된다. 구체적인 수치에서 이름을 딴 캠페인이 사실상 수치를 무시한다는 건 아이러니하다.

온실가스 배출을 안정화하려면 개발도상국은 연간 8~10%로 배출 농도를 축소해야 한다. 힘든 일이고, 아마도 불가능할 것이다. 중국은 주마다 새로운 기가와트 단위의 석탄발전소를 설치하고 있다—연간 50기가와트 이상이다. 뉴욕 시가 총 10기가와트만 사용하는 것과 비교된다.

석탄은 아주 저렴하고 대체하기 힘든 기술이다. 문제를 제기하려면, 석탄의 위험을 과장할 필요가 있고, 중국도 온실가스 배출량을 축소하도록 하고, 중국의 노력에도 보조를 해야 할 것이다. 중국에서의 달러 소비는 개발도상국에 지원하는 고비용의 첨단 해법에 미국이 소비하는 달러에 비해 더 많은 이산화탄소를 축소할 수 있다. 석탄에서 천연가스로 전환하도록 기술을 개발하는 데 확실한 도움을 줄 수 있는 것이다.

중국은 경제 계획에서, 2040년까지 연간 성장률을 10%에서 4%로 낮추었다. 그렇게 된다면, 그리고 그렇게 함으로써 중국이 온실가스 배출 농도를 4%까지 낮출 수 있다면, 그 후에는 더 이상 배출이 증가하지 않는다. 그러나 미국에 비해 여전히 훨씬 더 높다.

중국 GDP의 급속한 성장이 곧 사라질 거품일까? 이런 종류의 경제적 문제는 나의 전공이 아니지만 몇 가지 관련된 사실을 제시하자. 중국의 1인당 GDP는 현재 미국의 2%다. '구매력 평가'를 고려하면 16%다(중국의 식품, 의류, 그리고 부동산 가격은 미국의 물가에 비해 더 낮은 게 사실이다). 중국의 GDP는 급속도로 미국을 따라오고 있다. 초기에 언급한 바와 같이 지난 20년간 연간 10%의 성장률을 보였다. 그리고 중국은 미국을 따라잡을 때까지 그와 같은 성장률이 전형적인 거품처럼 사라지지 않을 것이다. 지구온난화의 잠재적 위험에 대한 해법으로 중국의 성장률을 늦추는 것은 상책이 아닐지도 모른다. 지도자가 되면 경제 보좌관의 의견을 들어야 할 것이다.

무엇을 할 수 있을까? 더위와 함께 사는 법을 배워야 할까? 아마 지구온난화가 좋은 일일 수도 있다. 반대측의 주장에도 불구하고 태풍은 늘어나지 않는다. 미국 해변을 강타하는 허리케인의 비율은 150년간 변하지 않았으며, 해로운 토네이도의 수는 감소하고 있다. 전 에너지부 국장인 윌 하퍼는 과거의 이산화탄소 증가는 농업 혁명에 도움을 주었다고 주장한다. 그리고 서늘한 버클리는(내가 사는 곳이다) 약간 따뜻해지는 정도라면 더 살기 좋아질 수도 있겠다.

향후 미국의 지도자는 숫자를 알아야 한다. $CO_2$ 농도를 공정하게 판단하기 위하여 미국의 배출량을 80% 축소하면 중국의 $CO_2$ 농도를 연간 8~10% 축소하도록 해야 한다. 더 낮은 수준에 동의하면 대기의 $CO_2$ 농도는 개발도상국의 경제와 함께 급상승할 것이다. 개발도상국의 에너지 절약대책을 지원해야 하며, 석탄으로부터 저탄소 전력 공급원인 천연가스, 태양에너지, 풍력 그리고 원자력발전으로 신속하게 옮겨갈 수 있도록 도와야 한다. 선진국이 부담을 지고 가야 한다는 이야기는 그럴싸하게 들리지만 벌거벗은 임금님 이야기에 나오는 재단사처럼 그들이 선전하는 것보다 현실성이 없다는 점을 인식해야 한다.

## 지구공학

이산화탄소 농도의 증가를 막는 것은 상당히 벅찬 과제다. 실패했다고 가정할까? 기후에 대하여 우리가 할 수 있는 일은 무엇일까? 우리는 기후를 망쳤다. 바로잡을 수 있어야 한다. 지구 전체가 관련되어 있을 정도로 규모가 거대하기 때문에 이산화탄소 배출 증가를 허용함에 따른 결과를 계산하는 것을 지구공학geoengoneering 이라고 부른다.

많은 방법이 제안되었다. 첫째는 푸른 바다에 철을 투입하여 식물의 성장을 촉진하는 것이다. 이 중요 영양소의 양에 따라 대부분의 바다에서 해양 생물의 양이 결정된다는 사실을 알지 못했던 사람들에겐 매우 관심을 끄는 제안이었다. 다른 시도는 구름을 늘리기 위한 '구름씨 뿌리기cloud-seeding'를 포함하고 있다. 구름의 양을 2%만 증가시켜도 이산화탄소가 2배로 증가하는 만큼의 온도를 저하시킨다. 그밖에 태양광선을 반사하기 위하여 대기 위에 궤도를 선회하는 거울을 배치하자는 제안도 있다.

하나의 매혹적인 지구공학적 아이디어는 성층권에 수백만의 황산염 입자를 분출하는 것인데, 이것은 태양광선을 반사하는 연무를 만들자는 것이다. 이 시도는 화산 분출을 관측하면서 대기로 높게 분출하는 먼지와 연무가 지구를 냉각시킬 수 있다는 생각에서 영감을 받은 것이다. 1991년 피나투보 화산을 예로 들 수 있으며, 그 이전의 1815년 탐보라 화산의 분출은 '여름이 없는 해'를 초래했다. 간단한 물리적 계산을 해보자. 성층권에 1파운드(약 500그램)의 황산염을 뿌리면 수천 파운드의 이산화탄소가 유발하는 온난화를 상쇄시킨다. 연무는 수개월간 유지되므로 대기 높은 곳에 이산화탄소가 남아 있는 동안 주입을 유지해야 한다. 이렇게 수명이 짧다는 면이 때로는 장점이 된다. 이를테면, 끔찍한 부작용이 발견되었을 때 바로 멈출 수 있다. 그건 그렇고, 대기 높은 곳에 뿌려진 연무는 멋진 저녁노을을 만들어낸다.

또는 태양광선의 반사를 증가시키기 위하여 해양에 거품이 일도록 하는 방법도 있다. 내가 보기엔 지구공학자들도 심각하게 생각해본 적이 없는 아이디어이기에 짧게 언급하고 넘어가겠다. 환경에 대해서, 그와 같은 대규모의 변화에 따른 위험을 무릅쓸 수 있다고 이해하는 것에는 많은 사람들이 당연히 놀랄 것이다. 전반적인 지구온난화를 축소할 수 있더라도 계절풍 주기 또는 남극 빙하의 안정성과 같은 지역 기후까지 확실하게 장악할 수 있을까? 상층 대기에 수백만 톤의 황산염 연무를 뿌리는 것에 대한 환경영향 보고서를 작성한다고 생각해보라.

어떤 과학자들은 가장 큰 재해(모든 문명인을 위협하는)를 초래하는 이산화탄소 증가에 대비하여, 지금부터 기초 조사를 해야 한다고 주장한다. 그밖에 지구공학 연구는 안전에 대한 부정확한 인식을 주며, 지속적인 이산화탄소 배출의 위험이 그렇게 대단한 것이 아니라고 생각하게 만들 수 있다. 이것이 염려되는 점이다.

이것들은 지구공학의 한 가지 형태일 뿐이다. 지구공학은 대기의 이산화탄소뿐 아니라 바다가 점진적으로 산성화되는 위험도 제시하고 있다. 문제는 우리가 감당할 수 있느냐이다. 한 가지 확실한 방법이 있다. 화석연료를 그대로 땅속에 두는 것이다.

## 지구온난화 논쟁

지구온난화는 과학적인 결론인 동시에 세속적인 종교다. '논쟁debate'을 들을 때는 이분법을 인정하는 것이 중요하다. 왜냐하면 매체는 종교적 양상을 강조하는 경향이 있기 때문이다. 지구온난화 종교(찬성과 반대 모두)는 원칙주의자와 공리주의자가 되는 경향이 있으므로, 완전한 불일치를 만들고 과학적인 이야기보다는 흥미로운 이야기를 만든다.

어떤 사람들은 논쟁을 좋아하고 특히 반대자의 약점에 민감하다. 사람들의 마음을 헷갈리게 하는 사람들은 지구온난화를 축소하는 강력한 조치를 지원하도록 국민에게 위협을 시도하지만 종종 사실을 과장한다. 무엇 때문에 또 하나의 극단적 무리들이 생기는지 의문이다. 나는 이들을 '거부자denier'라고 부르는데, 거부자는 지구온난화가 잘못된 것이라고 한다. 그들은 경고하는 사람들의 부정확한 논쟁을 비난하며 잘못을 지적한다. 그러나 그들 역시 특히 자신들에게 맞는 것만을 취하는 오류를 저지른다. 어떤 거부자는 인터넷에 온도 하강을 보이는 20개 관측소의 목록을 올렸다. 나는 그에게 1만 2,000개나 더 보낼 수 있다. 경고자들이 거부자와 논쟁을 하는 동안 논의가 논쟁으로 변하고, 매체는 그것을 좋아한다. 국민을 걱정한다면 지식층은 이들 두 무리에게 분명히 말해야 한다.

사실상 기후변화의 정책적 범위는 훨씬 광범위하다. 나는 다음과 같은 분류를 좋아한다:

- **경고자**(Alarmists): 과학적 세부 사항에 거의 주목하지 않는다. '설득이 불가능한 사람들(unconvincibles)'이다. 위험이 절박하다고 말하므로 특히 거부자에게 대항하기 위해선 공포 전술이 필요하고 적절하다.

- **과장하는 사람들**(Exaggerators): 과학을 알지만 공익을 과장한다. 그들은 국민이 온난화의 현재 수준을 알지 못한다고 느끼며, 지난 50년간 0.64도 상승했으므로 입맛에 맞는 정보만을 취하고 가끔 왜곡한다(좋은 동기에서다).

- **온난화주의자**(Warmists): 과학에 충실하다. 회의론의 모든 불평에 대한 답을 알지 못하지만 문제에 임하는 과학자의 태도에 충실하다. 위험이 심각하며 절박하다고 확신한다.

- **미적지근한 사람들**(Lukewarmists): 마찬가지로 과학에 충실하다. 위험하지만 불확실하다고 느낀다. 무언가 해야 하지만 평가해야 한다. 시간이 충분하다.

- **회의론자(Skeptics)**: 과학을 알고 있지만 과장을 싫어하고, 이론과 자료 분석의 심각한 결함을 지적한다. 자신이 제시하는 유효한 많은 불평이 온난화주의자에 의해 무시당하면 화를 낸다. 이 무리에는 여러 가지 분석을 신중하게 점검하는 감사(auditor), 과학자가 포함된다.*

- **거부자(Deniers)**: 과학적 세부 사항에 거의 주목하지 않는다. 마찬가지로 '설득이 불가능한 사람들'이다. 경고자들의 제안서를 경제에 위험한 위협으로 간주하므로, 그들에 대항하기 위하여 적절하게 과장한다.

지구온난화를 입증하는 현실적인 증거가 있고, 우리 팀이 최근에 분석한 것에 따르면 대부분 인간에 기인하는 것으로 나타난다. 비록 미국 국민이 수년 전부터 지구온난화에 큰 관심을 보였어도 사람들은 경제 침체를 두려워하고 잊어버리는 경향이 있다. 2011년 신년 연설에서 버락 오바마 대통령은 기후변화 문제를 언급하지 않았다. 2012년에만 이것을 언급했다.

"상원과 하원의 차이가 너무 커서 지금은 기후변화에 대처하기 위한 포괄적인 계획을 통과시키기 어렵습니다."

몇몇 사람들은 국민의 무관심을 잘못된 정보의 캠페인 탓으로 돌렸으며, 이는 부분적으로 옳다. 그러나 냉담의 현실적인 이유는 경고자들에 대한 사람들의 불신이다. 날씨가 변화할 때마다 지구온난화를 탓하는 사람들은 훨씬 더 많은 카트리나를 예상하고 2009년의 코펜하겐 협약

---

* 감사라는 단어는 주디스 커리(Judith Curry)의 추천으로 추가되었다. 회의론자 중에서도 가장 조심성이 많다고 평가되는 스티브 매킨타이어(Steve McIntyre)가 자기 자신을 그렇게 설명한다.

이 마지막 기회라고 주장했다. 서명을 하지 못한 것은 무서운 기후변화를 뒤집을 수 없는 운명을 선택한 것이라는 식이다. 사람들이 무관심한 또 다른 이유는 중국의 막대한 온실가스 배출량 증가이며, 미국만 조치를 취하는 건 일방적이라고 생각하기 때문이다.

미국 국민은 바보 취급을 당한 것에 분개한다. 반발이 너무 많다. 그리고 지금은 전에 비해 더하며, 지구온난화를 생각하지 않지만 미국의 위험 목록에 기후변화는 높은 위치를 차지한다. 2011년 갤럽이 실시한 여론조사에서 응답자 41%가 지구온난화의 심각성은 '과장'되었다고 응답했다. 2011년 8월 로이터 통신이 실시한 여론 조사에서 민주당 지지자의 37%는 지구온난화가 주로 인간의 활동에 기인한 것이라고 답했고, 공화당 지지자는 14%만이 그렇다고 믿고 있었다.*

이론이 옳다고 가정하면, 예상되는 온난화는 아주 근소하다. 다가올 50년간 고작 몇 도가 오를 뿐이다(그러나 인간은 민감하다). 단지 몇 도의 변화로도 비옥한 땅이 사막이 되거나 빙하가 녹아버릴 수 있다. 지구온난화는 인간에 절박한 것일까? 이것은 '절박함'이 어떤 의미냐에 달려 있다. 혹시 온난화가 세계에 이미 큰 상처를 일으킨 것은 아닐까? 아니다. 실제로는 아니다. 지구온난화의 공포는 주로 앞으로 다가올 효과를 고려하는 것이다.

혹시 궁극적으로 큰 해가 되지 않을까? 그것은 불확실하다. 향후 온난화가 인류 문명에 전례가 없는 방법으로 기후를 변화시키고, 환경 파괴가 매우 심각해진다는 것도 그럴듯한 시나리오다. 그러나 경제적 행복

---

* IPCC는 지난 50년간 '대부분'의 온난화는 인간에 의한 것이라고 결론지었다. 따라서 IPCC의 주장에 완전히 동의한다면 반대로(1850년부터 시작된) '모든' 지구온난화는 인간에 의한 것이 아니라는 주장도 기술적으로 가능하다.

을 걱정하는 사람들에게는 그저 난해한 논쟁일 뿐이다.

지구온난화는 실제적인 위협을 내포한다. 정량화하기 힘들다 해도 심각하게 받아들여야 한다. 인간이 유발하는 온난화로 인한 위험은 실재하지 않으며, 어쩌면 이미 피해를 입은 건지도 모른다. 대기의 이산화탄소 수준은 지난 수백 년 사이 현저하게 증가했고, 그중 인간의 활동으로 인한 것은 280ppmv에서 392ppmv로 증가했다는 것임을 아는 것이 중요하다. 40%나 증가한 것이다. 온도 상승폭이 아직까지는 작다고 하더라도 예상되는 증가는 향후 온난화를 발생시키기에 충분히 크다. 2℃ 또는 5℃일까? 모른다. 그러나 다함께 고민해야 할 것이다.

우리가 무엇을 할 수 있을까? 대부분의 이산화탄소는 개발도상국에서 배출될 것이다. 미국을 비롯한 부유한 나라는 더 이상 조정할 것이 없다. 에너지 정책은 이런 변화를 반영해야 한다. 고비용의 수단은(완전 전기자동차와 같은) 개발도상국이 채택하기 위한 충분한 경제력을 확보하기 전까지는 가격을 낮춰야 제대로 영향력을 발휘할 수 있다. 심지어 전기자동차를 도입하더라도 거기에 쓰는 전기를 석탄 발전소에서 가져온다면 가솔린을 쓰는 것보다 $CO_2$ 배출량이 더 많아서 실패하게 되는 경우도 있다(최근의 가스 복합화력 발전소의 경우는 내연기관보다 효율이 높아 $CO_2$ 배출량이 적다는 의견도 있다. -옮긴이). '우수'한 해결책이라도, 계획된 비용과 비용 절감 가능성을 고려해야 한다. 가난한 국가들이 따라할 수 없다면 좋은 방법이라고 할 수 없다. 가장 좋은 방법은 전 세계가 단기간에 석탄에서 천연가스로 옮겨가는 것이지만, 일단 개발도상국이 다른 에너지 공급원에도 관심을 가질 수 있을 때까지 천천히 실행해야 한다.

다음 장에서는 에너지를 둘러싼 주요 문제와 해결책, 그리고 새로운 기회 전반을 살펴보자.

# 에너지 전망

천연가스 횡재
액화에너지 보안
셰일오일
에너지 생산성

국제 정세에서 에너지의 역할을 과장하는 건 어려운 일이다. 에너지와 경제가 어느 정도 불가분의 관계에 있기 때문이다. 〈그림 2-1〉은 에너지의 상관관계를 나타낸다. 부유한 국가의 사람들은 더 많은 에너지를 사용한다. 에너지가 경제를 키우는 걸까? 아니면 경제 성장에 따라 에너지 사용이 늘어나는 걸까? 양쪽 다 일리가 있다. 공장을 운용하려면 에너지가 필요하고, 부유한 사람들은 냉난방기를 살 여유가 있다. 2가지 이유로 개발도상국들의 에너지 소비가 급격하게 증가하고 있다.

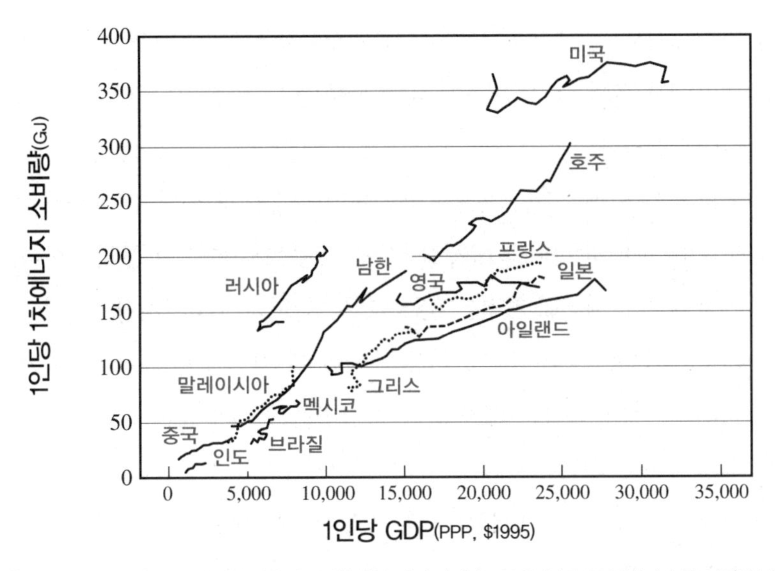


〈그림 2-1〉 인구당 에너지 사용과 국내총생산 간의 관계다. 1980년부터 2002년까지 각 나라의 비율을 선으로 나타냈다. 에너지는 기가줄(GJ) 단위로 측정한다. 1GJ은 대략 휘발유 8갤런(약 30리터)이다. GDP는 각 국가의 소득대비 생활비를 감안하는 구매력 평가(PPP)를 기준으로 나타냈다.

에너지 전망은 화석연료(세계에서 가장 흔한 에너지의 주요 원천)가 인간이 지구온난화에 미친 영향의 주원인으로 꼽히면서 비난의 대상이 됨에 따라 헤아릴 수 없이 복잡해졌다. 이러한 부와 온난화 간의 갈등은 물론 잘못된 정보가 광범위하게 퍼지면서 더 복잡해졌다. 많은 사람들의 믿음에도 불구하고 미국의 화석연료는 고갈되지 않았다. 고갈된 것은 기존의 석유뿐이다.

더욱이 에너지 비용은 완벽하게 통제불능 상태에 빠졌다. 여기에 인상적인 사례가 있다. 공공기관으로부터 구매하는 전기의 일반적인 비용은 킬로와트시(kwh)당 10센트다(미국 동남부는 더 저렴하고 캘리포니아 주는 더 비싸다). 조명을 위하여 콘센트 전원을 사용하는 대신에 동네 편의점에서 AAA 배터리를 구매한다고 가정해보자. 건전지는 대략 개당 1.50

달러다(나 역시 이것이 비싸다는 것을 알고 있지만, 실제 가격이다. 인터넷에서는 더 싸다). 건전지 값은 전기 비용에 비해 얼마나 더 비쌀까? 5배면 충분할까? 10배쯤 될까?

아니다. AAA 배터리는 콘센트 전기에 비해 1만 배 비싸다. 계산을 해 보자. AAA 배터리 하나는 대략 1시간에 1.5볼트로 1암페어를 공급한다. 1.5와트시다. 배터리 가격은 1.50달러이며, 따라서 와트시당 1달러다. 킬로와트시는 1,000배이므로 비용은 1,000달러다. 킬로와트시당 10센트인 전기세에 비해 1만 배가 된다. 아직까지도 그와 같은 건전지를 구매하는 이유는 손전등에 넣어 휴대하기가 편하기 때문이다. 건전지에 든 에너지는 정전 같은 비상사태 때 그 값어치를 한다.

에너지에 대한 국가적 이해는 합리적인 에너지 정책을 수립하기가 힘들 정도로 복잡하다. 대통령이라면 스스로 에너지에 대해 이해하고, 화석연료, 대안에너지, 원자력 및 에너지 절약의 상대적인 비용과 위험에 대해 국민에게 설명하고 확신시켜야 한다. 대통령은 에너지에 대한 국가의 스승이 되어야 한다.

에너지도 일종의 원자재이지만 「월스트리트 저널」의 원자재 동향 페이지에는 나와 있지 않다. 주로 에너지 대용물－석탄, 석유, 그리고 가스－이 나와 있는데, 공급하는 에너지의 가격에 기인하기 때문이다. 아직까지도 이런 에너지 대용물의 비용은 AAA 배터리의 예처럼 공급되는 에너지의 형태에 결정적으로 좌우된다. 동일하게 에너지를 공급한다고 했을 때, 휘발유는 천연가스 소매가의 대략 2.5배 비용이 들며, 도매가의 대략 7배다. 그러면 왜 휘발유를 계속해서 사용하는 것일까? 더 저렴한 석탄으로 전환하지 않는 이유는 무엇일까? 이 문제의 답이야말로 모든 지도자와 머리가 돌아가는 투자자들이 알아둬야 할 것이다. 왜냐하면 지난 100년 동안 자동차를 둘러싼 기간시설(공장, 주유소, 공급 체계)이 휘발유를 공급하기 위하여 개발되었기 때문이며, 석유 가격이 갑자기 상승한다고 해서 그전에 지어진 광범위한 기간시설을 급속도로 바꿀 수 없기 때문이다. 경제학자들이 '비효율적인 시장'이라고 말하는 곤경에 빠져 있는 것이다. 가격의 불일치는 향후 큰 폭의 에너지 전환이 있을 것임을 암시하며, 실제로 필요한 기술에 적용하기 위하여 상당한 투자가 이루어지고 있다.

〈표 2-1〉은 에너지의 비용을 나타낸다. 열 비용 항목은 연료의 에너지가 열로 100% 변환된다고 가정했다. 마지막 칸은 발전하는 데 열을 이용하는 것으로 가정한다. 대형 발전소는 상대적으로 효율적이어서 35~50%이며, 자동차는 이보다 낮아 일반적으로 20% 미만이다. 이 숫자는 가격 변동에 따라 변하며, 표는 소매 및 도매가격을 포함하지만 에너지 시장에서는 차이가 크게 느껴질 것이다.

| 연료 | 연료 가격 | 열로 적용하는 KWh당 비용 | 전기의 KWh당 비용 |
|---|---|---|---|
| 석탄 | 톤당 60달러 | 0.6센트 | 2센트 |
| 천연가스 | 1,000세제곱피트당 4달러 | 1.4센트 | 4센트 |
| 휘발유[a] | 갤런당 3.50달러 | 10센트 | 50센트 |
| 가정용 전기[b] | KWh당 10센트 | 10센트 | 10센트 |
| AAA 배터리 | 각 1.50달러 | 1,000달러 | 1,000달러 |

a-휘발유의 내부 연소 효율은 20%로 가정한다
b-발전소의 전기 발전 효율은 35%로 가정한다

〈표 2-1〉 에너지 비용을 나타낸 표다. 석탄의 경우 무연탄의 가격이다. 다른 석탄은 더 저렴하다. 천연가스의 비용은 변동이 있으며 2012년 1000세제곱피트당 2달러까지 가격이 내렸다.

몇몇 사람들은 태양열, 풍력 그리고 지열(지구 내부의 고온열)을 공짜로 쓸 수 있다고 생각한다. 그러나 당연하게도 그런 에너지도 석탄에 비해 더 손쉽게 얻을 수 있는 것도 아니다. 석탄은 채굴, 가공 그리고 공급에 비용이 든다. 태양 역시 비슷한 비용이 든다. 태양전지를 사용하는 '채광mined'은 인버터와 변압기로 처리하며, 고압 전력망으로 공급된다. 현재 이 비용을 합친 값은 동일한 에너지를 공급할 때 석탄에 비해 태양열발전이 더 높다.

석탄은 환경적 영향을 고려하면 반드시 저렴한 것은 아니다. 전통적인 오염물질인 매연, 이산화황, 수은, 아산화질소부터 논쟁의 대상으로 새로 떠오른 오염 물질인 이산화탄소(2010년 미국 의회가 결의하여 정의한)까지 배출하기 때문이다. 오염물질에 대한 비용은 에너지 사용자 개인에 의해 발생하는 것이 아니라 전 세계에서 발생하는 것이므로, 소비자가 더 고비용 에너지원으로 전환하는 데 따르는 경제적 장점이 거의 없다.

## 재생에너지

석탄보다도 더 저렴한 에너지원이 있다는 것은 에너지에 대한 가장 놀라운 통찰 중 하나이지만, 아직까지도 대부분의 세대주들에게는 무시되고 있는 부분이기도 하다. 이 공급원은 재활용에너지(재생에너지, 보존에너지)다. 대표적인 예로 유리창, 벽을 통해 밖으로 빠져나가는 가정의 난방에너지를 들 수 있다. 난방에너지를 잘 가둬두는 데는 당신이 생각하는 것보다는 많은 비용이 들지만, 단열을 통해 얻는 효과는 낭비되는 에너지의 비용보다 크다.

'에너지 절약'은 1979년 석유 금수조치oil embargo 중에 '전쟁과 동일한 교훈'의 위기를 선언하면서 지미 카터 대통령에 의해 악명이 높아졌다. 그중에서도 특히 카터는 미국 시민들에게 겨울에 실내온도를 낮추도록 촉구했다. 그 대신 스웨터를 입도록 했다. 사실상 곤경은 심각하지 않았다. 스웨터는 감당하기 힘든 것이 아니었다. 그러나 많은 사람들은 애국적인 의무에 따라 가정에서의 삶의 질을 낮춰야만 한다고 느꼈다. 일단 위기가 지나자 실내온도는 다시 본래대로 돌아갔다. 애국심에 호소한 카터의 정책은 의도하지 않은 결과를 남겼다. 그는 미국 시민에게 '에너지 절약이란, 불편을 참는 것'이라는 인상을 남겼다.

위기는 너무나도 빠르게 찾아왔기에 난방비부터 절약했지만 기회는 놓치고 말았다. 카터 대통령은 스웨터를 입으라고 말할 수 있었지만, 정부를 통해 단열재 설치를 위한 무이자 금융을 시행하게 할 수도 있었다. 단열재를 설치하면 원하는 에너지를 많이 쓰지 않고도 원하는 온도로 맞출 수 있다. 그리고 여름에도 동일한 효과를 낸다. 단열재는 난방뿐 아니라 냉방 비용도 낮춘다.

에너지를 절약하는 가장 좋은 방법은 확실하게 에너지를 사용하지 않는 것이다. 에너지 절약의 혁신가 중 한 사람인 데이비드 골드스타인David Goldstein은 이를 보이지 않는 에너지로 부른다. 난방기나 냉장고 또는 에어컨을 더 효율적으로 만들 수 있다면, 더 적은 에너지를 쓰고도 동일한 혜택을 얻게 될 것이다. 제7장에서 이 주제에 대해 더 구체적으로 검토할 예정이다.

많은 공산품과 다르게 에너지는 일단 생산되면 저렴하게 보관할 수 없다. 배터리에 보관할 수는 있지만 배터리는 생산비용이 상당히 높고 수명 또한 짧다. 물에서 수소를 분리하여 에너지를 저장할 수 있지만(전기분해) 공정이 비효율적이고 비용이 많이 든다. 제10장에서 에너지 저장에 대한 모든 것을 설명할 예정이다.

## 에너지 안보

에너지 전망에 있어 2가지 가장 큰 문제는 에너지 안보와 기후변화다. 목표는 합리적이고 균형적인 방법으로 제시되어야 하며, 효율적인 정책과 만족스러운 정책의 차이에 대해 국민에게 충분히 알려야 한다. 에너지 절약에 관해 접근할 때는 에너지 안보와 기후변화를 모두 제시해야 한다. 석탄에서 석유로의 전환과 같은 몇 가지는 주로 에너지 안보와 함께 고려된다. 대규모로 태양 발전을 채택하는 것과 같은 몇몇 문제는 주로 기후변화의 위험과 함께 고려되며, 보수적 성향의 사람들은 에너지 안보에 대해 걱정하는 경향이 있지만, 대통령은 이것들을 모두 제시해야 한다.

에너지 안보에 대해 이해하려면 에너지 '흐름'(일간 또는 연간 사용량)이 얼마나 막대한지 먼저 알아야 한다. 예를 들면 산업계가 사용하는 양을 포함하여 미국 시민이 평균적으로 사용하는 화석연료의 양은 다음과 같다.

- **석탄**: 1인당 하루 3.6킬로그램
- **석유**: 1인당 하루 7.2킬로그램
- **천연가스**: 1인당 하루 4.5킬로그램

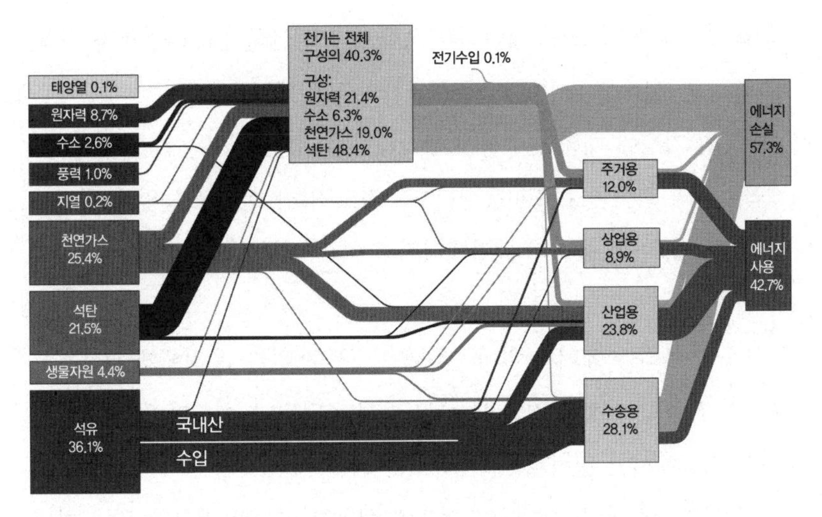


〈그림 2-2〉 미국의 에너지 흐름. 공급원은 왼쪽, 소비원은 오른쪽이다. 전체는 3,500기가와트인데, 이는 3,500개의 대형 발전소의 수와 같다. 에너지 손실은 사용하지 않은 폐열을 기준으로 한다(출처: 로런스 리버모어 연구소, 2010년 차트).

화석연료 3가지 모두 비슷한 양을 사용하는 것은 흥미로운 일이다.

미국에서 전체 인구의 모든 흐름은 〈그림 2-2〉에 나와 있다. 가장 큰 에너지원은 석유, 석탄 그리고 천연가스다. '화석'연료는 대부분 3억 년 전에 생존하던 식물(공룡은 아니다)로부터 생성된 것인데, 당시 지구는 지금보다 온도가 높았고, 대기의 이산화탄소는 3~5배 높았으며, 식물은 지금에 비해 훨씬 더 풍부했다.

에너지 흐름에 있어 가장 중요한 문제는 공급의 중단이 아니다. 3,500기가와트는 어마어마한 흐름이다. 대형 발전소 3,500개에 해당하며, 미국 인구 1인당 12킬로와트에 해당한다.* 이렇게 많은 전력은 대략 초당 300톤의 화석연료가 소비되는 것에 해당한다. 초당 300톤이다! 제대로

* 2008년 미국 인구는 3억 500만 명이었다.

이해하기 위해 이 모든 에너지를 석유로만 생산한다고 가정하자. 그러면 필요로 하는 석유의 양은 대략 연간 1세제곱마일이 된다.*

이러한 가정에 대해 신중하게 생각해봐야 한다. 미국은 연간 대략 1세제곱마일의 화석연료를 사용한다. 그 정도 양이 실제로 눈앞에 있다고 상상해보자. 어떤 종류의 대안에너지건 이 막대한 양을 대처할 수 있어야 한다.

더욱이 우리는 에너지 없이는 하루도 살 수 없다. 우리에게 필요하고 우리가 사용하는 것은 거의 모두 그 즉시 조달된다. 예외가 있지만 많지 않다. 미국에서는 전략적 석유 확보를 위해 텍사스와 루이지애나의 지하 석유 저장소에 있는 동굴에 펌프로 석유를 넣어 유지한다. 많은 방법 중에서 전략비축유Strategy Petroleum Reserve는 큰 투자다. 석유는 배럴당 20달러로 구매하며, 원유 가격은 지금까지 급상승했다. 동굴은 7억 2,700만 배럴의 석유를 비축할 수 있으며, 현재 거의 가득 채워져 있다. 많은 것처럼 들리지만 미국은 아주 큰 국가다. 과거 10년간 하루 900만 배럴 이상의 석유를 수입했으며, 전략비축분으로 수입을 대체한다면 비축량만으로는 겨우 두 달 정도 버틸 수 있을 것이다. 그러나 또 다른 하나의 문제가 있다. 펌프의 용량에 한계가 있는 것이다. 지금 수준으로는 이 매장량에서 하루에 440만 배럴씩만 뽑아쓸 수 있다. 그러므로 갑자기 모든 수입이 차단된다면, 막대한 일간 사용량도 차단해야 한다.

미국이 나타내는 수치의 근사치에 대해 알 필요가 있다. 3,500기가와트, 초당 300톤, 연간 1세제곱마일의 석유라는 이 수치들은 어마어

---

* H. D. Crane, E. M. Kinderman, R. Malhotra, A Cubic Mile of Oil: Realities and Options for Averting the Looming Global Energy Crisis(Oxford, England: Oxford University Press, 2010) 참조.

마한 규모를 보여준다. 대형 석탄 또는 원자력발전소는 미국의 수요에 3,500분의 1인 1기가와트를 생산한다. 거대한 흐름은 주목할 만한 대체연료의 선택에 제한을 가한다. 예를 들면 누군가 에너지 문제를 해결하기 위해 폐식용유를 사용하자고 제안한다면, "초당 300톤의 식용유를 버릴 수 있을까? 연간 1세제곱마일을 만들어낼 수 있을까?"를 물을 것이다. 물론 불가능하다. 사용 가능한 식용유는 평균적으로 사용하는 연료에 비하여 매우 작다. 아주 조금 도움이 될 수는 있다.

에너지 공급에 대하여 비슷하게 중요한 문제가 있다. 특히 중국과 인도 같은 개발도상국의 에너지 사용이 급격하게 발생하고 상승한다는 것이다. 중국은 액체에너지가 많이 필요하기 때문에 석유 가격 상승에 가장 강력한 원인이 되고 있다. 잉여 생산능력 차(세계에서 생산할 수 있는 석유 양에서 실제로 생산한 석유의 양을 뺀 양)가 수 퍼센트 내려갈 때마다 석유 가격은 급등한다. 석유를 구할 수 없을 때의 위험을 감당하기보다는 초과 구매하려 하기 때문이다. 이런 현상이 발생하면 뉴스 매체는 가끔씩 '투기세력'이 가격을 올리고 있다고 보도하지만, 너무 단순한 설명이다. 개발도상국의 지속적인 경제 성장률로 예비 생산능력이 낮게 유지되기 때문에 석유 가격이 높은 것이다.

2007년에서 2008년으로 넘어가는 사이 석유 가격은 3배로 뛰었으며, 예비 생산능력 차는 주로 중국의 급속한 수요 증가로 2% 아래로 줄었다(중국 경제는 과거 20년 동안 연간 10%씩 성장했다). 리비아는 하루 생산량이 200만 배럴 정도되는 생산량 하위 국가지만 예비 생산능력에 영향을 줄 수 있었기에 리비아 혁명에 따른 유가 상승은 10%를 넘었다

예비 생산능력 차는 석탄과 천연가스로부터 경유와 휘발유(합성연료)를 뽑아내는 공장을 지으면 현저하게 상승할 것이다. 그와 같은 합성연

료 공장은 전략 석유 확보뿐 아니라 에너지 안보의 추가 수단을 제공한다. 예비 생산능력은 최근에 알려진 셰일오일 매장량의 채굴에 성공한다면 또한 늘어날 것이다.

각각의 에너지 기술에 대한 선진국과 개발도상국의 차이는 민감하다. 예를 하나 들어보자. 태양전지를 생산하는 비용이 급격하게 내려가 가까운 장래에 태양전지의 가격은 낮아질 것으로 예상된다(원자력발전과 유사하다. 우라늄 원료의 가격은 킬로와트당 0.2센트이므로 사실상 싸다). 아직까지도 미국의 태양전지 발전의 비용은 설치와 정비를 포함하여 천연가스에 경쟁이 되지 않는다. 천연가스는 미국 태양 발전의 주요 경쟁 대상(경제적으로 말한다면)이다. 그러나 결론은 중국 및 나머지 개발도상국들은 매우 다르다는 것이다. 간단하게는 말하자면, 그 나라들은 미국에 비해 설치와 정비에 드는 인건비가 더 저렴하다. 이런 차이는 향후 태양광 발전의 단가를 천연가스보다 싸게 만들 수도 있을 것이다

# 천연가스
# 횡재

영어 단어 'windfall(제4장의 원서 제목은 'The Natural Gas Windfall'이다. 이 책에서는 'windfall'을 '횡재'로 번역한다.-옮긴이)'은 숲에서 그 뜻이 유래한 단어다. 강한 바람이 분 뒤에 가지가 꺾이고 떨어져 힘들이지 않고 열매를 주울 수 있게 된 상황을 의미한다. 원래 횡재는 이처럼 용이하고 저렴한 에너지를 뜻한다.

에너지 전망에서 가장 중요한 새로운 개발은, 퇴적암의 일종인 셰일에 채굴 가능한 천연가스가 어마어마하게 매장되어 있음을 알아챈 것이다. 거대하고 새로운 횡재다. 이 가스가 존재한다는 사실은 오래전부터 알려져 있었지만, 경제적인 채굴 수단이 최근에야 개발되었다. 이런 셰일가스의 채굴은 향후 미국의 에너지 매장에 있어(그리고 지구온난화를 위하여) 주목해야 할 새로운 사실이다. 그리고 앞으로 몇 년 혹은 수십 년의 경제적 · 정책적 판단에 중요한 영향을 주게 될 것이다.

2001년, 에너지부에 따르면 미국은 192조 세제곱피트의 천연가스가 있음을 확인했다. 이후 연간 20~24조 세제곱피트를 채굴하므로,

2010년까지 모두 고갈될 것이다. 그러나 사실상 2010년경에 매장량은 대략 300조 세제곱피트로 증가했다. 그리고 정확히 1년 후인 2011년에 미국 에너지정보청(EIA, Energy Information Administration)은 매장량을 862조 세제곱피트로 추정했다. 전문가의 조사에 따르면, 실제 양은 3,000조 세제곱피트에 가깝다. 몇몇 사람은 더 많다고 생각한다.

횡재는 너무나 관대한 것이 공통점이다. 오래된 만화 〈릴 아브너Li'l Abner〉의 슈모(Shmoo, 1934년부터 43년 동안 연재되었던 만화에 등장하는 가상의 동물로 무슨 소원이든지 들어준다.-옮긴이)와 같다. 쓰면 쓸수록 양이 늘어난다.

어떻게 그럴 수 있을까? 답은 상대적으로 간단하다. 추정을 할 때 미국 에너지부는 보수적이고 입증된 기준을 바탕으로 매장량을 분류하기 위하여 매우 높은 수준으로 적용할 필요가 있다고 생각하는 것 같다. 가스 회사는 다른 기준을 가지고 있다. 우수한 사업성을 강조하고 싶어 한다. 잠재적인 매장량을 바로 생산할 수 있는 것처럼 발표한다. 최상의 방법은 천공이다. 공급량을 충분히 넘어설 수 있는지 아닌지를 확증하려면 에너지부의 공식 선언이 있어야 한다.

1966년, 미국은 천연가스의 1.6%를 셰일에서 생산했다. 2005년에는 4%까지 늘었다. 2011년은 23%이다. 지금은 미국 전체 가스 생산량의 대략 30%를 차지한다. 이것은 엄청난 증가다. 이것은 엄청난 흥분과 잠재력을 가졌던 골드러시에 비교하여 '가스 러시'로 표현되기도 한다. 「뉴욕타임스」는 "저 언덕 안에 가스가 있다."라고 공표했다. 무언가 혁명적인 일이 일어나고 있다. 〈그림 2-3〉은 이런 눈부신 증가율을 나타낸 그래프다.

새로운 매장량은 막대하며 에너지 전망뿐 아니라 세계 정치를 변화시

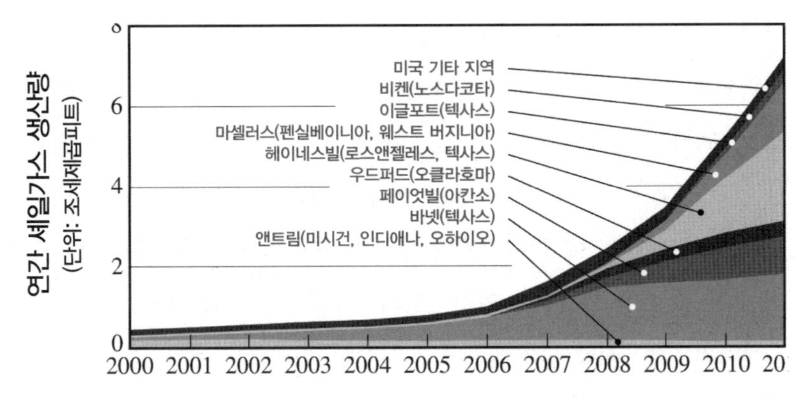


〈그림 2-3〉 미국 셰일가스 생산량의 눈부신 증가량을 보여주고 있다. 명칭은 발견되는 곳의 지명이다.

킬 수 있을 정도다. 천연가스를 수입하려고 축조된 텍사스와 캘리포니아의 부두는 지금 수출용으로 변경 중이다. 유럽은 러시아 의존도를 줄이기 위해 필사적으로 그와 같은 가스를 찾고 있는 중이다. 프랑스에도 어마어마한 양이 매장되어 있는 것으로 드러났다. 그리고 모두 지질학적 조사를 다시 실행하고 있다.

그래서 몇몇 산업 전문가는 10년 또는 20년간 1,000세제곱피트당 4달러 이하로 저렴하게 가격을 유지할 수 있을 정도로 풍부한 천연가스를 이용할 수 있다고 전망한다. 이 책을 쓸 때(2012년 초) 천연가스의 가격은 2.50달러였다(최근의 가격은 미국에너지정보청 사이트의 천연가스 주간 동향 메뉴에서 확인할 수 있다. http://205.254.135.7/naturalgas/weekly/#jm-price). 소비자 가격은 1,000세제곱피트당 12달러에 근접하지만 더 낮출 수 있다. 그 가격으로는 보통 휘발유 3.4갤런(약 13리터)을 살 수 있지만, 천연가스는 2.5배에 달하는 에너지를 낸다.

천연가스로 바꾸지 않는 이유는 무엇일까? 많은 이유가 있다. 여러 대형 전력회사는 석탄발전소를 천연가스로 대체하기 시작했다. 휘발유로 달리는 자동차는 기존의 엔진으로도 천연가스를 사용할 수 있도록 쉽게 변환할 수 있다. 트럭과 영업용 택시가 먼저 교체했는데, 이들은 연료 가격에 대단히 민감하다. 미국에 있는 13만 대의 트럭과 택시가 벌써 변환을 완료했다. 개발도상국은 미국에 비해 더 가격에 예민하며, 인도, 중국 그리고 아르헨티나에 있는 700만 대의 차량이 현재 휘발유나 디젤연료 대신 천연가스를 사용하고 있다. 그들은 비싼 연료를 살 여유가 없다.

에너지 기반 시설은 거대하지만 시간이 소요될 것이다. 천연가스는 휘발유에 비해 덜 압축된다. 압축을 해도 3배의 공간이 더 필요하다. 그래서 트럭과 버스와 같은 대형 차량이 가장 먼저 교체 대상이 된다. 압축된 천연가스는 리튬이온 배터리에 비해 갤런당 10배의 에너지를 내기 때문에, 모든 전기자동차의 실제적인 경쟁자다.

천연가스는 앞으로 수년 (또는 수십 년) 동안 주요 '대체연료'가 될 것이며, 석유 생산자가 걱정하는 경쟁자가 될 것이다. 사우디아라비아의 왕자인 알 왈리드 빈 탈랄Al Waleed Bin Talal은 2011년 5월 가격을 낮추기 위해 원유 생산량을 증가하려 한다고 말했다.* 예전 사우디아라비아는 서방 세계의 경제를 활발하게 유지하기 위해 증산을 추구한다고 주장해왔지만, 이번 왕자의 발언은 훨씬 솔직한 편이다.

그는 "서방 국가가 대안에너지를 발견하지 않았으면 한다. 석유 가격이 더 오르면 분명히 대안에너지를 발견하기 위한 동기를 더 많이 주는 것이기 때문이다."라고 말했다(아마도 사우디아라비아의 매장량이 고갈되는 것에는 신경을 안 쓰는 모양이다). 사우디아라비아가 처한 위험은 다른 에너지

---

* "Saudi Prince Seeks to Discourage Western 'Alternatives' to High Priced Oil," *International Business Times*, May 30, 2011.

〈그림 2-4〉 "서방 국가의 대안에너지 발견을 원하지 않는다." 사우디아라비아의 왕자인 알 왈리드 빈 탈랄이 2011년 3월 9일 기자회견을 하고 있다.

원을 사용할 수 있는 기기나 시설이 개발되는 것이다. 사우디아라비아는, 석유가 부족한 세계 여러 나라가 경쟁적으로 대안에너지를 개발하지 않도록 석유 가격을 낮게 유지하는 것이 더 낫다고 생각한다.

천연가스는 대부분 메탄으로 구성되며, 미국 에너지의 4분의 1을 제공한다. 가정의 가스 스토브로 음식을 요리할 때 나는 바로 그 냄새다. 일반적으로 간단히 '가스'라고 부른다. 비록 미국은 휘발유gasoline의 별명으로도 사용하지만 말이다[그래서 영국 사람들은 헷갈리지 않게 페트롤(Petrol)이라고 부른다]. 사실 천연가스는 원래 냄새가 전혀 없는 기체다. 실수로 스토브를 열어두면 위험하므로 썩은 양배추 냄새가 나도록 메르캅탄을 조금 추가한 것이다.

천연가스는 광산업자의 천적이다. 나의 할아버지는 펜실베이니아에 사셨다. 천연가스는 석탄의 미세한 구멍에 흡착된 형태로 발견되는데, 천연가스가 가득 찬 에어포켓이 광산 내부로 열리게 되면 질식이나 폭발로 광부들이 사망할 수 있다. 탄광과 같은 곳에 카나리아를 키우는 이유는 일산화탄소는 물론 이런 위험한 가스를 조기에 감지하기 위함이었다. 오늘날에도 여전히 파내기 힘들 정도로 깊이 매장된 석탄으로부터 대부분의 천연가스를 추출한다. 대부분의 석탄층 가스는 수압 펌프로 석탄층을 부술 때 나오게 된다. 이것은 셰일로부터 채굴하는 천연가스에 현재 사용하는 방법과 동일하다.

도시와 가정에서 사용하는 비천연가스는 '도시가스town gas'로 부르며 석탄과 물의 반응을 통해 만들어진다. 도시가스는 대부분 수소와 매우 유독한 일산화탄소로 구성된다. 대규모 메탄 공급원이 발견되면 이 '천연가스'는 더 안전하고 더 저렴한 대체원을 제공받는 셈이다. 천연이라는 용어는 부분적으로 상업적인 책략이다. 가정에서 덜 위험하다는 생각을 갖도록 하는 것이다.

펜실베이니아를 뒤이어 텍사스에서 석유를 발견했을 때, 천연가스는 일종의 부산물이었다. 천연가스는 매장된 석유에 융해된 상태로 존재하다가, 석유를 퍼 올리면 감압되어 밖으로 빠져나오게 된다. 이 '습식 가스'는 대부분 유정 회사에 번거로운 것이었다. 트럭 또는 기차로 수송할 수 없으므로(액화 기술은 아직 존재하지 않는다) 대부분 원천에서 소각(연소)한다. 〈그림 2-5〉처럼, 오늘날에도 몇몇 개발도상국에서는 그런 일들이 계속되고 있다. 요즘은 이산화탄소 농도 문제로 이렇게 태우는 것을 지양하고 있으며, 이런 불길을 찾아내기 위해서 인공위성이 운영되고 있

〈그림 2-5〉 태국의 천연가스 불길.

기도 하다. 위성이 찍은 사진은 나이지리아에서 일어나는 광범위한 불길을 표시하고 있다. 불길은 이 지역의 소유자에게는 경제적인 부를 상징하지만, 주변 사람들에겐 특히 무자비하다. 에너지를 빼앗긴 사람들이 불길을 보려고 불길이 일어나는 곳 가까이에 거주하고 있기 때문이다. 세계에서 생산되는 5% 정도의 천연가스가 현재 불타고 있다.

현재는 많은 국가에서 소각은 불법이다. 소각을 지양할 좋은 경제적인 이유들도 있다. 천연가스는 유정 안으로 다시 밀어넣어 추가로 석유를 뽑아올리는 데에 사용될 수 있어 부가 수익을 만들어낸다. 나빠 봐야 지하로 펌핑된 가스는 나중에 팔 수 있는 가스로 저장될 뿐이다. 그리고 가스는 영하 162도 이하에서 액화된다. 그 경우 750배의 비율로 가스의 부피를 축소시켜 냉각 탱크로 엄청난 양을 옮길 수 있다. 카타르가 새로 개발한 거대한 탱크는 100킬로톤의 천연가스를 운반할 수 있다.

몇몇 사람들은 그와 같은 거대한 탱크가 테러리스트의 잠재적인 표적이 될 것이라고 염려한다. 사실상 천연가스 자체로는 폭발하지 않는다. 공기를 정확한 비율(5~15%)로 혼합해야 하는데, 그러기가 쉽지 않다. 그러나 물(아마도 테러리스트의 폭탄)에 접촉하면 약간의 액화가스도 위험하며, 갑자기 가열되어 기체로 변한다[전문가들이 조심스럽게 말하는 급속한 상전이(rapid phase transition)]. 기체 형태의 가스는 액체에 비해 부피가 750배이며, 급격한 팽창은 '물리적' 또는 '냉각' 폭발로 탱크를 파괴하고 액체 천연가스를 배출할 수 있다. 최악의 시나리오를 그려보자. 세계에서 가장 큰 탱크에서 발생한다면 모든 액체가 폭발성 기체로 바뀌어 대략 TNT 1킬로톤의 에너지를 방출하게 된다. 그러면 2001년 2대의 비행기가 세계무역센터에 충돌한 것과 동일한 에너지(대개 제트 연료의 연소)를 방출한다.

## 수압파쇄 및 수평시추법

수압파쇄는 셰일가스를 뽑아내는 2가지 주요기술 중 하나다. 50년 전부터 알려졌지만 널리 사용되지는 않았다. 석유업자 조지 미첼George Mitchell이 1980년에 개량했으며 텍사스의 암상인 바넷 셰일Barnett Shale에 적용했으며, 상용화하는 데 10년이 걸렸다. 이 공법은 데본 에너지 회사가 수평시추법horizontal drilling으로 부르는 보조 기술을 조합하여 2002년에 진정한 가치를 찾았다. 이듬해에 수만 개의 유정이 아칸소의 페이엇빌 셰일, 오클라호마의 우드퍼드 셰일 그리고 미시시피와 루이지애나의 헌츠빌 셰일에서 시추되었다. 이런 개발은 레인지 리소스 사가 미국의 동북에 위치하는 마셀러스 셰일을 개발하기 시작할 때까지 국가적으로 주목을 거의 받지 못했다.

현재의 가스러시는 1849년의 골드러시와 비교할 만하다. 토지 소유자는 대지에서 생산하는 가스 값의 12.5~20%의 광물권을 보유한다. 텍사스 북부의 바넷 셰일은 대략 7,000제곱마일(약 1만 8,117제곱킬로미터)의 구역에서 생산하며, 수천 명의 지주를 백만장자로 만들었다.

수압파쇄의 원리는 간단하다. 셰일 층에 구멍을 뚫어 고압의 물을 쏟아붓는다. 압력이 바위의 중량에 비해 더 큰 힘으로 주어지면 바위는 물에 의해 균열이 생기고, 균열로 탈출하려는 가스가 안쪽의 구멍에 흡수된다. 이때 압력을 해제하면 물은 가스를 따라서 역류한다. 이보다 더 개선할 수도 있다. 물에 모래 등의 작은 입상체를 추가하면 된다. 이 울퉁불퉁한 알갱이들은 갈라진 틈에 박히게 된다. 그러면 압력을 낮춰도 균열이 개방되어 있고, 멀리 떨어진 균열로부터 계속해서 유정 쪽으로 가스를 확산하도록 하여 추출할 수 있다.

셰일가스의 추출에 반대하는 사람들은 유정 인근 거주자이며 환경이 파괴되는 것을 염려한다. 수압파쇄에 이용하는 물이 염분, 바위 그리고 진흙과 함께 작업 공정을 개선하기 위하여 주입하는 많은 화학물(수백 가지)에 오염된다는 것이다. 과거에는 이런 물을 간단하게 인근 유역으로 방출했지만, 시내와 강을 심각하게 오염시켰다[수압파쇄는 음용수 안전법(Safe Drinking Water Act)에서 제외된 덕분에 사실상 합법적이다]. 게다가 관련 업계에서는 영업 비밀 공개와 추가적인 규제를 우려해 여기에 사용되는 화학 약품의 식별을 거부했다. 이미 사고가 있었다. 2011년에 펜실베이니아 가스유정 폭발로 오염된 수압파쇄 액체가 제방을 넘쳐흘러 수천 갤런이 방출되었으며, 근처의 일곱 가구가 피난하고 송어가 사는 강이 오염될 뻔했다.

셰일가스 추출에 반대하는 다른 사람들은 대부분 환경주의자들인데, 그들은 대기로 천연가스가 누출되는 것을 우려한다. 천연가스는 이산화탄소에 비해 온실효과가 23배 높다. 이런 문제 때문에 2011년 프랑스는 비록 천연가스를 95% 수입하면서도 명목상으로는 수압파쇄를 일시적으로 중단시켰다.

수압파쇄의 오염 문제를 해결할 수 있을까? 간단한 문제다. 미래 에너지와 함께 태양발전 기술, 핵폐기물 저장, 이산화탄소 포착과 격리 등에 관한 기술적 문제를 생각하면 수압파쇄에 따른 물 오염을 확실하게 제거하는 것은 가장 쉬운 일 중 하나일 수밖에 없다. 물론 간단하지만 비용이 많이 든다. 방출 전에 워터 스크러빙을 거쳐 근처 혹은 먼 곳에 있는 광산에서 재활용하는 등 방법은 많다.

회사는, 경쟁자가 자금을 낭비하지 않는 한 돈을 함부로 쓰지 않는다. 수압파쇄 오염의 해답이 법률에 있음을 의미한다. 깨끗한 물을 방출하도록 요구하면 정수업자들이 경쟁할 것이고, 따라서 법률화만이 결과적으로 소요되는 비용을 낮출 수 있을 것이다. 비행기 사고가 나듯 가끔 사고가 날 수 있지만, 잘못으로부터 배우고 재발을 최소화하도록 투명하게 하는 것이 중요하다.

숫자를 예민하게 살피는 것은 언제나 중요하다. 펜실베이니아의 범람 사고 때 언론은 더러운 수압파쇄 액체가 수천에서 수만 갤런 방출되었다고 보도했다. 계산을 쉽게 하기 위해 실제 수를 7,500갤런(약 2만 8,390리터)이라고 가정하자. 이 정도면 1,000세제곱피트에 해당한다. 분명히 피해를 입히긴 했지만 굉장한 양은 아니다. 화물열차 탱크 하나의 용량보다 적으며, 적합한 설비로 처리할 수 있다.

셰일가스를 추출하는 또 다른 핵심기술은 수평시추법이다. 수평시추법은 유정을 위해 최초로 개발되었다. 파이프 기술의 진보에 따라 가능해진 이 방법은, 한 지점에서 수직으로 뚫고 내려간 뒤 땅속에서 구멍을 구부려 다른 방향으로 천공을 계속할 수 있도록 하는 것이다. 하나의 유정을 뚫은 후에 추가로 천공기를 내려 바닥에서 다양한 방향으로 뚫을 수 있다. 〈그림 2-6〉과 같이 하나의 수직 천공은 다양한 석유 매장층에 도달하는 데 적용할 수 있으며, 순차적으로 또는 동시에(분기한 배관을 사용하여) 추출할 수 있다. 이런 시도는 천공 비용을 현저하게 절감시키며, 특히 대단히 깊은 곳에 있는 침전물에 유효하다. 하나의 구멍이 텅 빈 것으로 판명되면 다른 탐사침을 동일한 수직 천공에 적용할 수 있다.

셰일가스를 실용화하려면 수평시추법이 필수적이다. 이유는 셰일층이 일반적으로 얇으며, 셰일은 수십 미터의 깊이에서 수평 방향으로 수천 미터나 넓게 퍼져 있기 때문이다.

전통적인 수압파쇄 기법은 파이프 근처의 바위만 부수기 때문에, 수

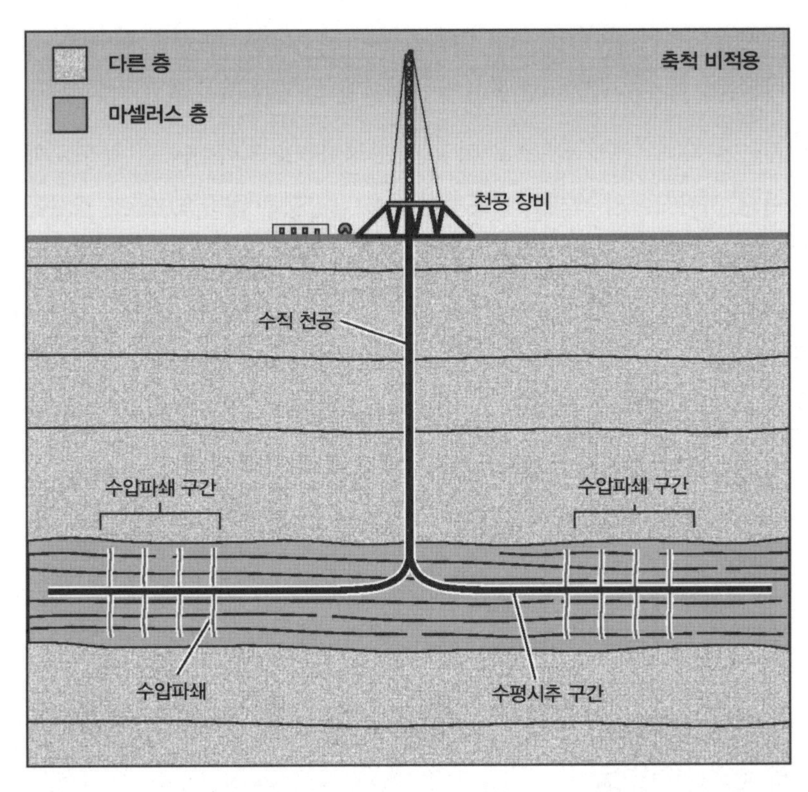


〈그림 2-6〉 수평시추법과 수압파쇄는 얇지만 넓게 퍼진 셰일층의 가스에 도달하는 데 유용하다.

평 파이프와 그에 연계된 파쇄구역이 수천 피트 혹은 전체로 확장되면 가스의 분출은 더 효과적이다. 수평시추법이 다른 용도에도 실용적임이 입증되면, 셰일가스는 경제를 성장시킬 수 있는 목표가 된다.

## 셰일가스 매장량

〈그림 2-7〉의 지도는 현재 경제적으로 채굴 가능한 셰일가스층으로

예상되는 구역을 나타낸다. 면적이 어마어마하다. 에너지정보청은 이 구역에서 862조 세제곱피트의 천연가스를 추정했지만 몇몇 가스 전문가는 3,000조 세제곱피트로 더 높게 추정했음을 기억해야 한다. 비교하자면, 서아시아의 거대한 전통적인 석유 매장량은 대략 5,000조 세제곱피트다. 페르시아 만의 작은 국가 카타르가 대략 1,000조 세제곱피트를 가지고 있다.

〈그림 2-8〉은 미국 에너지정보청이 32개 국가의 셰일가스 매장량을 추정한 것이다. 이 조사에 따르면 전체 국가에서 6,622조 세제곱피트로 표시되며, 미국이 이 중 13%를 가지고 있다.

사실상 셰일가스를 필요로 하는 나라에 많이 매장되어 있는 모습을 발견할 수 있다. 유럽은 러시아에 대한 의존에서 벗어나고자 한다. 프랑스는 현재 가스의 95%를 수입하고 있지만, 앞으로 100년간 충분히 '기

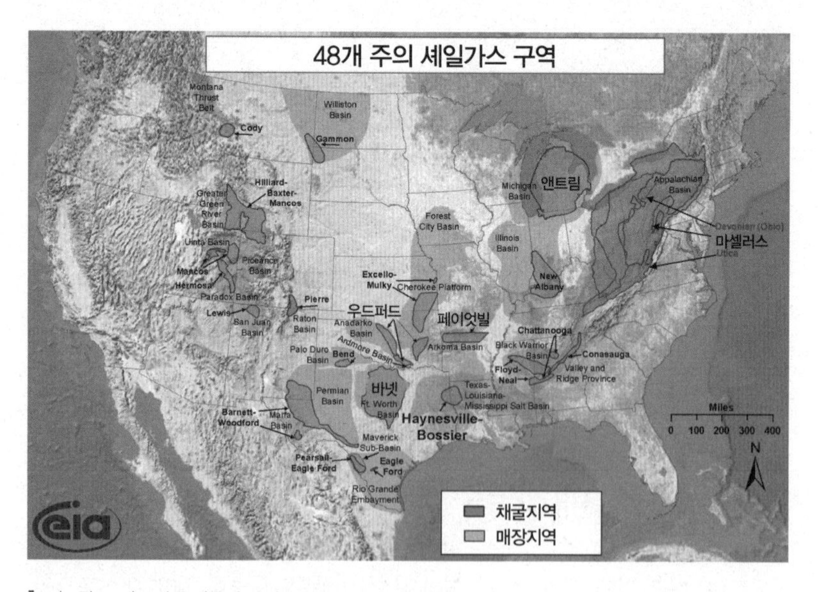


〈그림 2-7〉 미국 대륙의 셰일가스 구역.

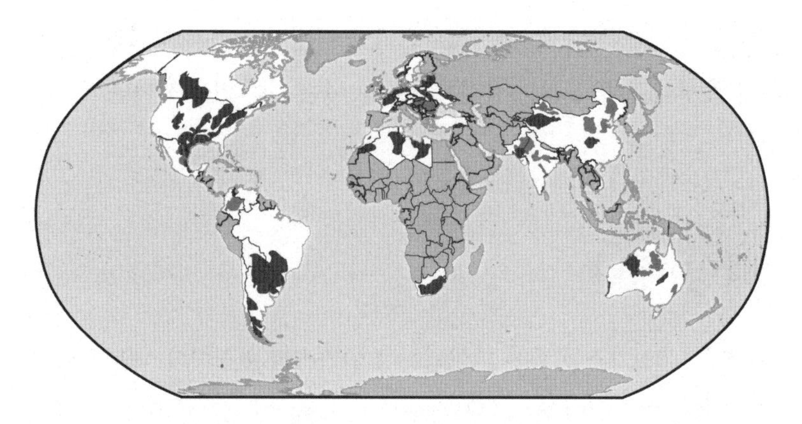

〈그림 2-8〉 32개 국가의 48개 셰일가스 분지에 대한 미국에너지정보청의 지도. 흰색 안에 표시된 지역만이 매장량에 포함된다.

술적으로 회수 가능한 셰일가스 매장량'을 가지고 있다(프랑스 정부가 금지 조치를 번복한다면).* 중국은 세계에서 화석연료를 가장 많이 소비하는 나라이며, 미국에너지정보청의 추정에 따르면 주로 석탄을 1,275조 세제곱피트 가지고 있다. 현재의 천연가스 소비량에 대면 400년간 사용하기에 충분한 양이다.

석탄에서 천연가스로 전환하면 이런 매장량은 이산화탄소의 세계적 배출에 거대한 차이를 만들게 될 것이다. 천연가스는 석탄에 비해 동일 에너지를 배출할 때 온실가스는 절반만 배출한다. 더욱이 지역 환경오염(수은, 황산염, 탄소 입자)은 훨씬 더 적다. 중국의 천연가스 개발은 지역의 번영을 위해 아주 적극적으로 추진될 수 있으며, 더불어 국가적으로 전환되면 중국 전체의 $CO_2$ 배출량을 현저하게 낮출 수 있다.

---

* *World Shale Gas Resources: An Initial Assessment of 14 Regions outside the United States* (Washington, DC: US Department of Energy, 2011). 참조

이 모든 매장량은 어마어마해보이지만, 아직까지 다른 자원과 비교된 것이 없게 때문에, 우리는 사실상 제대로 아는 것이 없는 셈이다.

## 해양 메탄

심해는 셰일가스를 훨씬 뛰어넘는 천연가스의 원천이다. 메탄으로 가득 찬 이런 얼음 침전물은 대륙붕에서 발견된다. 〈그림 2-9〉는 이 환상적인 원료를 나타낸다. 메탄에 비해 물을 더 많이 함유하고 있지만(5배 많이) 어떻게든 연소한다. 이 물질을 메탄 하이드레이트methane hydrate 또는 다른 용어로 클러스레이트 하이드레이트clathrate hydrate라고 부른다.

메탄 하이드레이트는 해양층의 침전물로부터 확산되는 메탄으로 형성되며, 차가운 물과 섞여 있다. 해저 심층수는 일반적으로 4℃로 겨우 빙점 위다.*

그러나 메탄이 그와 같은 물과 혼합되면, 메탄 분자가 주위의 물 결정의 성장을 성숙시키며, 견고하게 결합된다. 얼음이 아니지만 얼음과 아주 유사하다. 보통은 50기압 이상의 고압과 저온 상태에서만 만들어진다. 압력을 갖추려면 최소한 1,500피트(약 457미터)의 심해여야 한다.

거대한 메탄 하이드레이트가 얼마나 침전되어 있는지 아는 사람은 없지만, 보수적으로 예상하는 사람들도 셰일가스의 10배가 넘을 것이라

---

* 수면에 있는 물들은 수축되어 아래로 가라앉는다. 즉 가장 차가운 물은 해저에서 찾을 수 있다. 그러나 해저의 온도는 영하가 아니기 때문에 물이 얼지 않는다. 또한 물은 4도 이하일 때는 살짝 팽창하여 다시 위로 뜬다. 그래서 해저에 있는 물의 온도는 4도쯤이다(물은 수축하면 밀도가 증가하여 가라앉고 팽창하면 밀도가 감소하여 뜬다. - 옮긴이).

〈그림 2-9〉 메탄 하이드레이트. 얼음처럼 보이지만 공기 중에서 연소하도록 점화가 가능하다.

고 보고 있다. 미국 에너지부는 숨겨진 양이 셰일가스의 100배 이상일 것이라고 말한다. 〈그림 2-10〉은 1996년 미국 지질학적 조사 지도에 나타낸 메탄 하이드레이트 침전 지역이다. 주로 해변을 따라서 발견되며, 대륙붕에 있다. 이런 메탄이 왜 거기에 있는지는 모른다. 화석의 탄소와 관계가 있는 것 같지도 않다. 대륙붕에 살고 있는 박테리아 또는 지구가 생성될 당시의 깊은 곳에서 점진적으로 새어나오는 원시메탄에서 유래하는 것 같다.

멕시코만 석유 유출 사고를 알리는 뉴스에서 메탄 하이드레이트에 대해 들었을 수도 있다. BP는 석유를 뽑아내기 위해 분출하는 석유 위에 깔때기를 댔지만, 석유는 메탄을 함유하고 있었다. 그리고 메탄이 멕시코만의 바닥으로부터 차가운 물에 닿았을 때 그것은 〈그림 2-9〉와 같은 모양으로 하이드레이트 형태로 결합했다. 그리고 그 고체는 깔때기의 구멍을 막아 새나가는 석유를 뽑아내려는 첫 시도에 실패하게 된 원인이 되었다.

심해의 광대한 하이드레이트 침전물을 모두 수확할 수 있을까? 많은 전문가들은 아니라고 말하지만 그들이 틀렸을 수도 있다. 1,500피트는 깊기는 하지만 멕시코만의 석유 시추 장비는 벌써 5,000피트(약 1,524미

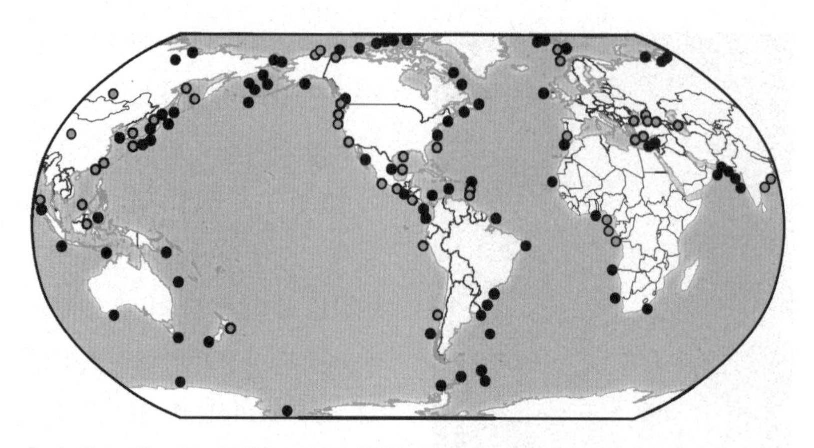

〈그림 2-10〉 미국 지질학적 조사에서 확정한 메탄 하이드레이트 침전지역이다. 침전물은 대륙붕에서 주로 발견된다.

터)의 해저에서 작업을 하고 있으며, 해저층의 바위에 수 마일의 구멍을 뚫고 있다. 자동화 기계로 이 구간에 도달할 수 있으며, 하이드레이트 물질을 부드럽게 하는 따뜻한 가스 또는 물을 투입하여 메탄을 추출하고, 채광 구멍으로 수집할 수 있다. 또는 하이드레이트 물질을 분쇄하여 컨베이어 벨트로 운반할 수도 있다. 하이드레이트 물질은 수면으로 올라오는 과정에서 따뜻해지며 메탄을 배출한다. 하이드레이트를 거둬들이는 일이 간단하지는 않는데, 특히 대부분의 침전물이 〈그림 2-9〉와 같이 순수한 결정으로 만들어지지는 않기 때문이다. 대부분 찰흙과 혼합되며 수 퍼센트의 하이드레이트 농축물이 남는다.

이런 회수 작업은 바닷물의 강한 부식성에도 방해를 받는다. 그렇다고 해서 메탄을 채취하는 것이 불가능해보이지는 않는다. 지구 표면에서, 메탄 1세제곱피트는 1,000BTU의 에너지를 함유한다. 이 정도면 1,000파운드의 물을 화씨 1도 상승시키기에 충분하다(사실상 이것이 영국의 열 단위인 BTU의 정의다). 그러므로 공기 또는 산소를 공급하면 메탄 침전물은 스스로 메탄을 방출하기에 충분한 에너지를 갖게 된다.

해저에 매장된 메탄 하이드레이트를 추출하는 데 따르는 가장 큰 우려는 잠재적인 지구온난화다. 메탄이 연소하면서 생성하는 이산화탄소와 누출되는 메탄의 위험 때문이다. 메탄은 $CO_2$에 비해 온실효과가 23배가 넘는다. 몇몇 과학자는 걷잡을 수 없는 하이드레이트의 메탄 방출이 2억 5000만 년 전 96%의 해양종을 멸종시킨 페름기-트라이아스기 대멸종이라는 지질학적 대재앙의 원인으로 추정하기도 한다.

해저에 매장된 메탄을 개발하려는 사람이 아직은 없는 것으로 알려져 있는데, 부분적으로는 더 저렴한 셰일가스를 얻기 위함인 것 같다. 지금까지 우리는 메탄 하이드레이트를 발굴할 준비를 했으며, 인간이 만들어 내는 이산화탄소로 인한 온난화에 대하여 더 많이 알아야 한다. 나는 먼 미래의 잠재적이고 지속적인 에너지원으로써 심해 메탄 하이드레이트를 바라보고 있다.

# 액화에너지 안보

에너지 위기란 무엇일까? 미국은 적어도 한 세기 동안 사용할 만큼 충분히 석탄을 매장하고 있다. 천연가스와 셰일오일도 어마어마하다. 물론 풍부한 태양과 풍력도 있다. 원자력발전에 사용하는 우라늄은 점차 고갈되어가고 있지만 우라늄 금속의 가격은 전기 가격에 비하면 작기 때문에 (대략 2%) 가격의 상승에 다소 여유가 있으며, 수 세기 동안은 우라늄이 고갈되지 않을 것이다.

우리는 에너지 위기가 아니라 운송 연료의 위기를 맞고 있다. 에너지 부족이 아니라 석유 부족을 겪고 있는 것이며, 화석연료가 아니라 액체 연료가 고갈되어 가고 있는 것이다. 〈그림 2-11〉의 3가지 도표를 보라. 첫째는 다양한 국가의 석유 매장량을 나타낸다. 사우디아라비아가 가장 많다. 왼쪽 구석에 미국의 매장량이 보인다.

둘째는 석유와 천연가스를 합친 매장량이다. 하단의 진한 색이 석유이고 상단의 흐린 색이 천연가스이다. 천연가스를 '석유와 등가(배럴)'로 변환한 그래프다. 각 막대는 각 물자에 의하여 공급되는 에너지의 전체

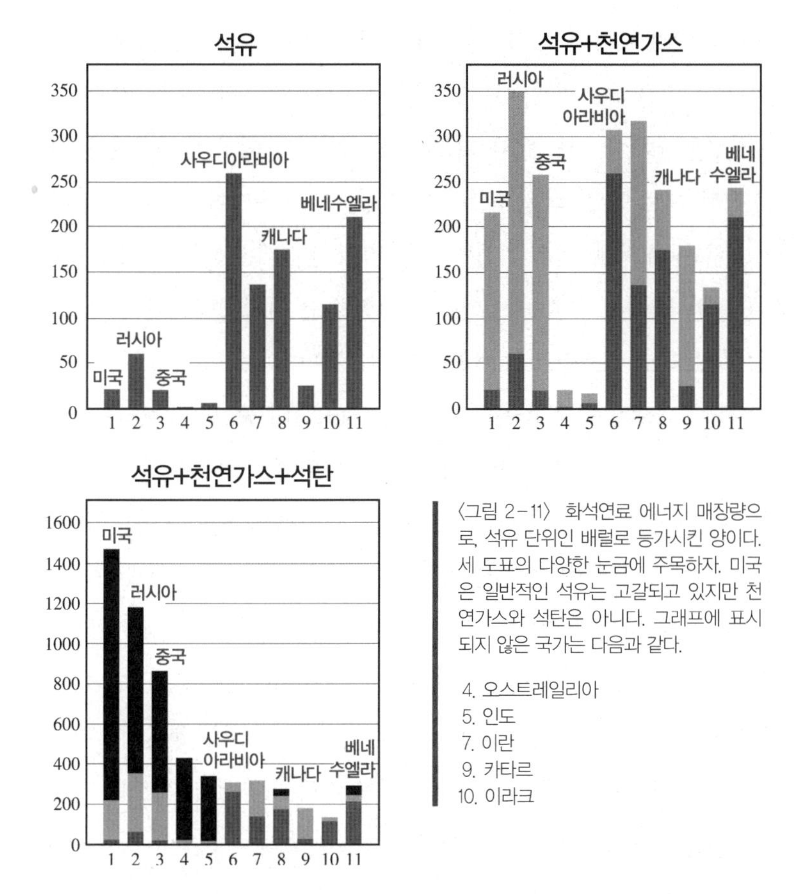


〈그림 2-11〉 화석연료 에너지 매장량으로, 석유 단위인 배럴로 등가시킨 양이다. 세 도표의 다양한 눈금에 주목하자. 미국은 일반적인 석유는 고갈되고 있지만 천연가스와 석탄은 아니다. 그래프에 표시되지 않은 국가는 다음과 같다.

4. 오스트레일리아
5. 인도
7. 이란
9. 카타르
10. 이라크

양을 나타낸다. 지금 미국은 사우디아라비아의 화석연료로 가능한 에너지의 대략 70%를 매장하고 있는 셈이다.

세 번째 도표는 석탄 매장량을 추가한 것이다. 눈금을 변경했으므로 모든 석유와 천연가스는 지금 더 짧은 막대그래프로 표시된다. 수치를 보자. 미국은 석유로 환산하면 1조 4700억 배럴에 해당하는 화석연료를 매장하고 있으며, 사우디아라비아의 307억 배럴에 비하면 거의 5배에 이른다.

"미국이 바로 화석연료의 제왕이었다! 불쌍한 사우디아라비아."

이것은 좋은 뉴스일까, 아니면 나쁜 뉴스일까? 그것은 에너지 안보 또는 지구온난화 중 어느 쪽을 더 많이 고려하는지 여부에 좌우된다. 휘발유, 디젤, 제트 연료, 원유, 석유 – 여기서는 모두 동의어로 다루도록 하겠다. 석유는 예전에 '바위 기름rock oil'이라고 불렸다(올리브 기름이나 고래 기름과 달리). 땅에서 추출하는 석유이며 휘발유, 디젤 연료, 화학 비료, 플라스틱 그리고 아스팔트로 변환하고 정제한다.

기름이 고갈된 것은 처음이 아니다. 1800년대 중반에 가정과 사업장에서 사용한 최상의 조명 연료는 고래 기름이었고, 최상의 고래는 희생되었다. 당시에 이 문제는 고래의 위기이지 기름의 위기는 아니었다. 고래 기름이 가장 많이 공급된 해는 1845년으로, 1만 5,000갤런이었다. 그 뒤로 하강하기 시작했다. 결과적으로 가격은 치솟았고, 1852년에 2배가 되었다. 그러나 펜실베이니아에서 1859년에 풍부한 바위 기름이 발견되면서 급한 대체품이 제공되었다. 그 해 연말에 펜실베이니아의 바위 기름 생산은 고래 기름의 최고치를 벌써 초과했다. 새로운 기름의 주요 용도는 등불용 기름(등유)을 만드는 것이었다.

곧 기름이 쇄도했다. 미국은 에너지 변혁의 한가운데에 있었다. 존 록펠러John D. Rockefeller는 자동차가 등장하기 전에 등유로 행운을 거머쥐었다. 사실상 이 석유의 발견이야말로 자동차와 비행기로 이어지는 내연기관을 가능케 한 바로 그것이었다.

공급량이 적어진 고래 기름을 대체하려 고민했던 순간에 석유를 발견한 것은 그저 행운일까? 사실상 펜실베이니아의 발견은 천연 석유가 흔하게 솟아나오던 곳에서 이루어졌다.

그와 같은 바위 기름은 주로 의료용으로 사용되었다. 고래 기름의 위기에 직면할 때까지 바위 기름의 실제적인 수요는 없었다. 고래 기름의 고갈은 무언가 새로운 것을 추구할 원동력이 되었다. 불과 한 세기 전에 석유가 대안에너지였다는 사실은 확실히 아이러니한 일이다.

초기의 몇몇 자동차는 석탄으로 달렸지만 휘발유 차량과 현실적으로 경쟁할 수 없었다. 휘발유는 석탄에 비해 에너지를 60% 더 공급했다. 더욱이 재를 남기지도 않았다. 휘발유의 기적을 생각하자. 고작 몇 분이면 차량에 (삽을 사용하지 않고) 연료를 넣을 수 있다. 이렇게 하는 순간, 대략 4메가와트의 에너지를 전송하는 것이다(4,000가구가 쓸 전력으로 충분한 양이다).* 휘발유 가격은 매우 가변적이지만 일반적으로 미국의 가격은 갤런당 3.50달러다(이 책을 읽을 때는 더 높거나 낮을 것이다. 휘발유 가격은 휘발유보다 더 변덕스럽다). 1갤런으로 35마일(약 56킬로미터)을 달린다면 마일당 연료 가치는 10센트다. 마일당 10센트 니켈 동전 하나인 셈이다. 특히 차에 5명이나 6명이 타면 믿을 수 없을 만큼 저렴하다. 우리가 자동차에 껌뻑 죽는 것도 당연하다.

〈그림 2-1〉에서 보았듯이 에너지 사용은 국내총생산과 밀접하게 연결되어 있다. 에너지 절약을 통해 이런 관계를 분리할 수도 있지만 지금은 잠시 제쳐 두기로 하자. 이 부분은 제7장에서 다시 언급할 것이다. 더 효율적인 것이 필요하며, 그렇게 하는 것이 경제적인 이득을 가져다줄 것이다.

---

* 1갤런의 휘발유는 33.7 kWh를 제공한다. 5분 동안 10갤런을 주유한다면 1/12시간동안 337 kWh니까 337×12 = 4,040 kWh=4 MWh가 된다. 전형적인 미국 집은 평균 1~1.5 kWh를 사용한다.

# 허버트 피크

미국에 있는 사람이 에너지 위기에 대하여 말하면 현실적으로 운송에 사용하는 에너지의 아주 편리한 형태에 대한 국내 공급의 고갈을 의미한다. 바로 석유다.

허버트 피크hubbert's peak 이론을 기반으로 하여 널리 알려진 자원 예측 방법은 석유 공급의 축소에 따른 가격의 고저를 예상하는 데 적용된다. 1956년 쉘 연구소Shell Research Labs에서 근무하던 지구과학자인 메리언 킹 허버트는 어떤 면에서는 당연한 사실들을 간결하고 명확하게 기술했는데 그의 개념은 미국 정부 정책의 근간이 되었다.

허버트는 새로운 천연자원이 발견되면(펜실베이니아 바위 기름이 1859년에 발견된 것을 떠올려 보라) 초기의 고가격은 새로운 자원이 탐사를 통해 발견되는 동안 하강한다. 그러나 천연자원은 유한하고, 궁극적으로 수요는 공급을 앞지른다. 그러면 가격은 공급이 하강하는 동안 상승한다. 최대 생산량을 허버트의 최대치라고 부른다. 미국은 1970년대에 허버트의 최대치에 도달했으며, 세계는 지금 바로 오일 피크를 예상하는 시기에 근접한다.

허버트의 분석은 해당 원자재에 대한 대체재 혹은 새로운 자원이 없을 경우에 적합하다. 고래 기름을 대체하기 위하여 바위 기름을 발견한 것을 떠올리자. 지금은 바위 기름을 대체할 천연가스와 합성연료라는 명백한 대체재가 있다.* 그리고 잠재적 새로운 자원도 있다. 수압파쇄와

---

* 천연가스 공급에 대해 더 자세히 알고 싶다면 '자원 삼각형'을 알아보길 바란다. 세계석유협회의 29호 학술지 Unconventional Gas(Working Document of the NPC Global Oil & Gas Study, July 18, 2007), www.npc.org/study_topic_papers/29-ttg-unconventional-gas.pdf.가 좋은 시작점이다.

수평시추법으로 셰일가스에 접근하는 것처럼, 석유 기술자들은 셰일층에서 어마어마한 매장량을 거둬들일 것으로 보인다. 더 구체적인 것은 제6장에서 검토하겠다.

미국에서 석유의 고갈 위기는 증가하고 있다. 1977년 지미 카터 대통령은 미국 에너지부를 설립했다.* 구체적인 목적은 해외 석유 의존도를 낮추고 에너지 자립을 이루는 것이었다. 초기의 프로그램은 성공적이었다. 1984년까지 수입은 50%까지 줄었다. 그러나 유가 하락으로 인해 이런 경향이 반전되어 1994년에는 수입량이 1977년 최고치를 넘어섰으며 처음으로 수입량이 국내 생산량을 넘어섰다. 초기의 수입량은 미국의 국내 생산량을 초과했다. 2011년 미국은 배럴당 평균 99달러의 가격으로 30억 5,000만 배럴을 수입했으며, 전체 가격은 3,020억 달러다. 미국의 무역 적자는 연간 5,730억 달러였다. 2011년 무역 적자의 53%는 원유 수입으로 인한 것이다.

이웃 캐나다는 석유 수입의 절반가량을 제공한다. 캐나다는 우방 국가이므로 통상 금지에 대비한 심리적 안정에 어느 정도의 영향을 준다. 그러나 석유 가격 상승과 고갈에 대비한 경제적인 안정성은 제공하지 않는다.

카터 대통령이 새롭게 설립한 에너지부는 태양발전 및 풍력 프로그램과 석탄을 디젤 연료로 변환하는 기술을 개발했다. 로널드 레이건Ronald Reagan 대통령 때 이런 모든 프로그램은 종료되었다. 어떤 사람들은 레이건이 자신의 신념에 따라 폐지한 것이라고 주장했으나 하락하는 석유

* 1975년에 제럴드 포드 대통령은 원자력위원회를 폐지하고 에너지연구개발국을 설립했다. 그리고 1977년에 지미 카터 대통령이 개발국을 에너지부로 변환하면서 대통령 고문단 지위를 부여받았다.

가격이 상대적으로 대안에너지의 수익성을 낮춘 것도 사실이다. 석유는 (고정 달러에서) 카터 시대에 배럴당 111달러에 도달했지만 레이건 정부에서는 배럴당 22달러로 하락했다. 대안에너지 기술은 그와 같은 저가격에는 경쟁력이 없었다.

대안에너지에 관해 지속적으로 제기되는 문제는 화석연료 에너지에 비해 더 비싸다는 것이다. 사우디아라비아는 배럴당 대략 3달러에 석유를 생산할 수 있다. 과거에는 원유 가격이 현재 달러 기준으로 배럴당 20달러 정도로 제법 짭짤한 이익을 남길 수 있었다. 배럴당 70~100달러를 웃도는 지금 상황에서는 그 이익이 어마어마하다. 세계의 수요가 공급을 초과할 때마다 가격이 급등한다.

지난 수년간 미국의 석유 생산은 크게 개선된 기술과 굴착 장비의 증가로 상승하기 시작했다. 2011년은 1977년 이후 처음으로 생산량에 비해 수입량이 적었다. 그러나 이런 경향이 지속되어도 큰 수입은 무역적자에 악영향을 끼친다.

액체 연료가 안고 있는 문제의 잠재적인 해법은 합성연료다. 석탄으로 휘발유를 만들 수 있다. 이것을 CTL이라고 부르는데, 'Coal To Liquid(석탄 액화)'의 약자다. 천연가스로 만들 수도 있다. 이것은 '가스 액화Gas to Liquid', 즉 GTL이라고 부른다. 합성연료를 만드는 원래의 방법은 피셔-트로프슈 공정Fischer-Tropsch Process이라 하는데, 1920년대에 발명되었고, 1930대와 1940년대의 나치 독일 그리고 남아프리카의 인종분리 시대에 효과적으로 사용되었다. 이런 국가들 모두 석탄이 풍부했지만 휘발유 또는 디젤 연료를 구할 수 없었다. 오늘날 미국의 상황처럼 들린다. 합성연료를 만들지 않는 이유는 무엇일까?

진짜 문제는 시장의 불확실성이다. 산업 전문가에 따르면 합성연료의 제조 비용은 배럴당 60달러다. 지금의 석유 가격이 훨씬 비싸더라도 투자자는 합성연료 공장을 운용한 뒤에 사우디아라비아가 석유 값을 하락시켜 파산할까 봐 두려워하는 것이다. 1977년과 1986년 사이에 배럴당 111달러에서 22달러로 가격이 하락된 상황을 떠올리면 된다.

사우디아라비아로 인해 합성연료의 가격이 뚝 떨어지는 것을 방지하는 유일한 방법은 수요를 충족시키지 않는 것뿐이며, 만약 우리가 불황에 빠지지 않는다면, 그 시점은 지금일 수도 있다. 중국과 인도 그리고 석유가 부족한 개발도상국의 지속적인 성장은 생산 용량을 한계치까지 끌어올렸다. 바로 이 때문이 석유 가격이 높은 것이고, 그래서 가까운 미래에도 석유 가격은 비슷하게 고가를 유지할 것이다.

유가는 어디까지 올라갈까? 장기적으로 볼 때, 배럴당 60달러인 합성연료의 가격보다 높게 유지하긴 어려울 것이다. 고가의 확실한 지속성과 합성연료 공장의 건설 시간이 지연되는 것은 일시적인 가격상승 효과를 일으킬 것이다. 그 중간쯤 되는 곳이 지금이며, 사우디아라비아가 걱정하는 지점이다. 미국과 서방 국가가 석유에 몰두하는 것처럼 그들은 거대한 석유 수익에만 몰두하는 것이다.

석유 가격을 더 낮출 수 있는 새로운 액체 연료 공급원을 하나 더 소개하겠다. 그리고 이것은 합성연료의 수익성도 대체할 수 있다. 바로 셰일오일이다.

# 셰일오일

에너지 세계에서 가장 신속한 긴급 뉴스는 천연가스가 아니라 아마도 잠재력조차 더 큰 무언가다. 심지어 나도 1년 전까지는 미래의 장기적인 에너지원이라고 여겼던 해저의 메탄 하이드레이트와 비슷하다고 생각했던 어떤 것 말이다. 그러나 막대한 잠재적 이익은 기술적 돌파구의 원동력이 되곤 한다. 이어지는 유가의 고공행진 덕분에 대다수의 전문가들이 최근까지도 비실용적이라고 생각했던 형태의 화석연료 형태가 혁신을 일으키게 되었다.

셰일오일은 셰일가스처럼 바위 안에 갇혀 있으며, 거대한 양의 에너지를 소비하지 않으면 접근할 수 없다고 생각했었다. 아마도 회수할 수 있는 에너지에 비해 더 많은 에너지를 써야 할지도 모른다. 기존의 생각은 셰일을 채굴하고, 가열하여, '단단한' 석유처럼 끈적끈적한 소위 케로진kerogen이 분비되도록 하는 것이다. 그러고 난 다음에 케로진을 화학 처리하여 디젤이나 가솔린으로 변환시키는 것이다. 이 공정을 다른 화학 연구와 유사하게 '증류retorting'라고 부르는데, 워낙 고비용이라 석유 가격이 훨씬 더 높아질 때까지 기다려야 할 것 같다. 합성연료 덕분에 가격은 결코 그렇게 되지 않을 것이다. 여기에 더해, 폐기물은 증류기에서 배출되며, 물기가 빠져 건조된 셰일은 채굴된 바위보다 더 큰 부피를 차지하므로, 새로운 환경적 도전을 낳는다.

아직까지도 미국의 셰일오일 양은 실제로 막대하다. 사우디아라비아 매장량의 5배인 1조 5,000억 배럴로 추정된다. 미국이 하루에 2,000만 배럴을 사용하므로, 1조 5,000억 배럴이라 하면 최근 200년간 사용하는 양에 해당한다. 그러나 셰일오일은 두꺼운 점성 원료로 바위에 깊이 묻혀 있다. 수십 년간 알고 있었지만 접근할 수가 없어서 에너지 계획에서 무시된 것 같다. 좀 깔끔하고, 에너지를 덜 들이며, 값싸게 얻어내는 건 불가능해보였다.

고유가, 수압파쇄와 수평시추법의 개발, 몇 가지 물리, 화학, 공학적 방법에 힘입어 셸, 셰브런, 엑슨 모빌을 포함한 정유 회사들은 셰일오일을 추출하는 방법들을 개발했으며 그들의 빠른 성공은 놀라울 정도였다. 쉘의 방법은 '지중전환방식In-situ Conversion Process(ICP)'으로 부른다. 전기를 사용하여 심해 바위(1~2킬로미터 아래)의 온도를 섭씨 650~700도로 가열하고(너무 낭비가 심해서 나라면 아마 고려하지도 않았을 것이다) 이 공정에 전통적인 수평시추법과 수압파쇄를 조합한다(이게 벌써 일반적인 기술이라니!). 3~4년간 바위가 끓도록 가열시킨다. 이 공정은 분자량이 큰 케로진을 부드러운 석유로(탄화수소의 더 작은 사슬로) 변환하는 자연 과정과 유사하지만 가열 속도는 100만 배이다. 케로진은 더 작은 탄화수소로 분쇄되며 수압파쇄된 바위를 통해 더 자유롭게 이동한다.

초기 시험은 놀랍도록 성공적이었다. 추출된 석유의 에너지는 바위를 가열하여 적용한 것을 포함하여 들인 에너지에 비해 3.5배 더 컸다. 충분히 우수하다. 쉘은 배럴당 대략 30달러의 가공 비용이 들 것이라고 추정한다. 다른 회사는 석유가 배럴당 60달러 이상을 유지하는 한 공정이 경제적인 의미를 가진다고 기술하고 있다. 이런 추정치의 차이는 투자 수익을 고려한 시장의 상품 가격 때문에 나타난다. 또는 다른 회사가 간단하게, 막대한 수익을 숨기는지도 모른다. 배럴당 100달러가 되면, 새로운 셰일오일정은 1년도 안 되어 수익을 뽑아낼 수 있을 정도다.

물론 환경적인 문제도 있다. 탄소의 새로운 공급원을 발견한 셈인데, 진정으로 기뻐해야 할까? 그리고 또 다른 하나의 염려가 있다. 가열된 바위에서 나온 유동성이 큰 석유가 지하수로 스며든다면? 쉘은 이러한 일을 막기 위해 침전물 주위의 바위와 토양을 얼리는 '얼음벽ice wall' 기술을 개발했다. 회사는 여러 위치에서 이 시도를 시험했지만 아직 대규모 침전물에 온전히 입증되지 않았다. 물론 셰일가스와 함께 폐수 문제와 물 고갈 문제가 있다. 텍사스에서는 귀중한 자원을 위한 수압파쇄에 물을 쓰는 바람에 가뭄이 늘었다. 몇몇 사람들은 육지의 천공에 대한 환경적 위험이 바다에서 하는 것보다 훨씬 덜하고 텍사스는 무너지기 쉬운 해변과 알래스카의 동토대에 비해 석유 오염에 덜 취약하다고 주장한다.

쉘과 에너지부에 따르면, 1제곱마일에서 10조 배럴의 셰일오일을 생산할 수 있으며, 콜로라도 고원에만 셰일 같은 것이 수천 제곱마일이 널려 있다. 노스다코타 주에서는 버켄필드의 셰일오일 생산이 4년 전에는 거의 전무했으나 2012년까지 하루 40만 배럴로 증가했으며, 곧 매일 100만 배럴을 생산할 것으로 예상된다. 미국의 전체 수입량이 하루 평균 10만 배럴 정도인 것을 떠올리자. 텍사스의 이글포드 포메이션 사는 매일 10만 배럴을 생산하며, 다음 수년간 42만 배럴로 증가가 예상된다. 석유 회사는 5,000개 정도의 유정에 올해 대략 250억 달러를 투자하고 있다. 2020년 무렵에는 미국 석유 소비량의 25%가 새로운 셰일오일로부터 조달될 것이며 그 이상이 될 수도 있다.

셰일오일 생산은 사실상 파괴적인 기술이 될 수 있다. 즉 미국의 무역균형에 크고 긍정적인 영향을 줄 수도 있고, OPEC의 가혹한 반발과 대체 운반 기술, 특히 천연가스와 합성연료에 심각한 도전이 될 수도 있다는 것이다. 셰일오일은 기존의 석유를 훨씬 더 풍부한 자원에 의해 대체되어 버린 또 다른 고래 기름처럼 만들 수 있다. 미국의 에너지 안보에는 굉장한 희소식이겠지만 지구온난화에 대한 우려가 사실로 밝혀진다면 잠재적인 재앙의 씨앗이 될 수도 있다.

# 에너지 생산성

"1페니를 저축하면 1페니를 얻는다." — 『가난한 리처드의 달력』(벤저민 프랭클린)

"1갤런을 저축하면 1갤런을 수입하지 않는다." — 개정판을 위한 제안

대안에너지 예정표의 가장 큰 품목은 원자력발전도, 태양발전도, 석탄도, 석유 또는 합성연료도 아니고, 다른 모든 공급원도 아니다. 무언가 훨씬 더 잠재적이며, 저렴한 것보다 더 저렴하고, 준비될 수 있어야 하며, 대통령 선거에 맞춰 적시에 등장하는 무언가다. 이 효과적인 에너지 공급원은 새로운 에너지 공급원이 전혀 아니다. 바로 에너지 생산성을 증가시키는 것이다. 지금과 동일한 과제를 달성하기 위해 에너지를 덜 사용해야 한다는 것이다.

기회는 어마어마하며 아직까지도 거의 활용하기가 힘들다. 선거 때 민감한 에너지 생산 정책을 고안하고 수립하는 것에 비해 더 긴급한 에너지 관련 조치는 없다. 이런 정책의 가장 놀랄 만한 측면은 비용인데, 제로다. 즉 비용이 한 푼도 들지 않는다. 사실, 이것은 수익성이 있어야 한다. 이것이 '저렴한 것보다 더 저렴한'이라는 말에 담긴 의미이다.

얼마나 수익성이 있어야 할까? 앞으로 상세하게 기술할 여러 명확하고 안전한 투자는 10% 이상의 이율로 수익을 내며, 어떤 사례에서는 훨

〈그림 2-12〉 스웨터를 입은 지미 카터 대통령이 불을 피우지 않은 난로 앞에 앉아 있다.

씬 더 높은 수익을 낸다.

힘들지는 않을까? 앞서 언급한 대로 1979년 지미 카터 대통령〈그림 2-12〉은 국민에게 (겨울에) 온도 조절기를 낮추도록 요청하고, '스웨터를 입도록' 했다. 대부분의 사람들은 좋아하지 않았다.

곧 석유 공급은 증가한 반면 가격은 내렸다. 현재 시세로 1979년 12월의 배럴당 111달러였으나, 1986년에 배럴당 22달러로 내렸다. 곧 많은 사람들은 스웨터를 벗고 난방을 세게 틀었다. 더욱 나쁜 것은 에너지 절약이 생활 양식의 변화를 의미한다는 강한 인상을 남겼으며, 덜 편안한 것으로 간주되었다는 것이다. 그것은 매우 불행한 결과였는데, 사실 에너지 생산성을 높이는 것은 누구의 희생도 필요로 하지 않기 때문이다. 많은 사람들(특히 버클리 연구소)은 스웨터를 입는 것이 생활의 품격을 해치는 것이 아니라고 말했다. 그럼 좀 더 강한 주장을 펼쳐보자. 알맞게 수립한 에너지 생산성의 증가는 참여하는 사람이 생활양식이라고 생각하는 것을 변화시키지도 않는다. 더욱이 미국의 국제수지 적자를 쉽게 줄일 수 있는 가장 큰 수단이 될 수도 있다. 그리고 합성연료, 셰일가스, 셰일오일과 달리 환경을 위협하지도 않는다.

이 모든 이야기는 몇 가지 이유로 믿지 못하는 사람이 많다. 첫째, 공짜 점심 따위는 없다는 오래된 격언이 있다. 불편 없이 취할 수 있는 방법은 무엇이 있겠는가? 둘째, 사람은 어리석지 않다는 것이다. 이것이 그처럼 위대한 개념이면 왜 아직까지 시행되지 않았을까? 이 모두에 대한 설명이 있지만, 주로 심리적인 범주에 해당하는 답이다. 부실하게 설명하고 부실하게 정책을 수립했기 때문이다.

놓쳐 버린 기회를 극적으로 보여주는 간단한 사례로 이야기를 시작해 보자.

## 17.8%의 연간수익률, 면세, 안전한 투자

이것은 뮬러 폰지사기(Ponzi scheme, 투자 사기수법의 하나로, 실제 이윤창출은 하지 않고 투자자들이 투자한 돈을 이용해 투자자들에게 수익을 지급하는 방식이다. 이 방식을 처음 쓴 사람은 찰스 폰지로, 저자는 자신의 이름을 붙여 '뮬러 폰지사기'라고 했다.-옮긴이)가 아니다. 잠시만 내 계산을 믿고 따라와주시라. 연간 17.8%의 수익률은 면세이기 때문에 일괄적인 세금에 따라서 27%만큼 높게 효과적으로 수익률을 증가시킬 수 있다. 그리고 특히 에너지 비용의 상승과 같은 인플레이션을 완벽하게 대처할 수 있다. 더욱이 투자는 애국적이기까지하다. 미국의 국제수지 적자와 해외 석유 의존 모두를 축소하는 데 도움을 준다. 너무 좋아서 믿기 어렵다고? 아니다. 너무

식상해서 심각하게 받아들이지 않을 뿐이다.

여기에 극비의 투자 기회가 있다. 다락방에 단열재를 설치하자. 단열재 설치는 새로 지은 집에는 높은 수익률을 내지 못한다. 그리고 이미 우수한 단열재를 설치했다면 해당 사항이 아니다. 그러나 전 에너지부 장관인 아트 로젠펠트는 미국의 낡은 집의 절반은 단열재 추가로 이익이 있다고 추정했다.

지금쯤 여러분은 이 이야기에 흥미를 잃었을지도 모르겠다. 사람들이 이용하지 못하는 이유를 설명해야 하는 이 투자의 특징은 매우 지루하기 때문이다. 이 지겹지만 힘들지 않는 에너지 절약이라는 것은 사실상 어떤 투자보다 수익이 많은 데다가 위험이 전혀 없다. '위험'은 오직 에너지 가격이 급격히 떨어지는 것이다. 그와 같은 급락은 대단히 좋지 않은 것이지만, 일어나기만 한다면, 어쨌든 기쁘긴 할 것이다. 반면에 에너지 가격이 급등하면 수익률도 더 증가할 것이다.

이 놀랄 만한 투자가 실제로 작동할까? 미국 정부의 웹 페이지에서 채택한 사례로 시작하자.

www.energysavers.gov/ypur_home/insulation_airsealing/index.cfm/mytopic=11360

이 웹페이지는 회수기간을 계산하는 공식을 제공한다. 연수는 단열재를 설치함으로써 절약되는 에너지를 보상하기 전으로 설정한다. 세부사항을 진행하지 않고 그럴듯한 비용, 효율, 모든 것을 고려하는 공식을 간단하게 입력하면, 회수되는 때까지 5.62년으로 나온다. 자세한 것은 결과 페이지를 보시라.

공공기관에서 조사한 바에 따르면, 많은 사람들이 5.62년이라는 시간을 마음에 들어하지 않는다. 회수하기에는 너무 긴 시간이기 때문이다. 대출을 받는 것과 비슷하고(가정에) 수익은 없다. 5.62년 후에 겨우 본전이다. 말도 안 되는 투자다. 단열재를 설치할 여유가 없다는 결론을 내린다. 그러나 더 신중하게 투자를 주시하자.

명확성을 기하기 위해 몇 가지 수를 입력해보자. 다락방 단열재에 1,000달러를 소비했다고 가정하자. 그러면 예제에서 작업한 수에 따라서 5.62년 후에 1,000달러의 에너지 비용이 절약될 것이다.

지금 실제로 훌륭한 투자를 했다고 해보자. 그래서 폰지사기의 사례로 돌아가보자. 단열재에 현금을 입력하는 대신 버나드 메이도프(Bernard Madoff, 미국의 유명한 증권중개인이자 투자상담사였으나 2009년 역사상 최대 규모의 폰지 사기 혐의로 투옥되었다.-옮긴이)에게 투자했다고 가정하자. 그의 사기가 실제로 부정한 것이 아니라 합리적인 것이었다고 가정하자. 연간 11%를 제공하므로 5.62년 후에(복리가 아닌 것으로 가정하면) 55%를 얻는다. 이득은 550달러다. 이런 종류의 이율은 눈부신 것으로 간주되는데, 특히 안전하기 때문이다(메이도프는 수익률에 큰 변동이 없었다. 11% 고정이었다).

하지만 메이도프에게 돈을 맡기는 대신 단열재에 1,000달러를 투자했다면, 회수기간이 끝날 무렵에는 550달러가 아니라 1,000달러가 통장에 더 들어 있게 된다. 이 돈은 여러분이 냉방이나 난방에 들일 필요가 없었던 그 돈이다. 이 돈은 여러분 통장에 들어 있는 현금이다.

이의를 제기한다(사기라는 사실을 무시한다면). 메이도프의 사기에서 원금 1,000달러는 물론 회수될 수 있다. 집에 투자하면 가치가 증가한다는 사실을 떠올리자. 회수되는 것은 유동자산은 아니지만 실질 자산이다. 1,000달러를 잃지 않는다. 팔면 회수될 것이다(아마도 조금 더).

그럼 팔지 않는다면? 그러면 적어도 은행에서 돈을 찾거나 주식을 파는 것처럼 자본금을 회수할 수는 없다. 그런데 왜 그 돈을 굳이 회수하려고 하시는지? 여러분이 투자한 자본금은 연간 17.8%를(난방과 냉방 비용을 축소한 형태로) 영원히 지속적으로 지급한다. 아무도 그와 같은 위대한 투자로부터 투자금을 빼내고 싶어하지 않을 것이다. 주식으로부터 수익을 거둔다면, 그리고 안전한 데다 면세라면, 미쳤다고 투자금을 회수하겠는가?

문제는 국민이 회수기간과 효과적인 수익률 간의 관계를 이해하지 못한다는 것이다. 간단한 식이 있다.

$$수익률 = \frac{100\%}{회수기간}$$

5.62년이라는 회수기간에 따르면 연간 100%÷5.62=17.8%의 수익률이 주어진다. 이 식은 구매가가 소유가에 일정하게 추가되지 않으면 변경되어야 한다. 사례에서 감가상각을 식에 포함해야 한다면 다음과 같다.

$$수익률 = \frac{100\%}{회수기간} - 감가상각률$$

(인플레이션 또는 디플레이션이 현저하면 물론 포함되어야 한다.) 인플레이션은 크게 감가상각하지 않지만, 어떤 물품은 (예를 들면 작은 형광등) 수명이 유한하며 감각상각이 크다.

에너지 비용이 오른다고 가정하자. 그런 일이 발생하면 수익률 역시 더 높아진다. 공공요금이 하락하면 어떨까? 절반으로 내린다고 가정하자(아주 그럴듯한 시나리오는 아니지만 가능하다). 그러면 실질 수익률은 물론 절반으로 삭감되며 17.8%가 아니라 8.9%로 하락한다. 공공요금이 75%까지 내려도(사실상 불가능하지만) 수익률은 여전히 4.45%다. 비교적 안전한 투자다.

더욱이 이런 회수금을 은행 또는 주식에서 받는다면 세금을 지불해야 한다. 그러나 여러분이 돌려받는 돈은 절약된 비용에서 나온 것이고, 면세다. 국세청 세금 신고란에 '현명하게 절약한 돈'을 기입하는 곳은 없지 않은가? 그러므로 사실상 면세다. 이 투자가 당신의 삶의 기준을 더 낮출까? 단열재를 설치하는 몇몇 인부가 느끼는 언짢음을 제외하면 명백하게 아니다.

왜 더 많은 사람들이 이렇게 하지 않을까? 원인의 일부분은 의심의 여지없이 혼동이다. 사람들을 위한 새로운 개념이자 3년을 넘는 어떠한 회수기간도 소비자에게 곤경을 준다는 편견을 주는, '회수기간'이라는 용어 대신 투자의 연간수익률이라는 관점에서 전통적인 수단을 기준으로 하여야 한다. 그러므로 예를 들면 다락방에 단열재를 투자하더라도 설치하는 회사가 예상하는 연간수익률이 17.8%이며, 면세인 것을 자유롭게 광고할 수 있도록 해줘야 한다.

대통령으로서, 가장 중요한 단계 중 하나는 회수기간에 대해 국민에게 알리는 것이다. 4년이라는 회수기간은 연간 25%의 수익률을 낸다. 5년의 회수기간은 20%이며, 10년의 회수기간은 10%의 연간수익률이다. 그와 같은 고효율의 안전한 투자는 없다. 그리고 에너지 절약에 대한 대중들의 투자는 미국 에너지 안보를 개선하는 데 큰 공헌을 할 것이다.

# 209%의 연평균 수익률, 면세, 안전한 투자

앞에서 17.8%의 연간수익률에 면세인 투자 방법에 대해 이야기했다. 이제 209%의 연간수익률을 가지는 면세 투자 방법을 이야기할 차례다. 왜 이것을 먼저 이야기하지 않았냐고? 그러면 17.8%에 관심을 가지지 않을 것 같아서다.

계획: 백열전구를 콤팩트형 형광전구(CFL, Compact Fluorescent Light Bulb)로 교체한다.

몇몇 사람들은 콤팩트형 형광전구(CFL)의 조명이 백열전구에 비해 만족스럽지 않다고 생각한다. 초기에는 그랬지만 개선된 전구는 색상이 지금 훨씬 더 '온화해warmer'졌다. 몇 해 전 내가 파리의 노트르담에 갔을 때 원래는 촛불로 밝힌 샹들리에가 그때는 백열전구로 바뀐 것을 보았는데, 지금은 CFL로 채워져 있다. 아름다움은 퇴색되지 않았다. 나의 집은 거의 100% CFL이다. 요즘은 조명을 줄일 수도 있다.

투자에 대한 수익률을 계산하자. CFL은 일반적으로 더 저렴하다고들 한다. 수명이 더 길기 때문인데, 지금부터는 무시할 것이다. 사실상 CFL은 심지어 그 긴 수명을 무시한 채 오래된 텅스텐 필라멘트 전구를 교체하는 것만큼 자주 교체한다 하더라도 싸다. 여기서는 대략적인 숫자를 쓸 테지만 자기 상황에 맞는 수를 넣어보길 권한다. 예를 들면 내가 가정한 것에 비해 더 저렴한 CFL을 구매할 경우 말이다.

| | |
|---|---|
| 75와트 백열전구의 값: | 30센트 |
| 하루 전기요금(4시간, 킬로와트시당 10센트): | 3센트 |

| | |
|---|---|
| 동일한 밝기의 CFL(22와트) 비용 | 4달러 |
| 하루 전기요금(4시간, 킬로 와트시당 10센트): | 0.88센트 |
| 하루 절약액 | 2.12센트 |
| 초기 비용 차액 | 3.70달러 |
| 회수기간(비용 차액/하루 절약액) | 174일=0.48년 |
| 유효 수익률: | (100%÷회수기간): 209% |

텅스텐 필라멘트 전구의 짧은 수명에 추가한다면, CFL의 값은 지속적으로 커진다. 텅스텐 전구는 일반적으로 수명이 1,500시간이다. 훨씬 덜 밝게 생산한 '긴 수명'의 전구를 조심하자(가시적인 밝기를 나타내는 루멘율을 확인해야 한다). CFL의 수명은 1만 시간 이상이며, 따라서 구식 전구로는 같은 기간 동안 6개 이상을 구매해야 하므로 전체 비용은 2달러가 넘는다. 그러므로 실제 차이는 3.70달러가 아닌 2달러다.

여러분은 집의 전구들을 CFL로 바꿨는가? 아니라면 왜 그런가? 아마도 오래된 형광등의 차가운 색상에 대한 나쁜 기억이 있을 수도 있겠다. 또는 절약액이 너무 적은 것은 아닐까? 비효율적인 텅스텐 전구를 사용하는 비용은 하루 3센트가 조금 넘을 뿐이다. 각 CFL로 한 달에 1달러 미만을 절약한다. 관심을 가지는 사람이 있을까?

개발도상국 사람들은 아마도 절약에 더 민감하기 때문에 사소한 차이에도 신경을 쓴다. 모로코, 파라과이, 케냐, 코스타리카 그리고 르완다를 여행하면서 CFL이 얼마나 일반적인지 놀라웠다. 한 달에 1달러가 차이를 만들면 사람들은 알아차린다.

주택 소유자는 CFL 10개로 한 달에 10달러까지 추가되고, 연간 120달러를 아낄 수 있다. 수백만 개의 전구가 있어야 하는 큰 회사는 209%의 수익률이면 어마어마할 것이다. 그리고 미국의 에너지 가치는 커질 수 있다.

다음 기술도 도입되고 있다. 나의 집은 LED(발광 다이오드)로 전환하기 시작했다. CFL에 비해 조금 더 비싸지만 수명이 20년이다.

## 정부의 에너지 생산 정책

대통령이라면, 국민을 독려하여 17.8% 또는 209%의 안전한 면세 투자를 조성하고 회수공식을 알리는 것뿐 아니라 다른 할 일도 있다. 가장 현명한 정책은 캘리포니아에서 이미 수행했으며, 많은 다른 주에서도 시도하거나 제안하고 있는 중이다. 그것은 대충 '디커플링 플러스decoupling plus'라고 불린다. 이 아이디어는 사람들을 대신해 공공기관이 투자를 시행하고 거기서 얻은 이익을 분배하는 것이다.

이 아이디어를 설명하려면 극단적으로 간소화한 사례를 보면 된다. 30기가와트의 전기를 생산하고 사용하는 상상 속의 주에서 살고 있다고 가정하자. 이 주는 캘리포니아와 유사하지만 더 간단하게 만들기 위해, 향후 수요를 정확하게 예측하고 새로운 발전소를 아주 신속하게 건설할 수 있다고 가정한다. 물론 대출이나 담보 없이도 이를 위한 자본을 확보할 수 있다. 공공기관만 추가 현금을 동원할 수 있다. 이것은 지나치게 간소화한 것으로 보이지만, 실생활에서 부딪히는 재정의 복잡성에 얽매이지 않고 문제에만 집중하려면 이러는 편이 낫다.

주는 발전하고 있으며, 이듬해에는 31기가와트가 필요하다. 그래서 새로운 1기가와트짜리 발전소를 건설하기 위한 공익사업을 계획하고 있다. 원자력발전소로 가정하자. 그와 같은 발전소는 사실상 모든 비용이 건설비다. 운용비는 저렴하다. 편의를 위해 운용비를 0으로 가정하자. 발전소 건설 비용은 100억 달러라 하자. 전기요금을 킬로와트시당 15센트로 계산하면(캘리포니아의 경우와 같다) 연간 소득은 13억 달러다.* 보통 공공기관은 현금을 보유하지 않으므로 13%의 수익 중 대부분은 발전소 건설에 투자한 채권자들에게 돌아간다.

지금 이 주는 대체 제안서의 검토에 들어갔다. 왜냐하면 에너지 절약은 매우 효과적이기 때문에 주는 공공기관에 새로운 발전소를 건설하는 대신 에너지 절약에 투자하도록 제시한다. 예를 들면 공공기관은 에너지 효율이 높은 냉장고, 개량된 에어컨, 콤팩트형 형광등 또는 단열재 설비를 장려할 수 있다. 앞에서 설명한 바와 같이 그와 같은 투자는 거대한 수익을 주지만, 수익은 소비자에게 가지 공공기관에 오지 않는다. 캘리포니아의 경험을 기반으로 하는 가장 정확한 추정은 이것이다. 수익은 새로운 원자력발전소의 수익에 비해 2.5배 더 크다. 이것은 아주 중요한 경험 법칙이다. 여러분은 앞으로 공공기관이 에너지 절약이 가장 큰 이익이 될 거라는 점을 설득할 때 이 수치를 예로 들게 될 것이다.

10억 달러를 투자하는 대신에 공기업은 10억 달러/2.5=4억 달러를 들여 에너지 효율이 높은 냉장고를 장려하는 식의 상황이 되는 것이다. 내년에 필요한 31기가와트를 30기가와트로 축소하기 때문에 새로운 발전소를 건설할 필요가 없게 된다.

공공기관이 그래야 하는 이유는 무엇일까? 왜냐하면 그리하여 실제

---

* 1년에 8,766 시간이 있으니, 1년에 8,766 gWh를 팔 수 있다. 1 kWh당 15센트는 gHw당 15만 달러로 환산된다. 그렇다면 1년당 8,766×15만, 13억 달러다.

로 주에서 사용하는 에너지의 효율이 개선되면(캘리포니아의 검증 규정은 아주 엄격하다) 주는 그 대신에 전기요금을 킬로와트시당 15센트에서 15.05센트로 인상하도록 약정할 수 있다. 이는 공기업의 소득이 연간 300억 달러에서 301억 달러로 인상되는 것을 의미한다. 사실상 4억 달러를 투자하여 1억 달러의 수익을 올리는 셈이다(실제 수익률은 100/400=25%다). 공공기관이 새로운 발전소를 건설하여 얻는 13%의 수익률을 앞지르는 것이므로, 이런 방법에 동의할 수밖에 없다.

하지만 이런 건 사람들을 속이는 게 아닌가? 요금이 인상되었잖아! 그렇다. 요금은 인상되었지만 공기업으로부터 날아온 고지서상에서는 최소한 이런 방법을 택하지 않았을 경우보다는 평균적으로 보았을 때 인하된 셈이다. 31기가와트였어야 할 사용량이 30기가와트가 되었으니 발전소를 건설할 경우보다 3.3%가 절감된 셈이다. 그러므로 평균 사용량(에너지 절약을 통해)은 소비가 3% 줄고 요금은 킬로와트시당 15센트에서 15.05센트로만 인상되었다. 즉 0.3%만 인상된 것이다. 국민이 지불하는 금액은 실제로 2.7% 축소되었다(발전소를 건설했을 경우에 비해서).

이것은 불가능하게 보인다. 국민이 공공기관에 내는 비용은 줄어들며, 공공기관은 다른 방법으로 획득하는 것에 비해 투자 대비 수익이 훨씬 더 높다. 양쪽 모두에게 득이 되는 방법이 있을까? 불가능하지 않다. 에너지 절약에 투자하여 얻게 되는 막대한 수익을 취하기만 하면 된다. 아직까지는 사람들이 스스로 자신의 집에 투자하게 만들기는 어렵기 때문에, 공공기관이 에너지 절약에 투자하게 하여 이익을 나눠야 한다.

아트 로젠펠트(물리학 교수이며 캘리포니아주 에너지 위원)가 발명하고 이름도 붙인 이 접근법은 디커플링 플러스로 알려져 있다. 디커플링(분리)이라는 용어는 공공기관의 수익이 새로운 원자력발전소의 건설과 더

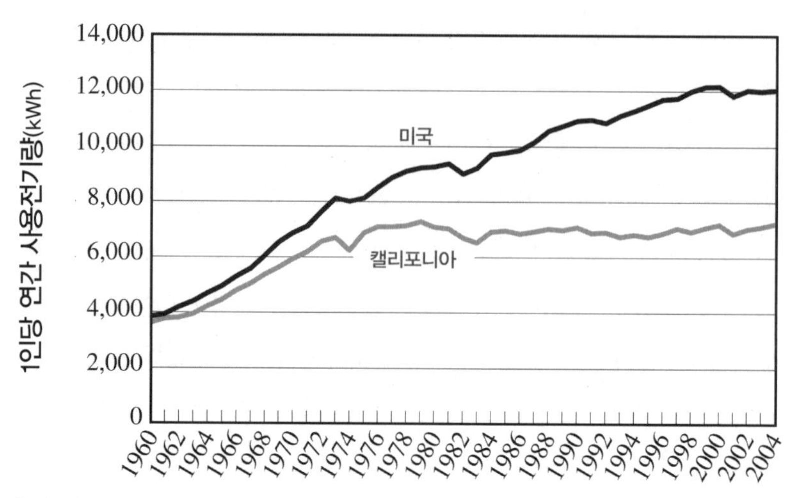


〈그림 2-13〉 1인당 연간 사용전기량.

이상 연계되지 않는다는 사실로부터 유래한다. 플러스(추가)는 공기업이 에너지 절약에 투자한 것이 성공적일 때 요금이 오른다는 사실을 기준으로 한다. 이 방법은 성공적이어서 로젠펠트는 많은 상을 받았다. 이 방법과 더불어 다른 에너지 절약에 대한 업적으로 엔리코 페르미상(미국 정부가 수여하는 최고의 과학상), 러시아 지구에너지상(대략 50만 달러의 부상을 받았는데, 로젠펠트는 에너지 생산성 연구에 모두 기부했다)도 받았다.

캘리포니아에서 얼마나 성공적으로 디커플링 플러스를 했는지 알기 위하여 〈그림 2-13〉의 도표를 보자. 캘리포니아에서 인구 1인당 사용하는 전기량은 1980년 이래 증가하지 않았으며, 전체 미국의 1인당 에너지는 50% 증가했다.

여기에 함정이 있다. 만약 사람들이 더 효율이 높은 전구를 쓰더라도 더 많은 전구를 써서 집을 더 밝게 만든다면 디커플링 플러스를 하더라도 에너지 사용량은 줄지 않을 것이고 결국 기가와트급 발전소가 추가로 필요하다. 그래서 꼼꼼한 평가와 모니터링 프로그램도 프로그램의 일부로 꼭 필요하다. 공공기관에 발생하는 수익은 효율에서만 생기지 않는다. 전력 요구량의 감소에서도 발생한다.

## 그 밖에 훌륭한 투자

지금까지 단열재와 소형 형광등을 상세하게 검토했다. 에너지 생산성을 높이는 데 광범위하게 투자할 수 있는 몇 가지 사례를 더 들어보자.

### :: 쿨 루프

〈그림 2-14〉에 있는 지붕을 보라. 기와의 색상은 오렌지와 갈색의 중간쯤으로 적갈색과 유사하다. 이 지붕이 집에 열을 가하는 절반 이상의 태양광선(들어오는 열의 절반)을 반사한다고 추측하기는 힘들 것이다. 태양광선의 절반 이상이 적외선이기 때문에,* 피부와 눈에는 보이지 않지만 지붕에는 그렇지 않다. 지붕을 이렇게 만들면 가시성 색상의 영향을 받지 않고 열을 반사할 수 있다.

혹시 지붕에 태양전지를 설치할 계획을 세우고 있는가? 에어컨을 사용할 생각이라면, 그 대신 쿨 루프cool roof를 설치하여 투자 대비 더 높은 수익을 얻을 수 있다. 이 지붕은 지붕이 흡수하는 열을 절반으로 줄여주어 에어컨도 필요하지 않고, 따라서 상당한 양의 에너지를 절약할 수 있다.

---

* 열복사는 적외선이라고도 불린다. 가시광선도 열을 포함하긴 하지만 열복사에 포함되지 않는다.

▍〈그림 2-14〉 '쿨 루프'다. 열 가소성 도포로 열복사를 반사한다.

더 좋은 건 흰색 지붕이지만 많은 사람들은 너무 밝다고 생각한다. 여러분이 대통령이 된다면 길에서 보이지 않는 모든 건물의 지붕(예를 들자면 평평한 옥상이 있는 상업용 건물)을 흰색으로 바꾸는 장려책을 수립할 수도 있을 것이다. 정부청사부터 시작하는 방법도 있겠지만, 물론 디커플링 플러스와 유사한 방식으로 공공기관에 에너지 생산정책을 수립할 수 있다.

### :: 더 효율적인 자동차

자동차의 효율성을 개선하는 것은 물론 큰 투자일 수 있다. 내가 젊었을 때, 일반적인 차량의 연비는 갤런당 16마일(약 1리터당 6.8킬로미터)이었다. 지금은 미국 차량의 평균이 갤런당 30마일(약 1리터당 13킬로미터)이다. 무슨 차이일까? 연간 1만 마일을 달리면 연료의 차이가 연간

292갤런이며, 갤런당 3.50달러이므로 연간 1,020달러 차이가 난다는 것이다. 이 정도 효율 개선을 위해 추가로 1만 달러를 지불했다면 회수 기간은 10년이며, 효과 수익률은 연간 100%÷10=10%로 주어진다.

많은 사람들은 에너지 효율이 높은 차가 성능이 좋지 않거나 안전하지 않다고 생각한다. 사실일 수 있다. 안전하지도 않고 편안하지도 않은 작은 차를 만들어 연비를 더 높일 수도 있다. 그와 같은 차량은 유럽에 많다[유럽은 차량 평균연비가 갤런당 50마일(약 1리터당 20킬로미터) 이상이다]. 그러나 또 하나의 다른 방법이 있다. 차량 엔진은 급가속할 때 매우 비효율적이다. 갤런당 수 마일일뿐이다. 하이브리드를 현명하게 적용하여 배터리 증폭기를 사용하면 가속 시 효율을 높일 수 있다. 하이브리드의 가장 큰 장점 중 하나는 연료를 많이 절약할 수 있다는 것이다. 하이브리드 기술이 자주 고속 주행에 비하여 시내 주행에서 갤런당 더 많은 효율성을 보이는 이유는 시내 주행은 정차가 잦은 주행 특성 때문에 비효율적인 가속을 자주 동반하기 때문이다.

하이브리드 엔진이 투자 대비 수익이 좋은 것은 사실이지만 주의할 것이 있다. 플러그인 하이브리드나 순수 전기차는 여기에 해당이 되지 않는다는 점이다. 이 내용에 대해서는 제16장에서 다시 보도록 하자. 수명이 유한한 배터리가 포함되면 (또는 등가적으로 저하하면) 모든 전기자동차의 실제 가격은 급상승한다.

가스를 덜 소비하면서 성능을 높이는 또 다른 방법은 가벼운 재료로 만드는 것이다. 이 방법은 무거운 차가 적어도 승차한 사람(부딪치는 사람과는 반대로)에게 더 안전하다는 믿음이 널리 퍼진 탓에 폭넓은 반대에 부딪힌다. 차체에 더 얇은 금속을 적용하여 더 가벼운 차를 만드는 것은 충돌 시 승객과 운전자에 더 큰 위험을 초래한다는 것은 사실이다.

그러나 안전하게 만들 다른 방법도 있다. 로런스버클리국립연구소Lawrence Berkeley National Laboratory의 과학자인 톰 벤젤Tom Wenzel과 마크 로스Mark Ross는 이 문제를 상세하게 연구했다. 무거운 차가 더 안전하지만 디자인과 설계의 질과 같은 훨씬 더 중요한 요소가 있음을 알아냈다. 예를 들면 전통적인 미국의 3대 자동차 회사(포드, 크라이슬러, 제너럴모터스)에서 가장 무거운 차량은 자사의 경량차에 비해 더 안전했지만, 놀랍게도 일본, 독일의 가장 경량급 차량과 비교해서 안전성에서 차이가 없었다. 벤젤과 로스는 운전자의 연령, 위치 그리고 기타 통계적 차이를 고려해 비교한 사실을 포함하여 상당히 신중한 작업을 한 후에 이런 결론에 도달했다.

오랜 고민 끝에 구매한 차량이 안전하다고 말할 수 있을까? 벤젤과 로스는 놀라운 방법을 밝혔다. 5년 후의 중고차 추정값을 조사한 것이다. 물론 새로운 차에 대해 그렇게 할 수 없지만, 아마도 지금 5년 된 유사

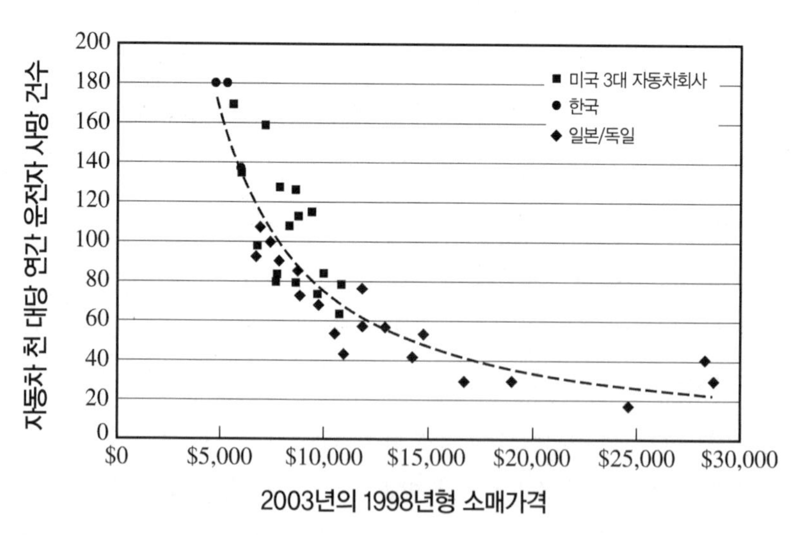


〈그림 2-15〉 신차 가격과는 관계없이 중고가가 높은 차량이 더 안전한 것으로 밝혀졌다.

한 차량 모델의 중고차 가격을 조사하여 추측할 수 있다. 〈그림 2-15〉의 도표는 놀랍다. 가장 강력한 상관관계는 안전성과 구매 당시 가격의 차이가 아니라 안전성과 중고차 가격의 차이였다. 신차의 가격은 종종 고급스러움을 알리지만 중고차 가격은 품질을 표시한다(그리고 안전성을 나타낸다).

중요한 결론은 가벼운 차도 아주 안전할 수 있다는 것이다. 대통령이 되면 무엇을 해야 할까? 열가소성 복합재료, 탄소 그리고 나일론 섬유와 같은 초강력 경량 재료의 적용을 권장하자. 자동차 연비를 높이는 규제를 통해 이런 물질들이 보다 경쟁력을 갖추도록 만들 수도 있지만, 충분한 안전성 시험을 통해 대중들이 받아들일 수 있도록 해줘야 한다. 많은 사람들은 금속이 플라스틱에 비해 강도와 안전성 모두에서 더 우수하다고 생각한다. 이런 편견 때문에 '플라스틱' 카메라를 사기 꺼려한다. 대통령의 임무는 이런 주제에 대해 국민에게 알리는 것을 포함하며, 충분히 테스트했음을 확신시켜야 한다.

## :: 에너지 등급이 높은 냉장고

냉장고는 평범한 물건이지만 에너지 효율성에 관한 훌륭한 사례를 제공한다. 1974년에 미국 냉장고의 평균 용량은 14세제곱피트(약 400리터)였다. 2012년에는 23세제곱피트(약 650리터)로 늘었다. 더 많은 용량의 냉장고가 더 많은 에너지를 사용할까? 아니다. 새로운 냉장고는 72%나 에너지를 덜 사용한다. 소비재 가전제품의 비용은 연간 180달러로 인하되었다. 더욱이 구매 가격은 50%나 하락했다(고정 달러로 추정한 것이다). 무엇이 변화를 주도한 것일까? 시장경쟁과 정부의 에너지 효율 규제의 합작품이다. 신형 냉장고는 더 개선된 단열재와 전기 소비를 절감하는 더 효율적인 모터를 장착하고 있다. 유사한 변화가 지금 에어컨에서 일어나고 있다(사실상 실내 공간을 위한 냉장고나 마찬가지다).

이런 변화는 미국의 에너지 수요에 커다란 영향을 주었다. 오늘날의 냉장고 에너지 효율성이 1974년과 같다면 미국은 현재의 전력 수준을 제공하기 위해 추가로 23기가와트의 발전소를 지어야 한다.

### :: 맥킨지 도표

수익성 있는 에너지 생산성을 잠재적으로 개선할 다른 사례가 있을까? 많다. 신뢰받는 컨설팅 그룹인 맥킨지앤드컴퍼니가 작심하고 에너지 산업에 발을 들여놓자 이 분야의 신뢰성은 크게 높아졌다. 맥킨지 사의 분석은 이산화탄소 배출량을 줄이는 협약(이를 '이산화탄소 감축'이라고 부른다)을 따르는 국가에 도움을 줄 수 있다. 회사는 이산화탄소 배출량의 축소에 따른 비용을 신중하게 연구하고 일련의 보고서를 발행했다. 가장 유명한 보고서가 〈그림 2-16〉에 나타낸 도표다.

맥킨지 도표는 두 부분으로 나뉘어 있다. 왼쪽은 하향 막대그래프로 수익성의 효과다. 에너지 사용량과 탄소 배출을 줄이면서 돈을 벌 수 있는 접근법이다.

이것들은 심지어 대기중 이산화탄소에 신경 쓰지 않더라도 투자에 대한 수익성(맥킨지 추정연간 4%)을 준다. 가정과 건물에 사용하는 단열재(도표에서는 '단열재 개선'으로 부름) 그리고 더 효율적인 조명(콤팩트형 형광등 대 텅스텐 필라멘트 전구)으로 바꾸는 것처럼 이미 검토한 것들도 있다. 목록의 다른 품목은 가전기기의 효율 개선 그리고 더 효율적인 HVAC(난방, 환기

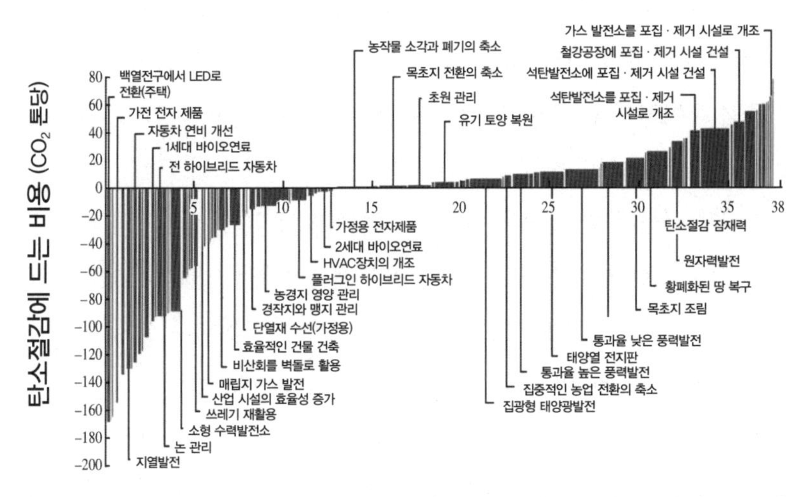


〈그림 2-16〉 맥킨지 도표는 탄소 배출 축소로 수익성이 있는 많은 접근법을 나타낸다(주요 품목은 아래의 본문에서 설명한다).

그리고 냉방)장치를 포함한다. 복잡해보이지만, 도표가 가리키는 것은 에너지를 절약하고 효율을 높임으로써 많은 돈을 절약할 수 있다는 것이다.

오른쪽은 상향 막대그래프로, 비용이 드는 이산화탄소 감축방안이다. 이것은 원자력발전, 태양발전 그리고 풍력처럼 탄소를 배출하지는 않지만 석탄에 비해 더 고비용인 에너지 생산 방법을 포함한다. 물론 탄소 포집 및 격리(CCS, Carbon Capture and Sequestration)를 포함한다. 제거는 포집된 이산화탄소를 수천 년에서 수백만 년 동안 지속될 구역의 땅속에 집어넣는 공정이다. 어떤 사람들은 탄소 포집 및 저장의 뜻으로 CCS(Carbon Capture and Storage)를 사용하는데, 이것은 동일한 뜻이며 모두 사용한다.

도표에는 한 가지 중요한 단점이 있다. 뒤섞여 있으며 혼란스럽다는 것이다. 그럼에도 불구하고 이 책에 도표를 인용한 것은 그만큼 중요하고, 이미 사람들로 하여금 에너지 절약이 수익성이 있다는 걸 깨닫게 만든 지대한 영향력 때문이다. 수익성 측면(왼쪽)은 고가격 측면(오른쪽)에 자금을 투자하기에 거의 충분하다. 이것은 실제로 순비용 없이 탄소 배출을 축소할 수 있다는 것을 의미한다.

맥킨지 곡선에 한 가지 동의하지 못하는 점이 있다. 플러그인 하이브리드 기술로 절약할 수 있다는 주장이다. 제16장에서 상세하게 플러그인 하이브리드 기술을 검토하겠다. 배터리는 수명이 유한하다. 교체 비용이 포함되면 플러그인 하이브리드 기술은 수익성이 없다.

에이모리 로빈스는 저서 『자연적 자본주의Natural Capitalism』(파울 허킨과 L. 헌터 로빈 공저)에서 에너지 생산성을 향상할 잠재력이 얼마나 많은지를 분명하게 보여주는 예를 제시한다. 그는 다음과 같은 환상적인 역사의 사례를 든다.

> 1981년 다우 케미컬 사 루이지애나 지부의 노동자 2,400명은 쉽게 지나치는 절약습관에 대해 관찰하기 시작했다. 엔지니어인 켄 넬슨은 연간 투자수익이 최소 50% 이상인 에너지 절약 제안을 모집하는 현장 콘테스트를 개최했다. 첫 해의 27개 프로젝트는 평균 173%의 투자수익률을 냈다. 넬슨은 깜짝 놀랐고, 이런 어마어마한 수치는 요행일 것이라고 추정했다. 그러나 이듬해에 32개 프로젝트에서 평균 340%의 투자수익률을 냈다. 12년간 그리고 나중에 거의 900개 가까이 실행된 프로젝트에서 작업자는(575개 프로젝트는 회계 감사와 관련) 평균 204%의 투자수익률을 달성했다. 수익과 절약은 모두 증가하고 있었다—최근 3년간 평균 회수율은 6개월에서 4개월로 줄었다—왜냐하면 엔지니어는 가장 저렴한 기회비용을 다 써버리는 것보다 빨리 배우기 때문이다. 1993년까지 모든 프로젝트가 이룬 성과는 다우 케미컬 사의 주주들에게 매년 1억 1,000만 달러의 이익을 주었다.

지금쯤이면 여러분은 아마도 놀라지 않았을 것이다. 효율을 높이는 것은 돈을 아낀다. 로빈은 책에서 모터, 밸브, 펌프, 지붕 냉각장치뿐 아니라 더 많은 사례를 제공한다. 에너지 효율이 95.8%인 모터는 91.7%짜리 모터보다 싼 것으로 밝혀졌다. 더 효율적인 기기를 발견하기는 쉽지만, 관심이 있는 경우에만 가능하다. 다우 케미컬은 그전까지 그러지 않았다.

## 되든 안 되든 기분 좋은 방법들

에너지 정책을 수립할 때는 조심해야 한다. 어떤 수단이 만족스러워도 더 신중하게 고려하여 지나치지 않도록 해야 한다. 최악의 경우엔 실제로는 역효과가 날 수도 있다. 사람들을 안심시킨다는 이유로 돈이 많이 드는 절약 계획을 밀어붙이기도 한다. 실제로 어떤 좋은 것만 성취하지 않도록 대중적인 수단을 확인하는 것이 중요하다. 어떤 수단은 에너지를 절약하지만 제한된 환경에서만 가능하다. 의외의 사례는 대중교통이다.

### :: 버스

많은 사람들은 대중교통을 늘리는 것이 자동차에 대한 지나친 의존에 대한 분명한 해답이라고 당연하게 생각한다. 버스는 자동차에 비해 더 많은 사람들을 운송하므로 연비가 높다고 생각한다. 버스가 언제나 만원이면 그렇다. 대중교통은 많은 사람들이 살고 있는 도시 환경에 적용하면 거대한 에너지를 절약할 수 있지만, 아이러니하게도 교외와 지방에 적용하면 에너지를 낭비할 수 있다.

버스가 만원이 아니면, 그리고 혼잡한 시간에 왕복하지 않는다면(빈 차로 돌아오면) 순 에너지net energy를 절약할 수 없다. 혼잡 시간이 아니면 더 작은 버스를 운용하는 식으로 효율성을 개선할 수 있지만, 몇몇 정류장에서 사람들을 다 태우지 못할 위험이 있다. 힘든 일이다. 더욱이 버스는 정차와 출발이 잦다. 그리고 빈번한 가속은 연료 효율을 막대하게 저하시킨다. 버스가 승객을 태우기 위해 먼 길을 돌아가면 승객은 자가용에 비해 더 먼 거리를 주행하는 처지가 된다. 사람들이 버스에 타는 습관을 갖게 하려면 버스는 오랫동안 기다리지 않고도 이용할 수 있어야 한다. 이것은 많은 버스가 소수의 승객을 위해 많은 시간을 소비한다는 것을 의미한다.

버클리 교통연구협회가 실행한 교외 지역 버스 수송 기관의 상세 조사는 평균 손익분기점을 인구밀도로 정의해 구했다. 에이커당 15세대 이상이면 대중교통을 운행한다. 인구 밀도가 낮으면 전체 버스의 에너지 사용량이 증가한다. 이것은 만약 4분의 1에이커 또는 심지어 10분의 1에이커 면적의 교외라면, 그 마을은 버스를 이용해도 에너지를 절약할 수 없다는 뜻이다.

그러므로 '더 많은 대중교통'과 같은 지나치게 단순화한 해법은 조심하자. 종종 미묘함이 숨겨져 있거나 의도하지 않은 결과를 낸다.

### :: 재활용 종이

에너지 절약에는 반짝 유행하는 것이나 쓸모없는 것들도 많다. 그들 중 일부는 심리적인 가치를 지닌다. 교사는 아이에게 낭비에 대한 경각

심을 주기 위해 재활용 종이를 쓰라고 한다. 사실상 미국에서 사용하는 모든 종이는 목적에 맞도록 특별하게 기른 나무에서 추출하므로 재활용 종이는 나무를 절약하지 않는다. 비록 쓰레기 매립지에 버리면 쉽지 않겠지만, 생물분해성도 있다. 물론 쓰레기 매립지에 버리면 나무가 자랄 때 흡수한 공기에 포함된 만큼의 이산화탄소 격리 효과도 있긴 하다. 많은 것은 아니지만 재활용 종이는(매장과 달리) 이산화탄소를 격리하지 않는다.

재활용 종이는 나무를 절약하지도 온실가스 배출을 축소하지도 않는다. 재활용 종이가 나쁠 것은 없다. 중요한 문제는 어떻게 정당화하느냐이다. 재활용 종이의 미덕을 오해한 사람은 그 미덕이 잘못된 것임이 밝혀지면, 당황하게 될 것이다. 사람은 바보취급 당하는 것을 좋아하지 않으며, 진실을 알게 되었을 때 가끔은 고약하게 반응한다.

## 정전

정전이 어떻게 삶을 혼란스럽게 하는지는 주목할 만하다. 퓨즈가 끊어졌든 지역 변압기가 타버렸든 또는 대규모 정전이든, 전원이 끊어진다는 것은 석기시대 또는 1800년대로 돌아가는 것과 같은 느낌을 준다. 실제로 대규모 정전(예를 들면 동네 혹은 북동부 전체)은 TV 프로그램을 놓치는 정도의 문제가 아니다. 병원, 응급 서비스, 통신 그리고 안전에 심각한 위협을 준다. 가로등이 없는 거리는 순식간에 위험지대로 변한다.

〈그림 2-17〉에 실린 2가지 위성 사진을 보자. 왼쪽 사진은 2003년 8월 13일 뉴욕~보스턴 구간의 모습이다. 밝은 조명이 나타난다. 오른쪽

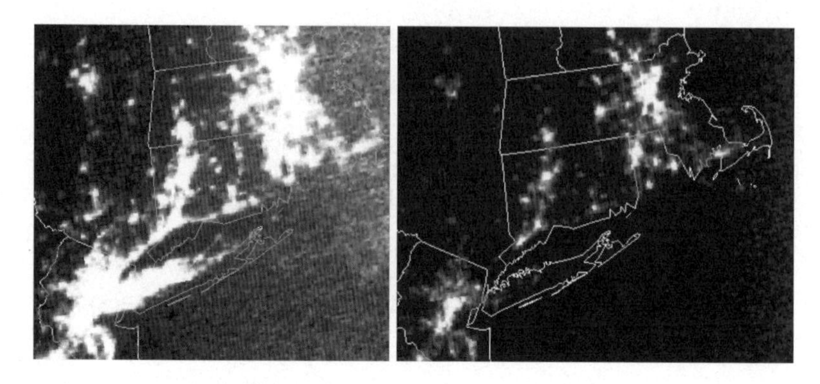

〈그림 2-17〉 미국의 북동부가 정상적으로 밝혀져 있으며(왼쪽) 정전 상태 중이다(오른쪽). 사진은 2003년에 2일 간격으로 촬영된 것이다.

사진은 이틀 후에 발생한 광범위한 정전을 나타낸다.* 정전 사고 덕에 많은 사람들은 문명이라는 것이 생각보다 훨씬 무너지기 쉽다는 것을 깨달았다. 어떻게 이런 규모의 정전 사고가 발생할 수 있을까?

원인은 고압 전력망이다. 이 시스템은 발전소, 송전망, 변압기 그리고 가입자가 함께 연결되어 있다. 정상적으로 운용될 때 이 시스템은 믿을 만하다. 한 지역의 발전소에 문제가 생겨도 전력을 잃을 일이 없다. 인근의 발전소가 곧 큰 힘이 되기 때문이다. 이런 연결망은 미국의 전력망이 아주 믿을 만하다는 사실을 보여준다. 개발도상국을 여행하면 많은 곳에서 매일 빈번하게 정전이 일어나는 것을 발견할 수 있다.

문제는 전력망이 수요·구동 시스템에 따라 운용된다는 것이다. 전기를 구매하기 위하여 위치를 정하지 않아도 된다. 필요할 때마다 이용하면 된다. 또한 물과는 달리 전기는 천천히 점잖게 끊기지 않는다. 조명

---

* 인터넷에 퍼진 가짜 사진들과 혼동하지 말길 바란다. www.snopes.com/photos/space/blackout.asp 에서 참고하다.

이 조금 어두워지거나 모터가 느려지는 정도라면 그다지 충격먹을 일은 아니겠지만, 정전은 그런 식으로 나타나지 않는다. 대신 광범위한 장애가 발생하며, 완전하게 차단된다.

발전소는 물탱크와 다르다. 에너지를 담아두지 않으며, 필요할 때 만들어낸다. 발전소 운용자는 과거와 현재 자료 그리고 기후 정보를 통해 수요를 예측한다. 천연가스와 수력발전소는 수요 증가에 거의 즉시 대처할 수 있지만 석탄발전소는 더 느리며, 원자력발전소가 모든 것 중에 가장 느리다. 문제는 최대 용량인 날에 발생한다. 하나의 발전소에 장애가 발생하면 다른 발전소는 갑자기 더 많은 전력 공급을 요청 받는다. 에어컨이 하나 추가됨으로써(낙타의 등에 올라앉은 지푸라기 정도인 셈이다) 일어날 수도 있고, 또는 사소한 고장으로 전력망을 이루는 발전소 하나를 차단할 수도 있다.

집 안에 가전기기가 지나치게 많다고 가정하자. 외부의 전력선은 일정한 전압을 공급하며 에어컨을 켜면 더 많은 전류가 흐른다. 고전류는 벽의 전선을 과열시키므로 위험하며, 과열되기 전에 가정용 퓨즈 또는 차단기가 작동한다. 어이없는 일처럼 보인다. 가정용 전력이 용량의 한계에 갈 것 같으면 전기 토스터의 플러그를 뽑으라고 알리면 되지 않을까? 또는 토스터가 굽는 짧은 시간 동안 냉장고를 끄면(충분히 차게 유지될 것이다) 어떨까? 이게 현명할 것이다.

우리 손자 세대쯤엔 그런 지능형 가정 전력회로가 당연하게 될지도 모르지만 아직까진 없다. 여전히 전기적 석기시대에 살고 있는 것이다. 그것이 고압 전력망이다. 많은 사람들이 에어컨을 틀어, 발전기의 전류를 지나치게 뽑아낸다. 결국 발전기가 과열되고 운용자(또는 과부하를 감시하는 자동장치)는 차단한다. 어리석은 행동이지만 그것이 방법인 것이다.

문제는 하나의 발전소에 장애가 생기면 다른 곳에 갑작스러운 부하가 걸린다는 것이다. 이미 최대 전력에 도달한 상태라면 마찬가지로 차단해야 한다. 붕괴는 연쇄작용처럼 확산된다. 산업계는 그것을 '종속 정전cascading blackout' 이라고 부른다. 2003년 8월 뉴욕 구간에 발생한 것이 그것이다.

그 방법만 있는 것은 아니다. 하나의 방법은 '전력 평균 분배load shedding'다. 발전소가 한계 용량에 임박하면, 공공기관은 지역에 전력 전환을 거부하여 발전소의 목표가 최고점에 결코 도달하지 않도록 하는 것이다. 캘리포니아에서는 2000~2001년에 이 방식을 적용했으며, '순환 정전rotating brownouts'라고 부른다. 지역 가입자에게는 미리 준비하도록 정전이 예상되면 스케줄을 알려준다. 이 시스템은 잘 작동되지만 사람들이 싫어한다. 비상 서비스를 위한 전력은 유지되지만 회사나 소매점용 전기는 기본적으로 차단된다.

또 하나의 해법은 빌 워튼버그Bill Wattenburg가 제시한 것으로, 공공기관이 선로의 전압을 서서히 줄이는 것이다. 워튼버그는 일련의 테스트를 했고, (그가 예상했듯이) 대부분의 가정용 전기기기가 서서히 저하됨을 발견했다. 에어컨은 지속적으로 낮아진 저전압에서 작동한다. 에어컨은 저전압에서 아무런 손상 없이 계속 작동했다.

또 다른 해법은 전력 소비가 최대치에 이르더라도 문제없을 정도로 발전소를 많이 건설하는 것이다. 비용이 많이 들긴 하지만 잘 작동한다. 캘리포니아에서 순환 등화관제를 회피하기 위하여 실행했다. 소형발전소(일반적으로 천연가스발전소인데 반응 속도가 빠르기 때문이다)가 전력 소비가 최고치에 이른 날을 감당하는 시스템에 추가되었다.

이는 투자로 치면 매우 형편없는 것인데, 1년에 며칠만 쓰려고 추가 발전소를 짓는 것이기 때문이다. 여기에 그 이유를 보여주는 사례가 있다. 100메가와트의 '최고치' 발전소를 건설하는 데 1억 달러가 든다고 가정하자. 그와 같은 시설을 지은 목적은 전력망이 압박을 받을 때만 주기적으로 전력을 제공하여 정전을 막으려는 것이다. 1년간 열흘 동안 날마다 100메가와트를 전력 소비량이 최고치에 이르는 5시간 동안 공급한다고 가정하자. 이는 연간 50시간만 운용한다는 것을 의미한다. 공급하는 전체 전력은 5기가와트시다. 킬로와트시당 15센트이므로 투자가는 연간 0.75%의 수익률로 75만 달러를 획득한다. 투자로써는 최악이다. 그러나 정치가에게는 유리한데, 유권자의 분노를 방지한다는 것 때문이다.

분명 더 좋은 방법이 있을 텐데……. 물론 있다. 스마트 그리드라고 부르는 것이다.

## 스마트 그리드

스마트 그리드로의 전환 중 내가 가장 선호하는 것은 시장의 압력에 의한 것이다. 고정 전기요금을 유지하는 것이 아니라, 수요에 따라 상승하는 것이다. 이것을 변동가격dynamic pricing이라 한다. 전력 소비량이 최대치일 때 킬로와트당 더 많은 요금을 부과하고 저녁에는 요금을 내리는 식이다. 아마도 전력 소비량이 최대치에 가까이 갈 때 요금은 킬로와트시당 10센트의 비율로 인상되며, 아마도 킬로와트시당 10달러도 가능할 것이다. 전력이 반드시 필요한 사람들(소매상 주인, 제조업자 등 전력의 차단과 재시동이 가혹한 장애를 주는 사람들)은 그대로 쓸 수 있겠지만, 어쨌든 가격을 지불해야 한다.

이 방법이 안고 있는 문제는, 가격이 시간에 따라 매우 급격하게 변화하며 그리고 대부분의 사람들은 요금을 추적하지 못하고(할 수 없으며) 작업 중일 때는 언제 가격이 오르는지 불확실하다는 점이다. 제안된 해법은 '스마트 계량기smart meter'다. 스마트 계량기를 가지고 가격이 너무 높을 때 가정 또는 건물에 전력을 차단하도록 사전에 프로그래밍할 수 있다. 예를 들면 킬로와트시당 1달러이면 에어컨을 끄도록 설정하는 것이다. 또는 일시적으로 가전기기만 끄도록 설정할 수도 있다. 예를 들면 에어컨과 전기 건조기는 끄지만 조명은 유지하고 방범 경고는 켜두는 식으로 설정할 수 있다.

많은 가정에, 2가지 다른 전압이 들어간다. 조명과 소형 가전제품은 120볼트, 그리고 에어컨, 세탁기, 건조기 등 용량이 큰 기기는 240볼트이다. 스마트 계량기를 운용하는 간단한 방법은 변동 가격이 급격히 오를 때 120볼트 회선은 유지하며 240볼트 회선을 차단하는 것이다.

### :: 사례 연구: 캘리포니아의 스마트 계량기

스마트 계량기가 아주 똑똑하면 국민에게 홍보할 필요가 없을 것이다. 소비자 부담 없이 공공기관이 새로운 전기계량기를 가정에 설치하면 모두에게 이득이다. 변동 가격 기간 동안에는 전기요금을 낮출 것이다. 그리고 현대의 전자 기술 덕택에, 오래된 계량기보다 훨씬 정확할 것이다.

캘리포니아주에서는 2006년부터 스마트 계량기가 도입되었다. 목표는 공공기관에 전기 사용 정보를 제공하는 것이었다. 누가 언제 얼마큼의 전력을 사용했는지를 바로 알려주는 것이다. 사람들은 분개했고 과잉 청구, 사생활 침해, 전자파의 위험이라는 3가지를 근거로 반대했다.

구형 계량기라고 해서 매우 정확한 것은 아니었다(아마도 전기요금이 지나치게 많이 나오거나 지나치게 적게 나오는 이유가 이 때문일 것이다). 그래서 가입자의 절반은 전기요금이 줄었고, 그들은 불만을 제기하지 않았다. 물론 이전에 적게 부과된 가입자의 절반은 전기요금이 올랐다. 더러는 상당히 올랐다. 이런 불행한 사람들(또는 더 정확하게 행운을 잃은 이전의 행운아들)은 전기요금이 올랐다. 결국 새로운 계량기가 틀렸다고 잘못된 생각을 하는 사람들의 엄청난 불평이 쏟아졌다.

또 다른 문제는 계량기가 극한 위기상황일 때 자동으로 전력을 낮추도록 설계되었다는 사실이다. 신문은 각 가정의 사생활에 대한 이 공적인 침입 행위를 무도한 침해로 표현했다. 그들은 아마 그 밖에 대안이 정전이나 지역별 순환 정전이라는 피부에 와 닿는 더 강제적인 방법이라는 것을 잊어버린 것 같다.

마침내 사람들은 이 계량기가 마이크로파microwave radiation를 이용해 공공기관과 교신한다는 사실을 공격했고, 이 단어에 사람들은 더 공포에 질렸다. 이것이 암을 유발한다고 믿는 많은 사람들과 지금의 스마트 계량기가 아직까지도 또 하나의 마이크로파 공급원이 되어 가정으로 침입한다는 핸드폰 전자파 위험 '논쟁'이 무성했다. 이건 훨씬 더 나쁜 또 다른 사생활 침해였다.

물론 마이크로파는 오랫동안 주위에 떠돈다. 텔레비전 방송의 주요 수단이며, 전자레인지를 돌릴 때도, 핸드폰이 울릴 때도 떠돈다. 와이파이도 그렇고, 무선 전화기도 마찬가지다.

얼마나 위험할까? 후쿠시마와 같은 핵 방사능에 적용하는 표준 평가

방법이 있다. 단위는 렘이며(또는 100렘과 등가인 시버트) 제1장에서 검토했다. 방사능은 방사선이 인체를 통과하면서 신체를 훼손한다. 예를 들면 인체에 제곱센티미터당 10억 1MeV의 감마선*이 통과하면 인체 조직에 1렘의 훼손을 초래한다. 2500렘은 암을 유발한다. 전자레인지의 렘은 얼마일까? 물리학적 계산은 잘 알려져 있다. 0이다. 전자레인지는 암을 유발하지 않는다.

그러나 물리학이 틀렸다면 어쩔 것인가? 이 문제를 연구하고 평가한 사람의 최종 판단이 틀렸다면 어쩔 것인가? 실제로 더 큰 위협이라고 의견을 달리하는 과학자가 옳은 것일까? 모든 것이 가능하다. 우려되는 것은 이 세상에는 너무나 많이 알려진 비밀이 있으며, 가장 현명한 조치는 그것들을 조심하는 것이고, 이론뿐인 염려를 멈추는 것이다. 일반적인 시민이 부딪치는 가장 큰 위험은 흡연, 비만, 저조한 다이어트, 욕실 사고, 자동차 사고, 전쟁과 전염병 등등으로 초래된다. 비록 마이크로파에 대해 염려하는 사람이 옳더라도, 다른 위험이 수천 배 더 위중하다. 만약 과학이 때로는 틀릴 수 있다는 생각 때문에 과학적 결과에서 무시할 만한 것에 대해서도 걱정하기 시작한다면, 걱정해야 할 것들은 손댈 수 없을 만큼 넘쳐나게 되어 우리의 행동은 완전히 균형을 잃어버리게 될 것이다.

---

* MeV는 100만 전자볼트를 뜻한다. 1전자볼트는 전자가 100만 전위를 가진 전선을 건너뛸 때 생기는 에너지를 뜻한다. 그 전자가 가지고 있는 모든 에너지를 감마선에 소모하면 그 감마선은 1MeV의 에너지를 가지게 된다. 원자핵에서 나온 입자나 감마선들이 보통 1MeV의 에너지를 포함하고 있다. 또한 원자에서 발생되는 빛들은 보통 1eV (100만 배 적은 양)의 에너지를 포함한다.

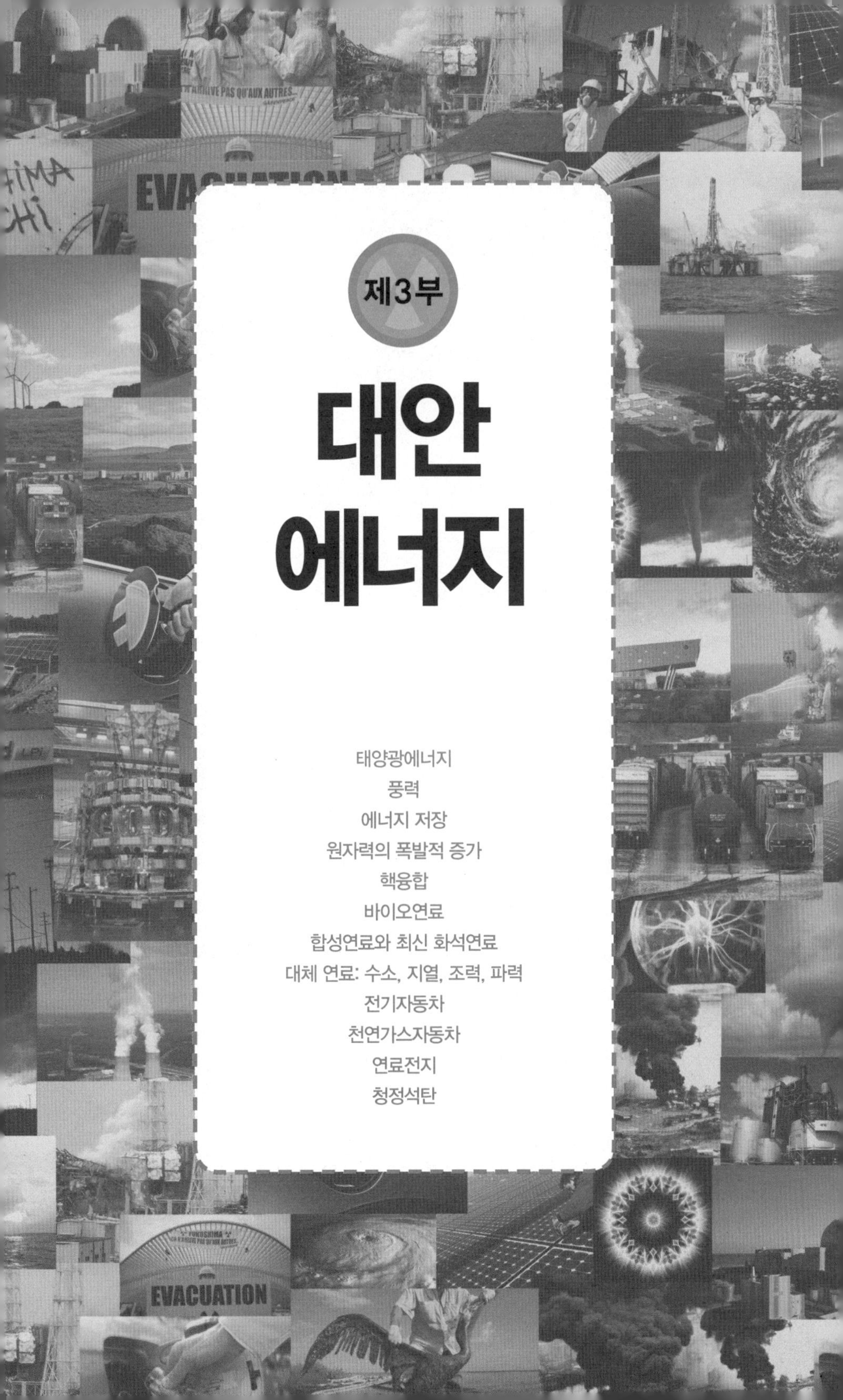


제3부

# 대안 에너지

태양광에너지
풍력
에너지 저장
원자력의 폭발적 증가
핵융합
바이오연료
합성연료와 최신 화석연료
대체 연료: 수소, 지열, 조력, 파력
전기자동차
천연가스자동차
연료전지
청정석탄

# Energy for Future Presidents

우리는 지난 수십 년 동안 주로 교통 에너지와 관련된 몇몇 에너지 위기를 겪어왔다. 이제 우리는 계속된 화석연료의 사용으로 인한 기후변화라는 새로운 걱정거리에 대해 고민하고 있다. 우리가 할 수 있는 일은 무엇인가? 그리고 어떻게 이런 상황을 멈출 수 있을 것인가? 어떤 새로운 에너지원을 찾을 수 있을 것인가?

급속도로 성장하는 다른 분야와 마찬가지로, 빠르게 성장하고 있는 새로운 용어가 있다. 녹색에너지, 청정에너지, 재생에너지 및 지속가능에너지 등이다. 이 용어들을 들어 본 적이 있을 것이다. 원자력 지지자들은 원자력에너지가 '녹색'이고 '청정' 에너지라고 생각하는데, 이는 원자력이 이산화탄소를 배출하지 않기 때문이다. 하지만 반대론자들은 원자력이 방사선 폐기물을 배출하기 때문에 청정에너지라고 볼 수 없으며, 또한 언젠가는 이용가능한 원재료가 고갈할 것이기 때문에 지속가능한 에너지가 아니라고 주장한다. 여기서 우리는 이런 논란에 대해 하나하나 언급하기보다는 모든 자원을 살펴보고, 이들 자원의 득과 실에 대해서 논의하고자 한다. 이 장의 제목을 '대안에너지alternative energy'라고 한 것은 모든 자원을 포괄하여 설명하기 위해서다.

대안에너지 분야는 광범위하며, 기술적으로 복잡하고, 불확실한 부분이 많다. 많은 사람들은 가능성에 대해 살필 때 다루기 힘든 어려움이 많다고 보고 느낌에 의존해서 판단한다. 사람들에 동의하지 않는다면, 그들은 당신이 대안에너지 분야에 대해 무시한다는 사실에 분노하거나 생색을 내는 듯한 반응을 보일 것이다. 에너지 정치는 독단적인 신조에 의해 지배되고 있으며, 심지어는 종교적인 형태로 변화하는 조짐을 보이고 있으므로 주의해야 한다. 대안에너지 분야는 모든 미래의 대통령이 거쳐야 하는 위험한 영역이다. 하지만 우리는 이 분야에 대해 배워야 할 뿐만 아니라, 사람들을 이끌어 나갈 수 있을 만큼 충분히 잘 이해해야 한다.

우리는 회의주의적 편견에 주의를 기울여야 한다. 예를 들면, 마음에 들지 않는 에너지원의 잠재성에 대해서는 지나치게 비관적이지만, 선호하는 해결방안에 대해서는 유달리 낙관적인 사람들 말이다. 각각이 가지고 있는 기술적 어려움에도 불구하고 태양력, 풍력, 원자력과 같은 모든 대안에너지를 옹호하는 사람들이 있다. "우린 발명가 기질을 물려받은 미국인이니까 할 수 있어!"라며 말이다. 하지만 잘못된 낙관론(다른 누군가가 보기에)을 내세울 땐 아직 입증이 되지 않았다는 불평에도 귀를 기울일 준비가 되어 있어야 한다. 대통령이라면 대안에너지를 수치로써 평가하고, 가능한 한 최선의 자료를 근거로 하여 결정을 내려야 한다.

또한 낙관주의적 편견에도 주의해야 한다. 할 수 있다는 고무적인 자세도 좋지만, 항상 기술적으로 적용할 수 있는 것은 아니다. 컴퓨터의 급속한 성장이 종종 일종의 모델로 인용되지만, 일부 다른 과학 기술의 발전은 정체되어 왔다. 〈그림 3-1〉에서 볼 수 있듯이, 옛날 과학 기술 관련 잡지들을 살펴보면, 하늘을 나는 자동차의 대중화가 눈앞에 와 있

〈그림 3-1〉 1935년 7월호 「모던 메카닉스(Modern Mechanix)」의 표지다. 하늘을 나는 자동차는 유명 과학 기술 잡지에 10년 정도마다 표지에 실리고 있다. 이는 과거의 예측이 실패했다고 해서 미래에 대한 낙관이 사그라지지 않는다는 것을 시사한다.

다는 기사를 볼 수 있다. 지난 70년 동안 말이다.

에너지와 관련해서는 2가지 주요 쟁점이 존재하는데, 에너지 안보와 기후변화다. 일부 대안에너지들은 이 두 쟁점 중 한 가지만을 다루고 있는 반면, 어떤 대안에너지들은 이 2가지 쟁점을 모두 다루고 있다. 이 부분에서 혼동하지 말아야 할 것은 과거에는 진보주의자들이 기후변화의 측면을 강조하는 경향이 있었고, 보수주의자들은 에너지 안보 측면을 강조해왔다. 그러나 이는 바뀔 수 있다.

오늘날 다양한 에너지원에 대한 비용과 대안에너지원이 어떻게 비교되는지를 살펴보는 것은 중요하다. 〈표 3-1〉은 미국 에너지부 산하 에너지정보청이 발표한 수치를 근거로 만든 자료다. 나는 이 자료가 가장 정직한 자료라고 생각한다. 이 자료들은 지지자들의 분석에서 자주 발견되는 과장이나 편견을 배제하고 있기 때문이다.

| 발전 형태 | 설비 이용률*** | kWh당 자본비용 | kWh당 운영 유지비용 | kWh당 연료비 | kWh당 송전 관련 투자비용 | kWh당 전체 비용 | kWh당 최저 비용 |
|---|---|---|---|---|---|---|---|
| 기존 석탄발전 | 85% | 6.5¢ | 0.4¢ | 2.4¢ | 0.1¢ | 9.5¢ | 8.5¢ |
| 신형 석탄발전 | 85% | 7.5¢ | 0.8¢ | 2.6¢ | 0.1¢ | 10.9¢ | 10.1¢ |
| 신형 석탄발전 (CCS* 적용) | 85% | 9.3¢ | 0.9¢ | 3.3¢ | 0.1¢ | 13.6¢ | 12.6¢ |
| 천연가스 | | | | | | | |
| 기존 복합사이클 방식 | 87% | 1.8¢ | 0.2¢ | 4.6¢ | 0.1¢ | 6.6¢ | 6.0¢ |
| 신형 복합사이클 방식 | 87% | 1.8¢ | 0.2¢ | 4.2¢ | 0.1¢ | 6.3¢ | 5.7¢ |
| 신형 복합사이클** 방식 (CCS* 적용) | 87% | 3.5¢ | 0.4¢ | 5.0¢ | 0.1¢ | 8.9¢ | 8.1¢ |
| 기존 내연터빈 방식 | 30% | 4.6¢ | 0.4¢ | 7.2¢ | 0.4¢ | 12.4¢ | 9.9¢ |
| 신형 내연터빈 방식 | 30% | 3.2¢ | 0.6¢ | 6.3¢ | 0.4¢ | 10.3¢ | 8.7¢ |
| 신형 원자로 | 90% | 9.0¢ | 1.1¢ | 1.2¢ | 0.1¢ | 11.4¢ | 11.0¢ |
| 풍력 | 34% | 8.4¢ | 1.0¢ | 0.0¢ | 0.4¢ | 9.7¢ | 8.1¢ |
| 풍력 (해안) | 40% | 20.9¢ | 2.8¢ | 0.0¢ | 0.6¢ | 24.3¢ | 18.7¢ |
| 태양광 | 22% | 19.5¢ | 1.2¢ | 0.0¢ | 0.4¢ | 21.1¢ | 15.9¢ |
| 태양열 | 31% | 25.9¢ | 4.7¢ | 0.0¢ | 0.6¢ | 31.2¢ | 19.2¢ |
| 지열 | 90% | 7.9¢ | 1.2¢ | 1.0¢ | 0.1¢ | 10.2¢ | 9.2¢ |
| 바이오매스 | 83% | 5.5¢ | 1.4¢ | 4.2¢ | 0.1¢ | 11.2¢ | 10.0¢ |
| 수력 | 51% | 7.5¢ | 0.4¢ | 0.6¢ | 0.2¢ | 0.9¢ | 0.6¢ |

〈표 3-1〉 1 kWh 전력을 생산하는 데 필요한 비용을 발전 형태별로 분석한 표.

---

* 복합사이클은 가스와 증기 터빈을 함께 사용하는 방식이다.

** CCS는 탄소 포집 및 저장을 뜻한다 ("Carbon capture & sequestration" or "Carbon capture & storage")

*** 설비 이용률은 설계 용량대로 1년 내내 가동했을 때 얻을 수 있는 전력량 대비 실제 발전량을 뜻한다. (역주)
출처 : 〈EIA 연간 에너지 전망〉 2011년 자료 http://www.eia.gov/oiaf/aeo/pdf/2016levelized_costs_aeo2011.pdf

〈표 3-1〉에서, 각 기술로 전기를 생산할 때 드는 추정 비용은 발전소가 2016년까지 건설되고 가동 준비가 완료된다는 가정 하에 계산된 값이다. 표는 우리가 다양한 선택에 대한 경제적인 측면을 평가하는 데 필요한 정보를 많이 보여주고 있다. 이 표에 제시된 수치들은 현실적이며, 이 장에서 앞으로 다른 에너지 기술과 비교하기 위해서 사용하게 될 자료들이다. 주의해야 할 2가지 측면은, 우선 이 도표는 자본 비용*이 연간 7.4%라고 가정하고 있다. 내가 이 글을 쓰는 시점은 2012년이므로 이자는 이보다 훨씬 낮으며, 이는 원자력과 같은 자본집약적 기술에 대한 비용을 감소시킬 수 있다. 둘째로, 이 도표는 석탄과 천연가스의 탄소 배출권 거래 비용을 톤당 15달러 정도로 가정하고 있으며, 그 같은 비용은 현재 미국에서 시행하고 있는 배출 탄소에 대한 가격과 다르다.

가장 흥미로운 부분은 표의 마지막 두 열에서 찾을 수 있는데, 이 부분은 새로운 발전소가 1킬로와트시의 전력을 생산하는 데 드는 비용을 나타내고 있다. 마지막 열에 있는 값은 발전소가 최적의 장소(예를 들면, 바람이 강한 지역에 위치한 풍력발전용 터빈)에 건설되었을 때의 비용을 나타내고 있으며, 그 앞 열에 나타난 값은 발전소가 인구 밀집지역 근처도 포함하는 임의의 장소에 건설되었을 때의 비용을 보여주고 있다. 앞으로 이 책에서 이 값들을 자주 언급할 것이지만, 지금 이 값들을 한번 살펴보자. 천연가스는 킬로와트시당 6.3센트의 낮은 비용으로, 새로운 에너지 중에서 가장 저렴하다. 석탄(9.5센트)은 원자력(11.4센트)보다는 저렴하지만, 생각만큼 대단히 저렴하지는 않다. 이는 원자력은 자본비용

---

* 이자, 사채, 배당처럼 자본을 운용하는 데 드는 비용. 달리보다 유리하게 운영했을 때 기대되는 이익으로 측정하는 경우도 있다.

이 높아서 초기 건설 비용이 많이 들지만, 연료와 운영비가 저렴하기 때문이다. 석탄과 원자력발전에 드는 비용은 모두 이자율이 낮아짐에 따라 낮아진다. 풍력발전(10센트)은 저렴하지만, 해변에 건설하지 않는다면 비용이 높아진다(24센트). 태양열발전은 여전히 비싸며(21~31센트), 이는 구름이 태양을 가릴 수 있고 밤에는 햇빛이 전혀 없다는 낮은 성능에 영향을 끼치는 일부 요인 때문이다.

에너지정보청이 이 표를 만들 때 천연가스의 비용을 100만 세제곱피트당 약 4.50달러로 가정했으나, 2012년 초에는 가격이 2.50달러로 하락했다. 만약에 그 가격이 유지된다면, 천연가스의 킬로와트시당 비용은 6.3센트에서 4.3센트로 하락하게 된다. 이를 석탄과 비교하면, 가장 저렴한 지역에 지은 새로운 발전소에 대한 비용은 킬로와트시당 8.5센트가 된다. 저렴한 석탄은 더 이상 그다지 비용이 저렴하지 않다.

천연가스는 저렴하고 매장량이 풍부할 뿐 아니라 또 다른 큰 이점이 있는데, 같은 양의 에너지를 생산할 때 이산화탄소 배출량이 석탄의 절반에 지나지 않는다는 것이다. 이것은 천연가스의 화학적 측면과 연관이 있는데, 천연가스는 주로 화학식이 $CH_4$인 메탄으로 구성되어 있기 때문이다. 메탄이 연소할 때, 에너지의 절반은 이산화탄소를 만드는 탄소(C)가 연소하면서 만들어지고 나머지는 4개의 수소가 연소하면서 물 분자 2개($2H_2O$)를 생성하면서 만들어진다. 따라서 에너지의 절반은 이산화탄소를 만들지 않고 얻는 것이다. 현재 개발도상국들은 석탄에 주로 의존하고 있지만, 천연가스로 전환한다는 점에서 보면, 온실가스 배출량은 절반으로 줄어들게 될 것이다. 제5부 '미래 대통령을 위한 조언'에서는 개발도상국들과의 셰일가스 기술의 공유를 통한 온실가스 배출의 감소를 실행할 구체적인 방안에 대해 논의할 것이다.

# 태양광에너지

태양전지의 가격은 곤두박질치고 있다. 그리고 그 결과로 태양에 대한 관심도 증가하고 있다. 예상컨대, 10년쯤 후에는 태양전지의 비용이 사실상 매우 낮아질 것이다. 다시 말해 태양광발전소를 건설하거나, 가정집에 태양광발전 시설을 설치할 때 비용은 그다지 고려의 대상이 되지 않을 것이다. 그러나 이것이 태양력발전에 따른 전체 비용이 매우 낮아질 것이라는 의미는 아니다. 여전히 설치와 유지, 수리 비용은 부담해야 하기 때문이다. 또한 태양광을 수집하지 못하는 장마 기간이나 우기에 쓸 예비 전력에 대한 대책도 세워야 한다.

## 태양광의 물리학

태양광은 지구 표면에 제곱미터당 약 1킬로와트의 전력을 전달한다.

100와트짜리 전구 10개라고 생각하면 간단하다.* 태양력으로 자동차를 움직일 수 있을까? 만약 2제곱미터의 태양전지가 자동차 윗부분에 설치되어 있고, 태양이 바로 위에서 내리쬐고 있다면, 2킬로와트가 입사된다. 가장 효율이 높은 태양전지를 사용한다고 해도 42% 정도를 에너지로 바꿀 수 있으므로 최대로 얻을 수 있는 전력은 840와트다. 이는 1.1마력과 같은 힘이지만, 실제로 대부분의 소비자가 원하는 수요에는 미치지 못한다. 보통 미국 자동차는 고속도로를 달릴 때 10~20마력 정도를 사용하며, 가속을 할 때는 40~150마력을 필요로 하기 때문이다.

한편 면적을 늘리면 얻을 수 있는 태양광도 늘어난다. 1제곱마일의 면적이라면 2.6기가와트를 얻을 수 있다. 42%의 효율로 전환하면, 1기가와트 이상의 전력을 얻게 되는 셈인데, 이는 대규모 석탄발전소나 원자력발전소 한 기가 생산하는 전력과 동일한 양이다. 그러나 평균적으로 이렇게 되기는 힘든 부분이 있다. 태양광발전소는 태양이 비스듬히 비칠 때는 낮은 전력을 생산하고 야간에는 전기를 전혀 생산하지 못하는 특징이 있다. 구름이 없는 사막과 같은 경우에도, 평균 태양에너지는 최대량의 25% 정도인 제곱미터당 250와트 정도만을 생산하게 된다.** 〈표 3-1〉

---

* 원래 같은 동력이라면 100와트짜리 전구 10개보다 햇빛이 약 7배는 더 밝다. 이런 현상은 전구가 인간의 눈에 인식이 안 되는 적외선 영역까지 빛을 비추기 때문이다. 전구와 햇빛의 밝기를 공평하게 비교하려면 발광 효능을 비교해야 한다(발광 효능은 인간의 눈에 인식되는 밝기를 비교한다). 햇빛의 발광 효능은 13.6%이고 텅스텐 필라멘트 전구의 발광 효능은 2%다. 즉, 똑같은 에너지를 사용했을 때 텅스텐 필라멘트 전구에서 나온 빛은 햇빛의 2/13.6=15%만큼 이라는 뜻이다. 소형 형광 전구의 발광 효능은 10%이다, 텅스텐 필라멘트 전구의 5배이지만 그래도 햇빛보다는 낮다. 녹색 레이저의 발광 효능은 거의 100%다.

** 기하학을 조금 안다면 이 25%가 얼마인지 간단히 알 수 있다. 해를 향하는 지구의 단면적은 $\pi R^2$ (R은 지구의 반지름이다) 이다. 이걸로 지구가 얼마만큼의 햇빛을 흡수하는지 구할 수 있다. 그러나 구의 표면적은 $4\pi R^2$ 이다, 그리고 지구는 회전을 하기 때문에 햇빛을 흡수하는 면적은 4배로 늘어난다. 즉 지구의 각 지역들이 받는 햇빛은 하루에 최고 흡수하는 양의 4분의 1이다. 적도에서는 $\pi$분의 1이다(적도의 직경과 적도의 원주의 비율).

에는 설비 이용률Capacity factor이 21.7%로 되어 있는데 이는 아마도 전지에 쌓인 먼지나 수리 기간에 발생한 전력 감소량을 감안했기 때문일 수 있다. 반면에 전력을 주로 오후에 에어컨과 공장을 동시에 가동시킬 때 필요로 한다면, 태양광은 훌륭한 보조 에너지원이 될 수 있다.

재미있는 것은 이 모든 에너지를 저렴하게 모을 수 있다는 점이다. 한 가지 방법은 불을 피우기 위해서 돋보기를 사용하는 것과 같은 방법으로, 한곳에 초점을 맞추는 방법이 있다. 이런 생각은 아르키메데스의 일화를 통해서 엿볼 수 있다. 그는 시러큐스가 로마에 포위되었을 때 햇빛을 거울에 반사함으로써 로마 군함을 공격할 수 있었다. 태양광발전소에서도 이런 식으로 태양광을 모아서 온도를 올려 물을 끓인 다음 터빈을 돌리는 데 사용한다. 이를 태양열발전solar thermal이라고 한다.

## 태양열

나의 가족은 배낭여행을 갈 때 태양열을 사용한다. 여행을 하다 중간에 머물 때면, 우리는 두꺼운 비닐봉지에 물을 담고 햇빛에 놓아둔다. 〈그림 3-2〉에서 보듯이, 태양광은 투명 비닐을 통과하여 물을 데우는데, 낮이 되면 물은 샤워를 할 수 있을 정도로 뜨거워진다. 마찬가지로, 볕이 좋은 날에는 지붕에 설치한 투명 파이프가 온수히터로 물을 보내기 전에 미리 예열시킨다. 열을 얻으려고 태양에너지를 사용하는 경우, 기본적으로 100%의 효율성을 나타낸다.

그러나 태양열은 대규모로 보면 이해하기 어려운 부분도 있다. 비록 전 세계적으로 많은 태양열발전소solar thermal plant가 건설되고 있음에도 불

〈그림 3-2〉 요세미티 근처로 배낭여행을 떠났을 때 햇빛으로 물을 데워 샤워를 즐기고 있는 나의 가족.

구하고, 이 발전소들은 비용을 감당하기 위해서 보조금에 의존하고 있다. 건설에 상당한 비용이 드는데, 그 비용은 가까운 미래에도 내려가지 않을 것으로 보인다. 앞에 〈표 3-1〉에서 봤듯이, 발전소의 수명에 따른 전력의 자본 비용은 킬로와트시당 25.9센트인 것을 알 수 있다. 킬로와트시당 1.8센트인 천연가스와 비교하면, 자본 비용이 감소할지 의문스럽다. 비용은 건물-벽돌과 시멘트-을 지을 때 드는데, 오래된 기술이라 가격이 내려갈 것 같지도 않다.

가장 인상적으로 보이는 태양열발전소는 솔라 타워solar tower다. 〈그림 3-3〉은 캘리포니아주에 위치한 5메가와트급 솔라 타워 시설이다. 2만 4,000개의 거울은 계속해서 움직이는 태양의 빛*을 탑의 꼭대기로 반사한다. 이 탑에 집중된 빛이 염(용융염을 사용한다.-옮긴이)에 열을 가하

* 제발 나한테 해가 움직이는 게 아니라 지구가 움직이는 거라고 지적하는 편지를 보내지 말아주길 바란다. 물리에서는 종종 가속좌표계나 회전좌표계를 사용한다(초급 물리에서는 최대한 피하긴 한다). 그리고 이런 좌표계에서는 해가 움직인다고 보는 게 맞다. 그래서 고급 물리에서는 티코 브라헤가 니콜라우스 코페르니쿠스만큼 옳다고 볼 수도 있다.

고, 그 열은 발전 터빈을 움직이는 데 사용되는 증기에 열을 가한다. 햇빛을 효율적으로 모으려면 반사경이 서로 가리지 않도록 탑이 충분히 높아야 한다(16층 건물 높이인 약 50미터는 되어야 한다). 이 발전소가 생산하는 5메가와트의 전력은 0.005기가와트로 표현할 수 있는데, 이는 대규모 재래식 발전소(석탄, 석유, 원자력)가 생산하는 전력의 0.5%에 불과하다. 이 발전소는 정비가 필요한 수많은 가동 부품들을 포함하고 있는 기계적 시스템이다. 재래식 천연가스발전소 한 기가 생산하는 양과 같은 에너지를 생산하기 위해 이와 같은 발전소 200기를 가동하는 데 드는 노력을 상상해보라.

짐작하건대 보다 실용적인 것으로 솔라 트로프[solar trough, 반사경의 단면이 포물면으로 되어 있어 여물통(trough)처럼 생겨서 붙은 이름이다.-옮긴이]를 들 수 있다. 〈그림 3-4〉에서 볼 수 있듯이, 긴 원통형 거울이 액체를 나르는 파이프에 햇빛을 집중시키는 시스템이다. 이 시스템은 초점을 다시 맞추는 과정을 최소화시키기 위한 기발한 광학기술을 사용하고 있다. 태양이 움직임에 따라 각도가 변할 때, 태양광은 계속해서 파이프의 다른 부분에 초점을 맞추게 되는 것이다. 실제로 파이프 속 액체의 흐름과 계절의 변화에 따른 반사각 조정을 제외하고는, 움직이는 부분이 거의 없다.

스페인은 태양열 개발에 선도적인 역할을 해왔다. 스페인의 태양열발전 용량은 2010년 말까지 거의 4기가와트에 달했으며, 이는 스페인 전력 사용량의 약 3%를 차지하는 정도다. 그러나 태양열은 보조금 지원이 있을 경우에만 성공적인 결과를 낳는다. 2008년 스페인 정부는 실제로 태양열발전에 대한 보조금을 크게 줄였고, 정부 보조를 받는 발전소의 신규 건설을 연간 0.5기가와트로 제한했다. 현재 스페인의 경제적 불황

〈그림 3-3〉 캘리포니아의 시에라 선타워다. 2만 4,000개의 거울은 탑의 중앙으로 햇빛을 보내고 있다. 이 열로 생성된 증기는 터빈을 돌려 5메가와트의 전력을 생산한다.

〈그림 3-4〉 크레이머 정션에 위치한 솔라 트로프.

은 종전의 태양열에 대한 강한 관심이 더 이상 없을 것이라는 점을 의미할지도 모른다.

보조금은 미묘한 부분이 있는데, 종종 보조금이 아닌 다른 이름으로 불릴 때 사람들에게 좀 더 익숙한 경우도 있다. 2006년, 세계에서 여덟 번째로 경제적 규모가 큰 캘리포니아주에서는 AB32라고 알려진 법이 통과되었다. 이 법은 공공기관들이 2020년까지 전력의 20%를 재생에너지로 공급하도록 요구하는 법이다. 2011년에는 33%로 높여 개정되었다. 실제로 이 법안은 태양력발전에 대한 보조금 역할을 하고 있다. 다시 말하면, 법적으로 공공기관들은 이익을 창출하도록 보장되며, 자신들이 필요한 만큼 소비자에게 요금을 청구할 수 있다. 만약 공공기관이 더 비싼 에너지를 사용할 수밖에 없다 해도, 그들은 여전히 수익을 남긴다. 그것을 내기 위해 소비자 부담이 늘어나기 때문이다. 이런 가격인상은 실제로 세금이라고 불리지는 않지만, 효과적으로 세금 역할을 하게 된다.

태양열발전소는 보조금 외에도 구름 없이 맑은 날씨가 꼭 필요하다. 구름에 의해 분산된 빛은 렌즈나 반사경으로도 집중시킬 수 없어서 매우 밝은 날에도 물을 효과적으로 데울 수가 없게 된다.

태양열은 특정한 상황에서만 유용하게 사용할 수 있는 몇 가지 중요한 장점을 가지고 있다. 만약 맑은 날씨지만 전력이 당장 필요하지 않다면, 뜨겁게 달궈진 염(용융염)을 보관했다가 필요할 때 사용할 수 있다. 그래서 대낮에 열기를 받는 동안 최대한 발전소를 가동시킬 수 있으며, 공장이 전기를 필요로 한다면 이튿날 아침에도 쉽게 에너지를 사용할 수 있게 된다. 태양열의 또 다른 장점은 효율이 뛰어나다는 것이다. 집중된 햇빛은 소금을 극도로 높은 온도로 가열시킬 수 있어서, 그 에너지를 50% 이상의 효율로 전기로 바꿀 수 있기 때문이다.* 트로프 발전의 효율은 더 낮은데, 이는 태양광의 집중도가 그렇게 높지 않기 때문이다. 그리고 액체는 긴 파이프를 흐르면서 열을 잃게 된다.

앞서 언급한 대로, 자본 비용이 킬로와트시당 25.9센트로 매우 높고, 이 비용이 내려갈 거란 전망이 매우 불투명하기 때문에, 개인적으로 태양열은 경쟁력을 확보하기 어려울 것으로 전망한다. 그러나 태양열은 여전히 가정용 온수기 예열 목적의 개별 난방 시스템과 배낭여행용 태양 온수 샤워에는 실제로 쓸 만하다. 대규모 에너지 공급 업체로서는 상당 부분 보조를 받는 한에서만 실행 가능성을 가지고 있기 때문에, 결국에는 유지할 수 없게 되는 상황에 이르게 된다.

내 생각에 더 성공할 가능성이 높은 것은 태양빛의 광자를 직접 전압으로 바꿀 수 있는 방식의 태양전지다.

## 광전지

태양전지는solar Cell 광전지Photovoltaic Cell라고 불리기도 하는데, 얇은 박편으로 태양광을 흡수하여 전기를 직접적으로 생산한다. 태양전지는 광전 효과photoelectric effect라 알려진 물리학적 발견을 기반으로 하는데, 이 현상은 알베르트 아인슈타인에 의해서 처음으로 설명되었다. 그는 이

---

* 카르노 효율이라고도 알려져 있는 변환의 최대 효율은 물리의 기본 법칙에 의하여 제한되어 있다. 최대 효율의 공식은 1-Tcold/Thot이다. Thot은 소금의 켈빈온도, Tcold 는 주변환경의 온도를 뜻한다. 즉, 소금이 약 1,459켈빈으로 가열되고, 주변 온도가 529켈빈쯤이라면 효율은 1-(529/1459)=0.637, 즉 63.7%다. 가장 비싼 태양전지의 효율이 42%이고, 일반적인 태양전지의 효율이 15%란 걸 감안하면 63.7%는 엄청 높은 효율이다. 아, 물론 열이 주변으로 방출되는 걸 감안하면 실제 효율은 더 낮다.

현상을 발견함으로 노벨상을 받게 되었다(상대성이론으로 노벨상을 받은 것이 아니다). 광전 효과에서는 광자 photon라고 알려진 빛의 입자가 원자로부터 전자를 떼어내고 전자는 금속 전극에 도달한다. 이 전자가 전선을 따라 전극으로부터 움직이면 이것이 전기가 되는데, 빛의 광자 에너지의 일부와 함께 전달된다. 적당한 가격선의 태양전지가 빛을 전기로 변환하는 비율은 보통 10~15% 수준에 불과하다. 조만간 20% 수준까지 올라갈 것이라고는 하지만 말이다. 값비싼 태양전지는 42%까지 가능하며, 그 비율 또한 상승할 수 있다.

(비록 미래의 대통령에게 반드시 필요한 것은 아니지만) 광전지가 사실 양자소자 quantum devices임을 안다는 건 흥미로운 사실이다. 광전 효과의 원리는 양자역학의 기본적 근거들 중 하나다. 사람들은 종종 아인슈타인이 양자역학을 싫어했었다고 생각하지만 그는 이 분야의 핵심 창시자 중 한 명이었다.

최근에 태양전지에 대한 관심이 늘어나는 것은 전지의 비용이 낮아지고 있기 때문이다. 비용을 설명하는 한 가지 방법은 '설치 와트당 비용cost per installed watt'인데, 만약 태양광이 정점에 달할 때 전지가 1와트의 전력을 생산하고 7달러의 생산비용이 든다면, 설치된 와트당 비용은 7달러가 된다. 이것은 몇 년 전에는 실제 비용이었지만, 이 분야는 첨단기술 분야이고 무척 경쟁적인 분야다-물론 보조금 덕분인 것도 있다. 2011년에는 설치 와트당 1달러 이하로 하락했다. 이런 급락은 대안에너지 공동체들로부터 두루 환영을 받았고 끝은 보이지 않는다. 이런 현상은 매우 흥미로운 일이다.

또한 여기에는 오해의 소지가 있다. 석탄, 원자력 또는 천연가스의 설치 와트당 비용에 대해 이야기할 때는 24시간 동안 공급되는 '평균' 전력을 의미한다. 그러나 태양력에 대해서는 통상 설치된 '최고' 와트당 비용을 언급한다는 것이다. 태양빛의 각도와 태양빛이 전혀 없는 밤을 고려하면 최대치인 1와트는 구름이 없더라도 평균 4분의 1와트가 된다. 태양광에너지는 날씨가 흐릴 경우에는 더욱 낮아진다. 왜냐하면 구름이 태양빛을 우주로 다시 반사시키기 때문이다. 일반적인 지역에서는 때때로 생기는 구름에 의해 평균 태양 에너지는 절반으로 줄게 되고, 태양전지는 평균적으로 최대 생산할 수 있는 전력의 8분의 1 정도만을 공급하게 된다.*

물론 전력은 종종 냉방기나 공장의 기계가 가동하는 낮 시간에 그 가치가 더 높다. 그래서 태양의 실제 가치는 하루 중 태양 에너지가 필요한 시간대에 따라 다르다. 이런 관점에서는 여전히 와트당 단가가 낮다는 부풀려진 주장을 경계할 필요가 있다.

비용에 대해 좀더 자세하게 살펴보자. 만약에 전지를 구입하고 설치하는 데 와트당 1달러의 비용이 든다고 가정해 보자. 이것은 피크 전력 peak power을 의미한다. 평균적으로 햇빛은 그에 비해 8분의 1이며, 따라서 평균적으로 태양전지는 8분의 1와트의 전력을 생산한다. 1년은 약 8,000시간이므로 태양전지 하나는 연간 1,000와트시, 즉 1킬로와트시의 전력을 생산한다. 이는 소비자에게 약 10센트의 가치를 가진다. 그러므로 1달러를 투자한 것에 대한 보답은 연간 10센트 또는 10%의 회수이다. 물론 설치나 유지 비용이 없다고 가정할 때다. 여기서 감가상각을

---

* 예를 들면, 중국의 선테크 파워의 1메가와트 태양열발전소는 매년 1,000MWh를 발전한다. 하지만 1년에 8,766시간이(8,640이 아닌 건 저자가 1년을 365.2422일로 계산했기 때문이다.-옮긴이) 있으니 이 발전소가 1년 동안 쉬지 않고 100% 가동한다고 가정하면 8,766 MWh를 발전할 수 있다, 즉 이 발전소를 항상 가동한다면 8.7배 더 많은 양의 에너지를 발전할 수 있다는 것이다.

제외할 필요도 있다. 전지가 만약 10년 동안만 지속될 수 있다고 보면, 연간 10%의 가치가 손실된다. 10년이면 전지를 교체해야 하고, 1달러를 추가로 투입해야 한다. 결과적으로 보면, 투입비를 되돌려 받게 되는 셈이지만 이득은 없는 것이다. 만약 전지의 수명이 20년이라고 보면, 유효 수익은 연간 5%가 된다.

그러나 여기서는 주요 비용은 고려하지 않았다. 그 비용은 사용할 수 있는 전기로 만들기 위해 전지판에 부착해야만 하는 전자회로 비용이다. 광전지는 매우 낮은 전압으로 전력을 공급하지만, 일반 가정의 전구나 냉장고 같은 대부분의 가전기기들은 110볼트나 220볼트의 교류 전압을 쓴다. 가장 간단한 해결 방법은 이 전지들을 여러 개 붙여서 총 전압을 높이는 것이다. 그러나 전지 하나라도 문제가 생기면, 전체 전지에 영향을 미치게 된다. 널리 사용하는 보다 나은 해결 방법은 낮은 전압을 표준 가정용 전압으로 변환하는 인버터라는 장치를 사용하는 것이다.* 하지만 인버터 비용, 설치 및 유지 비용, 보조 배터리에 대한 선택적 비용을 추가해야 하고, 대부분은 가정 및 산업용 지붕 설치 비용은 정부의 상당한 보조금 지원이 없으면 아무런 이득을 볼 수 없게 된다. 〈표 3-1〉은 자본 비용 자체만으로도 킬로와트시당 19.5센트의 비용이 드는 것을 나타낸다.

태양광발전은 어떻게 경쟁력을 가질 수 있을까? 내가 볼 때는 인버터 비용은 그 시장이 확대되고 새로운 기술이 발전함에 따라 하락할 것이다. 대규모 상업용 태양광발전에 적합한 대형 보조 배터리도 점점 가격

---

* 인버터는 매 60분의 1초 마다 전압을 (120분의 1초 동안 양전압을 음전압으로) '변환'하여 직류를 60Hz 교류로 '변환'한다. 교류 전압은 변압기를 사용하여 조절할 수 있다. 그리드 타이 인버터는 연결된 송전망의 주파수에 맞춰서 전기를 주입할 수 있게 변환한다.

이 낮아지고 있다. 그리고 끝으로 소비자가 스스로의 노동 비용을 포함하지 않거나, 발전기가 저임금 국가에서 사용된다면, 설치 및 유지 비용은 또 낮아질 수 있다. 재미있는 사실은 개발도상국에서는 낮은 임금 때문에 태양에너지의 사용이 증가할 수 있는 반면에, 미국은 임금이 매우 높아서 그렇지 않을 수도 있다는 점이다.

눈에 띄는 점은 광전지 분야 내에서도 몇몇 매우 다른 기술들이 강한 경쟁 구도를 보인다는 것이다. 이들 중 가장 중요한 종류로는 실리콘 결정질silicon crystals, 텔루르화카드뮴(CdTe), 구리·인듐·갈륨·셀레늄(CIGS), 비결정질(유리질)의 실리콘 및 다중접합전지Multijunction Cells가 있다. 대통령이 자세한 사항까지 얼마나 많이 알고 있어야 하는지는 확실하지 않지만, 여러분의 흥미를 위해 전반적인 소개를 하고자 한다.

### :: 실리콘

실리콘 결정질은 원래 처음으로 우주 비행에 사용된 태양전지였으며, 가정용 시장에서도 널리 사용되고 있다. 실리콘은 모래(이산화규소)의 주성분으로 저렴하지만, 대부분 정제하는 데 비용이 든다.

몇 년 전, 많은 사람들은 실리콘 태양전지의 미래에 대해 회의적이었는데, 이는 부분적으로 단결정을 크게 성장시키는 것이 비쌈에도 불구하고 효율이 그다지 높지 않았기 때문이다. 2007년에는 실리콘 태양전지의 가격이 설치 와트당 약 5달러였지만, 최근에 가격이 급속도로 하락했다. 2010년에는 가격이 2달러 이하로 떨어져, 2011년까지 1달러 이하로 하락했다.

비용이 갑자기 줄어든 데는 2가지 원인이 있다. 첫째는 저렴한 태양전지 기술을 찾을 수 있었기 때문이다. 기본적으로 실리콘에 대해서는 가격이 비쌀 이유가 없다. 모든 기술이 더 저렴해질 수는 없다. 컴퓨터 칩의 가격이 지난 몇 십 년 동안 급격히 하락했지만 다른 모든 기술에 대한 비용은 그렇지 않다. 예를 들면, 납축전지의 가격은 큰 변동 없이 안정적이었다. 태양전지도 컴퓨터 칩의 경우와 비슷하다. 다른 이유는 경쟁이 존재했다는 점이다. 부분적으로 '재생가능한 에너지' 법안으로 인해 저탄소에너지에 대한 수요가 급증했다. 시장이 있었기에 투자자들은 경쟁력 있는 기술에 대해 기꺼이 위험을 감수했다.

세계에서 가장 큰 태양전지 제조업체는 현재 중국의 선테크 파워Suntech Power다. 이 회사는 효율이 15.7%에 달하는 전지를 생산한다. 미국에는 선테크 파워의 전지가 미국의 제조회사를 파산시키기 위해서 비용 이하의 가격으로 판매되고 있다는 불만이 지속적으로 제기되고 있다. 선테크 파워는 현재 매년 (최대) 1기가와트 이상의 태양전지를 생산하고 있다. 이는 실로 놀랄 만한 실적이 아닐 수 없다. 미국의 퍼스트 솔라First Solar는 1위를 바짝 쫓고 있다. 그러나 연간 1기가와트라고 한다면, 야간과 흐린 날 때문에 중국 태양전지의 연간 평균 전력 생산은 1기가와트가 아니라 8분의 1기가와트밖에 되지 않는다. 중국은 매년 약 50기가와트의 석탄발전소를 건설하고 있으며, 이는 추가된 태양력발전소의 성능보다 400배나 많은 규모다. 그러므로 비록 태양력발전의 규모가 크게 보이더라도 아직 가야 할 길이 멀다. 태양력발전이 세계 시장은 말할 것도 없고 중국 시장에서조차도 상당한 공헌을 하려면, 엄청나게 성장해야 할 것이다.

## :: 텔루르화카드뮴 화합물

텔루르Tellurium는 거의 상업적으로 가치가 없지만 카드뮴과 혼합하면 상황이 달라진다. 텔루르화카드뮴 화합물(CdTe)은 태양광을 흡수하고 전자를 방출하는 우수한 능력을 가지고 있다. 3마이크론 두께(약 머리카락의 10분의 1)의 막 한 개는 15% 이상의 효율성으로 전기를 생산할 수 있다. 뿐만 아니라 텔루르화카드뮴 화합물은 얇은 막에 축적되기 때문에, 실리콘 전지(일반적으로 30배 정도 더 두껍다) 결정 구조의 취약성이 없는 유연한 태양전지를 만들 수 있다.

텔루르화카드뮴 화합물은 미국 최대 태양전지 제조 회사인 퍼스트 솔라가 사용하고 있다. 이미 퍼스트 솔라는 매년 1기가와트 이상의 태양전지를 생산하고 있으며, 급속도로 성장하고 있다. 이 회사에 따르면, 2012년의 설치 와트당 가격은 73센트로 하락했다고 말했지만, 공장을 건설할 때 빌린 채무를 어떻게 상환할지에 달려 있기 때문에 실제로 설치 와트당 가격이 얼마인지는 알기 힘들다.

텔루르는 고갈될 것이라는 측면에서 심각한 우려가 있다. 텔루르는 대부분 구리 광산의 부산물로 얻게 되는데 연간 800톤밖에 나오지 않기 때문이다. 태양력발전으로 1기가와트의 전력을 생산하려면 약 100톤이 소요되기 때문에, 전 세계가 텔루르로 생산해낼 수 있는 전기는 연간 8기가와트 정도밖에 되지 않을 것이다. 퍼스트 솔라의 패널 생산량은 곧 연간 2기가와트에 도달할 예정에 있으며, 이런 식으로 성장하다 보면 전 세계의 텔루르 연간 공급량이 필요하게 될 것이다. 일부 전문가들은 텔루르의 생산량이 낮은 것은 단순히 최근까지 텔루르 시장이 없었다는 사실을 반영하는 것이라 믿고 있으며, 태양전지의 수요가 증가함에 따라 텔루르가 풍부하게 숨겨져 있는 새로운 원천을 찾을 것이라고 생각하고 있다.

텔루르화카드뮴 화합물에 대한 또 다른 우려는 카드뮴이 매우 독성이 강하다는 점에 있다. 지지자들은 카드뮴이 전지에 안전하게 들어 있다고 주장하지만, 화재시 방출될 위험은 항상 존재하고 있으며, 특히 전지가 지붕에 설치되어 있다면 더 그렇다. 이런 위험성에 대한 연구는 방출 가능성이 매우 낮다고 주장하지만, 대중들은 여전히 불안에 떨고 있다. 특히 경쟁사(구리·인듐·갈륨·셀레늄과 실리콘전지 제조회사)들은 이 문제를 계속해서 공공연하게 제기하고 있다.

### :: 구리·인듐·갈륨·셀레늄 화합물

4가지 주성분인 구리copper, 인듐indium, 갈륨gallium, 셀레늄selenium의 이름이 너무 길어서 이 전지의 이름은 각 요소의 앞 글자만 따서 CIGS라고 한다('식즈'라고 발음한다). 구리·인듐·갈륨·셀레늄 화합물(CIGS)은 텔루르화카드뮴 화합물과 마찬가지로, 전지를 매우 얇게 만들 수 있기 때문에 태양광을 쉽게 흡수한다. 한 가지 제조 방식은 놀라운데, 작은 구슬들이 잉크젯 프린터처럼 생기고 작동 방식도 그와 비슷한 도구를 통해 금속 코팅 유리판이나 플라스틱에 축적된다. 일단 축적이 되면, 이 물질은 '소결sinter'(또는 열처리)되는데 이때 알갱이들이 용해된다. 마침내, 추가되는 층들이 겹겹이 쌓여서 처리된다. 결국 전체 구조는 3~4마이크론 정도의 두께밖에 안 되며, 텔루르화카드뮴 화합물 전지의 두께와 비슷하다.

구리·인듐·갈륨·셀레늄 화합물 전지는 맹독성 물질을 포함하지 않는다는 점에서 텔루르화카드뮴 화합물 전지보다는 유리하다. 하지만 단점은 한 가지 필수 성분인 인듐이 매우 수요가 높은 반면 공급은 적다는 점이다. 산화인듐주석Indium tin oxide은 투명한 전기 전도체라는 특이한 성질 때문에 실제로 모든 텔레비전, 컴퓨터 및 게임기의 디스플레이에 사용되고 있다. 일부 의견에 따르면, 비록 태양전지에 인듐을 사용하지 않는다고 하더라도 10년이나 20년 후면 인듐이 고갈될 것이라고 한다. 그러나 낙관주의자들은 수요가 증가한다고 했을 때, 사용 가능한 인듐이 실제로 많이 있다고 주장한다.

구리·인듐·갈륨·셀레늄 화합물 기술을 보유한 것으로 유명한 회사 중 하나가 나노솔라Nanosolar인데, 이 회사는 캘리포니아 산호세 지역에 대규모 공장을 가지고 있으며, 현재 매년 640메가와트 이상의 태양전지를 생산하고 있다. 나노솔라의 현재 효율성은 10%(실리콘의 15%와 비교)를 넘고 있지만, 실험실에서는 20%까지 도달했다. 지붕과 같은 제한된 공간에서는 효율적인 전지가 특히 중요하다. 만약 (사막처럼) 넓게 펼쳐 놓을 공간이 충분히 많이 있다면, 제일 중요한 건 와트당 비용일 것이다.

나노솔라를 비롯한 박막필름 업체는 더 높은 효율성을 지닌 중국산 실리콘 전지의 급작스러운 가격 하락에 시달리고 있다. 중국산 제품의 가격 인하로 인해 미국의 태양전지 수입은 2006년과 2010년 사이에 15배나 증가했다. 일부에서는 중국이 시장 점유율을 높이고 경쟁 업체를 파산시키기 위해서 실리콘 태양전지 사업에 상당한 보조금을 지원하고 있다고 생각한다. 그래서 미국의 정치인들은 이러한 불공정 경쟁으로부터 자국 산업을 보호하기 위한 조치를 강구해오고 있다.

구리·인듐·갈륨·셀레늄 화합물에 기반을 둔 회사인 솔린드라Solyndra의 파산으로 인해 구리·인듐·갈륨·셀레늄 화합물은 2011년에 평판이 안 좋았다. 솔린드라는 미국 정부로부터 5억 달러의 대출 보증을 받은 회사였다. 솔린드라는 자신의 파산을 중국 탓으로 돌렸다. 이 회사의 주장에 따르면, 중국의 태양전지는 보조금을 지급받고 있었다. 그러나 보다 깊이 내재된 문제는 솔린드라의 설계상의 복잡성에 있을지도 모른다. 솔린드라는 속이 빈 유리 원통 안에 구리·인듐·갈륨·셀레늄 화합물 전지를 집어넣었다. 비록 솔린드라의 홈페이지에서는 이런 특징이 효율성을 높인다고 되어 있지만, 실제로 그것이 효율성을 떨어뜨린다는 사실을 보여주기는 그리 어렵지 않았다. 솔린드라는 또한 원통형 디자인이 바람이 부는 환경에서도 전지를 더욱 쉽게 설치할 수 있다고 주장했다. 내가 솔린드라가 파산하기 전 약 1년간 기술을 검토했을 때, 바람에 대한 저항성은 상당한 이득은 없었으며, 그것이 지닌 가치는 평면형 태양전지에 적용되는 소소한 개선의 수준이라고 결론지었다. 나는 솔린드라가 중국과의 경쟁에서 이길 수 없었던 실제 원인은 중국의 보조금이나 낮은 임금 때문이 아니라, 솔린드라의 설계가 본질적으로 제조하는 데 비용이 많이 들며, 원통형 구조가 전지에 닿는 평균 빛의 세기를 낮추었기 때문이라고 본다.

### :: 다중접합전지

비용을 고려하지 않거나 또는 공간이 중요한 요소라면, 다중접합전지를 사용할 수 있다. 다중접합전지는 일반적으로 갈륨비소(GaAs), 게르마늄[germanium], 인듐 및 다른 금속과 반도체로 만들어진다. 이 전지는 여러 개의 층을 가지고 있으며, 각 층은 태양 스펙트럼에서 각각의 파장 범위를 가지고 있어서, 결과적으로 이미 42%의 고효율에 이르며, 앞으로 더욱 높아질 것으로 예상된다. 이런 고효율성 때문에 판매율이 높다. 이 전지는 다른 어떤 전지보다 파운드당 더 많은 전력을 전달하기 때문에 우주 공간에서 널리 쓰이며 실제로 화성 탐사 로봇에도 사용되었다. 그러나 제조 가격이 1제곱센티미터당 500달러나 든다.

그렇지만 이 비싼 다중접합전지를 저비용으로 쓸 수 있는 꼼수가 있다. 작은 전지 한 개를 사서 렌즈와 거울을 이용해 500~1,000배로 빛을 집중시키면, 비용당 높은 전기를 얻을 수 있다. 이 방법은 태양열발전에서 사용되는 방법과 비슷한데, 집광형 태양전지concentrator PV라고 불린다. 전지가 과열되는 것을 막기 위해서 성능이 좋은 열 전도체를 전지에 부착하여 과열을 막아야 한다.

다중접합전지의 가격은 집광형 태양전지가 가격 경쟁력을 가질 수 있는 수준까지 내려왔고 몇몇 회사들은 생산을 시작하고 있다. 단점은 반드시 태양을 향해야만 한다는 점인데, 그래서 이 전지들은 지구의 자전을 따라 움직여야 한다. 전지와 태양 사이에 구름이 있는 경우에는, 잘 작동하지 않는다. 왜냐하면 집광기는 오직 순수하고 분산되지 않은 햇빛에서만 작동하기 때문이다. 태양전지의 비용보다는, 이 표적 지향 시스템과 반사경을 제작하는 데 더 많은 비용이 발생한다. 이 방식의 성공 여부는 이런 부분의 비용을 절감하고, 유지 비용을 낮추는 것에 달려 있다.

집광형 태양전지 방식의 주요한 가치는 높은 효율성에 있다. 만약 (지붕과 같은) 공간적 제약이 있다면, 이 전지는 다른 경쟁품에 비해 2~4배 정도의 전기를 생산할 수 있다. 집광형 태양전지는 여전히 개발 중이다. 솔포커스SolFocus는 두 제품에 1억 7,000만 달러를 들였다. 하나는 6.1킬로와트, 다른 하나는 8.4킬로와트를 생산할 수 있는 태양전지 배열상품이다. 그린볼트GreenVolts라는 회사는 2011년 후반에 3,900만 달러를 들여 1메가와트짜리 시스템을 만들기 위한 생산시설을 세웠다. 지붕과 같은 작은 영역에 적합한 소규모 시스템을 만드는 것도 가능한데, 선 싱크로니Sun Synchrony라고 불리는 시스템은 크기가 고작 몇 인치 정도밖에 안 되는 작은 모듈을 사용해서 자동으로 태양을 향하도록 되어 있다. 비효율 요인들을 모두 고려하면, 이 모듈은 태양빛의 에너지 중 30% 이상을 추출하여 전기로 전환하게 된다.

## 요약

태양전지 분야는 매우 경쟁적이며 급속히 성장하고 있는 분야다. 비용이 몹시 빨리 낮아지고 있기 때문에 어떤 것이 승리할지는 태양전지의 가격보다는 설치비, 유지비, 가정용 전압 변환기 비용, 수명 및 효율성을 포함하는 여러 기준에 의해 결정될 것이다.

설치와 유지 비용은 임금이 낮은 중국과 같은 개발도상국에서 더욱 낮은 경향이 있다. 이 때문에 나는 이런 국가들에서 태양력발전이 급격히 증가할 것으로 추측한다. 이는 온난화를 우려하는 사람들에게는 희소식이다. 왜냐하면, 주로 개발도상국에서 미래의 온실가스가 배출되기 때문이다. 우리가 이런 온실가스 배출에 규제를 가하게 된다면, 이산화탄소를 배출하지 않고도 개발도상국들이 사용할 수 있는 에너지 기술이 필요하다. 태양력이 이런 기술이라 볼 수 있다. 그러나 명심해야 할 부분은 중국의 태양전지 생산율(전지의 연간 최대 생산량 1기가와트는 평균적으로 8분의 1기가와트와 동일하다)과 새로운 석탄발전소(연평균 50기가와트 이상) 사이에 엄청난 격차가 존재한다는 점이다.

# 풍력

현대의 풍력발전용 터빈은 거대하다. 〈그림 3-5〉는 7메가와트 풍력발전용 터빈이다. 바로 옆에 있는 자유의 여신상과 비교해 보라. 터빈의 총 높이는 650피트(약 198미터)다. 자유의 여신상의 높이는 305피트(약 93미터)밖에 되지 않는다.

멀리서 볼 때는 때때로 터빈의 규모가 얼마나 큰지 실감하기 어렵다. 〈그림 3-6〉은 내가 아직 조립되지 않은 풍력발전용 터빈의 날개 옆에서 있는 모습이다. 이런 날개를 제조하는 회사들은 난감한 상황을 겪기도 한다. 대개 날개들을 견고하게 만들기 위해 공장에서 조립하는데 이후 엄청난 규모 때문에 운반하는 데 상당한 어려움을 겪는다는 것이다.

터빈의 규모가 왜 이렇게 엄청나게 큰 것일까? 연을 날려본 경험이 있는 사람은 알 수 있듯이, 강한 바람은 높은 곳에서 분다. 200피트(약 60미터)의 상공에 부는 바람은 일반적으로 20피트(약 6미터)에서 부는 바람에 비해 속도가 2배에 달한다. 풍력은 풍속의 세제곱에 비례하여 증가하는데, 풍속이 2배가 된다면 출력은 2×2×2=8이 되어 8배가 증가한

〈그림 3-5〉 대형 현대식 풍력발전용 터빈은 자유의 여신상보다 훨씬 높다. 이 7메가와트급 터빈은 독일의 에너콘(Enercon) 사가 제작했다.

〈그림 3-6〉 아이다호에서 찍은 풍력발전용 터빈 날개 사진.

다.* 풍속이 3배로 증가한다면, 출력은 3×3×3=27이 되어 27배 증가하게 된다. 높이가 엄청난 차이를 만들어내므로, 연을 날릴 수 있을 만큼 높은 곳에서 부는 바람을 이용하기 위해 구조물을 높게 만드는 것이다. 높은 구조물을 만든다는 것은 비용이 많이 든다는 뜻이기도 하다. 그래서 가능하면 많은 바람을 맞을 수 있도록 날개를 크게 만들 필요도 있다. 이 세제곱의 법칙은 풍력발전을 이해하는 데 핵심적인 부분이다. 이 법칙은 풍속이 낮은 지역(혹은 해발고도)에서는 풍력은 매우 부족한 전력원이지만 바람이 많이 부는 곳에서는 매우 훌륭한 성능을 낸다는 것을 보여준다.

미국 전역에서의 평균 풍속은 지면 근처에서는 시속 5마일 정도다. 너무 느려서 그다지 유용한 편은 아니다. 〈그림 3-7〉의 지도는 풍력의 고저를 나타낸다. 짙은 색으로 표시된 지역은 경제적인 측면에서 손실을 만회할 수 있는 풍력을 제공하는 지역이다. 가장 좋은 자원을 가진 곳은 대평원 지역과 해안 인근 지역이다.

여기에 풍속(시간당 마일)과 출력 밀도(제곱미터당 와트)에 연관된 간단한 등식이 있다.

$$\text{제곱미터당 와트} = \frac{(\text{시간당 마일})^3}{10}$$

그래서 예를 들면 풍속이 시간당 5마일(5mph)이면, 출력 밀도는 (5×5×5)/10=12.5와트(제곱미터당)가 된다. 출력이 매우 낮다. 풍속이

* 공기가 가지는 운동 에너지는 바람의 속도(v)의 제곱에 비례한다($E = 1/2mv^2$). 그리고 시간당 전달되는 에너지도 속도(v)에 비례한다. 즉 풍력에 의해 얻을 수 있는 시간당 에너지는 속도의 세제곱($v^2 \times v = v^3$)에 비례한다.

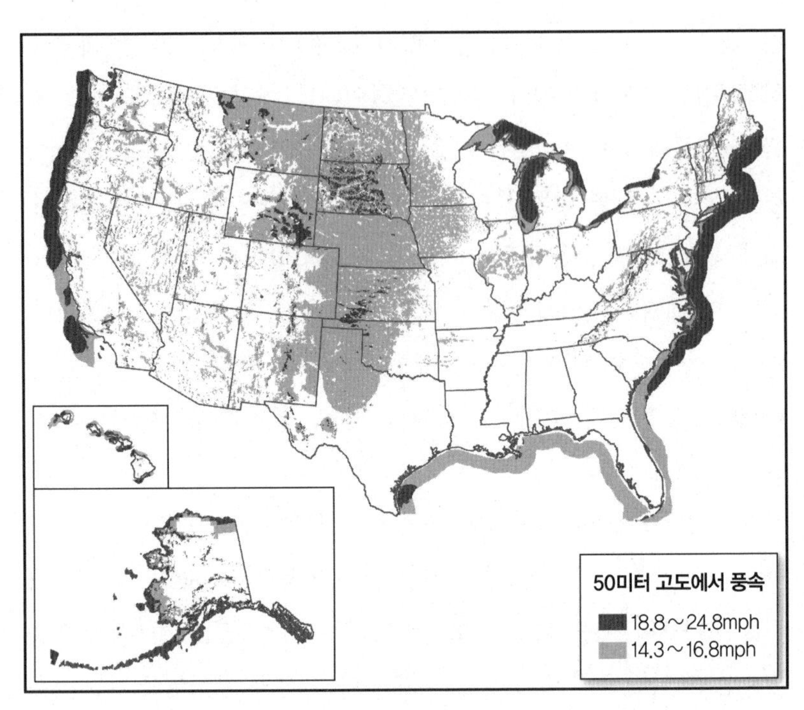


〈그림 3-7〉 미국의 풍력자원 지도. 가장 좋은 위치는 해안가다. 바람이 강하고 도시와 가깝지만 건설 비용이 높다. 하얀 지역은 평균 풍속이 너무 느려서 다른 에너지원과 경쟁이 될 수 없는 곳이다.

18mph(대부분의 대평원 지역의 경우)인 경우는 출력 밀도는 (18×18×18)/10=583와트(제곱미터당)가 된다. 해안 지역에서 부는 24mph의 풍속은 제곱미터당 1382와트를 생산할 수 있다. 세제곱 법칙은 엄청난 차이를 만들어낸다.

〈그림 3-5〉에 실린 독일의 풍력발전용 터빈을 다시 한번 살펴보자. 각각의 날개는 63미터에 달한다. 그 날개들이 회전할 때, $\pi R^2$=12,462제곱미터의 면적을 쓸며 지나간다. 풍속이 만약 20mph라면, (20×20×20)/10=800와트(제곱미터당)의 출력 밀도를 가지는 셈이다. 이 값에 면적을 곱하면 10메가와트를 얻을 수 있다.

바람에 관련된 물리적 요소는 종이와 연필로 계산할 수 없을 정도로 복잡하다. 그래서 날개 디자인을 최적화하기 위해서는 대용량 컴퓨터 프로그램이 필요하다. 다음의 공학적 기적을 살펴보자(적어도 나는 이것을 기적이라고 생각한다). 현대식 풍력발전용 터빈은 고작 3개의 날개만으로 날개의 지름으로 형성되는 원을 통과하는 바람으로부터 에너지의 절반 이상을 가로채고 빨아들인다. 아마도 그 여분의 공간을 더 많은 수의 날개로 채울 필요가 있다고 생각할 수도 있지만, 실제로 그럴 필요는 없다. 날개가 빠르게 회전하기 때문이다.

비록 모든 부분을 날개로 덮는다 하더라도, 터빈이 바람으로부터 모든 에너지를 받아들이지는 못한다. 그렇게 되면 공기가 완전히 멈추게 되고, 터빈 뒤로 뭉칠 것이기 때문이다. 그러나 터빈이 다른 터빈과 너무 가깝게 위치해 있지 않다고 가정하면, 실제로 터빈은 에너지의 59%까지를 추출해낼 수 있다. 이 한계점은 베츠의 법칙Betz's law이라고 알려져 있다.* 만약 터빈이 실제로 59%의 한계점에 도달하게 되면, 이 독일 터빈이 시속 20마일의 풍속에서 생산할 수 있는 전력은 10에서 5.9메가와트로 감소하게 된다. 바람이 너무 강하면, 프로펠러의 날개가 '페더링feathering' 된다. 다시 말하면, 날개가 회전축을 따라 회전하면서 날개의 '받음각angle of attack'을 감소시키게 된다. 받음각은 날개와 기류의 방향으로 생기는 각도를 말한다. 터빈 간의 방해를 줄이려면 날개 지름의 5~10배의 거리를 두고 터빈을 설치해야 한다. 수많은 터빈이 배열된 곳을 일반적으로 풍력발전 단지wind farms라고 부른다. 하지만 텍사스에서는

---

* 바람을 에너지로 변환할 때 59.36% 이상은 변환하기 어렵다는 법칙. 혹시 흥미가 있다면 온라인에서 베츠의 법칙을 검색해서 더 자세히 알아보길 바란다.

풍력 목장wind ranch이라는 용어를 선호한다.

이제는 집 지붕에 풍력발전용 터빈을 놓는다고 상상해보자. 작은 지붕에 제법 큰 규모(약 2미터×2 미터)로 터빈을 설치한다고 가정하면, 4제곱미터가 된다. 집에서 부는 바람의 평균 풍속이 시속 5마일이라고 가정하면, 공식에 따라 출력 밀도는 (5×5×5)/10=12.5와트(제곱미터당)가 된다. 이 값을 면적(4제곱미터)과 효율성(59%로 제한)으로 곱하여 출력 전압을 구하면, 29와트가 나오는데, 이는 아주 작은 값이다. 작은 형광등 2개를 켤 수 있을 정도의 값이다. 이와 반대로, 4제곱미터의 태양전지는 최대 600와트를 생산할 수 있고, 구름 낀 날씨와 밤을 감안한다 해도 평균 75와트를 생산할 수 있다.

풍력발전 터빈 중에서 가장 전망 있는 것은 역시 대형 터빈이다. 새로운 최대출력 용량 시설이 빠르게 설치되고 있다. 〈그림 3-8〉은 다섯 나라에 설치된 풍력발전소를 보여주고 있다. 2010년에 미국은 약 5기가와트(34% 출력 용량 기준 평균 1.7기가와트)의 최대출력을 가진 풍력발전소

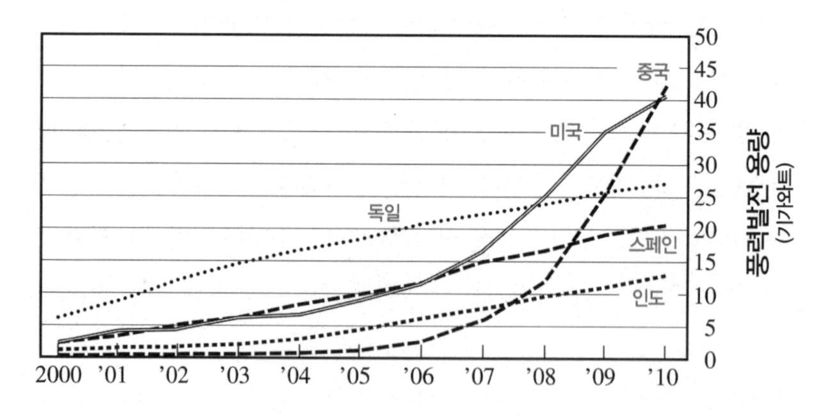


〈그림 3-8〉 다섯 나라에 설치된 최대 풍력발전 용량 그래프이다. 중국과 미국에서 가장 빠르게 증가하고 있다.

를 새로 설치했으며, 미국의 전체 풍력발전소는 (최대) 40기가와트를 생산하고 있다. 같은 해에, 중국은 15기가와트 풍력발전소를 설치했으며, 중국의 전체 풍력발전소는 (최대) 42기가와트를 생산하면서 처음으로 미국의 풍력발전을 뛰어 넘었다. 2011년 말, 중국은 55기가와트까지 풍력발전으로 생산할 것이라고 예상됐다. 미국은 어느 정도 경기 불황의 여파로 풍력발전소가 더 이상 설치되지 않고 있지만, 아직도 미국의 최대 출력은 45기가와트에 이른다.

세계의 풍력발전 용량은 3년마다 2배씩 증가하고 있다. 이런 성장 속도는 놀라운 것이며, 이는 대형 풍력발전용 터빈을 설치하는 데 비교적 비용이 많이 들지 않고 연료도 필요 없다는 점을 반영하고 있다. 〈표 3-1〉에 따르면, 가까운 미래에 설치될 풍력발전은 킬로와트시당 9.7센트의 비용으로 전력을 생산할 수 있다. 이것은 석탄발전에 드는 비용과 비슷하고 원자력이나 태양력발전보다 저렴하다. 그러나 모든 대안에너지 중 가장 경쟁력이 높은 천연가스보다는 상당히 높다.

풍력은 미국에서 생산하는 전력의 2.3%밖에 차지하지 않지만, 급속도로 성장할 잠재성을 가지고 있다. 풍력발전용 터빈은 원자력발전소보다 건설하거나 설치하는 데 시간이 덜 걸린다. 하지만 과거에는 풍력발전용 터빈의 핵심인 기어와 발전기를 제작하는 것 때문에 성장 속도가 제한적이었다. 미국 에너지부는 2030년까지 총 전력의 20%까지를 풍력발전으로 생산할 계획이다. 이렇게 하려면 연간 12%의 계속적인 성장률이 필요하다. 2009~2010년의 경제 위기에도 미국의 풍력발전 용량은 15%씩 증가했다. 그래서 목표를 달성하기에는 문제가 없을 것으로 보인다. 다만 문제는 최근의 풍력발전의 성장이 텍사스와 캘리포니아에 집중되어 있다는 점이다. 강한 바람이 부는 이 지역은 인구 밀집지역과 가깝다. 미래의 발전은 대평원지역의 바람에서 전기를 생산해야 할 것인데, 이는 먼 도시 지역으로까지 전력을 전달할 수 있는 경우에만 실현 가능하다. 이렇게 하기 위해서는 미국 전력망을 광범위하게 발전시킬 필요가 있다. 바다에서 부는 바람은 강하지만 건설 비용이 높고, 전력을 지상으로 전달하는 수중케이블 또한 가격이 높다. 이 모든 높은 비용을 반영하는 사항은 〈표 3-1〉에 잘 나타나 있다.

그럼 풍력발전에 관한 논의에서 생기는 일반적인 논점 몇 가지에 대해 이야기해보자.

### :: 바람이 멈추면 어떻게 될까?

이 질문에는 2가지 다른 답변이 있다.

1. 풍력발전소의 송전망이 넓어지고 보다 많은 풍력발전 단지가 있을 경우, 신뢰성은 다소 향상된다. 이는 한 지역에서 바람이 멈출 때, 다른 지역의 바람에 의해서 그 손실이 보상될 수 있기 때문이다. 몇 백 마일 이상으로 떨어져 있는 풍력발전 단지는 상호 연결되어 있지는 않다. 풍력발전 네트워크가 충분히 크지 않다면, 대형 국지성 폭풍에 의한 위험이 존재한다. 예를 들면 2009년에 텍사스에 불어닥친 심한 폭풍이 실제로 대다수 풍력발전소의 정전을 야기했다.

2. 바람이 멈출 때는 예비전력을 사용해야 한다. 제10장에서 에너지 저장에 관한 이야기를 하면서 배터리와 압축공기에 대해 이야기할 것이지만, 가장 분명한 예비책은 천연가스를 통한 전력 공급이다. 비상 발전

기는 10분 안에 작동되고 바람은 이보다 더욱 예측 가능하게 된다. 이런 부분이 이차적 문제를 야기하는데, 이는 천연가스가 현재 바람보다 저렴하다는 것이다. 그러면 왜 풍력을 사용해야 하는가? 이산화탄소 배출을 줄이기 위해서다.

### :: 풍력발전용 터빈은 보기에 좋지 않고 시끄럽다

일부 사람들은 풍력발전용 터빈이 매력적이지 않다고 생각하는 반면 또 다른 사람들은 우아하고 고상하다고 생각한다. 이는 기호의 문제일 뿐 논의의 대상이 아니다. 비슷한 예로 에펠탑을 생각해보면, 에펠탑이 1889년 세계박람회에서 임시 구조물로 건설되었을 때, 많은 파리 시민들은 이 탑을 못생겼다고 생각했으며, 그 후에 예정과 달리 이 구조물을 허물지 않아 충격을 받았다.

미관에 대한 또 다른 이상한 예를 들어보자. 일부 시설들은 바람이 불지 않는 날에도 풍력발전용 터빈을 가동시키기 위해서 따로 전기를 공급했다. 이렇게 한 이유는 대중과의 관계 때문인데, 실제로 많은 사람들이 우아하게 회전하는 풍력발전용 터빈이 가만히 정지되어 있는 것보다 더욱 매력적이라고 여긴다는 것을 발견했기 때문이다. 당신은 어떻게 생각하는가?

이미 환경주의자들과 인근 토지 소유자들은 케이프 코드의 해안에 풍력발전용 터빈을 건설하는 것에 반대해왔다. 낸터컷 사운드 보호 연맹Alliance to Protect Nantucket Sound은 이 프로젝트가 멸종위기종보호법Endangered Species Act, ESA, 철새보호조약the Migratory Bird Treaty Act 및 국가환경정책법National Environmental Policy Act, NEPA을 위반한다고 주장하고 있다. 이런 논쟁은 법정

싸움으로 번지고 있다.

이런 문제는 대체에너지를 찬성하는 사람이면 누구든 겪게 되는 일반적인 문제다. 종종 이산화탄소나 지구온난화를 우려하는 환경주의자들 일부가 당신의 의견을 지지한다고 해서 당신이 진행하는 프로젝트에 대해 다른 이유로 반대하는 환경주의자들이 없을 것이라는 의미는 아니다. 실제로 일부 사람들은 우리가 이미 정말로 필요한 에너지보다 훨씬 많은 양을 사용하고 있으며, 어떤 종류의 새로운 전력원도 추가로 지어서는 안 된다고 믿고 있다.

## :: 풍력발전용 터빈은 새를 죽인다

풍력발전용 터빈이 새를 죽인다는 것은 사실이다. 하지만 현재 고층빌딩과 같은 다른 인위적인 구조물에 의해서 야기된 새들의 죽음과 비교하면 그 숫자는 미미하다. 제2장에서 언급한 것처럼, 미국 어류및야생동물관리국은 미국의 건물 창문에 부딪혀 매년 1억에서 100억 마리 사이의 새들이 죽는다고 추정하고 있다. 뿐만 아니라 초기 풍력발전용 터빈과는 달리, 현대식 터빈은 보통 철새가 이동하는 경로에서 멀리 떨어진 곳에 위치해 있다.

## :: 바람이 너무 먼 것은 아닌가?

풍력에 관한 주된 문제점은 가장 강한 바람이 부는 지역이 사람들이 많이 사는 지역으로부터 멀리 떨어져 있다는 점이다. 전력을 전달하는 것은 현대화된 송전망을 필요로 한다. 현재 미국의 송전망은 송전 과정에서 전기에너지의 7%를 낭비하고 있으며, 전선이 길수록 심해진다. 전력 손실은 전선 내부의 과열로 인해 발생하므로 보다 두꺼운 전선을 사용하면 쉽게 막을 수 있다. 기존 송전망을 만들 때는 송전효율을 높여줄 알루미늄의 값이 비싸고 전기가 싼 시절이었다. 그러나 송전망을 향상시키는 데 있어 어려운 점은 전선의 교체에 있는 것이 아니라 새로운 송전탑의 올바른 건설 방식과 각 지역 간에 전선을 어떻게 올바로 연결할 것인가에 있다. 이 문제는 매우 성가신 법적 쟁점이라 많은 사람들이 신규 송전망은 기존 송전선로를 따라서만 지을 수 있다고 본다. 일부 사람들은 언제나 보조금을 필요로 하는 태양력 같은 고비용 기술보다는 풍력발전의 미래 성장 가능성을 향상시키기 위해서 모든 새로운 경기 부양을 위한 자금을 송전망 확장에 사용해야 한다고 주장하고 있다.

# 에너지 저장

비가 오거나 태양전지 위로 구름이 지나가 어두운 시간에도 태양에너지를 저장할 수 있을까? 물론이다. 앞서 말했듯이, 태양열발전으로 발생한 열은 저장할 수 있다. 하지만 태양전지와 풍력발전용 터빈에서 발생한 전기는 어떨까? 이 경우 역시 가능하다. 전기를 생산하는 방법이 많은 만큼 저장하는 방법도 다양하다. 배터리나 압축공기, 플라이휠flywheels, 울트라 축전기ultra capacitors, 물의 전기분해를 통해 발생하는 수소 연료를 사용해서 사용할 수 있다. 이 장에서는 이와 관련된 방법을 하나씩 설명할 것이다. 자주 사용되는 배터리를 먼저 살펴보자.

## 배터리

배터리는 원자로부터 전자를 분리하기 위해 연료를 사용하는 일종의 작은 화학 실험실이다. 전자가 전선을 통해 돌아오게 놓아두면 전기를 얻을 수 있다. 앞으로 더 자세한 내용을 설명하겠지만, 우선은 배터리가 얼마나 놀라운 녀석인지 살펴보자. 차량용 납축전지에 에너지를 충전하면, 그중 80~90%를 다시 꺼내 쓸 수 있다. 놀라운 효율이다. 그래서 많은 가정용 태양전지의 비용에 보조 납축전지가 포함되어 있는 이유이기도 하다.

총 무게가 250파운드인 4개의 차량용 배터리는 5킬로와트시의 전기를 저장할 수 있으며, 이는 5시간 동안 작은 가정이 사용할 수 있는 용량이다. 이 효율성은 놀랍지만 단점은 저장된 에너지가 보통 연료에서 얻을 수 있는 에너지와 비교하면 매우 작은 편이라는 것이다. 휘발유 250파운드는 1,320킬로와트시의 열에너지를 공급할 수 있으며, 이것은 차량용 배터리보다 263배나 높은 수준이다. 효율이 20%밖에 안 되는 발전기에서, 휘발유는 같은 무게의 배터리에서 생산하는 에너지의 약 50배에 달하는 전기를 공급할 수 있다.

비록 밀도는 낮지만, 배터리는 에너지를 저장하는 효율적인 방법이다. 특히 공간이 충분한 경우에는 더욱 그렇다. 태양력 및 풍력발전 단지에서는 일반 납축전지는 당연한 선택사항은 아니다. 왜냐하면 보다 강한 경쟁품인 나트륨황 전지sodium-sulfur battery가 있기 때문이다. 가장 큰 나트륨황 전지는 텍사스의 프레시디오Presidio에 위치해 있으며, 이름은 밥Bob이다[어떤 사람들은 'Bob'이라는 이름이 '크고 오래된 전지(big old battery)'의 앞 글자를 따서 지은 것이라고 주장하기도 한다]. 〈그림 3-9〉는 밥의 사진이다. 이것의 규모가 어느 정도인지를 알 수 있다.

실제로 밥은 태양력발전이나 풍력발전의 보조용으로 사용되지는 않지만, 프레시디오와 미국 송전망에 연결된 단일 전력선에 문제가 생길 경우 긴급 조치로 사용된다. 약 4,000가구가 쓸 수 있는 4메가와트의 출

〈그림 3-9〉 에너지 저장을 위해 지어진 대형 전지 '밥'을 보유하고 있는 건물. 텍사스 소재.

력으로 8시간 동안 전력을 공급할 수 있다. 그러나 나트륨황 전지는 태양력 및 풍력의 보조 전지로 사용되거나, 발전기에 이상이 있을 경우 전압을 일정하게 유지하기 위해서도 사용되고 있다. 듀크 에너지Duke Energy사는 36메가와트짜리 나트륨황 전지(익스트림 파워라고 불리는 초기 모델)를 텍사스의 153메가와트급 노트리스 풍력발전 프로젝트Notrees Windpower Project에 설치할 계획을 하고 있다.

나트륨황 전지가 다른 배터리를 능가하는 장점은 충방전 사이클당 가격이다. 현재 나트륨황 전지는 일반적인 납축전지와 리튬이온 배터리의 500회(하지만 실험용 제품은 성능이 보다 높다)와 비교해 4,500회까지 재충전할 수 있다(80% 방전의 경우). 이는 9배나 좋다는 뜻이다. 나는 리튬이온 배터리가 대규모 에너지 저장을 위해서는 사용되지 않을 것이라고 본다. 왜냐하면 가격이 너무 비싸기 때문이다. 리튬의 가격은 나트륨

보다 파운드당 40배나 비싸며, 배터리의 경우에는 원자당 10배 이상 가격 차이가 난다. 재충전에 있어 9배의 장점과 원자당 비용에서 10배에 해당하는 장점을 가지고 있는 나트륨황은 리튬이온보다 90배나 좋다고 볼 수 있다.

그러면 일반 휴대폰이나 태블릿 컴퓨터에 나트륨황 전지를 사용하면 안 될까? 중요한 점은 이 배터리는 액상 나트륨을 필요로 하고 고온(일반적으로 섭씨 350도인데, 가정용 오븐보다 높다)에서만 작동한다는 것이다. 이런 온도는 상업용에서는 그리 심각한 문제가 아니다. 스미토모전공Sumitomo Electric Industries은 작동온도를 물이 끓는점인 100℃로 낮추어서 배터리를 건물 안이나 버스와 같은 대형 차량에 사용할 수 있도록 하려는 계획을 발표했다. 하지만 그렇게 된다고 하더라도 노트북에 쓰긴 어렵다.

## :: 배터리의 물리 화학적 특징

대통령이 될 사람들은 어떻게 배터리가 작동하는지를 설명하는 이 장을 건너뛰어도 되지만, 나는 이 부분이 상당히 흥미롭다고 생각하며, 이 글을 읽는 독자도 그럴 것이라 생각한다. 배터리는 금속과 전해질, 2가지 물질의 특이한 성질의 장점을 취한다. 금속은 자유롭게 전자를 전도하기 때문에 전선을 금속으로 만든다. 더 신비로운 점은 전해액이 전자를 전도하지는 않지만 원자가 이를 통해서 흘러가도록 한다는 것이다. 차량용 납축전지의 경우, 납과 그 혼합물이 금속의 역할을 하고, 산성수 혼합물은 전해액이 된다.* 중요한 부분은 양전하를 띤 원자(양이온)가 전

---

* 산화납과 황산납은 둘 다 전도체여서 충방전 사이클에 중요한 역할을 한다.

해액을 통해 흐르도록 하며, 그러면 반대쪽 전극에 화학적으로 달라붙게 된다는 점이다. 이 원자들은 뒤에 남은 전자들을 끌어당기지만, 전자가 전해액을 통해 움직일 수 없기 때문에, 제공된 전선을 통해서 둘러서 움직여야 한다. 전자가 이 전선을 통해 흘러가는 동안에 이들의 에너지를 추출할 수 있는 것이다.

소금물이나 감자의 엽육 등을 포함한 여러 가지 많은 전해액을 선택할 수 있으며, 금속도 많은 물질로부터 구할 수 있다. 이에 관련해서 연구되고 분석된 사실상 모든 조합들에 대한 정보가 『배터리 원료 핸드북 The Handbook of Battery Materials』에 기술되어 있다.* 배터리와 관련된 실제 요령은 어떻게 재충전이 가능하게 만드는지를 이해하는 것이다. 배터리를 재충전하는 것은 발전기를 사용하여 전자가 원래 면으로 돌아오게 만드는 것이다. 음전하가 양이온을 끌어당겨 원래 붙어 있던 혼합물로부터 따로 떨어지게 되고, 전해액을 통해서 다시 흘러들어오게 된다. 이론적으로는 훌륭한 생각이지만, 실제로 세부적인 사항에서는 어려운 점이 있다. 이온들이 원래 전극으로 돌아가 얌전히 붙고, 이상적으로는 이온들이 움직이기 전에 가지고 있던 동일한 구성 형태로 다시 돌아가야 한다. 하지만 실제로 종종 그렇지 않은 경우가 있다. 재충전 배터리의 지속적인 문제는 돌아오는 이온이 수지상정dendrite이라 불리는 긴 손가락 모양의 구조를 형성하는 경향이 있다는 점이다. 수지상정이 각 재충전 주기마다 증가하게 되면, 결국에는 배터리를 못 쓰게 된다. 일반적인 재충전 배터리는 수백 번의 재충전 후에는 쓸 수 없게 된다. 나트륨황 전

---

* C. Daniel, J.O.Besenhard, *Handbook of Battery Materials*(2nd ed.; 2 vols.) (Weinheim, Germany: Wiley-VCH, 2011).

지의 흥미로운 부분은 이런 문제없이 수천 번의 재충전이 가능하다는 점이다.

### :: 배터리의 미래

지난 몇 년 동안, 우리는 배터리의 급격한 발전상을 보아왔다. 얼마 전까지 우리는 니켈-카드뮴(NiCd) 배터리를 사용했는데, 메모리 효과 문제가 큰 단점이었다(충전하기 전에 완전 방전을 해야 한다). 그리고 우리는 니켈수소전지(NiMH)를 사용했으며, 여전히 도요타의 프리우스 차량에 사용되고 있다. 이전의 메모리 효과의 문제는 더 이상 없었다. 그 후 리튬이온 배터리가 나왔는데, 가볍고 높은 에너지 밀집도를 가지고 있다는 것이 특징이다. 다음에 등장할 배터리는 리튬 폴리머 배터리인데, 매우 얇게 만들어져 핸드폰이나, 전자책 또는 초박형 노트북 컴퓨터에 사용될 수 있었다. 이런 급속한 개발은 많은 사람들이 컴퓨터처럼 배터리가 엄청난 속도로 계속해서 향상될 것이라는 낙관론을 가지게 만들었다.

나는 이러한 낙관론이 보장된 것은 아니라고 생각한다. 배터리 기술이 급속도로 발달한 것처럼 보이는 것은, 사실상 배터리 시장이 급속도로 성장했기 때문이다. 20년 전만 해도, 어느 누구도 1파운드의 배터리를 사려고 100달러를 지불하려 하지 않았다. 이 모든 상황은 노트북과 핸드폰 및 디지털 카메라의 혁명과 함께 찾아온 변화였다. 만약에 당신이 1,000달러짜리 노트북을 가지고 있다면, 100달러짜리 배터리를 사려고 할 것이다. 따라서 이런 새로운 시장의 존재가 의미하는 것은 이미 알려져 있는 광범위한 배터리 기술이 상업적으로 개발될 수 있다는 것을 의미한다. 지난 몇 년간 이룬 업적의 대부분은 재충전 가능성과 안전성에 대한 복잡한 기술적 사항들에 대한 문제를 해결하려 했다는 점이다. 이런 부분이 기하급수적인 발달이 아닌 선형적인 발달을 취하는 공학 개발의 스타일이다. 따라서 배터리가 향상될 것이라 기대는 하지만, 최근까지 있었던 속도만큼은 아닐 것이라 생각된다.

## 병 속의 바람: 압축공기 에너지 저장

공기는 표준 대기압의 수백 배로 쉽게 압축될 수 있다. 이를 통해 배터리의 에너지와 비교할 만한 부피당 에너지 저장 용량을 가지게 된다. 저장된 에너지는 압축 공기로 터빈을 돌려서 손쉽게 다시 얻을 수 있다. 한번은 금광에서 압축공기 차량을 타본 적이 있는데, 환기가 안 되는 제한된 공간인 금광에서 휘발유를 사용한다는 것은 불가능해보였다. 그리고 황산이 들어 있는 납축전지보다 압축공기가 안전한 선택이라는 생각이 들었다. 뿐만 아니라 단지 500번에서 수천 번의 주기밖에 재충전하지 못하는 배터리와는 달리, 압축공기 탱크는 사실상 무한히 사용과 재사용을 할 수 있다. 펌프, 종종 피스톤이나 터빈을 사용하여 공기를 주입한다. 이때 일반적으로 전기 모터를 통해서 에너지를 얻게 되는데, 이것이 바로 우리가 저장하려는 에너지가 된다.

한 가지 문제는 탱크의 무게다. 크기와 상관없이 압축공기를 담아두고 있는 강철 탱크는 공기보다 약 20배 정도의 무게를 가지게 되며, 현대식 섬유 합성물질 탱크는 공기의 5배에 해당하는 무게를 가지게 된다는 놀라운 공학적 사실이 있다. 그래서 작은 탱크 여러 개에 비해 1개의 큰 탱크를 사용하는 데 있어서 무게에 대한 이점은 얻을 수 없다. 이런 놀라운 결과가 나타나는 이유는 1개의 큰 탱크는 압축공기의 힘을 지탱하기 위해서 보다 두꺼운 외벽을 필요로 하기 때문이다.*

압축공기 에너지 저장compressed-air energy storage, CAES 기술이 안고 있는 또 다른 문제점은 공기를 압축할 때 공기의 온도가 상승한다는 점이다. 이것은 큰 문제가 될 수 있다. 열을 제거하지 않으면 200기압으로 압축할 경우 기체의 온도는 거의 섭씨 1,370도까지 상승하게 된다!** 반면에 열기를 식히게 한다면(예를 들어 탱크의 온도를 상온으로 유지시킨다면), 투입한 에너지의 상당 부분을 잃게 된다. 압축된 기체를 충분히 서서히 방출시킨다면 에너지를 다시 얻을 수 있다. 왜냐하면 기체가 팽창하면서 식게 되고, 주변 환경에서 열기를 흡수하기 때문이다.***

현재 가동되고 있는 압축공기 에너지 저장 시스템은 그리 많지는 않다. 독일의 훈토르프Huntorf와 앨러배머의 매킨토시McIntosh에서 사용하고 있는데, 이 두 회사 모두 금속 탱크를 사용하지 않고 있다. 앨러배머의 시설은 지하의 암염층 퇴적물인 암염 돔salt dome을 파서 만든 동굴에 물을 쏟아내려 그곳에 압축공기를 주입한다. 이 동굴은 길이가 900피트이고 폭은 238피트에 달한다. 오하이오주 노튼 인근의 폐 석회광에 계획

---

* 기체 저장고와 저장고의 무게의 관계는 공대생들에게 좋은 공부거리가 된다. 간단하게 설명하자면, 두께 T와 반지름 R을 가진 구 모형의 탱크 안에 기체가 있고 그 탱크 안의 압력이 P라고 가정하자. 그리고 그 탱크는 2개의 반구 사이에 $2\pi RT$의 넓이의 철판이 띠 모양으로 2개의 반구를 붙잡고 있다. 그 2개의 반구가 분리되려면 필요한 힘은 $\pi R^2 P$ 이다. 그리고 그 2개의 반구를 고정하고 있는 힘은 철판의 최고강도(물론 최고강도까지 압박을 하진 않겠지만) 곱하기 넓이에 비례한다. 즉 분리되기 위해 필요한 힘과 고정하기 위해 필요한 힘이 같다고 계산했을 때 T는 PR에 비례한다는 걸 알 수 있다: $T \sim PR$. 탱크 안에 있는 기체의 질량($M_g$)은 탱크의 부피 곱하기 압력에 비례한다: $M_g \sim 4/3\pi R^3 P$. 탱크의 질량(Mt)은 두께(T) 곱하기 구의 표면적에 비례한다: $Mt \sim T4\pi R^2$. 즉 탱크 안에 있는 기체의 질량과 탱크의 질량의 비율은 $(R^3P)/(TR^2)$에 비례한다. T=PR를 대입하면 탱크의 크기는 의미가 없어진다.

** 이 계산을 하려면 2가지 공식을 알아야한다. $PV=nkT$ 공식과 단열방정식인 $PV^{\gamma}$=상수(공기의 $\gamma$ 값은 1.4) 공식이다.

*** 팽창하는 기체는 방의 온도를 낮출 것이다. 이산화탄소 소화기로 이 원리를 관찰할 수 있다. 소화기에서 이산화탄소를 분출하면 소화기도 차가워지지만 분출된 이산화탄소가 공중의 수분을 얼려서 눈을 만든다. 물론 소화기는 다시 충전을 해둬야 한다.

된 새로운 발전소는 2.7기가와트를 생산할 예정이다. 다른 압축공기 에너지 저장 프로젝트는 캘리포니아, 뉴저지 및 뉴욕에 건설될 것으로 기획되었다. 여기서는 보다 향상된 설계를 통해 압축 과정에서 생성된 열을 뽑아서 따로 저장하고 기체를 다시 팽창시켜 터빈을 돌리는 과정에서 재가열할 때 사용한다. 이렇게 보다 향상된 시스템으로 1개의 배터리에서 얻은 에너지 회수율과 견줄 수 있을 정도로, 지하에서 채워진 에너지의 80% 정도로 많은 양의 에너지를 회수할 수 있을지도 모른다. 이런 종류의 '단열' 압축공기 에너지 저장 프로젝트는 2013년에 독일의 스타스푸르트Stassfurt에서도 시작할 계획을 하고 있다.

비록 제작된 탱크는 내가 금광에서 탔던 것처럼 작은 차량에 사용될 수도 있지만, 도시 규모의 압축공기 에너지 저장 프로젝트에서는 탱크의 비용이 너무 높다. 사용되는 동굴은 지질학적으로 고려되어야 한다. 미국 에너지부의 보고에 따르면, 적합한 지역은 바람이 많이 부는 중서부 지역에 많이 분포하고 있다.

많은 사람들이 압축공기 에너지 저장에 대해 낙관적으로 생각하고 있다. 미국전력연구소(EPRI)의 예측에 따르면, 압축공기 에너지 저장은 우리의 에너지 미래에 중요한 부분을 차지할 것이라고 보고 있다. 압축공기 에너지 저장의 궁극적 운명은 아마도 천연가스에 대한 경쟁과 탄소 배출을 줄이기 위한 재정적인 장려의 유무에 달려 있다고 볼 수도 있다.

## 플라이휠

모터를 이용해서 바퀴를 회전시키면, 회전 운동에서 운동에너지를 저장하게 된다. 바퀴를 무겁게 하고 빠르게 회전을 시키면, 많은 에너지를 저장할 수 있게 되는데, 이런 바퀴를 플라이휠이라고 부른다. 반대로 작동될 수 있는 모터, 즉 발전기를 사용하는 것이 현명할 것이다. 회전을 시켜서 원동력 선을 에너지원에서 분리하고 전구에 부착시킨다. 회전하는 플라이휠의 에너지는 이제 모터에서 전기를 발생시킨다. 운동에너지가 전기로 변환되면, 전구는 빛을 밝히게 되고, 회전 속도가 낮아지게 될 것이다.

플라이휠이 에너지를 저장하는 유일한 방법은 아니지만, 심한 변동을 안정시키며 에너지 전달 상태를 유지하는 데 유용하다. 플라이휠은 필요할 때 매우 신속히 에너지를 전달한다. 내가 수년간 물리학을 연구했던 곳인 로런스버클리국립연구소에는 베바트론Bevatron이라 불리는 입자가속기에 공급되는 전력을 일정하게 유지하기 위해 수 톤의 플라이휠들을 사용한다. 베바트론은 6초에 한 번씩 짧은 시간 동안만 에너지를 필요로 했고, 플라이휠이 없었다면 베바트론이 쓰는 전기 때문에 버클리 연구소의 조명이 6초마다 어두워졌을 것이다. 플라이휠은 베바트론이 에너지를 필요로 하지 않을 때 에너지를 저장하고 베바트론이 최대로 필요로 할 때 보충용으로 전기를 전달한다.

이전에 베바트론 플라이휠을 고안하는 데 참여했던 노벨상 수상자 루이스 알바레즈Luis Alvarez로부터 베바트론 플라이휠에 관한 재미있는 일화를 들은 적이 있다. 이 거대한 플라이휠은 각각 약 10톤이며, 주의 깊게 방향이 맞추어져 있어서 만약에 자리를 이탈하게 된다면, 플라이휠은 베바트론 건물의 외벽을 통해서 그 통로를 박살낸 뒤에, 버클리 도시로부터 멀리까지 굴러가며 저수지 쪽의 언덕 위로 가게 될 것이다. 이 가상 시나리오는 플라이휠뿐만 아니라 모든 에너지 저장 시스템이 가지고 있는 안전성에 관한 잠재적 문제점을 보여준다.

현대식 플라이휠은 결코 베바트론에 있는 거대한 바퀴처럼 생기지 않았다. 현대식 플라이휠은 우라늄 농축에 사용되는 원심 분리기와 마찬가지로 튜브처럼 생겼다. 〈그림 3-10〉에서 확인할 수 있다. 왜 플라이휠은 기다랗고 폭이 좁은 것일까? 그 이유는 몇 가지 기본적인 물리학과 재료과학에서 찾을 수 있다. 에너지는 플라이휠 물질(보통 고강도 강철이나 탄소섬유 혼합물)의 운동 속도에 저장되어 있다. 최적 조건에서 사용하려면 이런 물질은 고리 모양으로 되어야 하며, 그래야 물질 대부분이 최고의 속도로 움직이게 된다(바퀴는 바퀴의 중심에 가까울수록 속도는 줄어들게 된다). 이 고리가 회전하는 속도는 고리의 강도에 제한을 받는다. 계산을 해보면, 고리의 최고 속도는 고리의 반지름 길이에는 영향을 받지 않는다(이 부분은 물리학을 전공하는 학생에게 좋은 연습용 문제가 된다).* 결과적으로는 작은 고리를 사용하고 서로 가깝게 위치시킴으로써 공간을 보다 효율적으로 사용할 수 있게 된다. 물론 고리는 원통 모양을 만들면서 쌓아 올릴 수도 있다.

비콘파워Beacon Power의 '스마트 에너지Smart Energy' 플라이휠의 2,500파운드의 탄소섬유 혼합물은 시속 1,500마일의 속도로 회전한다. 이 속도는 마하 2에 해당하는 엄청난 속도다. 공기와의 초음속 마찰을 줄이기 위해서, 플라이휠을 포함하고 있는 공간은 고진공 상태로 만든다. 각각의 실린더는 25킬로와트시의 에너지를 저장할 수 있다. 비콘파워는 최

---

* 후프에 가해지는 스트레스는 원심력에 비례한다. 원심력은 후프의 무게 곱하기 속도의 제곱 나누기 후프의 반지름에 비례한다. 그리고 후프의 무게는 후프의 둘레에 비례하는데 또 그 둘레는 후프의 반지름에 비례한다. 그래서 원심력은 반지름에 관계가 없어진다. 결국 후프가 버틸 수 있는 최대 스트레스가 원심력과 같아지는 한계를 고려하면 후프의 최고 속도는 반지름에 관계가 없고 똑같은 이유로 단위 질량당 에너지도 반지름에 의존하지 않는다.

〈그림 3-10〉 비콘파워의 '스마트 에너지' 직경 25인치 플라이휠.

근에 뉴욕의 스티븐타운에 이런 플라이휠 200개의 배열을 설치했는데, 이 플라이휠은 5메가와트시의 에너지를 저장할 수 있다. 이 플라이휠은 20메가와트를 전달하도록 고안되었으며, 이것은 15분 동안 가동할 수 있다는 것을 의미한다. 별로 많은 양처럼 보이지 않고 실제로도 그렇다. 이런 플라이휠은 전력을 일정하게 유지하는 목적으로 사용되고 있다. 이 플라이휠은 급속하게 변화하는 부하에도 불구하고, 정전압 정주파로 지역 전력망을 유지하는 데 도움을 준다.

플라이휠이 풍력발전 단지나 태양력발전 단지와 같은 대규모 에너지 저장을 위해서도 사용될 수 있을까? 시속 1,500마일의 운동에너지는 파운드당 약 30와트시의 에너지와 같으며, 이는 리튬이온 배터리의 에너지와 비슷한 양이다. 이런 점에서는 매력적이지만 시스템 무게의 3분의 1이 회전하는 플라이휠 내부에 있으며, 나머지는 진공 용기의 무게다. 그리고 플라이휠 구조의 대부분 공간은 비어 있다. 현재 플라이휠(진공관을 포함하여)은 길이가 약 10피트이고 지름이 6피트다. 따져보면 겨우 리터당 2.6와트시밖에 저장을 못한다는 점이다. 반대로 납축전지 배터리는 리터당 40와트시다. 비콘파워의 현재 시스템은 킬로와트시당 약 1.30달러에 에너지를 전달하고 있으며, 이는 미국의 평균 전기 가격이 10센트인 점과 비교하면 매우 비싼 편이다. 설계는 매우 복잡하고 가격에 있어서는 상당한 하락이 있을 것 같지는 않다. 결과적으로 짐작해보면, 플라이휠은 전압 유지에 계속해서 사용될 것이라 추측되고, 풍력이나 태양력발전 단지 같은 대규모 에너지 저장을 위해서는 잘 쓰이지 않을 것 같다.

## 슈퍼 축전기

축전기capacitors는 전기 절연체에 의해 분리된 2개의 금속 표면의 집합체다. 양극의 전하를 한 면에 놓고 음극의 전하를 다른 면에 놓으면, 이 조합으로 배터리보다 훨씬 오랫동안 에너지를 저장할 수 있다. 그 면에 보다 많은 전하를 추가하면, 보다 많은 에너지를 저장할 수는 있지만, 전압 또한 상승하게 된다. 전하를 계속해서 추가하면, 결과적으로 상승된 전압이 전기 절연 파괴를 야기시키는데, 이 현상은 축전기를 영구 손상시킬 수 있는 스파크를 일으킨다. 축전기에 에너지를 저장하는 원리는 전압을 낮게 유지하는 동시에 단위 부피당 많은 에너지를 가질 수 있도록 절연체를 매우 얇게 만드는 것이다. 배터리와는 달리 축전기는 화학적 반응에 의존하지 않는다. 그래서 엄청나게 빨리 에너지를 방출할 수 있다. 그리고 축전기는 적어도 충전용 배터리처럼 시간과 사용에 따른 가치의 감소가 없다.

지난 몇 십년간 축전기는 놀라운 발전을 거듭해왔다. 신 고밀도 에너지 축전기는 슈퍼 축전기 또는 울트라 축전기라고 불리며, 때로는 전기 이중층 축전기electric double-layer capacitor라고 불리기도 하지만 이런 명칭은 훨씬 지루하다. 슈퍼 축전기는 파운드당 14와트시만큼의 양을 저장할 수 있는데, 이 양은 같은 중량의 리튬이온 배터리에 비해 3분의 1의 에너지에 해당하는 양이다. 그러나 비용은 3배가 넘는다. 이는 달러당 에너지 저장률에서 9배의 단점을 가지고 있다는 것을 의미한다.

슈퍼 축전기의 주요 가치는 아마도 일반 배터리와 조합해서 사용할 수 있다는 점일 것이다. 배터리는 수명은 짧은 데다 집중적인 에너지 방출을 할 때 상당한 손상을 입지만, 슈퍼 축전기는 쉽게 이런 문제를 해결할 수 있다. 슈퍼 축전기는 빠른 속도의 충전이 가능해서 회생제동의 효율성을 향상시키는 데에도 사용될 수 있다. 일단 슈퍼 축전기가 에너지를 흡수한 뒤 그 에너지를 보다 여유롭고 효율적인 속도로 배터리에 전달할 수 있기 때문이다. 그러나 내가 볼 때 슈퍼 축전기는 대형 에너지 저장에는 큰 도움이 되지 않을 것이다.

## 수소 및 연료전지

연료전지는 처음 사람들에게 알려질 무렵에 우주개발 프로그램에서 만들어진 탓에 그에 대한 동경이 있는 것 같다. 우리는 많은 낙관적 편견인 연료전지의 미래 잠재성에 대한 환상적인 주장들을 자주 보게 될 것이다. 실제로 이 전지는 가치가 있으며 중요하게 사용되기는 하지만 배터리나 발전기를 보편적으로 대체하지는 않을 것이다.

연료전지는 기본적으로 재충전할 필요가 없는 배터리다. 대신 에너지를 제공하는 화학물을 교체하기만 하면 된다. 수소 연료전지의 경우, 수소와 공기를 주입하면 전기를 발생시킨다. 하지만 에너지를 저장할 때는, 연료를 생산하기 위해서 반대로 작동시켜야 한다. 안타깝게도, 이 과정은 일반적으로 25%밖에 안 되는 낮은 효율성을 가지고 있다. 보통 배터리가 제공하는 80~90%의 효율성과 비교해보자. 연료전지는 일차 에너지 발전에 사용되는 터빈을 대체할 수 있을지도 모른다. 일부 사람들은 자동차 모터를 대체할 수 있다고 생각하기도 한다. 이와 관련한 문제는 16장에서 살펴보겠다.

## 천연가스

천연가스가 에너지 저장 방법은 아니지만, 에너지 저장에 있어서도 주요한 경쟁자이기도 하다. 그래서 일부 관련 수치를 고려하는 것이 좋을 것이다. 천연가스 발전기를 최고 에너지 저장 기술인 나트륨황 전지와 비교해보자.

우선 배터리 비용에 대해 살펴보자. 1킬로와트시의 전력을 저장할 수 있는 나트륨황 전지의 비용은 약 500달러이며 와트시당 비용은 50센트다. 만약 10시간 동안 작동시키려고 한다면(바람이 약하거나 어두운 날에), 100와트 수준에서만 쓸 수 있다. 자본 비용은 와트당 5달러가 된다.

다음으로 천연가스의 비용을 살펴보자. 정전에 대해 설명한 제7장에서, 가장 규모가 큰 천연가스 발전소가 100메가와트를 생산하는 데 1억 달러의 비용이 든다고 했다. 이때 전달 가능한 와트당 비용은 1달러였다. 나트륨황 배터리는 5배 이상 비싸기 때문에 천연가스가 비용 면에서는 가볍게 이길 수 있다. 만약 연료의 비용을 포함시킨다면, 천연가스는 이보다 쉽게 이길 수 있는데, 그 이유는 배터리를 충전하는 데 사용되는 태양력이나 풍력에 비하면 천연가스가 가장 저렴한 에너지원이기 때문이다.

왜 배터리를 사용하는 것일까? 밥(텍사스의 오래된 대형 배터리 시설)을 만든 건 실수였을까? 배터리는 분명히 작동과 유지의 측면에서 보다 간단하다. 왜냐하면 곧바로 사용할 수 있기 때문이다(천연가스는 몇 분이 걸린다). 그리고 일부 지역에서는 천연가스를 편리하게 구할 수도 없다. 작은 시설의 경우, 배터리 사용의 용이함이 결정적일 수도 있다. 만약에 매우 낮은 축전지 부하 주기에서 작동시키는 경우, 예를 들면 하루에 10시간이 아닌 단지 1시간 동안 작동시키는 경우, 와트당 배터리의 자본 비용은 5달러에서 50센트로 하락하게 되고, 배터리가 경제적으로 경쟁력이 있게 된다. 하지만 항상 주의 깊게 살펴볼 필요가 있는 부분은, 어떤 종류의 대체에너지를 진지하게 고려할 때마다, 경제적인 측면에서 천연가스가 물리쳐야 할 경쟁대상이라는 걸 기억할 필요가 있다는 점이다.

# 원자력의 폭발적 증가

여기서는 원자력에 대해 알아야 할 몇 가지 중요한 사항과 함께 원자력에 관한 문제를 전체적으로 간략하게 요약할 것이다. 각각의 사항들은 중요할 뿐 아니라 대부분의 비전문가를 놀라게 할 내용이기 때문에 선택되었다. 이들 중 몇몇은 이미 앞에서 논의했지만, 여기서 보다 심도 있게 살펴보도록 한다.

**폭발** - 원자력발전소는 어떠한 경우에도 핵폭탄처럼 폭발하지 않는다. 비록 핵물리학 박사가 테러리스트가 되어 완전한 통제권을 가진다 해도 폭발을 일으킬 수는 없다. 원자력발전소는 '저농축 우라늄'을 사용하는데, 이는 핵무기에 사용하는 '고농축 우라늄'과는 본질적으로 굉장히 다르기 때문이다.

**비용** - 원자로는 비싸지만 이것이 원자로가 생산하는 그 전기의 비용이 높다는 것을 의미하는 것은 아니다. 원자로를 건설하는 데 드는 자본 비용이 크지만 연료 및 유지, 보수 비용은 매우 저렴하다. 건설을 위한 대출금을 상환하면, 원자력발전은 사용 가능한 가장 저렴한 전력을 제공하게 된다.

**중급 규모** - 새로운 '중급 규모'의 원자력발전소는 초기 투자와 정부의 대출 보증에 대한 필요성을 줄일 수 있다. 또한 과거에 혼란을 유발했던 일련의 사고들에 자연스럽게 영향을 받지 않음으로써 안전성을 향상시킬 수도 있다.

**우라늄 고갈** - 연료로 쓰이는 우라늄은 부족하지는 않다(현재 사용률로 보면). 경제적으로 끌어낼 수 있는 우라늄은 충분히, 9,000년 동안 지속적으로 사용할 수 있을 정도다. 저렴한 우라늄은 고갈되어 가고 있지만, 전기 1킬로와트시를 생산하는 데 드는 우라늄 광석 비용은 0.2센트에 지나지 않는다. 우라늄의 가격이 급증하더라도, 우라늄은 전기 요금에서 작은 부분만을 차지하게 될 것이다.

**후쿠시마의 사망자** - 2011년 쓰나미로 인해서 사망한 1만 5,000명 중에서, 단 100명만이 후쿠시마 핵 사고로 인해 사망했다. 어쩌면 더 적을 수도 있다. 이는 갑상선 암이 쉽게 치료될 수 있는 암이기 때문이다.

**핵폐기물 보관** - 핵폐기물 보관은 기술적으로 어려운 문제가 아니며 이미 해결되어온 부분이다. 이는 대중의 인식이나 정치적 태도에 더 문제가 있다.

**다가올 원자력발전의 폭발적 사용** - 미국의 새로운 원자력발전소 개발 유무와 상관없이, 전 세계는 원자력발전소를 건설하고 있다. 중국, 프랑스, 심지어 일본은 현재 원자력 사용을 중단하려 하고 있지만, 그밖에 세계 각국을 위한 원자로를 생산하려는 바람을 갖고 있다.  이 장의 제목은 여기에서 취한 것이다.

각 항목에 대해 더 자세히 살펴보자.

## 폭발

원자력발전소는 원자폭탄처럼 폭발할 수 있을까? 제1장에서 간략하게 언급했지만, 여기서는 더 자세하게 이야기하고자 한다. 핵폭탄과 원자력발전소는 둘 다 우라늄 또는 플루토늄의 연쇄반응을 기본으로 하고 있다. 우라늄 핵이 분리될 때, TNT 폭발물 분자가 일으키는 에너지의 2,000만 배에 달하는 열을 방출하고 이 과정에서 중성자라고 불리는 두세 개의 빠른 입자가 떨어져 나오게 된다. 이 중성자들이 다른 우라늄 원자를 때리게 되면, 핵분열 역시 발생한다. 간단히 계산해보면, 핵분열당 방출되는 중성자의 수가 2라고 가정해보자. 처음 2개의 중성자는 두 번의 추가 핵분열을 유발하고, 이는 합쳐져서 네 번의 추가 핵분열을 야기하는 4개의 중성자를 내뿜게 되는 과정을 거치게 된다. 한 번의 핵분열로 시작한 것은 머지않아 2, 4, 8, 16, 32, 64, 128, 256, 512, 1,024로 기하급수적으로 늘어나게 된다. 이렇게 값이 배가 되는 과정을 우리는 연쇄반응이라고 부른다. 스프레드시트를 사용해서 계산을 할 수 있다. 그런데 더 빠른 방법이 있다. 매 열 번째 배가 과정마다 1,024를 기준으로 약 1,000씩 숫자가 증가한다. 그래서 80회의 배가 과정 후 중성자 숫자를 알려면 약 1000을 8번 곱하면 된다. 1,000×1,000×⋯×1,000처럼 1000을 8제곱하면 1뒤에 0이 24개가 붙는 숫자가 나온다.

이 계산법을 폭탄 제작에 적용해보자. 만약에 우리가 히로시마에 떨어진 폭탄을 만든다고 가정해보자. 얼마나 많은 우라늄이 필요할까? 우라늄은 TNT의 2,000만 배의 폭발력을 가지기 때문에, 우리가 필요한 양은 2,000만 배 적은 양이 될 것이며, 이 값은 우라늄 0.00065톤, 즉 0.65킬로그램이다. 실제로 폭발하는 임계질량을 얻기 위해서는 물론 이

보다 훨씬 많은 양이 필요하다. 하지만, 0.65킬로그램은 실제로 핵분열이 이루어지기에 충분한 양이다. 이런 숫자로부터 우리는 모든 원자가 폭발하는 데 필요한 배가 횟수가 약 80이라는 것을 알 수 있다.*

이 80회라는 배가 횟수로 폭탄이 폭발할 수 있게 된다. 각각의 배가 과정에 100억 분의 1초가 걸린다고 가정하면[100억 분의 1초는 노트북 컴퓨터가 10번의 계산을 하는 데 걸리는 시간과 비슷하다. 핵 산업에서는 이를 '셰이크(shake)**'라고 하며, 이는 양이 꼬리를 흔드는 속도에서 가져온 이름이다], 모든 원자는 8,000억 분의 1초 후에 분리되며, 이는 100만 분의 1초보다 빠른 것이다. 이런 빠른 시간은 핵폭탄을 설계할 때 필수적인 부분이다. 만약이 이 숫자가 딱 1초가 걸린다면, 초기 핵분열에서 발생한 열 때문에 대부분의 우라늄이 연쇄반응을 일으키기도 전에 폭발해서 날아가고 없을 것이다. 이를 조폭(조기 폭발, predetonation)이라고 부른다. 연쇄반응의 신속성은 조폭을 피하기 위해 절대적으로 필수적인 부분이다.

아직 언급하지 않은 중요한 사실은 U-238이라 불리는 일반(무거운) 우라늄은 핵분열을 하더라도 연쇄반응이 불가능하다는 점이다. 그래서 가벼운 우라늄인 U-235만이 사용된다.*** 여기에 문제가 있다. U-238은 매우 풍부하기 때문에 대부분의 중성자가 먼저 부딪히고 흡수된다. 이

---

* 고등학교 수준의 화학을 배웠다면 이 계산을 이해할 수 있을 것이다. U-235 1몰은 235그램이다. 그래서 0.65킬로그램의 U-235는 2.7몰로 변환된다. 1몰에는 아보가드로의 수, $6\times10^{23}$, 만큼의 원자가 있다, 그래서 우리 샘플에는 $1.6\times10^{24}$ 원자가 있다. 그래서 계산기로 (혹은 엑셀로) 계산해 보면 ($2^{10}=1024≒10^3$) 그래서 80번 단계를 지나면 모든 원자들이 폭발한다.

** 셰이크란 단위는 엔리코 페르미가 발명했다. 전설에 따르면 그 당시 오래된 관용구 '양이 꼬리를 두 번 흔드는(셰이크하는) 시간 동안'(눈 깜짝할 사이 정도로 해석하면 된다)에서 가져왔다고 한다. 페르미는 또한 반(barn)이라는 원자핵의 곡면적 단위도 발명했다. 반은 $10^{-24}$제곱센티미터다. 중성자로 원자핵을 겨냥하는 건 "곳간의 벽을 치는 것만큼 쉽다."라고 한다.

*** U-238에서 238이란 숫자는 원자의 양성자와 중성자의 개수를 더해서 구한 것이다(92+146=238). 마찬가지로 U-235의 235도 92+143=235에서 구했다.

때 중성자는 U-238을 U-239로 바꾸게 되며, 결국에는 플루토늄으로 바뀌게 된다. 이것이 의미하는 것은 일반 우라늄에서는 연쇄반응이 작용하지 않는다는 것이다. 모든 중성자를 써버리게 된다.

이와 반대로, 가벼운 U-235이 중성자에 의해서 부딪힐 때는 더 많은 중성자를 방출하면서 거의 항상 핵분열이 일어난다. 폭탄을 만들기 위해서는, 불필요한 U-238을 제거해야 할 필요가 있다. 우라늄은 거의 100%의 U-235로 농축되어야 폭탄으로 작용하게 된다. 상당량의 U-238 오염물질을 주변에 가지고 있어서는 안 된다. 그렇지 않으면, 너무 많은 중성자를 흡수하게 되어 연쇄반응을 멈추게 된다. 폭탄 설계자들에게는 안타까운 얘기지만 (인류에게는 다행스러운 일이다) U-235는 일반 우라늄의 0.7%에 불과하며 분리하기도 매우 어렵다. 우라늄 농축이라 불리는 정제 과정은 맨해튼프로젝트에서 제2차 세계대전 기간 동안 어느 과학자들 집단에 의해서 실행되었다. 우라늄 농축은 이란과 북한에 건설되고 있는 원심분리기에서 진행되고 있다. 세계는 이란과 북한이 U-235를 자연 상태의 0.7% 수준에서 무기가 될 수 있는 수준인 90% 이상의 수준으로 농축하려는 계획에 대해 우려하고 있다.

핵폭탄을 만들지 않고 연쇄반응을 일으키려 한다면, 정제되지 않은 우라늄을 사용하면 된다. 느린중성자는 U-238에 의해서 곧바로 흡수되지는 않는다는 물리학적 특성을 이용하면, 중성자들은 되튕겨 나가는 경향을 보인다. 빠른중성자는 우라늄에 달라붙는다. 이것은 원자력발전소를 지으려는 사람에게는 매우 유용한 특징이다. 중성자를 감속시킬 무언가가 있다면, 실제로 많은 U-238이 있더라도 좋은 연쇄반응을 얻을 수 있다. 이렇게 느리게 만들 수 있는 2가지 물질은 물과 탄소다. 이 2가지 물질을 충분히 넣으면, 중성자는 이들 분자에서 튕겨 나오게 되고 에너지와 속도를 잃게 된다. U-238 원자에 부딪히기 전에 속도가 줄어든다면, 흡수되지 않고, U-235를 찾을 때까지 계속해서 주위에서 튕겨 나오게 된다. 중성자를 느리게 만드는 물질을 감속재moderator라고 부른다.

만약 값이 비싼 감속재(중수)를 사용하는 경우, 핵 원자로는 0.7%만의 U-235를 포함하는 천연 우라늄으로도 작동할 수 있다. 흑연 감속재는 천연 우라늄과 작용을 하지만, 심각한 화재의 위험을 가지고 있다. 실제로 체르노빌에서는 흑연의 연소가 사태를 악화시켰다. 만약 값싸고 비교적 안전한 감속재인 일반 물을 사용하면, 우라늄을 농축할 필요가 있지만, 3~4% 수준이다. 캐나다의 CANDU 원자로는 중수를 사용하고, 체르노빌 원자로는 주요 감속재로 흑연을 사용했다.* 후쿠시마 원자로와 미국의 동력 원자로는 일반 물을 사용한다.**

만약 물이 누출되는 것과 같이 감속재를 잃을 경우, 중성자는 감속하지 않는다. 그래서 U-238에 의해서 흡수될 것이다. 그러다 마침내 연쇄반응은 멈추게 된다. 중성자는 반응을 유지하기 위해서 감속되어야 하지만, 중성자를 감속시키는 것은 중대한 안전상의 영향을 내포하고 있다. 원자폭탄의 출력이 최고가 되기 위해서는 약 80번의 배가 단계가 필요하다는 점을 기억하자. 그러나 60번의 배가 단계에서는 TNT 폭탄의 에너지 방출량과 동일하게 된다. 그래서 60번의 배가 단계가 지나게 되면, 원자로의 노심 전체가 TNT 폭탄과 같은 에너지를 가지고 폭발하게 되며, 이렇게 되면, 우라늄은 흩어지게 되어 연쇄반응이 멈춘다.

---

* 체르노빌의 냉각수도 감속재 구실을 하긴 했다. 그러나 거품을 형성하는 성질이 원자로의 불안정성에 영향을 미쳤다.

** 중수와 구분하기 위해 일반 물은 경수라고 부른다. 그래서 미국은 '경수형 원자로'를 쓴다. 아마 '일반 물 원자로'라고 말하기는 싫었나 보다.

만약 우라늄이 TNT 에너지 밀도에 도달하자마자 서로 폭발하여 분리된다면, 핵폭탄이 어떻게 2,000만 배 이상의 에너지를 방출할 수 있을까? 이점은 바로 폭탄을 만들 때는 감속재를 사용하지 않는다는 데서 이유를 찾을 수 있다. 중성자는 빠르기 때문에 반응 단계는 훨씬 빠르게 일어난다. 실제로 약 7,000배나 빠르다. 방출된 에너지는 증가하고 TNT 폭탄의 에너지에 도달하게 되며, 이를 능가한다. 그리고 폭탄은 폭발하기 시작한다(하지만 중성자는 폭발보다 더욱 빨라진다). 우라늄이 분리되어 날아갈 때, 빠른중성자로부터의 빠른 연쇄반응은 계속되며, 80번의 모든 배가 단계를 완성하게 된다. 중성자는 폭발을 넘어서게 된다. 물론 감속재 없이 작동시키는 경우, U-238의 대부분을 제거해야 한다. U-238이 10% 이하여야 우라늄을 무기로 사용할 수 있다.

체르노빌 원자력발전소는 정제되지 않은 우라늄을 사용했기 때문에 중성자를 감속시키기 위해서 감속재를 사용했다. 결과적으로 연쇄반응을 통제할 수 없게 되었을 때, 원자로는 폭발했지만 TNT 수준의 폭발만이 발생했다. 이 폭발로 인해 원자로 건물이 파괴되고 인근에 피해를 발생시켰지만, 이 피해는 실제로 모든 사상자를 야기시켰던 핵폐기물의 방출로 인한 것이지 폭발로 인한 피해는 아니었다.

## 비용

원자력은 재래식 전력 생산 방법 중에서 가장 비싸다는 평판을 받고 있다. 이렇게 생각하는 것은 대부분 높은 자본 비용이 1기가와트 용량의 발전소를 짓는 데 대부분 쓰인다고 단순하게 생각하기 때문이다. 현재 1기가와트의 용량에 대한 자본 비용은 60억에서 80억 달러 사이에 이른다. 이 비용은 1기가와트급 석탄발전소를 건설하는 비용보다 50%나 더 많으며, 재래식 천연가스발전소의 건설 비용에 비하면 4배 이상이다. 이렇게 비용이 높은 것은 원자력발전소의 복잡성과 이를 건설하는 데 고품질의 제어가 필요하기 때문이다. 이렇게 높은 비용으로 원자력을 사용한다는 것은 부조리하다고 생각될 수 있는데, 그러면 왜 아직도 원자력발전소가 건설되고 있는 것일까? 음모라도 있는 것일까? 아마도 보조금이 그 원인일 수 있는데, 원자력 로비로 상당한 금액이 정치인에게 기부되었을지도 모를 일이다.

하지만 연료와 운영비를 생각해보면 계산은 달라진다. 원자력발전소를 짓고 난 후에, 원자력으로부터 발생한 전기의 증분원가incremental cost는 수력발전용 댐을 제외한 어느 에너지원보다 저렴하다. 미국 에너지부 산하 에너지정보청에 따르면, 원자력으로 발생한 전기 비용의 80%는 건설비와 자본 투자를 위한 이자까지 포함한 융자금을 상환하는 데 사용된다고 보고하고 있다. 반면에, 천연가스발전소는 자본 투자를 위하여 비용의 단지 18%만이 사용되고, 나머지 비용은 연료비로 사용된다. 미국에서는 천연가스의 순비용이 원자력보다 낮지만 세계의 다른 나라에서는 원자력이 경쟁력이 있다.

원자력이 항상 이렇게 저렴한 것은 아니었다. 설비 이용률은 발전소 작동 시간과 전력 생산 비율을 포함하는데, 지난 30여 년 동안 발전소의 설비 이용률은 55%에서 거의 90%로 상승했다.* 향상된 설비 이용률은 투자자에게 중요한 부분이다. 만약 발전소가 가동 시간의 절반만 운용

* 대부분의 정지 시간은 정기점검 때문에 일어난다. 이런 정지 시간을 줄이면 설비 이용률은 90%도 넘길 것이다.

된다면, 돈은 단지 그 절반의 시간 동안만 벌 수 있게 된다. 오늘날 55%가 아니라 90%의 시간 동안 운전되는 발전소의 연간 수익은 1.6배나 높다. 이런 향상은 주로 더 나은 운전 절차, 발전소 감시 및 제어를 위한 현대식 컴퓨터의 사용, 그리고 정기적으로 열리는 수많은 회의와 워크샵을 통해 원자력발전소 운영자들이 경험을 공유해 가능했다고 볼 수 있다.

1970년대로 돌아가보자. 원자력의 인기는 높았다. 1973년에만 미국 전력소는 41개의 새로운 원자력발전소를 주문했다. 그 후 1979년에 스리마일 섬 원전 사고가 발생했다. 비록 케메니 보고서에 그 사고를 통해 사망한 사람이 없다고 되어 있음에도 불구하고, 건강에 대한 몇몇 피해가 알려지면서 그 사고가 실제보다 훨씬 심각하게 받아들이면서 정신적 스트레스를 받았다. 아마도 원자력발전소가 핵폭탄처럼 폭발할 수 있다는 잘못된 가정을 바탕으로 만든 영화 〈차이나 신드롬The China Syndrome〉을 보았기 때문일지도 모른다. 새로운 원자로의 주문은 중단되었다. 그리고 1986년 실제로 참혹한 원전 사고가 체르노빌에서 발생했다. 이 사고로 인해 30명이 즉사하고(대부분이 소방관이었다*), 유출된 방사능으로 장기적으로 2만 4,000명이 암에 걸린 것으로 추정되며, 인근 지역의 대피가 있었다.

원자력은 미국 전력의 약 20%를 계속에서 공급하고 있지만, 새로운 발전소는 건설되지 않았다. 계획이 진행되고 있던 몇몇 발전소만이 건설되었고 주문되었다. 원자력은 시에라 클럽Sierra Club과 랠프 네이더Ralph Nader를 포함하는 반대자들에 의해서 사형선고를 받은 것이나 다름없었다.

원자력발전이 더 이상 성장하지 않는 이유가 단지 대중의 두려움에 기

---

* 2명의 소방관이 그날 밤 사망했다. 그리고 28명의 소방관이 몇 주 사이에 방사능 노출로 인한 건강문제로 사망했다.

인한 것은 아니었다. 1984년과 1986년 사이에, 천연가스의 가격이 50%로 곤두박질 쳤고, 경제적으로 원자력은 최소한 미국에서는 경쟁력이 없었다. 그러나 원자력은 고양이처럼 생명력이 끈질긴 것 같다. 일부 국가(프랑스, 일본)는 알려진 화석연료 자원이 거의 없었기 때문에, 원자력을 주로 고수했다. 발전소의 수는 증가하지 않았던 반면, 원자력발전소에서 설비 이용률의 향상은 연간 에너지 생산이 계속해서 증가한다는 것을 의미했다.

놀라운 점은 역사는 되풀이된다는 점이다. 천연가스 비용은 2004년에서 2008년까지 1,000세제곱피트당 약 7달러였다(2005년과 2008년에는 가격이 2배로 급증하여 13달러 이상으로 치솟았다). 그러나 2009년에는 1,000세제곱피트당 약 4달러로 급감했다. 이는 엄청난 셰일가스 매장량으로부터 경제적으로 에너지를 얻는 방법이 발달했기 때문이다. 그리고 예상컨대, 가까운 미래에는 비용이 이렇게 싸게 유지되거나 더욱 하락할 것이다. 유럽과 일본에서는 천연가스의 가격이 1,000세제곱피트당 11달러 이상의 상태로 지금까지 유지되고 있어서, 원자력은 여전히 매우 경쟁력이 있다.

## 소형 모듈형 원자력발전소

원자력발전소의 비용은 매우 높아서, 건설에 따르는 위험을 감수할 여력이 있는 회사는 많지 않다. 가장 큰 불확실성은 아마도 스리마일 섬, 체르노빌, 후쿠시마와 같은 사건으로 인한 대중의 저항이다. 이렇게 건설이 지연되는 것은 대출에 대한 이자가 계속 쌓이는 것이기 때문에 비용이 몹시 상승할 수 있다. 이런 위험성 때문에, 많은 기업들이 미국 정부로부터의 보증이 없는 새로운 발전소 건설에 대한 자금을 얻기란 불가능하다. 비록 정부가 태양력발전 회사인 솔린드라의 경우와는 달리, 실제로 평판이 좋지 않은 원자력발전 융자에 한 푼도 지출하지 않았음에도 불구하고, 많은 사람들은 이런 대출 보증을 원자력에 대한 '보조 지원 정책'이라고 생각한다.

이런 재정적 한계 속에서 등장한 새로운 방법이 소형 모듈형 원자력발전소를 건설하는 것이다. 소형 모듈형 원자력발전소는 단지 300메가와트 또는 그 이하의 전력을 생산하며, 자본을 덜 투입할 수 있는 발전소다. 과거에는 이런 소형 원자력발전소는 실용적이지 못하다고 간주되었다. 작은 원자로여도 많은 노동과 비싼 안전 시스템을 요구하기 때문이다. 그러나 진보된(3~4세대) 원자력발전소 설계는 이런 문제점을 해결했다. 모듈형이라고 불리는 이유는 몇몇 원자력발전소가 같은 장소에서 바로 옆에 위치하여 사용될 수 있기 때문이다. 전력 요구량이 증가한다면, 그저 모듈을 추가하면 되는 것이다.

몇몇 기업은 현재 실용적인 소형 모듈형 원자력발전소가 어떻게 제작될지를 고안하고 있다. 밥콕 앤 윌콕스Babcock & Wilcox 사는 스리마일 섬 원자력발전소를 제작한 회사인데, 이 회사가 설계한 향상된 소형 원자로는 이전 세대의 일반적인 1기가와트급의 8분의 1인 125메가와트를 생산한다. 전체 원자로는 공장에서 제작되어서 기차로 현장에 배송된다. 그리고 땅속에 묻히게 된다. 다른 유지 보수 없이도 3~4년 동안 운용이 가능하다.

〈그림 3-11〉에 있는 도시바가 제작한 4S 원자력발전소는 'Super, Safe, Small and Simple'의 앞 글자를 따서 이름을 지었는데, 30~135메가와트를 생산한다. 4S 원자력발전소는 터빈을 회전시켜 전기를 발생하는 과정에서 생겨나는 열에너지를 액화나트륨 냉각제로 식힌다. 원

자로는 땅속에 묻히는 매몰형으로 고안되었다. 이것은 때때로 작동 방식 때문에 '핵전지nuclear battery'로 불리기도 한다. 왜냐하면 전력을 생산하지 않을 때도 거의 주의할 필요가 없기 때문이다. 원자로를 제어하는 유일한 부분은 안팎으로 움직일 수 있는 원자력발전소 실린더의 측면 주위에 있는 일련의 반사장치들이다. 만약에 이런 반사장치들이 제거된다면, 원자력발전소의 연쇄반응은 멈추게 된다. 제자리에 있을 때는 실제 움직임이 필요 없이 그저 물리적 원리에 기반을 두어서 연쇄반응의 정도를 제어하게 된다.

4S는 액화나트륨 등 액체금속을 냉각재로 사용하기 때문에, 따로 움직이는 부품 없이 전자기 펌프를 사용해서 원자로를 통하여 주입된다. 펌프가 작동하지 않을 경우 원자로는 과열되기 시작하지만, 원자로의 원료 특성상 연쇄반응이 감소한다. 작동자의 개입이 필요 없으며, 어떤 부분도 물리적으로 움직여서는 안 된다. 과도한 열기는 나트륨의 자연적인 대류로 인해서 제거된다. 그러므로 이러한 원자로는 본질적으로 안전하게 고안되었으며, 중성자의 반사와 대류의 물리적 성질에만 의존하고 있다. 안전을 목적으로 하는 어떤 공학적 시스템도 작동할 필요가 없다.

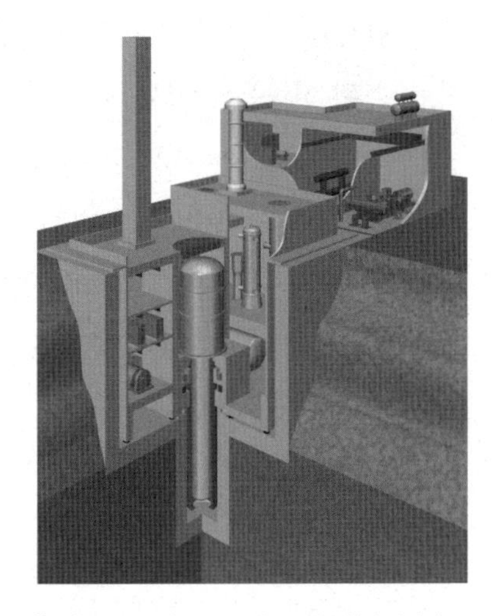
〈그림 3-11〉 4S 소형 모듈형 원자력발전소.

잠재적으로 우려가 되는 부분은, 대형 원자력발전소와는 달리 소형 모듈형 원자력발전소는 중성자를 감속하지 않는다는 점이다. 다시 말하면, 연쇄반응에서 중성자의 속도가 빠르다는 것이다. 중성자의 속도를 빠르게 유지하는 것은 이 원자력발전소를 작게 만들기 위해 사용된 기본적인 방법이다. 그러나 빠른중성자를 사용하기 위해서 빠른중성자를 흡수하는 오염물질인 U-238을 너무 많이 가질 수는 없다. 그래서 이런 원자력발전소를 작동하기 위해서는, 반드시 U-235를 19.9%까지 농축한 원료를 사용해야 한다. 폭탄에 사용할 수준은 아니지만 대형 원자력발전소에서 일반적으로 사용하는 3~4%에 비하면 훨씬 높은 수준이다. '저농축'이라 불리는 이유는 국제원자력기구(IAEA, International Atomic Energy Agency)의 표준에 따라 20% 이하로 유지되기 때문이다.

대형 원자력발전소가 원자폭탄처럼 폭발하지 않도록 막는 역할을 하는 느린중성자를 사용한다는 것을 기억해두자. 소형 모듈형 원자력발전소는 다른 방법을 사용한다. 연쇄반응이 계속해서 유지되도록 하려면, 평균적으로 각 핵분열에서 나온 한 개의 중성자가 또 다른 U-235 원자에 부딪혀야만 한다.* 원자의 열기가 높아지면 보다 빨리 진동하게 되며, 증가된 진동은 원자를 보다 멀리 떨어지도록 움직이게 한다(이는 물질이 가열되면 확장하는 이유이기도 하다). 뜨거운 원자들 사이에 공간이 많아지게 되면 중성자가 벗어날 확률이 증가한다. 원자로 노심은 이른바 '물이 새는 양동이leaky bucket'가 된다. 중성자들 중 한 개가 다른 U-235 원자에 부딪힐 확률이 1 이하로 떨어지게 되면, 연쇄반응은 재빨리 멈추게 된다. 예를 들어 0.999를 보자(1000분의 1초가 소요되는). 10만 번의 단

---

* 플루토늄 -239도 대부분의 발전소에서 사용할 수 있다. 연료로 따로 공급하지 않아도 U-238이 중성자를 흡수할 때 플루토늄 -239로 변화되기 때문에 저절로 생성된다. 그래서 플루토늄 -239는 연쇄 핵분열을 할 때 추가연료로 사용된다.

계 후에 중성자의 수는 0.999를 10만 번 곱한 수가 된다. 된다. 그래서 4 $\times 10^{-44}$ 또는 0.00000000000000000000000000000000000000000004가 된다. 이 수는 너무 작아서* 더 이상 생산되는 중성자가 없다는 것을 의미하며, 연쇄반응도 멈추게 된다.

이 안전성은 보수 · 유지를 필요로 하는 공학적 시스템을 기반으로 하고 있지 않다는 점에 주목하자. 이는 테러리스트나 정신없는 기술자가 잘못된 밸브를 잠갔다고 해서 파괴되는 그런 시스템이 아니다. 안전성은 고온의 물리적 특정에 내재되어 있다. 그래서 이 원자로가 때때로 본질적으로 안전하다고 불리는 것이다.

이 원자로가 본질적으로 안전한 두 번째 물리적 특징은 연료가 가열될 때, 중성자와 우라늄 원자가 같이 진동하게 되어 이들의 순간 속도가 더욱 높아진다는 점이다. U-238의 원자핵은 중요한 특징을 가지고 있다. U-238은 상대속도가 클 때 중성자를 보다 효율적으로 흡수한다. 그래서 뜨거운 U-238은 따듯한 U-238보다 더욱 좋은 중성자 흡수제가 된다. 만약 그것이 충분한 양(적은 양으로도 충분하다)의 중성자를 U-235에서 빼앗게 된다면 연쇄반응은 멈춘다.**

물론 안전은 체르노빌 사고에서와 같은 핵 연쇄반응의 진행을 막는 것을 의미할 뿐만 아니라 후쿠시마와 스리마일 섬에서 발생한 냉각제 상실로 인한 사고를 대비해서 원자로를 보호하는 것을 의미하는 것이기도 하다. 이런 사고에서는 비록 연쇄반응이 중지되었음에도 방사성 붕

---

* 이 소수점 이후에는 43개의 0이 있다. 그래서 과학자들이 과학적 표기법을 사랑하는 것이다.

** 물리학을 전공한 사람들을 위하여 핵 관련 언어를 사용하여 설명하겠다. U-238이 흡수를 더 빨리 하는 이유는 1eV 에너지 주변에 발생하는 강한 흡수 공진 때문이다. 높은 온도는 도플러 확장을 일으키며 공진 영역의 가장자리가 흡수의 주원인이다.

괴로부터 발생한 계속된 열(비록 급격하게 식을지라도)은 외부 펌프가 노심으로 냉각수를 보내지 못한다면 연료를 녹이기에 충분하다.

이런 소형 모듈형 원자력발전소에서, 냉각은 펌프나 외부 전력이 없는 상황에서도 작동되도록 설계되었다. 냉각은 대류를 기본 원리로 하고 있다. 연료(예를 들어 액화나트륨)와 접촉된 뜨거운 용액은 열을 받을 때 팽창하게 된다. 팽창이 어떻게 연쇄반응을 느리게 하는지는 앞에서 언급했다. 하지만 팽창은 액체의 밀도를 낮추기도 한다. 다시 말하면, 동일한 양의 주위 액체보다 가볍게 된다는 것을 의미한다. 무게가 가벼워지기 때문에, 액체는 뜨거운 공기처럼 상승하게 되며 노심으로부터 열기를 빼앗으면서 보다 낮은 온도의 액체가 그 자리를 대신하게 된다. 이런 자연적 흐름은 펌프나 공학장치에 의존하지 않으며 단지 물질의 물리적 성질에만 의존하고 있다. 그래서 이런 점에서 또한 모듈형 원자력발전소는 본질적으로 안전하다고 말할 수 있다.

어떤 사람들은 이런 원자력발전소가 기존의 원자력발전소보다 폐기물에 플루토늄이 적게 들어 있다는 또 다른 장점이 있다고 주장한다. 플루토늄은 U-238에 부착된 중성자에 의해서 모든 원자로에서 생산된다(비록 중성자의 속도가 느릴지라도 모든 중성자가 튕겨나가지는 않는다). 그러나 모듈형 원자력발전소는 연료의 변화 없이 아주 오랜 시간 동안인 약 5~30년 동안 연료를 연소시키도록 설계되었다. 이 부분이 의미하는 것은 생산된 플루토늄의 상당수 역시 핵분열이 된다는 것을 의미하며, 따라서 발전소가 마침내 파내지고 사용된 연료를 제거할 때 잔여 플루토늄의 양이 적다는 것이다. 그러나 현재의 원자로가 안고 있는 주된 문제가 이런 플루토늄에 있다고 생각하지는 않는다. 왜냐하면 플루토늄에 대한 두려움은 잘못되고 과장된 대중의 공포를 노린 정치적 문제에 가깝다고 생각하기 때문이다. 교육을 통해 잘못된 우려를 바로 잡는 것이 최선의 방법이다.

소형 모듈형 원자력발전소의 규모와 본질적인 안정성 때문에, 이 원자력발전소는 대규모 송전망 체계에 포함되지 않는 지역(예를 들면, 개발도상국의 많은 도시들)에서 원자력을 사용할 수 있는 기회를 제공하기도 한다. 몇몇 사람들은 원자로를 먼 지역이나 보안이 높지 않은 국가에 설치하면 테러에 취약하다고 우려하고 있다. 이런 우려에 반하는 사실은 이 원자로는 지하에 매몰된다는 점이다. 원자로에 접근할 수 있는 유일한 방법은 매 5~30년마다 연료 재주입을 위해서 원자로를 파낼 때뿐이다. 이렇게 하기 위해서는 엄청난 노력과 비용 및 시간이 든다. 매몰 방식은 테러로부터 자연적으로 보호하는 역할을 한다.

또 다른 우려는 19.9%로 농축된 우라늄이 확산될 위험이 있다는 것이다. 우라늄은 일단 자연 상태인 0.7%에서 이 수준으로 농축되면, 무기 수준(90% U-235)으로 보다 쉽게 만들 수 있게 된다. 이렇게 한번 생각해 보자. 1킬로그램의 순수 U-235를 얻으려면 천연 우라늄 140킬로그램을 가지고 일단 시작해야 한다. 20% 농축 우라늄으로 시작하면 오직 5킬로그램만 있으면 된다. 그래서 초기 단계에서는 28배나 많은 재료를 처리하기 위한 원심 분리기를 보유하고 있어야 한다. 그리고 두 번째 고려할 요소로는 원심 분리기를 한 번 통과할 때마다 우라늄이 1.3배로 농축된다는 점이다.* 0.7%에서 20%로 28배 농축하려면 100단계를 거쳐야 한다(왜냐하면, $1.3^{100} \approx 28$이기 때문이다). 20%에서 90%로 4.5배를 농축하는 데에는 17단계밖에 걸리지 않는다(왜냐하면, $1.3^{17} \approx 4.5$이기 때

* 더 자세한 계산을 원한다면 우라늄을 농축할수록 U-238 원자의 수가 줄어들어 더 농축하기가 어렵다는 점을 고려해야 한다. 더 상세한 내용을 알고 싶다면 분리작업단위 (SWU)를 검색하길 바란다. 하지만 내가 책에서 보여준 간략한 계산에서도 왜 19.9%로 농축하는 것이 19.9%에서 90%로 농축하는 것보다 더 어려운지 설명하고 있다.

문이다). 그래서 28의 계수로는 훨씬 적은 원료를 처리하는 것뿐만 아니라, 100÷17=5.9의 계수에서는 보다 적은 단계의 농축이 필요하게 된다. 종합해 보면, (28계수의) 필요한 추가 우라늄 계수에 사용해야 할 단계의 횟수(5.9)를 곱한 만큼의 추가 노력이 들어가며, 전체 난이도는 28×5.9=165가 된다.

간단히 말하자면, 우라늄을 자연상태인 0.7%에서 19.9%로 농축하는 것이 19.9%에서 90%로 농축하는 것보다 165배나 더 힘들다는 것이다. 이것은 심각한 문제다. 일단 19.9%의 농축 우라늄을 가지기만 한다면, 칼루트론calutron과 같은 간단한 기술을 사용하여 폭탄급으로 우라늄을 농축할 수 있다[칼루트론은 제2차 세계대전 동안 어니스트 로런스가 발명한 우라늄 농축장치이며, 히로시마에 떨어뜨린 원자폭탄에도 사용되었다. 또한 이 장치는 제1차 페르시아 만 전쟁(흔히 걸프전으로 불리지만 공식 명칭은 페르시아 만 전쟁이다. 1차 페르시아 만 전쟁은 1990~1991년에 일어났고, 2003년의 미국-이라크 전쟁을 2차 페르시아 만 전쟁이라고도 한다 -옮긴이) 이전에 부분적인 농축을 위해서 사담 후세인이 사용하기도 했다.*].

19.9% 우라늄 시장에 대한 이런 위험성은 분명히 우려되는 부분이지만, 개인적으로는 사실상 심각한 문제는 아닐 것이라 생각된다. 이 원자력발전소는 제작되는 동안 설치되는 필수 요소인 우라늄과 함께 공장에서 건설된다. 우라늄을 추출하기 위해 이 원자로를 파내는 것은 비밀리

---

* 많은 사람들이 사담 후세인이 우라늄을 농축하지 않았다고 생각하지만 그들은 2차 걸프전과 1차 걸프전을 혼동하고 있다. 1차 걸프전 이후에 UN은 사담 후세인이 수십억 달러를 투자하여 우라늄을 농축하려 하고 있다고 판단했다. 그는 제2차세계대전 당시의 맨해튼 프로젝트에 맞먹는 칼루트론 시설을 이미 보유하고 있었고, 그 시설로 소수의 우라늄을 농축하여 무기화를 했을 수도 있었다. 그의 칼루트론 시설은 UN이 파괴하였다. UN 보고서는 www.fas.org/news/un/iraq/iaea/s1998694.htm에서, 파괴된 칼루트론 시설의 사진들은 www.fas.org/nuke/guide/iraq/nuke/program.htm.에서 볼 수 있다.

에 이루어질 수 없다. 전 세계에 공공연히 알려진다. 그리고 추출한 원료를 무기급의 우라늄으로 만들려면 여전히 농축해야 한다. U-235를 확보했다고 하더라도 수많은 검증이 필요한 내파 설계나 폭탄 내의 대포가 2개의 임계치 이하의 폭탄을 동시에 폭발시켰던 히로시마에 사용된 것과 같은 포격 설계가 필요하다는 사실 또한 알아둘 필요가 있다. 이런 장치는 중량이 큰데, 이는 이 장치가 우라늄뿐만 아니라 두 덩어리를 합칠 대포를 포함하고 있기 때문이다. 히로시마를 파괴한 U-235 폭탄은 무게가 5톤에 달했다. 이런 무기들은 여행용 가방이나 간단한 미사일로 옮겨질 수 없다. 심지어는 대형 스커드 미사일도 1톤 정도밖에 실을 수 없다. 이런 폭탄을 목표 지점으로 옮기려면 트럭이나 비행기가 있어야 한다.

물론 이와 관련된 지식과 경험을 가지고 있는 미국은 보다 가벼운 핵무기를 제조할 수도 있다. 우리의 대포 탄두인 W33은 무게가 243파운드(110킬로그램)에 지나지 않는다. 그러나 이런 장치는 제작과 조립이 매우 어렵다. 특히 엄격한 검증 프로그램이 없는 경우는 더욱 어렵다. 테러 단체가 가까운 장래에 경량급의 로켓 탑재가 가능한 핵무기를 만들 수 있다는 우려는 현실성이  매우 낮다.

이 소형 모듈형 원자력발전소가 미국 시장에서 성공적이지 못할 것이라는 사실을 뒷받침하는 이유는 몇 가지가 있다. 역설적이게도, 그 이유 중 한 가지는 원자력 허가 절차에 있다. 예를 들면, 미국에 건설되는 모든 원자력발전소에는 '비상 노심냉각장치emergency core cooling system, ECCS'가 있어야 한다. 소형 모듈형 원자력발전소에는 이런 시스템이 없는데, 그 이유는 자연적 대류를 기본으로 한 훨씬 나은 안전 메커니즘을 가지고 있어서 비상 노심냉각장치가 필요 없기 때문이다. 법적으로 요구되는 비상냉각장치(예를 들면 파이프 도입과 같은)를 추가하는 노력은 소형 모듈형 원자력발전소의 고유 안정성에 방해가 되며, 보안성을 감소시킨다. 그러나 이런 방법이 규정에 명시된 방법이다. 그래서 미국 원자력규제위원회는 소형 모듈형 원자력발전소가 실용화되기 전에 이 규정을 개정해야 한다. 하지만 특히 후쿠시마 원전 사고와 같은 널리 알려진 사건 후에 규정을 바꾸는 것은 정치적 위험 요인이 될 수 있다.

미국에서 모든 새로운 원자력발전소가 맞닥뜨린 가장 큰 문제는 천연가스의 비용이 낮다는 것이다. 아니면 모든 대안에너지 시스템에 영향을 주는 에너지원이 문제가 될 수 있다. 그러나 비록 천연가스가 석탄보다 이산화탄소를 절반만 배출함에도 불구하고, 여전히 약간의 이산화탄소를 배출한다. 그런데 원자력은 발전소 건설과 우라늄 채광에서 발생되는 소량의 일회성 배출을 제외하고는 이산화탄소를 전혀 배출하지 않는다. 만약 이산화탄소 배출을 대규모로 줄이라는 압박이 있다면, 보다 많은 원자력발전소를 장려하는 것이 가장 비용적으로 효과적인 방법 중 하나가 될 수도 있다.

## 우라늄이 고갈되어 가고 있다

많은 보고서들이 미래의 원자력을 위한 우라늄이 충분치 않다고 지속적으로 강조하지만, 이런 주장은 오해에 비롯된 것이다. 이 문제는 1978년 케네스 디페이스Kenneth S. Deffeyes와 이언 맥그레고어Ian D. MacGregor

의 길고 포괄적인 분석을 통해서 자세하게 다루어졌다.* 그리고 이들의 결론은 계속해서 사실로 받아들여지고 있다. 이들이 나타낸 것은 비록 우리가 실제로 우수한 우라늄광을 고갈시키고 있지만, 경제적으로 채굴 가능한 매장량은 충분하다는 것이다.

사람들이 우려하는 이유는 다음과 같다. 가장 우수한 등급의 우라늄광은 1만ppm 또는 그 이상의 우라늄을 포함하고 있다. 이런 광물의 약 10만 톤만이 전 세계에서 채굴 가능한 지역에 위치해 있다. 일반적인 원자력발전소는 4,400만 킬로와트시의 전기를 생산하기 위해서 1톤의 우라늄을 연소한다. 오늘날 세계는 한 해에 시간당 약 1,300억 킬로와트시의 전기를 사용한다. 우리가 현재 소비하는 모든 전기를 공급하기 위해 원자력을 사용하게 되면 매년 1300억÷4400만=3000톤의 우라늄이 필요하다. 그리고 10만 톤의 보유량으로는 33년 밖에 지탱하지 못할 것이다. 원자력발전이 확산된다면 더 일찍 고갈될 것이다.

물론 우리가 더 저렴한 등급의 우라늄을 사용한다면 더 많은 우라늄을 사용할 수 있을 것이다. 만약 우라늄 1,000ppm의 10분의 1만을 포함하는 우라늄 광물을 포함한다면, 디페이스-맥그레고어의 조사에 따르면, 전 세계 보유량은 300배나 늘어난다. 현재의 사용률을 본다면 우라늄은 이론상으로만 보면, 30년이 아니라 9,000년을 지속할 수 있으며, 또는 사용량이 10배 늘어난다고 해도 900년을 사용할 수 있을 것이다. 이런 낮은 등급의 우라늄 광물을 사용하면 비용이 너무 많이 들지 않을까? 다음의 계산을 살펴보자.

---

* 보고서 원본은 1,016 페이지다. 디페이스와 맥그레고어의 작업에 대한 설명을 원하면 다음을 참고하라. "World Uranium Resources", *Scientific American* 242(1) (January 1980): 66-76.

고급 광물에서 추출한 1킬로그램의 산화 우라늄 가격은 현재 약 60달러이다. 농축되어 원자로에 투입한 이 1킬로그램의 우라늄은 약 3만 킬로와트시의 전기를 생산할 수 있다. 이것이 의미하는 것은 1킬로와트시의 전기를 생산하는 데 드는 우라늄의 비용이 60달러÷3만 킬로와트시=0.002달러, 즉 0.2센트라는 것을 의미한다. 이는 전기 가격의 단지 2%에 해당한다(킬로와트시당 10센트). 비록 비용이 10배가 상승해 킬로와트시당 2센트가 된다고 할지라도, 전기 요금이 상당히 증가하지는 않지만, 우라늄 공급량은 300배만큼으로 증가하게 될 것이다.

최종적인 요점은 우리는 가까운 미래에 쓸 만한 우라늄을 다 써버리지는 않을 것이라는 점이다.

## 후쿠시마의 죽음

후쿠시마 원전 사고로 인한 인명 사고에 대해서는 앞서 제1장에서 자세하게 논의했다. 그래서 여기에서는 중요한 부분만을 다시 언급하도록 하겠다. 후쿠시마 방사능 누출 사고로 인한 정확한 사망자 추정치는 약 100명이며, 쓰나미로 인한 대학살과 비교하면 작은 수치다. 이 사망률을 원인을 알 수 없는 엄청난 인명 피해의 숫자에서 알아보기는 불가능할 것이다. 이것은 '낙관적'으로 예측한 것이 아니라, 단지 체르노빌 사고에서 과학자들이 2만 4,000명의 사망자를 추정할 때 사용한 방법과 동일한 기준으로 계산한 수치다.

아마도 후쿠시마 원전 사고가 가져온 가장 큰 미래 위험성은 일본과 전 세계의 불필요한 원자력 폐기로 인해 다가올 것이다. 이런 위험성은 발전소의 운전 중지로 인한 경제적 고통을 야기하며, 화석연료에 대한 의존성을 높이고 이와 관련된 위험성인 전쟁과 지구온난화 같은 잠재적 위험을 야기할 수 있다는 점이다.

## 핵폐기물 보관

핵폐기물 보관의 문제점은 대중의 오해로 더욱 악화된다. 기술적 문제는 해결되었지만, 여전히 남아 있는 문제는 인식과 교육에 관한 것이다. 일부 정치인이 핵과 관련된 모든 것에 대한 대중의 우려를 이용하려하기 때문에 상황이 그리 호전되지는 않는다. 2011년에 앙겔라 메르켈 독일 총리는 독일의 원자력발전소 운전을 정지하기로 결정했다. 과학자였던 그녀는 원자력발전에 큰 위험이 없다는 것을 알고 있음에도 불구하고, 냉소적인 사람들은 그녀가 녹색당으로부터 표를 더 받아 총리 자리를 좀더 오래 지키기 위한 조치를 취한 것이라고 믿고 있다.

핵폐기물이 수천 년 동안 방사능을 가지고 있다는 사실은 널리 알려진 사실이다. 미국에서 폐기물의 일부인 플루토늄(프랑스에서는 추출되기 때문에 상황이 다르다)은 반감기가 2만 4,000년이다. 이 시간이 지난 뒤에도, 플루토늄의 방사능은 절반밖에 줄지 않는다. 4만 8,000년이 지나도 방사능은 4분의 1 정도밖에 줄지 않는다. 이렇게 오랫동안 지속되는 폐기물을 어떻게 처리할 수 있을까?

사실 플루토늄은 반감기가 길기 때문에, 핵폐기물의 방사능에 큰 도움이 되지는 않는다. 중요한 점은 플루토늄은 물에 거의 용해되지 않아서, 폐기물 보관 지역에서 누출이 발생하더라도 지하수에는 거의 녹아들지 않는다는 것이다. 플루토늄에 대한 무서운 평판은 호흡기흡입으로 인해 발생하며, 물에 용해된 플루토늄은 훨씬 덜 위험하다. 플루토늄으로 오염된 물을 마실 경우 암을 유발하는 데 필요한 양은 약 0.5그램이며, 흡입으로 인한 치사량은 0.00008그램밖에 되지 않는다. 그래서 플루토늄의 위험성은 흡입으로 인한 위험성을 나타내고 있다. 보툴리늄 독소Botulinum toxin(보톡스라는 이름으로 상업적으로 판매되고 있다)는 훨씬 나쁜데, 이것을 흡입할 경우 반치사선량(인간의 50%가 사망하는 양)은 0.000000003그램이다. 이 수치가 매우 작다는 것은 보툴리늄이 얼마나 무서운지를 나타낸다. 이는 플루토늄보다 2만 7,000배나 독성이 강하다는 것을 의미한다.

이런 사실들이 플루토늄에 대한 우려를 덜어줄 거라고 생각하지는 않는다. 언론의 과장된 선전이 워낙 훌륭해서(플루토늄이 인간에게 알려진 가장 강한 독성물질이라는 말은 자주 언급되지만 사실이 아니다) 안심시키기 위한 몇 마디의 말로는 그리 설득력이 없을 것이다. 아마도 가장 중요한 사실은 평생을 폐기물 보관에 대해 걱정만 하며 살고 있는 전문가들도 플루토늄 유출이 문제가 아니라고 생각한다는 점이다. 이들은 방사능의 잔여물에 대해 걱정하고 있다.

그러면 잔여 방사능은 어떠한가? 거시적인 관점에서 보기 위해서, 〈그림 3-12〉에서 나타내듯이, 원래 우라늄이 채굴되는 과정에서 땅에서 제거된 방사능과 비교해보자. 원자로가 가동되고 있을 때 내부의 방사선 수위는 매우 높은데, 우라늄의 원래 방사선 수위보다 100만 배 이상 높은 상태다. 원자로 운전이 정지된 직후, 방사능은 이전 수위의 약 7%로 하락하게 된다. 그렇다 하더라도 이 수위는 여전히 매우 높은 수준이며, 이런 점이 최근에 생긴 핵폐기물이 위험한 이유이며, 냉각되지

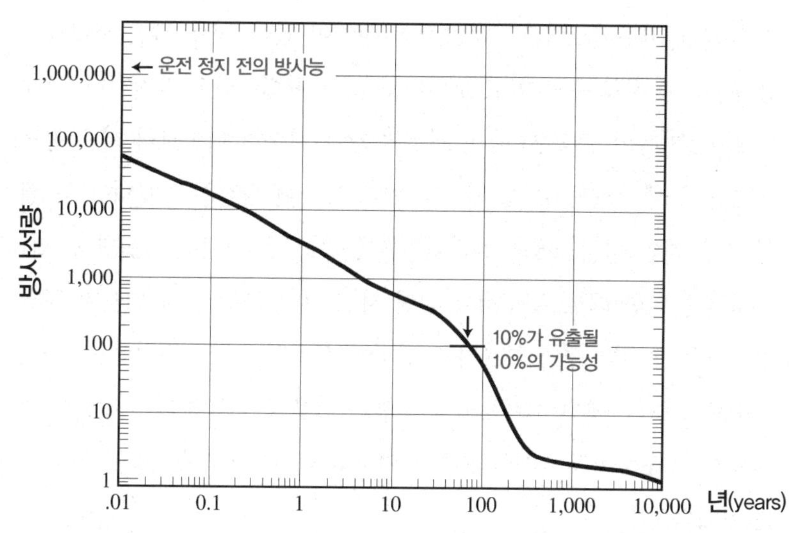


〈그림 3-12〉 우라늄 원광석의 방사능과 핵폐기물의 방사능 비교(1은 원광석의 방사능) 큰 눈금 하나는 10배씩 증가하는 단위다.

않은 노심이 열을 발생하며 녹아내리는 이유를 보여준다.

대부분의 방사능은 매우 짧은 반감기를 가진 원자로부터 발생하지만 머지않아 이 원자들은 사라져서 방사능의 수준은 급격하게 감소한다. 100년 후에는 방사능은 〈그림 3-12〉에서 보는 것처럼 급격하게 감소한다. 땅에서 제거된 원래의 우라늄보다 여전히 100배나 많은 방사성을 가지고 있지만, 단지 100배보다 많은 방사성이고 이를 물가(원래 우라늄이 있던 곳)에 보호되지 않은 상태로 보관할 필요는 없다. 만약 폐기물의 10%가 유출될 10%의 가능성을 갖고 있는 보관 시스템을 만들 수 있다면, 채굴하기 전의 방사능 수준과 비교해볼 만하다. 어렵게 들리지는 않으며, 그렇다고 어렵지도 않다. 핵폐기물을 보관하는 것은 기술적으로 어려운 문제는 아니다.

그러면 왜 사람들은 핵폐기물에 대해서 그렇게 우려하고 있을까? 나의 경험에 비추어보면 3가지 중요한 원인이 있다. 첫째, 많은 사람들이 방사능은 인지할 수도 없고 보이지도 않는 위협이라고 생각한다. 그래서 화재, 자동차 충돌 사고 및 전쟁과 같은 익숙한 위협보다 더 두렵게 느낀다. 둘째, 사람들은 핵 사고로 인해 노출된 방사선 양보다 보통 훨씬 높은 자연 방사능에 노출되어 있다는 사실을 인지하지 못한다. 제1장에서 논의한 대로, 후쿠시마 원전 사고 때 누출된 것과 비슷한 양의 방사능은 수개월 내에 콜로라도 덴버에서 일반적으로 경험할 수 있는 수준보다 낮다. 셋째, 플루토늄의 위협은 너무 과장되어 와서 많은 사람들이 어떤 수준이든 방사능의 존재 자체를 받아들이지 못한다고 생각하는 점이다.

끝으로, 폐기물[waste]이라는 말 자체가 어감이 나쁘다. 일례로, 최고의 핵폐기물 저장소가 네바다의 유카 산에 건설되고 있을 당시 해리 레이드 상원의원이 반핵폐기물 공약을 걸고 선거에 출마했다. 그는 네바다가 쓰레기장이 되는 것을 원하지 않았다. 레이드는 미국의 다른 지역들이 네바다 지역을 (도박이나 매춘을 일삼는) 악의 주이며 쓰레기를 버리기에 알맞은 장소라고 생각한다는 점을 들어 네바다 주민들을 자극하며 유세활동을 했을 것이다. 레이드에게는 효과적인 정치로 증명되었고, 레이드의 지원을 받기 위해 버락 오바마 대통령 후보는 2008년에 그가 당선되면 거의 완성된 유카산 폐기물 저장소를 폐쇄하겠다고 공약했으며 실제로 그렇게 했다(2009년부터 오바마 행정부는 유카산 저장소의 폐쇄 계획을 진행 중이지만, 유카산 저장소는 연방법에서 핵폐기물 저장소로 지정된 상태라 난관을 겪고 있다. - 옮긴이).

요약하면, 핵폐기물은 기술적으로 어려운 과제는 아니다. 대중의 과장된 두려움 때문에, 핵폐기물에 대한 규제는 미국 원자력발전의 경쟁력을 낮추는 데 일조하면서 실제 위협을 능가하고 있다. 원자력발전은 경쟁에 유리한 점이 있는데, 태양열과 바람이 간헐적이라는 점과 석탄과 천연가스가 이산화탄소를 방출한다는 점, 그리고 실용적인 지열은 위치에 제한이 있다는 점을 그 예로 들 수 있다. 원자력발전에 드는 비용은 지난 몇 년간 가동 중지 시간을 줄임으로써 급격히 감소했다. 새로운 설계를 통해서도 더욱 비용을 낮출 수 있다. 중간 크기의 모듈형 원자력발전소는 개발도상국에 추가적인 중요한 이점을 제공하면서 멀리 떨어진 곳이나 발전소 건설이 힘든 곳에 지을 수도 있다. 그리고 원자력은 중국의 석탄발전소를 대체하는 데 사용할 수 있는 기술이다.

원자력에 대한 미국의 개발은 중국, 인도, 및 다른 여러 국가들이 따라올 수 있는 선례를 만드는 최선의 방법 중 하나이다. 대통령이라면 이 점을 명심해야 한다.

## 다가올 원자력의 폭발적 증가

미국에서는 31개 주가 원자력발전소를 운영하고 있고, 이 중 7개의 주에서 원자력발전이 전기의 50% 이상을 공급하고 있다. 미국은 적어도 후쿠시마 원전 사고가 발생하기 전까지는 핵에 대한 관심이 늘고 있었다. 그러나 지금은 대중의 반대가 다시 부활하고 있다. 미국의 새로운 원자력발전소 개발 여부와 관계없이, 세계의 국가들은 원자력발전에 대한 관심을 키우고 있다. 2012년 초, 31개 나라가 443기의 원자력발전소를 운영하고 있으며, 중국은 현재 27개의 새로운 발전소를 건설하고 있다. 여기에 50기가 계획 단계에 있으며, 또 다른 110기의 원자력발전소를 계획하고 있다. 일본은 (후쿠시마 사고로 인해서) 원자력을 취소하고 있지만, 세계 각국에 원자력발전소를 설치하기를 기대하고 있다. 현재 프랑스는 원자력발전이 국가 전기 수요의 75% 이상을 차지하며, 원자력발전으로 생산한 전기를 원자력을 제한하고 있는 이웃 국가들에게 (독일 및 영국 포함) 수출하고 있다.

2011년 6월, 후쿠시마 원전 사고 이후, 프랑스는 소형 모듈형 발전소와 같은 3, 4세대 원자력발전소에 10억 4,000만 달러를 투자할 것이라고 발표했다. 니콜라스 사르코지 프랑스 대통령은 "오늘날 원자력 에너지를 대체하는 에너지는 없다."라고 언급했다(30년 전 프랑스가 대량 원자력발전 프로그램을 시작했을 때도 같은 입장이었다. 프랑스는 비꼬는 투로 "우리는 석탄도 없고… 석유도 없으며… 선택의 여지도 없다."고 했다). 프랑스는, 비록 연기되기는 했지만, 다음 발전소를 2018년에 가동하기로 되어 있다. 또한 2011년에는 영국 정부가 2025년까지 건설이 가능한 원자력 발전소 부지 8곳의 목록을 확정했다.

세계의 많은 국가들의 경우, 원자력이 주는 장점은 크다. 모듈형 원자력발전소는 많은 주의가 필요하지 않아서 일부 원자력발전소는 파내어서 재충전하기 전에 30년 동안 운영하도록 설계되고 있다.

우라늄 원료는 매우 농축되어 있기 때문에 이송하기가 훨씬 수월하다. 중국의 많은 고속도로와 철도 기반시설이 현재 석탄을 광산에서 인구 밀집 지역으로 이송하는 데 이용되고 있다. 사실, 석탄이 생산된 내륙에서 석탄이 필요한 해안 지역으로 이송하는 어려움 때문에, 세계에서 석탄이 가장 풍부한 국가인 중국은 오히려 해안에 쉽게 도달할 수 있는 오스트레일리아에서 석탄을 수입해 오고 있다. 미국에서조차도 철도 운송체계의 거의 절반이 석탄을 운송하는 데 사용되고 있다. 우라늄을 이송하는 것은 훨씬 수월하다. 천연 우라늄 1톤이 만들어내는 에너지를 생산하려면 2만 톤의 석탄을 이송해야 한다. 19.9%로 농축된 우라늄을 배송하는 것도 28배(우라늄광의 U-235의 수준에서 19.9%와 0.7%의 비율)만큼이나 훨씬 수월하다. 이는 농축 우라늄 원료 1톤을 이송함으로써 56만 톤의 석탄을 이송하지 않아도 된다는 것을 의미한다.

# 핵융합

핵융합은 미래의 에너지원이며, 언제나 미래의 에너지원이 될 것이라는 농담이 있다. 핵융합 분야의 과학자들과 공학자들은 이 농담을 싫어하며, 우습지도 않다고 생각한다.

안타깝게도, 이 농담은 이 분야에서 일하는 사람들의 매우 낙관적인 전망에서 시작되었다. 1955년으로 거슬러 올라가보면, 인도 출신의 위대한 핵물리학자인 호미 바바Homi Bhabha는 한 국제학회에서 "나는 향후 20년 안에 핵융합을 제어해서 에너지를 끌어낼 방법을 찾을 수 있을 거라고 보고 있다. 그렇게 되면 세계의 에너지 문제가 진정으로 영원히 해결되는 것이다."라고 언급했다.* 이 예측은 거의 60년 전에 나온 것이다.

현재 핵융합에 대한 기대는 향후 20년 후에는 준비가 될 것이라고 예상하고 있다. 그러면 이런 기대를 따라잡을 수 있을까? 나는 그럴 거라

---

* 바바는 1955년 UN 원자력평화이용회의의 회장단 연설에서 그의 예측을 선언했다. 그의 대본은 G. Venkatarama, *Bhabha and His Magnificent Obsessions*, (Hyderabad, India: Universities Press, 1994), p.152.에서 읽을 수 있다.

생각한다. 그리고 현 세기에 가능하리라 생각된다. 핵융합은 비록 현재의 에너지 안보와 지구온난화에 도움을 주기에는 시간이 매우 오래 걸릴 것임에도 불구하고, 아마도 우리가 살아 있는 동안에 주요 상용 전력원으로 자리 잡을 것이다.

이렇게 낙관적으로 전망하는 근거는 무엇인가? 핵융합은 태양이 에너지를 생성하는 과정과 같으며, 지지자들이 좋아하는 부분이 바로 이 부분인데, 이런 과정이 핵융합을 자연에 가까운 것으로 보이게 한다. 태양에서는 연료가 일반 수소이며, 이 원소는 우주에서 가장 풍부한 원소다(이것이 수십억 년 동안 별이 빛날 수 있는 이유다). 만약 무게가 아니라 원자의 수로 계산을 해보면, 수소는 또한 인체에서도 가장 풍부한 원소다. 이와 비슷하게 원자의 수로 계산하면, 바다에서 가장 풍부한 원소이기도 하다. 우리는 적어도 수백 년 안에는 이 연료를 결코 고갈시키지 못할 것이다.*

사람들이 우라늄을 수백 년 동안 사용해도 고갈되지 않을 것이라는 걸 알기 전까지는, 수소의 풍부하다는 점이 핵융합이 핵분열에너지를 능가하는 주요한 장점이라고 간주되었다. 그리고 당연한 얘기지만 최소한 태양이 불타는 동안에는 재생가능 에너지가 바닥나진 않을 것이다.(현재 추정대로라면, 50억 년 이상 지속할 것이라 추정된다).

핵융합이 가진 또 다른 장점은 방사능과 관련하여 비교적 깨끗하다는 점이다. 핵융합은 위험한 폐기물을 거의 만들어내지 않는다. 그러나 완

---

* 1세대 융합 발전소는 아마 그냥 수소가 아닌 듀테륨과 삼중수소를 연료로 사용할 것이다 듀테륨은 원자핵에 중성자를 하나 더 추가하여 수소보다 더 무거운 '중수소'이다. 듀테륨은 일반 수소의 6,240분의 1만큼밖에 없지만 물에서 쉽게 구할 수 있다. 삼중수소는 더 무거운 수소(중성자를 2개 추가한다)인데, 이것의 반감기가 12년밖에 되지 않기 때문에 굉장히 희귀하다. 그러나 삼중수소는 핵융합로에서 생성되는 중성자를 리튬을 사용하여 생성할 수 있다.

벽하게 깨끗한 것은 아니다. 가장 신속하게 사용되고 모든 대형 차기 원자력발전에 사용될 예정인 수소 융합 반응은 다음과 같다.

무거운 수소 + 더 무거운 수소 → 헬륨 + 중성자

또는 동일하게 핵물리학에서 사용되는 일반적인 공식은 이렇다.

중수소 + 삼중수소 → 헬륨 + 중성자

중수소Deuterium는 물에 풍부하지만, 삼중수소tritium는 매우 희박하다. 모든 지구 해양에 있는 삼중수소의 총량은 16파운드에 지나지 않는다. 핵융합로에서 초반에는 삼중수소를 따로 공급하지만 나중에는 핵융합로 내부에서 리튬과 중성자의 반응에 의해 삼중수소가 '증식'되어 만들어진다[내부에 리튬 동위원소(Li-7)를 같이 넣으면 중성자 + Li-7 → 삼중수소 + 헬륨 + 중성자가 된다 - 옮긴이].

핵융합을 통해 발생된 헬륨은 위험하지 않고 방사성이 있지도 않다. 장난감 풍선에 들어 있는 헬륨가스와 동일하다. 그러나 방출된 중성자는 삼중수소를 증식시키는 데 반드시 필요한 반면 문제점을 야기한다. 중성자는 대부분의 물질에 의해서 흡수되고, 이 경우 그 물질에 방사성을 부여한다. 방사능의 양은 특히 우라늄 핵분열 발전에서의 방사능과 비교하면 작지만, 약간이라도 방사능을 생성한다는 사실은 이 핵융합 방식을 반대하는 사람들이 주로 언급하는 부분이다. 이런 우려는 모든 방사능은 유해하고, 우리는 환경으로부터 이 방사능을 제거해야 하며, 그리고 또한 그렇게 할 수 있다고 생각하는 근거 없는 믿음에 어느 정도 기대고 있다.

일부 대체 핵융합발전은 문제가 되는 중성자를 생산하지 않는다. 가장 흥미로운 부분은 수소/붕소 과정이다.

수소 + 붕소 → 3개의 헬륨 + 감마선

감마선은 상당량의 추가 방사능을 만들지는 않고, 에너지만을 전달한다. 그래서 이런 반응은 비교적 깨끗하게 보이며, 적어도 방사능을 두려워하는 사람에게는 그렇게 보일지도 모른다. 안타까운 점은 이 반응을 일으키기가 매우 어렵다는 점이다. 왜냐하면, 반응을 일으키는 데 훨씬 높은 에너지를 필요로 하며, 이런 이유로 이 반응 과정이 먼저 상용화될 것 같지는 않다. 제12장에서 트라이 알파 에너지 Tri Alpha Energy라는 기업에 대해 이야기할 것인데, 이 회사는 생성된 3개의 헬륨(헬륨 원자의 핵은 '알파 입자'라고도 불린다)을 따라 이름을 지었으며, 이 반응 방식에 많은 노력을 기울이고 있다.

마지막으로 우리가 낙관적이라 생각할 수 있는 이유는, 인간은 이미 1953년에 수소폭탄의 형태로 지구상에서 핵융합을 만들어냈다는 점이다. 이제 우리에게 남은 것은 이 핵융합을 한 번에 크게 폭발시키는 것이 아니라 서서히 작용하도록 제어하는 방법을 알아내는 것이다(비록 몇몇 사람들은 지하에 일련의 수소폭탄을 설치해 터빈을 움직이기 위한 물을 끓일 수 있다고 주장하고 있다).

전기 생산을 위한 제어 핵융합 방식에 대해서는 이미 많은 종류의 제안이 나와 있다. 이 중에서 많은 관심을 받고 있고, 접근 방법에 대한 실례가 될 수 있는 5가지 방법을 논의해보겠다. 그 방법은 토카막 tokamak,

국립핵융합시설National Ignition Facility, NIF, 빔 핵융합Beam Fusion, 뮤온 핵융합, 그리고 상온 핵융합cold fusion이다.

## 토카막

토카막tokamak은 1950년대에 소련에서 개발되었다. 명칭은 러시아어로 '전자기 코일이 있는 도넛 모양의 공간toroidal chamber with magnetic coils'의 앞 글자를 따서 만든 것이다. 이것은 대부분의 경쟁품들보다 월등하다고 인정받았고 지난 60년간 더 많은 관심을 받아왔으며, 제어 핵융합에 대한 다른 모든 방식보다 많은 연구가 이어져왔다.

토카막은 극단적인 고온에서의 핵융합 반응을 기본으로 하고 있는데, 이를 열핵융합thermonuclear fusion이라고 한다. 이 반응 과정은 태양의 중심부와 수소폭탄에서 발생하는 것과 같다. 2개의 수소 원자핵이 접촉할 때 핵융합이 발생하는데, 강하지만 짧은 범위의 핵력이 이 2개의 원자핵을 융합시키고 에너지를 방출한다. 문제는 2개의 수소 원자핵이 양전하를 가지고 있으며, 그래서 서로를 강하게 밀쳐낸다는 점이다. 열핵융합에서는 이런 반발 작용이 온도를 높이면서 극복된다. 고온의 원자들은 매우 빠른 속도로 움직이는데, 만약 속도가 반발 작용을 극복할 만큼 충분하다면 핵융합을 일으킬 수 있다. 태양에서, 중심부의 온도는 섭씨 약 1,500만 도로 계산된다.*

---

* 우리한테 빛을 제공하는 태양의 표면 온도는 훨씬 더 낮다(6,000℃ 밖에 안 된다). 태양의 에너지는 모두 '뜨거운' 태양의 내부에서 발생한다. 태양의 표면은 너무 차갑기 때문에 융합이 일어나지 않는다.

토카막의 핵융합을 위해선 섭씨 1억도 이상이 필요하다. 이는 태양 중심의 온도보다 7배나 높은 온도다. 이렇게 초고온이 필요한 것은 매우 빠른 속도로 에너지를 얻어내야 하기 때문이다. 태양에서 생산된 에너지의 시간당 비율은 놀라울 정도로 작다. 이 비율은 중심부의 가장 뜨거운 부분에서 리터당 0.3와트밖에 되지 않는다. 이 양은 인간의 몸에서 발산되는 에너지의 밀도보다 한참 작은 것이다(리터당 1와트인 인간은 체적이 평균 75리터인 경우 75와트의 평균 열기를 보인다). 태양은 이렇게 에너지 밀도가 낮지만 부피로 커버하며, 그 열은 표면으로 확산된다. 토카막은 크기를 늘릴 수 없기 때문에 더 높은 온도를 사용함으로써 핵융합 속도를 높여야만 한다. 그리고 보다 쉽게 점화되는 연료를 사용함으로써 속도를 높여야 하며, 이때 일반 수소가 아니라 중수소와 삼중수소를 포함하게 된다. 이런 수소의 형태는 원자핵에 추가적인 중성자를 가지고 있는데, 중성자는 전하가 없기 때문에 반발 작용에 영향을 미치지 않는다. 그러나 중성자는 핵력을 높이고, 원자핵이 융합하는 속도를 높이게 된다.

어느 것도 토카막의 수백만 도에 달하는 고온에서 그대로 그 안에 계속 남아 있을 수 없다. 그러면 어떻게 수소가 남아 있을 수 있을까? 그 답은 물질이 아니라 자기장으로 만들어진 매우 특별한 병에서 찾을 수 있다. 이것은 전자기 밀폐magnetic confinement라고 불린다. 토카막 구조는 쉽게 얻은 당연한 결과는 아니었다. 이전에 시도한 방식들에서는 자기 밀폐 구조의 새는 양이 매우 컸다. 토카막 역시 새지만, 매우 천천히 새기 때문에 수소가 열핵반응을 유지할 수 있을 정도로 오래 유지된다.

지속적인 성공이 있었지만 진전은 더뎠다. 모든 단계의 높은 밀도와 온도에서 새롭게 발생하는 손실의 문제를 해결해야 했다. 그러나 시스템의 규모가 계속 커짐에 따라, 문제는 작아지기 시작했다. 규모가 도움

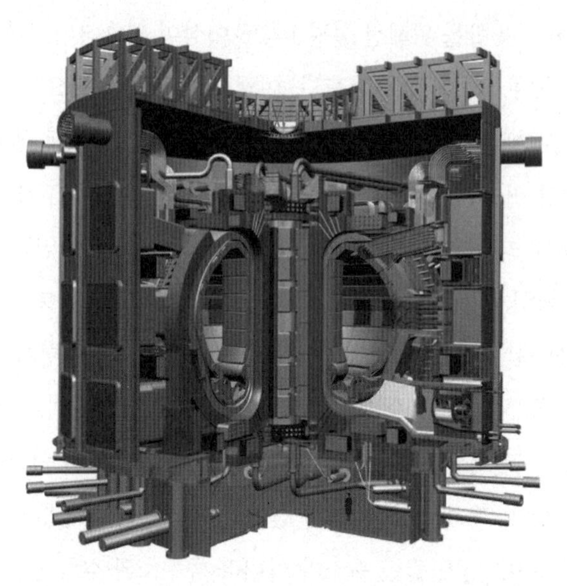

〈그림 3-13〉 국제토카막 실험로의 실측도. 비교를 위해서 그림 하단에 있는 사람의 크기와 비교해보라.

이 되는 것으로 밝혀진 것이다. 최신 버전은 ITER라고 하는데, 이는 국제 토카막 실험로 International Tokamak Experimental Reactor를 의미한다(그림 3-13). [원래는 '국제 열핵융합 실험로(International Thermonuclear Experimental Reactor)'였지만 핵이라는 말에 많은 사람들이 두려움을 느끼기 때문에 토카막으로 바꾸었다.] 라틴어로 iter는 '길'을 의미한다. ITER의 목표는 400초 이상 동안 500메가와트를 생산하는 것이며, 이는 이것을 가동할 때 필요한 전력보다 10배가 많은 양이다.

ITER는 18미터의 높이이며 거대하고 비싸다. 그리고 최근에는 비용 초과에 직면하고 있다. 원래 건설 비용은 50억 유로로 추산되었으나, 2009년까지 이 추정액은 100억 유로로 상승했고, 1년 뒤에는 150억 유로로 상승했다. 절대적 비용보다 이 상승액에 많은 사람들은 두려워했다. 실험 원자로가 이렇게 비싸다면 핵융합은 경쟁력이 있을까? 과학자들은 연구 프로그램에서 방사능 피해 실험을 줄이면서 절차를 생략하자고 제안했다. 그러나 이런 절차의 생략은 감축된 검증이 보다 심각한 미래의 문제를 야기할 수도 있다는 과학자들의 우려를 불러일으켰다. 만약 방사선이 있다면, 피해를 입은 내벽을 주기적으로 교체해야 하는데, 그렇게 된다면 토카막의 비용이 절망적으로 비싸질 것이다.

공식적인 일정상, ITER는 2019년에 고온 가스를 주입하는 첫 실험을 하게 되며, 2026년에는 수소 연료로 운전하기 시작될 것이다. 그리고 끝으로 2038년에는 마침내 프로젝트가 완료된다. 만약 결과가 설득력이 높으면, 상용 핵융합로가 뒤이어 나올 수도 있을 것이다.

그런데 에너지 기술이 종종 겪는 일반적인 문제가 있다. 에너지 기술이 현실과 멀고 추상적일 때, 이 기술들은 환경주의자들에게 매우 매력을 불러일으키는 것이다. 핵융합은 원래 우라늄 핵분열을 대체하는 보다 깨끗한 에너지라고 간주되었다. 그러나 새로운 기술이 현실에 가까워오면 때때로 그 방법이 재검토되고 거부된다. 그린피스Greenpeace는 최근에 ITER에 반대한다는 결정을 내렸다. 명시적으로는 비용 때문이었다. 이 기구는 만약 그 150억 유로가 다른 재생가능 에너지 기술에 사용되었더라면 보다 엄청난 가치를 얻을 수 있을 것이라고 주장한다. 그린피스가 정확하게 언급한 부분은 비록 ITER 기계가 작동을 한다고 하더라도, 상업용 기계가 세계 에너지 수요에 도움을 줄 수 있을 때까지는 수십 년이 걸린다는 것이다. 그린피스는 가까운 미래에 공헌할 수 없는 기계는 지구온난화를 막을 수 없으며, 거기에 투입되는 자금은 풍력, 태양력 및 곧 다가올 미래에 사용할 수 있는 다른 재생가능 에너지에 사용해야 한다고 주장하고 있다.

## 국립핵융합시설

추측하건대, 핵융합을 제어해 브레이크이븐(breakeven, 생산한 에너지가 투입된 에너지와 같아지는 상태)에 도달하게 할 첫 방법은 토카막이 아니라 작은 수소폭탄을 기본으로 하는 완전히 다른 장치가 될 것이다.

이 생각은 독창적이다. 각각 거의 5파운드의 휘발유가 생산할 수 있는 에너지인 100메가줄의 에너지만을 생산하는 매우 작은 폭탄을 만든다고 가정해보자. 이 폭탄 10개를 매초마다 폭발시키면 초당 1,000메가줄까지 에너지를 증가시킬 수 있다. 이는 1기가와트의 에너지에 해당한다. 이 에너지 폭발은 강철 탱크(지름이 10미터 정도면 충분하다)에 의해서 흡수되고, 열로 변환되며, 그리고 터빈을 작동시키는 데 사용된다.

문제는 재래식 수소폭탄은 가동을 위해 핵분열 폭탄을 필요로 한다는 점이다. 핵분열 폭탄은 우라늄이나 플루토늄의 임계질량을 필요로 하며, 일단 임계질량을 가지게 되면, TNT 수 킬로톤에 맞먹는 에너지를 발산하게 된다. 이때 에너지 양은 핵융합으로 얻은 5파운드의 휘발유에 해당하는 것보다 훨씬 많으며, 너무 커서 쉽게 보관하기 어렵다. 그러나 융합을 점화하기 위해서 높은 에너지가 정말로 필요한 것은 아니다. 실제로 필요한 것은 높은 온도다. 이것은 높은 에너지 밀도를 의미하는데, 즉 매우 작은 부피의 적은 양의 에너지가 될 수도 있다는 것을 의미하며, 매우 짧은 시간에 전달되어서 열기가 방사될 시간이 없어지게 된다. 이에 대한 해결 방법은 점화에 핵분열 폭탄 대신 레이저를 사용하는 것이다. 레이저는 에너지를 10억 분의 1초도 안 되는 시간에 매우 빠르게 전달할 수 있다(빛의 속도가 10억 분의 1초 만에 1피트를 움직인다는 것을 감안하면 매우 빠른 속도다). 만약에 작은 지점에 그 빛을 집중시킨다면, 그 빛이 수소 타깃을 수천만 도의 온도로 가열할 수 있게 된다. 캘리포니아의 리버모어에 건설된 대규모 시설은 이런 작업을 수행하도록 제작되었다. 이 시설은 조심스럽게 '국립핵융합시설National Ignition Facility' 또는 NIF라고 불린다. 'ignition'이라는 단어는 레이저가 핵융합에 필요한 충분한 에너지를 공급한다는 것을 나타내며, 그 방출된 에너지는 중수소와 삼중수소의 나머지가 핵융합을 시작할 만큼의 충분한 양이다. 핵물리학자들은 이 과정을 핵 연소를 점화하는 과정이라고 간주한다.

이 방법은 때때로 관성 밀폐 융합inertial confinement fusion이라고 불리는데, 비전문가들에게는 혼란스러운 용어일 수 있다. 이 명칭은 열기가 매우 빠르게 발생해서 연료의 관성력이 핵반응이 완료될 때까지 연료를 충분히 오랫동안 서로 같이 머물러 있게끔 한다는 점에서 유래되었다. 큰 수소폭탄도 관성 밀폐에 의존한다. 토카막의 '자기 밀폐 핵융합'과 비교해 보자. 토카막에서는 핵융합이 계속적으로 일어난다. NIF에서는 핵융합이 매 10분의 1초 후에 새로운 소형 폭탄이 터지면서 일어나는 새로운 핵융합 폭발에 따라 100만 분의 1초 만에 발생한다.

〈그림 3-14〉에서 보는 것과 같이, NIF에 있는 레이저는 미식축구 경기장 규모의 건물 안에서 흩어져 있다. 192개의 레이저가 동시에 같이 발사되며, 이 레이저는 공간의 대부분을 차지한다. 이 수소 타깃 공간은 그림의 우측 하단에 있는 높은 건물에 들어 있다. 이 레이저 에너지는 매우 짧은 펄스pulse 후에 도착하게 된다. 즉 보통 10억 분의 1초 이내에 도착할 수 있어서 순간 전압(에너지를 시간으로 나눈 값)이 500테라와트, 즉 50만 기가와트에 달한다. 이 양은 50만 개의 대형 원자력발전소와 맞먹는 수준이다. 물론 그 전압은 10억 분의 1초 안에 전달된다.

타깃은 지금까지 설명한 것보다 조금 더 복잡하다. 이것은 레이저 빛

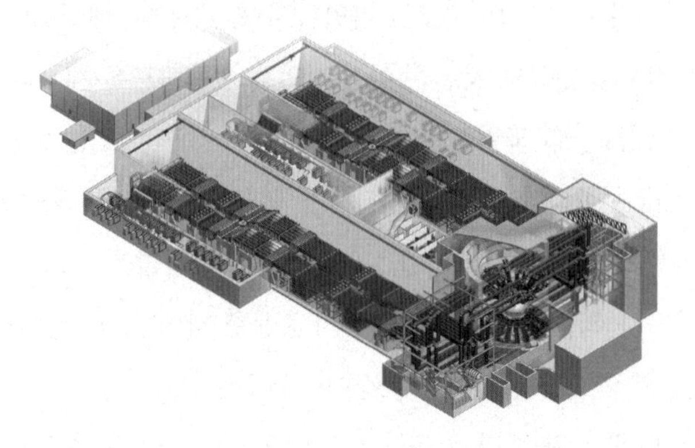

〈그림 3-14〉 캘리포니아 리버모어에 있는 국립핵융합시설. 이 건물에는 세계에서 가장 강력한 레이저 192개와 제어핵융합을 위한 챔버가 들어 있다.

을 흡수하고 타깃 외벽에 그 외벽이 엑스선을 방출할 정도의 고온이 될 때까지 열기를 가한다. 이 엑스선은 수소 타깃에 열기를 가할 뿐만 아니라, 그 타깃을 압축시키는 충격파를 만들어낸다. NIF 과학자들은 이런 방식으로 핵융합을 얻곤 하지만, 또한 미래에는 타깃을 단순화시켜 수소를 직접적으로 점화하는 데 레이저 에너지를 사용할 수 있을 것이라고 기대하고 있다. 이런 기술 향상은 핵융합 자체에는 필요 없을지도 모르지만 석탄, 천연가스 및 일반 핵분열 원자력발전소와 경쟁이 될 수 있는 값싼 핵융합을 가능케 하는 저렴한 타깃을 생산하는 데 필요하다.

회의적인 사람들은 내폭 방식의 근본원리가 발명된 1972년부터 지금까지 레이저 핵융합이 '거의 눈앞에 다가왔다'고만 말하고 있다는 점을 지적한다. 토카막과 마찬가지로 NIF에 이르기까지 수십 년 동안 수많은 작은 단계들을 거쳐 왔다(보다 작은 규모의 레이저를 사용하여 원리를 시험해 왔다). 이것들은 안타레스Antares, 시바Shiva, 노바Nova, 슈퍼 노바Super Nova와 같은 인상적인 이름들을 가지고 있었다. 내파 원리 또한 작은 타깃에 열기를 가한 엑스선을 만들기 위해 핵무기를 사용하여 시험되기도 했다. 1988년에 이 방식은 미국이 핵실험을 중단하면서 같이 중지되었다.

NIF가 브레이크이븐 핵융합을 얻을 수 있을까? 그렇다. 사실 나는 이것이 곧 일어날 것이라고 기대하고 있다. 아마도 이 책이 독자의 손에 건네지기 전에 현실화될지도 모른다. 유용한 에너지원이 될 수 있을까? 그것은 잘 모르겠다. 이는 비용이 얼마나 하락하느냐에 달려 있다. 내 생각에 중요한 부분은 수소 타깃의 가격인데, 이 가격이 반드시 각각 1달러 이하로 떨어져야 한다.* 리버모어의 과학자들은 상업적 경쟁력을 갖추기 위해서 시설의 모든 구성요소의 규모와 비용을 줄이려고 계획하고 있다. 그들은 이와 같은 진보된 시스템을 LIFE라고 부르며, 이 용어는 '레이저 관성 핵융합 에너지Laser Inertial Fusion Energy'의 약자다.

## 빔 핵융합

열핵융합은 2개의 수소 원자핵을 매우 뜨겁게 하고 각각의 원자핵이

---

* 계산법을 보자. 만약 NIF에 있는 레이저가 1GW의 전력을 생산한다면 3GW의 열을 생성해야만 한다(열에서 전력변환의 효율성은 약 33%이다). 1GW는 100만 KW이다, 그러니 이 레이저는 매시간마다 300만 kWh의 전력을 제공하는 것이다. 이건 매시간이다, 매 1/10초 (각 소형폭탄의 융합 폭발의 시간)마다 300만 kWh의 3만 6,000분의 1, 즉 83kWh를 제공한다. 현재 소비자들은 1kWh마다 약 10센트를 낸다, 즉 각각의 소형 수소폭탄은 8.3달러어치의 전력을 제공하는 것이다(이 계산법에서는 좀더 미래의 레이저 시스템을 사용한다. 현재 NIF의 레이저는 매 펄스마다 4MW를 생성한다, 이것은 100kWh이고 가격을 따지자면 1달러어치다). 즉 이 기술을 상용화하기에는 레이저를 한 번 쏠 때의 값이 8달러 미만(투자비에 대한 이자까지 포함하여)이어야 한다는 것이다. 기술자들은 이게 가능하다고 믿는다. 지금의 타깃을 생성하려면 몇 천 달러가 필요하다. 하지만 기술자들은 더 간소화한 타깃을 50센트 미만으로 생성할 수 있다고 생각한다. 그들은 적어도 1달러가 미만으로 낮춰야 한다고 주장한다. 개인적으로 그렇게 싼 가격으로 타깃을 만들 수 있을지는 의심이 가지만, 만약에 중간의 엑스선을 제외한 다이렉트 레이저 드라이브(Direct Laser Drive)를 기반으로 한 아주 간단한 타깃을 만들 수 있다면 몇 십 년 후에는 이 방식이 충분히 가능한 전력원으로 사용될 수도 있다.

반발 작용의 에너지보다 더욱 높아지게 만들어서 이들 수소 원자핵의 전기적 반발 작용을 극복하는 것이다. 열을 동원하지 않으면서 반발 작용을 극복하는 또 다른 방법이 있는데, 이는 한 가지 종류의 수소, 즉 보통 중수소를 가지고, 빠르게 움직이는 입자의 플라스마의 빔으로 이것을 가속하는 방법이다. 이 방법은 원자핵을 가열하는 방법과 매우 유사하게 들리지만, 실제로는 꽤 다르다. 모든 입자들이 단순히 같이 움직이기 때문에 빔은 쉽게 좁은 영역에 모을 수 있으며, 여기서 중요한 부분은 충분한 빔들이 (보통 빔들은 거의 밀집되지 않는다) 타깃과 충돌하도록 하는 데 있다.

이 방식은 빔 핵융합이며 이미 상용화되어 있다. 중성자 발생장치라고 불리는 도구는 자기장에 있는 중양자(중수소의 원자핵)의 빔을 가속시키며, 삼중수소가 풍부한 타깃으로 중양자의 빔이 들어가게 한다. 중수소와 삼중수소의 핵융합은 헬륨과 에너지가 높은 중성자를 만들어내는데 이 장치에서는 중성자가 중요한 역할을 한다. 예를 들면 이런 장치들은 부분적으로 구멍을 뚫은 오일 집수정으로 중성자 감지 도구와 함께 아래도 들어가게 된다. 이 장치가 관측할 위치에 도달하면, 가속을 위한 전력이 공급되고(일반적으로 8만 볼트가 걸린다), 중성자가 (핵융합으로부터) 생성된다. 이들은 장치에서 나와서 암석으로 들어가게 된다. 일부 중성자는 되튕겨져 돌아오게 되는데, 튕겨져 돌아온 양은 유정 시추단에게 암반의 강도와 석유의 성분에 대해 유용한 정보를 제공하게 된다. 이 방법은 시추공 근처의 암석의 특징을 조사하는 데 사용되는 방법들 중 한 가지다. 전체 과정은 '유정 검층'이라고 불린다(이런 방식은 유정 검층의 다양한 방법 중 하나로 중성자 검층이라고 부른다. -옮긴이).

이와 같은 중성자 발생장치는 많은 중성자의 스위치가 켜지고 꺼질 필요가 있을 때마다 필요한 중요한 장치다. 적용 대상은 석유 탐사뿐만 아니라 공장에서의 석탄 분석, 시멘트 공정 제어, 벽 두께의 측정 등 많은 연구 및 의료 목적으로 사용될 수 있다.

그러면 왜 빔 핵융합을 에너지를 위해 사용하지는 않는가? 근본적인 문제는 효율성에 있다. 원자핵 융합이 너무 적어서 에너지 출력량이 에너지 투입량보다 적다. 그래서 브레이크 이븐에 도달할 수가 없다. 적어도 현재까지 빔 핵융합의 경우에는 그렇다. 그러나 똑똑한 공학자나 물리학자들이 계속해서 효율을 개선하기 위한 새로운 방법들을 연구하고 있다. 아마도 순수 빔 핵융합만을 이용한 방법보다 자기 밀폐나 다른 기술들을 조합한 방법이 나올 수도 있겠다. 트라이 알파 에너지는 남부 캘리포니아에 있는 회사로서 현재 '은밀한'방식으로 운용되고 있다. 다시 말하면, 대부분의 작업을 비밀리에 유지하고 있다. 하지만 이 회사는 규모 면에서 다른 회사들보다 훨씬 크다. 이 회사는 기술 개발을 위해 거의 1억 달러를 유치했다. 이 회사의 비밀에 대해서는 아는 것이 없지만, 이 회사의 연구진들이 핵융합 컨퍼런스에서 몇 가지 연구결과를 발표했었는데 이들의 의견은 대단히 흥미로웠다.

이 회사는 고에너지의 골칫덩어리(손상을 일으키는) 중성자를 생성하는 중수소와 삼중수소의 반응 과정을 피할 수 있는 방법을 찾고 있다. 대신 이들의 계획은 이 장의 앞에서 설명했던 대체 핵융합 반응인 붕소로 수소 원자핵(양성자)을 융합시키려는 것이다. 이 반응은 중성자를 발생시키지 않아 무(無)-중성자aneutronic라고 불린다.* 중수소-삼중수소의 핵융합에서 생성된 중성자는 보다 많은 삼중수소를 양성하는 데 유용하다. 하지만 삼중수소는 수소-붕소 핵융합에는 필요가 없다. 반응 중에

---

* 어떤 중성자들은 수소와 붕소의 충돌에 의해 생성되기도 하는데, 0.1%의 충돌만 중성자들을 생성한다.

생성된 3개의 알파입자(헬륨 원자핵)가 대부분의 에너지를 가져간다.

트라이 알파의 설계에서, 수소와 붕소는 담배연기 고리 모양의 빔으로 가속된다. 이 디자인은 그런 고리 형태의 교묘한 성질을 이용하는데, 그 고리는 강한 자기장과 전기장을 모2가지고 있다. 짐작하기로는, 자기장은 붕소와 수소 원자에 제약을 가하고, 전기장은 플라스마(충전 가스)를 전기적으로 중성 상태로 유지하는 전자에 제약을 가한다. 핵융합에 의해서 발생된 알파 입자는 중성자와는 달리(중성자는 중수소와 삼중수소의 융합에서 에너지를 전달한다), 전하를 가지고 있어서 원칙적으로 열기가 아니라 전기로 직접 에너지를 추출할 수 있다. 항상 그렇듯이, 중요한 부분은 이렇게 하는 방법이 비용 면에서 경쟁력이 있다는 점이다.

이런 방법이 사용 가능한지는 알 수 없다. 이 방법은 많은 인원의 최고 과학자를 수반하는 규모가 크고 비용이 많이 드는 프로젝트다. 회사 이름이 트라이 알파임에도 불구하고, 핵융합의 용이성 때문에 먼저 중수소와 삼중수소를 사용했다는 점은 놀라운 사실이다. 이 방법의 복잡성과 미묘한 부분은 제2차세계대전 동안에 레이더를 만드는 것을 가능하게 했던 장치인 마그네트론을 떠올리게 한다. 이 장치는 너무 복잡해서 많은 물리학자들이 오늘날에도 이 장치의 작동 메커니즘을 이해하지 못하고 있다. 그러나 마그네트론은 매우 잘 알려져 있고 우리의 실생활에서, 전자레인지에도 사용되고 있다. 트라이 알파의 성공에 상관없이, 이들의 혁신적인 개발은 핵융합에 대해 새롭게 발명될 또 다른 의견이 있을 수도 있다는 것을 보여준다. 이런 새로운 생각들은 우리가 오늘날 전자레인지를 당연하게 생각하는 것처럼, 나중에 우리에게 당연한 기술로 생각될 것이다.

## 뮤온 핵융합

핵융합을 얻기 위한 또 다른 방법이 있다. 이 방법은 높은 온도, 빔, 심지어 전기적 가속도 필요하지 않다. 이 방법은 루이스 알바레즈가 1956년에 우연히 발견했는데, 원래 이름은 뮤온muon 촉매 핵융합이었지만, 액화수소의 온도인 화씨 −423도(섭씨 −253도 정도)에서 발생하기 때문에 '상온 핵융합'이라고 불리기도 했다. 비록 이 발견이 그 이름의 원인이 되었지만, 1980년대를 장식했던 '상온 핵융합'과 혼동해서는 안 된다. 그에 대한 이야기는 다음 장에서 하도록 하자.

알바레즈는 자신의 액화수소 거품 챔버에서 이 반응을 발견했다. 이 장치는 그가 입자물리학 연구에 사용했으며, 이 장치로 그는 노벨상을 받을 수 있었다. 처음 그가 본 것은 완전히 신비한 것이었지만, 그것은 곧 에드워드 텔러에 의해 설명되었고, 완전한 이론은 버클리 대학교의 교수 J. 데이비드 잭슨이 고안하여 몇 년 후에 나왔다.

뮤온은 폭발하기 전 약 200만 분의 1초 동안 존재하는 작고 무거운 입자로, 전자(또는 양전자)와 중성미자를 방출한다. 뮤온 핵융합을 가능하게 하는 주요 기능은 높은 질량, 그리고 일부 뮤온은 양성자와 달리 음전하를 가진다는 점이다. 수소가 들어 있는 통에 음뮤온을 넣으면, 그것은 수소 원자의 원자핵인 양자에 끌려가게 된다. 뮤온이 전자보다 207배나 무겁기 때문에, 전자보다는 원자핵에 훨씬 가깝게 돌 수 있다.* 이제 양의 양성자에 음의 뮤온이 가깝게 위치하게 되면, 이들의 전하는 사

* 기본 양자물리학에선 그 궤도의 크기가 음의 뮤온의 질량에 반비례한다는 걸 보일 수 있다. 즉 뮤온은 전자보다 핵에 207배 더 가까울 수 있다는 것이다.

라지게 된다. 원래 양성자 주위를 돌고 있던 전자는 이제 끌어당기는 힘을 잃고 떨어져 날아가버린다.

뮤온과 양성자의 작은 중성 조합은 남아 있는 수소를 통해 이들이 우연히 중수소의 원자핵인 중양성자와 부딪히게 될 때까지 자유롭게 흘러가게 된다. 이 과정은 일반 수소에서도 10억 분의 1초 정도 걸린다. 만약에 물질이 순수 중수소(상업용 원자로에 사용되는)라면, 이 과정은 훨씬 빠르게 발생한다. 이들이 서로 근접할 때, 강한 원자력이 지배하게 되며 양성자와 중양성자는 에너지를 방출하고 헬륨 원자핵을 만들게 된다.

여기서 끝나는 것이 아니다. 대부분의 시간 동안 뮤온은 헬륨으로부터 방출된다.* 이는 또 다른 원자핵으로 이끌려가기 때문인데, 원자핵은 양전하를 없애며, 다른 원자핵을 '촉매'하게 된다. 상업용 시스템을 만들려면, 이런 핵융합의 궁극적인 수치는 방출된 에너지가 처음 뮤온을 생성할 때 소요된 것보다 충분히 많아야 한다.

이 과정은 일반적으로 뮤온이 헬륨 원자핵과 결합되면 반응 과정이 종료된다. 이런 결합은 그 시간의 약 1% 정도로 발생하며 안타깝게도 이는 너무 자주 발생하게 된다. 간단히 계산하면, 각각의 뮤온으로 350번의 핵융합 과정을 일으키지 못하면, 뮤온 핵융합은 일어날 수가 없다.**

---

* 헬륨에 결합되는 것이 뮤온의 수명이 2마이크로초인 것보다 더 심한 제약조건이 된다.

** 원자핵을 다루는 물리학자들은 MeV(million elctron-volt)라는 단위를 자주 사용한다. 이 단위를 사용하여 뮤온 생성을 설명할 것인데, 그렇게 단위 자체에 집중할 필요는 없다. 뮤온을 만들려면 먼저 파이온이라는 입자가 필요하다. 이 입자를 만드는 데는 최소 140MeV의 에너지가 필요하다($E=mc^2$ 에서의 정지 질량 에너지이다). 일반적으로 파이온들의 3분의 1 정도가 음전하를 지니고 그 음전하를 지닌 파이온이 필요한 뮤온으로 바뀐다. 그러니 뮤온 하나를 생성하기 위해 $3\times140=420$ MeV의 에너지가 필요하다. 뮤온이 융합을 촉진시킬 때마다 평균 3.65 MeV의 에너지를 방출하니까, 뮤온이 115번의 융합을 촉진 시켜야 에너지 손익분기점을 도달할 것이다. 거기다가 방출된 에너지는 열에너지이기 때문에 열에너지에서 전력으로 변환하여 다시 파이온을 생성하는 단계는 비효율적이다(보통 파이온을 생성하려면 양성자를 140 MeV의 에너지를 가질 때까지 가속하여 원자핵에 충돌시킨다). 그 비효율성 때문에 필요한 최소 에너지는 3배로 증가한다. 결국 한 뮤온마다 3배의 융합, 약 350번은 필요하다는 것이다.

그래서 뮤온 핵융합이 안 되는 거긴 하지만 생각해보면 겨우 3.5배수의 문제로 못하고 있는 셈이다. 이를 해결할 공학적 또는 물리적 방법은 없는 것일까?

일부 사람들은 포기하지 않고 있다. 아마도 압력을 증가시킨다면 또는 액체 대신에 고체를 사용한다면 작용할 수 있을 것이다. 일부 연구자들은 실제로 뮤온당 150번의 핵융합을 일으키도록 겨우 겨우 만들 수 있었다. 아직 충분하지는 않지만 그것은 고무적인 달성이다.

더욱 향상시킬 수 있을까? 만약 성공해서 1조 달러의 이익을 거둘 수 있다면 생각해볼 만한 일이다. 아마도 뮤온이 헬륨에 들러붙는 확률을 줄일 수는 있을지도 모른다. 붕괴하는 원자핵을 결정에 집어넣었을 경우의 '뫼스바우어 효과Mossbauer effect'가 관련이 있을 수도 있겠지만 누구도 이런 목적에 어떻게 써먹어야 할지는 모른다. 어쩌면 뮤온이 붕괴할 때 발생하는 에너지를 회수해서 버려지지 않게 할 수도 있겠다. 그런데 문제는 생성된 중성자가 챔버를 매우 잘 빠져나간다는 점이다. 아마도 전기에너지를 최초로 발생시키기 위해 핵융합의 열기를 사용하지 않고도, 뮤온의 전조인 파이온을 보다 효과적으로 만드는 방법이 있을 수도 있다. 아마도 불필요한 양전하와 중성전하를 만드는 에너지를 낭비하지 않고, 배타적으로 실제로 필요한 음전하를 가지고 있는 파이온의 종류를 생성할 수도 있다. 이 방법은 3배수로 보다 많은 핵융합을 얻을 수 있도록 할 수 있다. 혹은 일부 우라늄을 추가했을 때 유발된 핵분열로부터 얻은 추가 에너지는 충분해지게 될 것이다. 물론 이것은 순수한 핵융합은 아니지만 그래도 핵분열 원자력발전소보다 나은 핵융합일 수도 있다.

미친 짓은 아니다. 단지 어려울 뿐이다. 지금 당장은 너무 어려워서 나도 해결책을 알 수 없지만 해결 방법이 존재한다고 생각한다. 적어도 스타 사이언티픽Star Scientific이라는 기업은 이 문제에 대한 해결책을 가지고 있다고 주장하고 있다. 아마도 지금 우리가 언급한 방법들 중에 그 방법이 있거나 다른 방법을 사용하고 있을지도 모른다. 이 회사는 에너지가 덜 드는 뮤온 생산 방법을 개발했다고 한다. 그러나 요즘 이 회사는 계속 '최종 검증' 중이라서 그 비밀스러운 방법이 실제로 작용할지에 대해서는 불확실하다.

핵융합 촉매에 대한 다른 방법이 있을지도 모른다. 1980년대에 나는 루이스 알바레즈(뮤온 핵분열을 발견한 사람)와 그가 가지고 있었던 가설에 대해 연구했다. 그의 가설에 따르면, 음전하를 가지며 붕괴하지 않는 무거운 입자가 존재한다. 나는 그런 입자를 찾기 위한 실험을 준비했다. 그 수가 매우 적어서 찾기 힘들 뿐이지 자연계에서 찾을 수 있을 터였다. 그러나 입자의 발견이 융합 촉매를 위한 수단을 알게 해준다는 것을 깨달았다. 수소 원자핵의 전하를 중화시키기 위해 뮤온을 대신해서 사용할 수 있다는 것이다. 모든 안정되고, 무겁고, 중성적인 입자는 이런 역할을 할 수 있다. 우리는 원래 우리가 찾으려는 입자는 찾지 못했다. 이론은 잘못된 것이었다. 우리는 그런 입자가 존재하지 않는다는 사실을 보여주는 논문을 썼다. 그러나 이런 예에서 볼 수 있듯이, 아마도 중수의 핵융합을 손쉽게 일으킬 수 있는 무언가가 어딘가에 숨어 있을지도 모른다. 계속 연구해볼 필요가 있겠다.

뮤온 핵융합이 처음 발견되었을 때, 이는 상온 핵융합이라고 불렸다. 왜냐하면, 뮤온 핵융합이 액화수소의 온도에서 작용했기 때문이다. 그러나 오늘날에는 상온 핵융합이라는 용어는 중수와 팔라듐 전극을 사용하는 이상한 형식의 핵융합을 가리키는 말로 종종 사용되고 있는데, 실제로 이는 성공을 주장하는 수많은 거짓 과학적 주장이 존재해왔음에도 불구하고, 실제로 일어나지 않는다. 일부 사람들은 이에 대해 논란의 여지가 많은 분야라고 한다. 왜냐하면, 지지자들이 실패를 인정하지 않고 있기 때문이다. 하지만 미래의 대통령이라면 왜 상온 핵융합에 투자하는 것이 세금 낭비인지를 알아야 한다.

## 상온 핵융합

1989년, 두 화학자는 세계 에너지 공급에 혁명을 일으킬 수 있는 것처럼 보이는 환상적인 발견을 발표했다. 열 핵융합과는 달리 (그러나 뮤온 핵융합과 비슷하게) 실온에서 작동할 수 있으므로 이를 상온 핵융합이라고 불렀다. 이 발견은 우아할 정도로 간단했다.

스탠리 폰스와 마틴 플레이슈만은 유타대학교에서 배터리와 연료전지 분야를 연구하던 과학자였다. 그들은 물을 구성 가스인 중수소와 산소로 변환하기 위해서, 중수를 통해서 팔라듐 전극에 전기를 거는 시스템을 구축했다. 그리고 실험 중 일부에서 중수의 온도가 섭씨 30도에서 50도로 상승하는 것을 발견했다. 발생된 에너지는 투입한 에너지보다 많은 것으로 나타났다. 에너지는 어디서 나온 것일까? 핵융합이 발생하고 있는 것일까? 결과는 반복할 수 있었지만 결국 전지는 수명을 다했으며 더 이상의 에너지는 만들어지지 않았다. 폰스와 플레이슈만은 이 에너지가 중수소 원자핵의 융합에서 발생한 것이라고 믿었다. 팔라듐과 전기로 인해 어떻게든 원자핵의 전기적 반발력을 극복했을 것이다. 어쩌면 뮤온 핵융합에서 일어났던 것 같은 미묘한 전기력 무효화 현상일지도 모른다.

하지만 계산 결과, 그런 식의 핵융합은 일어날 수 없었다. 팔라듐이 핵융합을 촉매하기 위해서 전기적 반발 작용을 극복할 수 있다는 것을 설명할 방법이 없었다. 그러나 과거의 가장 위대한 발견에는 이전에 불가능하다고 생각했던 것들이 포함되어 있었다. 실험은 일반적으로 이론을 앞서게 된다는 점을 생각하자.

안타깝게도 이 발견은 잘못된 것으로 밝혀졌다. 잘못된 결과는 부주의한 실험, 계측 장비의 조정에 주의를 기울이지 않은 결과였다. 또한 이런 발견을 통해 노벨상을 주고, 저렴한 에너지를 통해 수백 명의 생명을 구하며, 로열티로 수십억 달러를 벌어주고, 인류의 역사에 길이 남을 만한 위대한 과학 업적으로 기억되게 한다는 믿음에서 생겨난 맹목적 열정으로 인한 결과였다. 폰스와 플레이슈만의 연구에 대한 나의 개인적인 경험은 어떤 일이 발생했고, 대통령이 무엇을 조심해야 하는지를 분명히 밝히는 데 도움이 될 것이다.

폰스와 플레이슈만이 20도의 온도 상승을 관측했을 때, 그들은 중수를 전기분해하기 위해서 팔라듐 전극을 사용하고 있었다.* 그러나 지나친 열기는 화학반응과 같은 많은 다른 원인에 의해서 발생할 수 있었다. 반드시 확인해야 하는 부분은 중성자가 생성되고 있는지를 확인하는 것이었다. 그들은 일부를 목격했으며 발견했다. 그리고 그들은 실제 중수소 핵융합에서 발견되는 삼중수소를 찾으려 했고, 또한 그들은 스스로 이것 또한 발견했다고 납득시켰다. 그들은 이 결과를 발표하기 위해서

---

* 중수는 $H_2O$에서 수소를 중수소로 교체한 것이다. 이 수소는 원자핵에 양성자가 하나가 더 있고 듀테륨이라고도 불린다, 부호는 D. 물의 전기분해는 2개의 $H_2O$를 2개의 $H_2$와 $O_2$로 나누는 것인데, 중수소의 전기분해는 2개의 $D_2O$를 2개의 $D_2$와 $O_2$로 나눈다. 실험용 액체에 전기를 흐르게 하는 전극들은 팔라듐으로 만들어져 있다. 폰스와 플레이슈만은 팔라듐이 흔히 화학반응을 촉진시키는 점을 감안하여 융합도 촉진시키기를 기대했다.

기자회견을 열어 전 세계에 대대적으로 선전했다. 바로 그 후에, 미국의 몇몇 연구팀이 유사한 실험을 준비했고, 상온 핵융합 발견을 확인했다. 텍사스 A & M, 조지아 공과대학, 그리고 스탠퍼드 대학교에서 유명한 연구진들 모두가 그 발견을 검증했다고 보고했다.

나도 마찬가지로 흥분해 있었고, 내 연구 분야를 변경해야 할지에 대해서도 깊이 고민했다. 나는 그들의 이론을 믿지 못하는 회의론을 떨쳐버렸다. 새로운 격언도 만들었다. 어떤 일이 일어난다면, 반드시 가능하다. 폰스와 플레이슈만이 자신들의 연구에 대해 기술한 연구 논문도 읽으려 했지만 유타대학교 소속 변리사의 조언에 따라 그 연구는 비밀로 유지되고 있었다. 은밀한 방식이었다. 그러나 그들은 그 연구 논문을 몇몇 사람들에게 보냈으며, 그 사람들은 또 다른 사람들에게 연쇄반응처럼 돌려보게 하여 갑작스럽게 구할 수 있게 되었다. 그 연구 논문을 복사했던 한 친구가 나에게 팩스로 보내주었으며, 그 팩스는 내가 받았던 첫 번째 팩스이기도 하다.*

나는 그 연구 논문을 읽고 연구의 질이 형편없음에 놀랐다. 깊이 실망했다. 실험 절차에 대한 설명은 거의 없었다. 그들은 절대적으로 중요한 단계인 에너지 생산에 대한 조정에 관해 언급하지 않았다. 그리고 화학반응과 같은 그 외의 가능한 에너지 발생 메커니즘을 어떻게 배제했는지 설명하지 않았다. 이 연구는 엉성하기 짝이 없는 연구였다. 단 몇 분만에 나의 생각과 낙관적 자세는 180도로 바뀌었다.

---

* 나는 이 연쇄반응을 더 진행시키기 위하여 폰스와 플레이슈만의 연구 논문을 다른 친구들한테 보냈다. 근데 거기다가 난 이 논문이 계속 복사기와 팩스를 통해 기하급수적으로 배포될 것이라고 예상하여 첫 페이지에 "이 논문을 받으면 리처드 뮬러에게 1달러를 보내주시길 바랍니다."라는 문장을 추가해 놨었다. 여러 사람이 그 문장을 보았다고 나한테 말해줬지만 난 1달러도 받지 못했다. 결론적으로 셰어웨어로는 돈을 벌기가 힘들다.

나는 놀라운 사람들이 전혀 기대하지 못한 엄청난 발견을 한다는 사실을 매우 잘 알고 있었다. 3년 전에 나와 같은 성을 가진 누군가가 고온 초전도의 놀라운 발견을 발표했고, 그 발견은 연구 분야의 완전히 새로운 지평과 수많은 적용 가능성을 열었다. 실제로 1895년 빌헬름 뢴트겐이 엑스선을 발견했고 그의 손을 찍은 엑스선 사진을 만들었을 때, 일주일 내내 다른 과학자들은 그가 사기꾼이라고 생각했다. 왜냐하면, 그가 보고 있는 것이 현재 알려진 물리학의 영역에서는 분명히 불가능하기 때문이었다. 그러나 그들은 신속히 그의 결과를 확인했고, 뢴트겐은 엑스선 발명으로 최초로 노벨 물리학상을 받았다.

그러나 나는 물리학에서 질이 낮은 연구 논문으로 발표되는 발견에 놀라운 결과가 하나라도 있을 것이라고는 생각하지 않는다. 폰스와 플레이슈만의 연구 논문은 단순히 질적으로 떨어질 뿐만 아니라, 그 논문에는 스스로의 결과에 대한 의심이 전혀 없었다. 실제로 이런 자기 의심은 과학적 방법의 필수적인 부분이다. 과학자들은 다른 누구만큼이나 자기 자신에게 의문을 제기하고 의심을 해야 한다. 그래서 이를 보상하기 위해서 우리는 심지어 스스로의 결과에도 매우 신중하고 의심을 해야만 한다. 나는 동료들에게 만약에 공동 작업자들이 뭔가를 이렇게 엉터리로 썼다면, 다시는 그들과 공동작업을 하지 않을 정도로 그들에 대한 평가를 낮출 것이라고 말했다.

상온 핵융합에 대한 나만의 연구 프로그램을 시작하는 것보다, 그것에 반하는 내기를 하기 시작했다. 나는 50대 1의 확률로 폰스와 플레이슈만의 발견이 지지되지 못할 것이라는 데 걸었다. 나의 내기는 「월스트리트 저널」에 보고되었지만, 내가 생각하는 '나쁜 연구'에 대한 논리는 아니었다.

그러면 폰스와 플레이슈만의 연구 결과를 확인하여 보고한 연구팀들에 대해서는 어떤가? 돌이켜 보면, 출판에 대한 편견이 있었던 것으로 보인다. 만약 당신이 연구를 하다가 검증하려 했던 결과를 확인하는 듯한 변수(또는 실수)를 얻게 된다면, 당신은 아마도 재빨리 연구 논문을 쓰려 하거나 아마도 기자회견장에 전화를 걸 수도 있을 것이다. 그렇게 되면 다른 누군가가 이미 그 주장을 보고했으며, 당신의 실험이 사실이 아니라는 주장을 입증하기가 매우 곤란해질 것이다. 그래서 당신은 보통 때만큼이나 주의를 기울이지 않을지도 모른다. 이와 반대로, 만약에 당신이 아무런 결과도 발견하지 못한다면, 연구 논문을 쓰지 않게 된다. 왜냐하면 당신이 뭔가 잘못했을지도 모른다고 생각하기 때문이다. 그리고 또한 부정적인 연구 논문은 학술지에 출판이 거의 되지 않는다.

공동 연구 논문을 출판한 뒤에, 그 연구 결과를 '입증'했던 많은 연구팀들이 그들의 결론을 변경했고, 주장도 철회했다. 과학에서 이런 상황은 당신이 지금까지 했던 모든 것을 확인하고 또 재확인할 때, 그리고 동료에게 확인을 부탁할 때 발생하는 일이다. 처음 성급하게 발표했을 때 당신은 아마도 물을 가열할 수 있는 모든 다른 에너지원을 확인하지 않았을 수도 있다. 아마도 당신은 감마 조정에서 실수를 했을지도 모른다. 아마도 당신이 보았던 삼중수소는 다른 오염에서 온 것일 수도 있다(삼중수소를 발견하는 방법을 알고 있는 많은 사람들은 다른 프로젝트 때문에 그들의 실험실에 삼중수소가 이미 일부 존재한다는 것을 알고 있다).

뿐만 아니라 폰스와 플레이슈만은 명백한 실수를 저질렀다. 그들이 감마선에 대해 출판한 데이터는 핵융합에서 얻을 수 있는 데이터와 일치하지 않았다. 이는 에너지가 잘못되었다는 뜻이다. 그들은 그 차이를 설명할 수 없었다. 1년 뒤에, 폰스와 플레이슈만은 열 생산에 대한 자세한 논문을 발표했다. 그러나 이번에는 감마선 측정에 관한 언급을 전혀 하지 않았다. 왜 하지 않았을까? 시도는 했지만 그들이 했던 이전의 주장을 입증하지 못했기 때문일까? 과학적 방법에서 중요한 한 가지는 정직이다. 만약에 얻은 결과의 일부가 잘못되었다면, 과학에서는 (정치와는 다르게) 동료들이 어떤 부분이 잘못되었는지를 공공연하게 개방적으로 설명해 주기를 기대한다. 이 연구자들은 그렇게 하지 않았다.

마지막으로 최고 물리학 기관인, 미국 물리학협회의 회의 중 한 세션이 전체 연구를 평가하도록 배정되었다. 9명의 검토자들은 보고를 발표했고, 보고서에는 그들이 폰스와 플레이슈만 연구실에 방문해서 무엇을 배웠는지도 포함되었다. 발표자 중 한 명은 나에게 폰스와 플레이슈만이 자신들의 모든 측정 도구를 조정했다는 증거를 하나도 찾을 수 없었다고 말했다. 스티브 쿠닌은 당시 캘리포니아공과대학의 교수였는데 (이후 그는 미국 에너지부의 차관이 되었다) 그는 그 회의에서 그들이 발견했다고 주장했던 것은 '폰스와 플레이슈만의 무능력과 착오' 때문이었다고 발표했다.

비록 상온 핵융합 발견은 과학 공동체에 불신을 초래했지만 유타대학교는 그 결과가 여전히 유효하길 바라고 있었다(특허권이 그 학교를 세계에서 가장 유능한 대학으로 만들 수 있기 때문이다). 그래서 유타 대학교는 폰스와 플레이슈만에게 450만 달러를 주어서 연구를 계속하도록 했다. 그들의 초기 예산은 단지 10만 달러에 지나지 않았다. 이는 45배나 많은 금액이다. 분명히 비평가들의 모든 주장에 대해 설명할 수 있을 만큼 충분한 금액이다. 그들은 새로운 실험실을 만들었지만 몇 년간의 실망스러운 결과로 인해 실험실 지원금은 더 이상 지급되지 않았다. 폰스는 결국 추가 연구를 위해 도요타로부터 4000만 달러를 받았다. 이는 원래 예산보다 400배나 많은 금액이다. 하지만 그 프로그램도 결국에는 종료되었다. 상온 핵융합은 예산 부족으로 사라진 것이 아니다.

상온 핵융합에 대한 주장은 여전히 존재한다. 2006년에 나는 캘리포니아의 샌디에이고에 있는 우주 및 해상전쟁체계사령부Space and Naval Warfare Systems Center의 대표를 만났다. 그에게 상온 핵융합에 대한 나의 부정적 견해를 말했을 때, 그는 나에게 내가 완전히 실수하고 있으며, 그들은 실제로 존재하는 것을 나타내는 연구를 진행 중이라고 말했다. 그는 모나리자를 연상케 하는 수줍은 미소를 지어 보였다. 2009년 4월, 〈60분〉이라는 CBS 방송국 프로그램에서 상온 핵융합에 대한 관심이 다시 뜨거워지고 있다고 발표했다.* 그 방송은 캘리포니아의 스탠퍼드 국제연구소SRI International와 이스라엘의 에너제틱스 테크놀로지Energetics Technologies의 연구 프로그램을 다루었다. 보다 최근에는, 볼로냐대학교의 과학자들이 상온 핵융합에 성공했다고 주장했으며, 10킬로와트의 상업용 전력을 생산할 장치를 곧 건설하고자 한다고 했다. 그들은 특허 승인을 받는 데 문제가 생길 수 있기 때문에 누구에게도 어떻게 성공했는지 알려주지 않으려 하고 있다. 2011년에는 버클리에 브릴루앙 에너지 주식회사Brillouin Energy Corporation라는 이름의 새로운 기업이 상온 핵융합 에너지 생산에 대한 환상적인 주장을 했다. 그러나 몇 달 후에 그 회사는 뒤로 물러났고, 단지 약간의 추가 에너지만을 생성할 수 있었다고 말했다(시스템을 가동하는 데 필요한 것보다 2배의 양).

상온 핵융합 이야기가 중요하고 언급할 가치가 있는 데는 몇 가지 이유가 있다. 첫째는 에너지 분야의 환상적인 주장은 그 주장이 불신된 후로도 오랫동안 지속될 것이라는 점이다. 엑스선이나 고온 초전도체와

---

* www.cbsnews.com/video/watch/?id=4955212n?source=mostpop_video.에서 이 프로그램을 볼 수 있다.

같은 실제 과학적 발견은 일반적으로 빠르게 입증된다. 사실 과학 공동체는 새로운 발견에 대해 매우 개방적이지만, 증명을 하기 위한 기준을 강화하고 있다. 이런 표준들은 과학적 연구 방법의 필수적인 부분이다. 그렇다. 엉뚱한 생각을 뒷받침해야 한다. 그러나 주의해야 한다. 만약에 연구의 질이 떨어질 경우, 그런 아이디어는 아마도 잘못된 것일 가능성이 있다. 당신이 그 연구를 확인해 볼 수 없다면, 의심을 해야 한다. (자주 하는 변명은 특허 승인을 받을 때까지 독점적으로 소유해야 한다는 것이다.)

잘못된 발견에 대해 더욱 많이 알고 싶으면, 노벨상 수상자인 미국의 물리학자 어빙 랭뮤어Irving Langmuir가 쓴 〈과학의 병리학Pathological Science〉이라는 글을 추천한다. 온라인으로도 확인할 수 있다.

주소는 http://www.colorado.edu/physics/phys3000/phys3000_fa10/langmuir.pdf이다.

# 바이오연료

바이오연료biofuel는 너무 많은 논쟁을 유발하기 때문에 이에 대해 글을 쓰는 것이 조심스럽다. 진실로 믿는 사람도 있고 회의론자도 있으며, 또한 그 둘 사이에 있는 사람도 존재한다. 사실 바이오연료는 상반되는 견해들이 너무 많아서, 이 장에 실린 내용이 이 책에 실린 다른 내용보다 더 많은 사람들을 불쾌하게 만들지도 모르겠다. 단, 전기자동차에 대한 부분은 예외적이다. 우선 내가 옹호하게 될 일부 논쟁적일 수 있는 결론들을 나열해보려고 한다(이들 중 일부는 누군가에게는 놀라운 사실이 아닐 수도 있지만 다른 사람들에게는 새로운 사실일 것이다).

- 옥수수 에탄올은 바이오연료로 적합하지 않다. 왜냐하면 옥수수 에탄올을 사용한다고 해서 온실가스 배출량이 줄지는 않기 때문이다. 마찬가지로, 종이나 식당에서 나온 폐식용유도 '유사-바이오연료(pseudo-biofuel)'라고 불리는데, 그 이유는 이 연료들도 화석연료보다 지구온난화를 막는 데 도움이 되지 않기 때문이다.

- 자연분해성(biodegradable)과 재활용(recycling)은 과장된 것이다. 순수하게 지구온난화의 관점에서 보면 (미적인 측면을 무시하고), 심지어 나쁘다고까지 할 수 있다.

- 지팽이풀과 억새처럼 빨리 성장하는 식물의 줄기부에서 얻을 수 있는 셀룰로스 에탄올은 에너지 문제를 해결하는 중요한 바이오연료 요소로써 가장 희망적인 에너지원이다.

- 바이오연료 주요 가치는 지구온난화를 줄이는 것이 아니라 에너지 안보를 높이는 데 있다. 이런 이유로, 주요 경쟁자는 셰일가스, 합성연료, 및 셰일오일이다.

이제 바이오연료를 객관적으로 살펴보고, 관련 주장이 무엇인지, 과장된 부분을 알아내고 걷어내고, 이들 연료의 실제 가치를 결정하도록 하자.

## 옥수수 에탄올

옥수수 에탄올은 바이오연료로 인정하지 말아야 한다. 그 이유는 옥수수를 생산하기 위해 많은 양의 비료를 쓰고 농기계를 운전해야 하며, 쟁기질, 수확, 배달 등과 같은 작업을 하는 데 많은 석유와 휘발유를 쓰기 때문이다. 결국 이산화탄소를 줄이기 위해서 설탕을 덜 생산하는 것뿐이다(당분은 발효를 통해서 에탄올로 바뀐다). 이 점이 뜨겁게 논의되고 있는 부분이다. 그러나 일반적으로 받아들여지는 가장 좋은 예측은 이런 중립적인 자세를 보여왔다. 이런 결론을 기본으로 2011년 미국 의회는 휘발유와 알코올을 섞은 가소홀gasohol에 대해 갤런당 45센트의 보조금을 없애기 위한 투표를 했다.

왜 에탄올은 처음에 바이오연료로 분류되었을까? 그 이유의 일부는 소박한 과학적 이유 때문이다. 성장하는 모든 것이 탄소를 배출하지 않는다는 것은 분명해보인다. 하지만 외적인 탄소 발생원들을 감안하기 전까지만 그렇다. 또 다른 이유는 정치적인 문제 때문이다. 아이오와는 옥수수 가격의 상승으로 특별한 이득을 보고 있는 주다. 아이오와는 가장 먼저 대통령 투표를 하는 주이기도 하다. 대통령 후보는 아이오와의 소득을 해칠 수 있는 선택을 하면 큰 위험이 따를 수밖에 없다.

옥수수 에탄올의 또 다른 단점은 식량 가격의 영향이다. 프린스턴대학교의 티모시 서칭거는 2011년에 발표한 논문에서 "2004년 이후로 농작물에서 나온 바이오연료는 전 세계의 곡물과 설탕 수요를 거의 2배 증가시켰고, 식물성 기름 수요를 연간 40%가량 증가시켰다. 카사바의 경우도 태국에서 다른 농작물을 제치면서 증가하고 있다. 이는 중국이 카사바를 사용하여 에탄올을 만들기 때문이다."* 아이오와에게 좋은 점이 멕시코에도 반드시 좋지만은 않다. 멕시코에서는 타코에 들어가는 옥수수의 가격이 상승했다. 이 모든 것이 온실효과 방지에 득이 되지도 않는데도 말이다.

물론 옥수수 에탄올을 정당화하는 또 다른 이유가 있다. 에너지 안보 때문이다. 옥수수 에탄올은 미국에서 생산되고, 이것은 미국이 수입하는 원유에 대한 의존성을 낮춘다. 미국의 에탄올 생산을 위한 옥수수는

---

* Timothy Searchinger; "A Quick Fix to the Food Crisis: Curbing Biofuels Should Halt Price Rises," *Scientific American*, July 2011; http://www.scientificamerican.com/article.cfm?id=a-quick-fix-to-the-food-crisis.

1999년에 5억 부셸(1부셸은 25킬로그램이다)에서 2011년에는 50억 부셸로 10배나 증가했다. 1부셸은 2.8갤런의 에탄올을 만들 수 있고, 따라서 140억 갤런의 에탄올을 만들었다. 갤런당 옥수수 에탄올은 휘발유 에너지의 3분의 2 정도만을 생산한다. 옥수수 에탄올 140억 갤런은 휘발유 90억 갤런과 같고, 이 양은 미국 전체 소비량의 약 3%, 수입량의 약 5%에 해당한다.

이는 상당한 감소이며, 무역의 균형에 도움을 준다. 그렇지 않으면 자금이 아이오와의 농부가 아니라 석유 카르텔로 가기 때문이다. 대통령이라면 높은 식량 비용에 대한 이런 이점을 가늠해볼 필요가 있다. 그리고 대체재를 반드시 생각해야 한다. 에너지 안보의 목적을 위해서 합성연료와 천연가스, 그리고 셰일오일을 고려해야 한다. 그러나 명심해야 할 것은 옥수수 에탄올의 주된 오일을 장점으로 꼽히는 이산화탄소를 배출하지 않는다는 점이 과학적으로 말이 안 된다는 점이다. 당신이 반대로 주장한다면 당신을 반대하는 사람들이 공격을 할 것이며 그들의 말이 맞게 된다.

## 자연분해성 연료는 나쁜가?

아마도 자연분해성 물질에 대한 모든 것이 지나치게 과장되었다는 말을 들어도 놀랍지 않을 것이다. 하지만 자연분해성 물질이 설마 나쁘기까지 할까? 이번 장의 도입 부분에서 설명한 것처럼, 공립학교에서 수십 년 동안 가르치고 있는 내용에 반하는 사실이다. 그러나 이는 단지 온실가스 배출의 관점에서만 그렇다는 것이다. 자연분해성 원료에 대한 원래 관심은 미적인 부분과 동물에 대한 피해 때문에 높아졌다. 바다에 떠다니는 플라스틱으로 조류와 바다물개가 질식하고, 환경보전 지역에 지속적으로 남아 있는 플라스틱과 스티로폼은 우리의 아름다운 자연을 손상시키며, 때때로 우리가 자연 속에 있다는 느낌을 깨뜨리게 한다. 플라스틱과 석유 같은 탄소를 포함하는 물질이 공기 중에 자연분해되면, 이들은 온실가스의 주범인 이산화탄소를 배출한다. 만약에 환경 미화보다 지구온난화에 더 관심이 있다면 이런 물질들을 따로 걸러내 가까운 미래에 자연분해되지 않도록 땅속에 묻어버리는 편이 나을 것이다.

나의 불평들이 약간은 농담조로 들릴 수도 있다. 자연분해성 물질은 실제로 그렇게 나쁘지는 않다. 왜냐하면, 배출된 이산화탄소는 무시할 정도의 수준이고 배낭여행을 좋아하는 사람인 나는 미적인 측면도 정말로 중요하다고 생각한다. 그러나 나는 마치 종교처럼 자연분해성 물질에 열광하는 사람들이나, 마치 모든 플라스틱이 본질적으로 나쁜 것이라고 생각하는 듯이 모든 플라스틱의 사용을 불법이라고 여기는 사람들을 보면 불쾌하다.

## 유사 바이오연료

폐식용유를 연료로 사용한다고 가정해보자. 이것은 바이오연료가 아닐까? 어떤 의미에서 그것은 식물로 만들어졌기 때문에 바이오연료라고 생각할 수도 있지만, 그렇게 보면 석탄도 마찬가지다. 폐유를 (땅에 묻어버리지 않고) 연료로 사용하면 대기에 이산화탄소를 배출하게 된다. 석유보다 나은 점이 없다. 폐유로 자동차를 운전하는 것은 휘발유를 사용하는 것보다 온실가스 감소에 별다른 이점이 없다. 자동차를 위해 특별히 만들어진 식물성 기름을 주로 사용한다면 다를 수 있다. 이 경우, 식물을 기르는 과정에서 대기로부터 이산화탄소의 일부를 제거하기 때문이다. 폐식용유는 바이오연료가 아니다. 나는 폐식용유를 유사 바이오연료라고 지칭하는데, 그 이유는 그것이 환경에 좋다는 환상을 주기 때문이다. 폐식용유를 사용한다고 세금을 환급 받을 수는 없다.

종이를 재활용하는 것도 대기의 온실가스에 나쁜 영향을 줄 수 있다. 만약에 종이를 묻게 되면(자연분해되지 않도록 놔두면), 그 종이를 탄소로부터 분리시켜서, 누군가가 새로운 종이를 만들기 위해 새로운 나무를 기를 것이다. 그리고 그렇게 하는 것이 대기로부터 이산화탄소를 제거하는 방법이 될 수 있다. 연료에 사용되는 종이는 유사 바이오연료다. 또한 그렇지 않으면 묻어버렸을 폐기물들도 마찬가지다. 환경 및 정부 조직은 서류를 '재생 종이로 만들었다'고 자랑하는 것을 멈추어야 한다. 이런 물질들을 사용하는 것은 대기에 이산화탄소를 더 많아지게 하기 때문이다. 일부 사람들은 오래된 매립지에서 50년 전의 신문을 아직도 읽을 수 있다는 사실을 알게 되면 경악을 금치 못할 것이다. 지구온난화의 관점에서 본다면 오히려 축하해야 할 일이다.

나는 당신이 신문을 땅에 묻는 것이 대기중의 이산화탄소에 큰 영향을 줄 것이라 생각하지 않기를 바란다. 나는 단지 재활용을 하지 않는 사람들을 낮추어보는 일부 사람들의 논리를 지적하고 싶은 것이다.

매립지에서 쓰레기를 썩게 놔두는 것은 혐기성 미생물에 의해서 메탄가스로 변환될 수 있다. 그러나 유사 바이오연료도 마찬가지다. 캘리포니아의 알타몬트 매립지는 1만 3,000갤런의 액화 천연가스를 매일 생산할 수 있다. 이 천연가스는 쓰레기 처리나 재활용 트럭을 운영하는 데 사용된다. 알타몬트에 의하면, 생산된 메탄가스의 93%를 천연가스로 사용한다고 보고하고 있다. 이것은 환경에 7%가 유출된다는 것을 의미한다. 메탄이 온실효과에 미치는 영향은 이산화탄소에 비해 23배나 높다. 온실가스의 측면에서 보면 쓰레기를 태워서 이산화탄소로 만드는 것이 더욱 좋은 방법이거나, 아니면 땅에 묻어버리는 것이 어쩌면 훨씬 나은 방법이 될 수 있을 것이다. 만약에 유출을 줄이지 못한다면, 지구온난화에 대한 우려가 이런 방식에 대한 인기를 떨어뜨릴 것이다.

나의 아내인 건축가 로즈메리는 건물을 지음으로써 이산화탄소를 줄인다고 농담을 하곤 한다. (나무의) 이산화탄소는 오래된 나무가 땅에 파묻히거나 재활용될 때보다 더 오랫동안 건물에 갇히기 때문이다. 건축적 격리다!

이제 이런 목적을 위해 특별히 선택된 식물로 만든 바이오연료를 살펴보자. 이들이 실제로 이산화탄소 배출을 줄이고 에너지 안보를 달성하는 데 도움을 줄 수 있을까?

## 셀룰로스 에탄올

당분은 달다. 셀룰로스cellulose도 강한 단맛을 가지고 있다. 당분은 쉽게 소화되고 전분과 함께 효소로 인해 좋은 액화 연료인 에틸알코올로 변환될 수 있다. 셀룰로스는 긴 고리 모양의 당 분자를 가지고 있지만, 그것이 소화가 잘 안 된다는 것으로부터 이 사실을 알 수는 없을 것이다. 이 특성 때문에 큰 나무는 건축 자재가 되고 포식자로부터 보호하는 역할도 한다. 소는 셀룰로스를 먹을 수 있지만, 4개의 위장을 가진 복잡한 소화체계를 사용하고 이것들이 소화하는 데 많은 작용을 한다. 소의 내장에는 원생동물과 미생물이 존재하는데, 이들은 셀룰로스를 '지방산'으로 변환하는 역할을 한다. 이 지방산은 혈액에 흡수되어 에너지를 전달한다.

옥수수는 엄밀히 말하자면, 마지막 빙하기가 끝난 뒤 수천 년 동안 처음으로 경작된 목초다. 인간에게 관련된 옥수수의 주요 특징은 맛이 있으며, 전분이 있고, 소화가 가능한 낟알을 가지고 있다는 점이다. 비록 원래 낟알들은 작고 거칠었지만, 인간은 이 옥수수를 개량하여 보다 크고 달게 만들었다. 그러나 아직도 낟알의 질량 비율은 몇 퍼센트밖에 되지 않는다. 실제로 식물을 효율적으로 사용하려면 가지나 셀룰로스로부터 에탄올을 만들어야 한다.

만약 소가 그렇게 할 수 있다면, 우리도 할 수 있어야 한다. 아마도 셀룰로스를 바로 에탄올이나 다른 연료로 변환하는 미생물을 개발하는 것도 방법이 될 수 있다. 이런 기술은 빠른 속도로 개발이 진행 중이다. 소와는 달리 산업용 공정은 고온에서 작동이 가능한데, 이는 상당한 장점으로 보인다. 한 가지 방법은 셀룰로스를 분해할 수 있는 곰팡이 균을 찾고 개발하는 것이다. 파타고니아에서 발견된 한 곰팡이 균(글리오클라디움 로세움, Gliocladium roseum)은 바로 이런 역할을 할 수 있다. 또한 지푸라기에서 에탄올을 만들 수 있는 효모의 한 종류도 있다[나는 이 효모를 룸펠슈틸츠킨(Rumpelstiltskin)라고 부른다].

셀룰로스(섬유소) 변환은 분자생물학에서 거둔 최근의 많은 발견과 발전에 힘입어 급속히 성장하는 연구 분야다. 나는 추가적인 해결책이 곧 발견될 것이라고 낙관한다. 그렇다고 어떤 종류가 상업적으로 가능할 것이라고 증명될지 말하기에는 아직 이르다.

일단 셀룰로스를 변환하게 되면, 더 이상 달콤한 옥수수는 필요가 없으며, 대신에 급속히 성장하는 셀룰로스 생산자에 집중할 수 있을 것이다. 유력한 후보로는 지팽이풀과 억새를 들 수 있는데, 이 풀은 키가 11피트(약 330센티미터)까지 자라며, 1년에 세 번이나 수확할 수 있다. 기후 환경에 저항성이 강하고, 원칙적으로 연간 에이커당 1,150갤런의 에탄올을 생산할 수 있다. 반면에 옥수수는 (모든 셀룰로스를 포함해도) 440갤런밖에 생산하지 못한다.

효과를 높이기 위해 넓은 경작지에 억새만 심을 수 있을까? 셀룰로스는 같은 무게의 휘발유가 만드는 에너지의 약 3분의 1을 만들어낸다. 그래서 에너지 손실이 없다고 가정할 때, 1톤의 석유를 얻으려면 3톤의 억새를 길러야만 한다. 미국의 석유 사용량은 하루 2,200만 배럴에 달하며, 연간 10억 톤에 달한다. 그래서 우리는 매년 30억 톤의 억새가 필요하게 된다. 얼마나 많은 양을 기를 수 있을까? 어느 농부에게 물어봐도, 에이커당 5톤을 기르는 것은 어렵다는 대답을 들을 것이다. 그러나 억새 낙관론자들은 에이커당 15톤으로 가정하고 있다. 이런 낙관주의에 집착하는 사람에게는 2억 에이커가 필요하게 된다. 이는 총 면적이 560세제곱에이커인 아이오와의 거의 6배에 달하는 면적이다. 그리고 미국 전체 농지의 절반 정도에 해당하는 면적이다. 그리고 이 추정치는 변환 효율성과 에이커당 생산량을 낙관적으로 가정한 경우다. 그럼에도 계산 결과는 별로 만족스럽지 못하다. 억새로도 수요를 충족할 수는 있겠으나, 낙관적인 가정들이 맞아 들어가지 않거나, 억새를 생산하는 데 드는 엄청난 자원을 쏟아부을 수 없다면, 바이오연료로 액체연료 수요의 상당 부분을 대체하기는 어려울 것이다.

## 조류 에탄올

해조류는 잠재적으로 목초보다 훨씬 낫다. 적절한 종류의 조류algae를 이용하면 설탕이나 셀룰로스에서 중간단계 부산물을 만들지 않고 바로 디젤 엔진에 사용할 수 있는 기름(지방)을 만들어낼 수 있다는 기대가 있다. 해조류는 태양빛을 매우 효율적으로 사용한다. 필수적으로 해조류의 모든 세포 조직은 풀과는 달리 바이오매스biomass를 활발하게 생산한다. 목초의 경우는 잎 표면에서만 생산한다. 옹호론자들은 해조류가 억새가 생산할 수 있는 에이커당 에너지의 10배 이상의 에너지를 생산할 수 있다고 주장한다. 이런 목적으로 해조를 개발하는 데 수많은 노력이 진행되고 있다. 이 대부분의 연구는 상업 시장에서 진행되고 있다. 기업들은 변이를 유도하고 자신들의 요구에 맞게 해조류를 수정하기 위해 유전공학을 이용하고 있다. 또한, 해조류는 소금기 있는 물에서 재배할 수 있다.

이러한 과학적·상업적 장점에도 불구하고, 나는 해조류가 억새에 비해 특별히 경제적으로 경쟁력이 있다고 생각하지 않는다. 목초류는 넓고 트인 대지에서 험한 기후를 견디며 다른 종과 경쟁에서도 살아남는다. 그와 반대로, 경험에 비추어 보면, 연료 생산에 최적화된 해조류는 악성 해조류와 박테리아의 공격에 매우 민감하다. 심지어는 뚜껑으로 덮인 용기에 재배하는 경우에도 그러하다.

끝으로, 나는 바이오 에탄올 또는 다른 바이오연료가 온실효과를 제한하는 데 크게 기여한다고 증명하기는 어려울 것이라고 본다. 바이오연료는 휘발유를 대신할 수 있겠지만, 미국에서 그렇게 하는 것은 섭씨 40분의 1도 이하로 예측되는 세계의 온도 상승에 아주 작은 영향을 미칠 것이다.* 에너지 안보 측면에서도 바이오 에탄올은 LNG, 합성연료, 셰일가스와 제대로 경쟁하기엔 너무 오래 걸리고 너무 비쌀 것이다.

* 이 숫자는 이 책의 다른 페이지에서도 나오긴 하지만 다시 설명하겠다. 정부간기후위원회(IPCC)에 의하면, 지구의 온도가 0.64도 상승한 데는 인류에게 대부분의 책임이 있다고 한다. 그 대부분이 80%라고 가정해 보자, 그렇다면 인류가 0.50도를 상승시켰다고 계산할 수 있다. 이 상승의 20% 정도(0.1도)의 책임은 미국에 있다. 그리고 그 0.1도의 25%(0.025도)의 책임은 자동차에 있다. 조금의 노력으로 연비 효율 기준(CAFE)를 개선한다면 다음 50년 동안의 미국의 자동차로 인한 온도 상승을 40분의 1도(0.025도)로 유지할 수 있다.

# 합성연료와 최신 화석연료

미국은 석유가 부족하지만 천연가스와 석탄은 부족하지 않다. 이 사실은 에너지 안보에 대해서는 좋은 소식이지만 온실가스 배출에 대해서는 나쁜 소식이다. 즉각적인 문제는 자동차의 설계와 관련된 기반시설이 석유 위주로 건설되어 있다는 것이다. 천연가스로 금방 변환할 수 있지만, 그렇게 하는 것은 보다 큰 연료 탱크나 차량 크기의 감소가 필요하다. 제16장에서 자세히 다룰 것이지만 나는 모든 전기자동차가 진정으로 경쟁에서 우위를 차지하기에는 가격이 너무 비싸게 될 것이라고 믿는다.

화석연료의 대체재는 있다. 우리는 이미 제4장에서 셰일가스의 일부 세부 사항에 대해, 제6장에서 셰일오일에 대해 논의했다. 다른 재래식 화석연료 자원에는 가스나 석탄에서 제조되는 합성연료, 탄층에 구멍을 내어서 추출하는 메탄가스, 깊숙이 매장된 탄층에 불을 붙여 만드는 가스, 한때는 비경제적이라고 생각했지만 석유의 가격이 상승할 때 개발될 수 있는 지역으로부터 추출된 기름을 포함한다.

# 합성연료

교통수단만 생각한다면, 액체 연료가 부족하지만, 석탄과 천연가스는 충분하다. 그런데 왜 이 연료를 사용하지 않는 것일까? 수소를 더하거나 아니면 합성 오일을 제조하는 화학적 특징을 사용하면 안 되는 것일까? 단순하고 당연한 것 같은데 뭐가 중요한 것일까? 비용일까?

꼭 그런 것은 아니다. 실제로 2011년 후반, 남아프리카공화국의 기업인 사솔Sasol은 천연가스로부터 석유를 만들려는 계획을 발표했다. 사솔은 주요 정유 공급업자가 남아프리카로의 선적을 금지했던, 인종차별 정책 시대부터 디젤 연료를 만들기 위해서 석탄과 물을 조합해왔다. 이 화학적 원리는 독일에서 개발되었다(그림 3-15). 독일은 피셔-트로프슈Fischer-Tropsch 과정을 사용하여 제2차 세계대전 동안 자국의 석탄을 석유로 변환시키려 했다. 오늘날 우리는 이 방식을 GTL(gas to liquid) 또는 CTL(coal to liquid)이라고 부른다.*

신형 사솔 발전소는 근처에서 발견된 천연가스를 이용하기 위해 루이지애나주에 지어질 것이다. 그 발전소를 짓는 데는 100억 달러의 비용이 들 것이며, 디젤 연료를 하루 10만 배럴을 생산할 것이다. 배럴당 100달러 수준에서, 합성연료는 하루 1,000만 달러의 가치가 있으며, 연간 36억 달러의 가치를 가지고 있다. 천연가스와 운영비를 제외하면, 사솔은 100억 달러의 투자비로 여전히 최소 연간 30억 달러의 수익을 얻을 것이다. 이는 연간 30%의 회수율을 나타낸다.

---

* 나의 장인인 토머스 W 핀들리는 우리가 그리스어나 라틴어를 공부하지 않아 새로운 단어들을 만들 수가 없으니 그냥 두문자어를 쓰자고 주장한다. 그가 새로운 풀(접착제)을 만들고 epoxy라는 이름을 붙였을 때 그는 그리스어 어근에서 ep(강한)와 oxy(공기)를 합쳐서 만들었다고 했다.

〈그림 3-15〉 폴란드 폴리츠에 있는 제2차세계대전 당시 독일이 지은 합성연료 발전소의 폐허다. 이곳에서 나치의 비행기 연료 약 3분의 1을 석탄으로부터 생산했다.

왜 우리는 이런 발전소를 많이 건설하지 않는 것일까? 사실 많이 지었다. 1976년 첫 오일 파동이 있고 난 후에 그랬다. 높은 이익을 기대했지만 석유의 가격은 배럴당 22달러로 곤두박질쳤다. 미래에는 사우디아라비아가 잉여 능력을 가질 수 있는 한 모든 위협적인 기술의 가격을 낮출 수 있다. 왜냐하면 사우디아라비아는 배럴당 3달러 이하의 비용으로 원유를 퍼 올릴 수 있기 때문이다. 뿐만 아니라 천연가스의 가격도 하락했다. 그리고 많은 전력발전소와 가정이 석유에서 보다 저렴한 대체재인 천연가스로 전환하고 있다. 이런 점 역시 합성연료에 대한 투자를 감소시키는 원인이다.

미국은 2007년에 다시 합성연료를 얻기 위해 노력했다. 자국 내 석유 공급이 부족해지면서, 미국 군대는 국가적 안보의 위협에 직면했다. 연료 없이는 싸울 수 없다. 이 공포는 OPEC가 그저 무역제한만으로도 미국을 위협할 수 있다는 점에서 드러났다. 조지 W. 부시 대통령은 이런 위협에서 미국을 보호하기 위해 에너지 독립및보안법에 서명했다. 원래 법안은 미국이 최대 10배의 대출 보증을 대형 석탄 및 액화 합성연료 발전소에 제공하는 것이었다. 이때 각각의 비용은 30억 달러 이상이 들었다. 2020년까지, 판매된 합성연료에 대한 세금을 환급받게 되며, 석유 가격이 배럴당 40달러 이하로 떨어지면 자동적으로 보조금이 지급되기까지한다. 공군은 합성연료 공급자와 장기 계약을 맺어서 그들에게 판매를 보장해주었다. 합성연료 조항은 처음에는 당시 대통령 후보인 버락 오바마도 지지했다.

그러나 통과되기 이전에 합성연료 조항이 삭제되었는데 이는 반대 세력들이 석탄이 석유에 비해 이산화탄소를 2배 정도나 배출한다는 점을 지적했기 때문이다(석탄은 모든 에너지를 탄소를 연소하는 과정에서 얻기 때문에 이산화탄소를 만들게 된다. 석유는 탄소와 수소를 가지고 있고, 생산된 $H_2O$는 무해하다). 피셔-트로프슈 발전소를 운전하는 데 사용될 연료를 추가하면, 발생된 순 이산화탄소의 양은 훨씬 많다.

2007년 지구온난화는 주요한 대중적 문제였다. 많은 미국 시민은 미국이 온실가스 배출을 제한하는 〈교토 의정서〉에 비준하지 않았다는 사실에 매우 당황했다. 그리고 그들은 버락 오바마 대통령이 선출되면 바뀌기를 바랐다. 그래서 주로 환경적인 고려에서, 다수의 영향력을 가진 다수의 민주당 의원들의 당론에 따라 이 법안은 기각되었다. 온난화에 대한 걱정은 안보를 뛰어넘었다. 그러나 큰 혼란이 있었다. 당시 보도자료를 볼 때, 나는 민주당 상원의원 버락 오바마가 에너지 독립 법안을 지지했던 것은 합성연료가 화석연료보다 이산화탄소를 많이 배출하며, 자동차에 사용할 경우 이 온실가스를 격리할 방법이 없다는 것을 몰랐기 때문이라고 믿는다.

대통령이라면 온난화와 국가 안보 사이에서 득실을 따지며 평가해야 할 것이다. 미국의 자동차가 지구온난화에서 섭씨 40분의 1도 정도를 공헌하고 있다는 점을 기억하자. 다음 50년 후에는 우리가 합당한 자동차 이산화탄소 배출 표준량을 채택한다는 가정 아래 미국 자동차에 의해서 추가로 섭씨 40분의 1도의 온도 증가를 제한할 수 있도록 해야만 한다. 100% 합성연료로 교체하는 것은 섭씨 30분의 1도의 온도 상승을 초래할 것이다. 이런 높은 온도 상승에 대한 위험이 바로 여러분이 국가 안보와 균형을 맞춰야 할 필요가 있는 부분이다. 게다가 아마도 합성연료가 국제수지 적자를 감소시킬지도 모른다는 사실을 알게 될지도 모른다.

사솔에 투자할 때 예상할 수 있는 단점은 석유 가격의 잠재적 하락 (개발도상국이 깊고 오래 지속되는 경제불황을 겪게 되면 일어날 수 있다) 또는 천연가스 가격의 상승(미국을 비롯한 여러 나라의 보유량이 높기 때문에 별로 그럴 것 같지 않지만), 아니면 매우 현실적으로 가능성이 높은 것은 셰일오일 사용의 급격한 증가를 들 수 있다. 물론 휘발유 가격이 상승한다면, 사솔의 이익도 역시 증가할 것이다.

법에 의해 억제되지 않는 한, 수익성은 분명하기 때문에 나는 앞으로 수십 년 동안 미국 합성연료 시설이 대규모로 확장되길 기대하고 있다. 이 산업이 초기에 필요로 했던 보조금이나 보증은 풍부하고 저렴한 천연가스 덕분에 더 이상은 필요하지 않다. 2000년 셰브런은 사솔과 합작하여 사솔 셰브런 홀딩스는 회사를 세웠고, 이들은 이미 카타르에서 작업을 시작했다. 미국에서 더 많은 발전소가 세워지길 기대한다.

합성연료에 대해서는 다른 가능성이 있다. 대평원 지역의 합성연료

발전소는 노스 다코타에서 생산되는 갈탄이라는 낮은 품질의 석탄에서 합성 천연가스를 생산하기 위해 1984년부터 운영되어 오고 있다. 합성 연료는 중요한 주제이고, 앞으로 미국 에너지 정책의 중심을 차지할 것이라 기대하고 있다.

## 탄층 메탄

탄층Coal bed이 너무 깊어 채굴이 어려운 경우라도 탄층에 메탄가스가 있다면 써먹을 수 있다. 이런 메탄은 간단한 방법을 통해서 추출될 수 있는데, 이 방법은 탄층 아래로 구멍을 뚫어 가스가 자연적인 균열을 통해 빠져 나오게 한다. 때때로 지하수정을 배수한 뒤에 이루어지기도 한다. 수직 시추를 하는 방법은 회수율을 높이기 위해 적용된다. 중요한 탄층 메탄은 와이오밍과 몬태나에 있는 광산에서 추출되고 미국에서 현재 생산되는 메탄의 7%는 이 기법으로 생산되고 있다. 비록 탄층 메탄이 종종 이산화탄소와 질소를 포함하고 있지만, 재래식 천연가스 에너지원에서 볼 수 있는 황화수소는 거의 없다. 이것은 '달콤한 가스'라는 그럴듯한 별명을 가지고 있다. 프로판이나 부탄과 같은 상대적으로 더 무거운 탄화수소는 없다. 자체의 순도 때문에, 일반적으로 천연가스가 아니라 메탄으로 일컬어진다(셰일가스 또한 비교적 순도가 높으며, 황화수소, 질소, 이산화탄소가 거의 없다).

## 탄층 가스화 연료

깊게 매장된 석탄을 사용하기 위한 독창적인 방법은 지하 석탄 화재로 인해서 영감을 얻었다. 오스트레일리아의 한 화산은 수천 년 전에 번개로 인하여 점화된 이후 아직도 연소하고 있다고 보고 있다. 1962년에 불타기 시작한 탄광은 펜실베이니아의 센트럴리아를 유령도시로 바꾸었다. 그러나 이 탄층의 석탄은 완전 연소하지 않아서, 보통 수소와 일산화탄소를 다량으로 배출하고 있는데, 이 가스들은 매우 유용한 연료다.

석탄이 이런 식으로 부분적으로 연소하는 것은 지하에서 일어나는데, 요즘은 직접 채광하기에는 너무 깊은 탄층으로부터 에너지를 추출하는 수단으로 시도되고 있다. 공기 또는 산소를 주입해, 약간의 물을 추가하여 (또는 자연 침투를 통하여) 점화할 수 있다(그림 3-16). 그 석탄은 부분적으로 연소되어 일산화탄소를 배출하고, 일부 잔여 열기가 다른 석탄을 물과 함께 반응을 일으키도록 만들어 질소와 더 많은 일산화탄소를 만들어 낸다. 이 결과로 나타난 혼합물을 '석탄가스'라고 부른다. 이 탄층 가스화 연소가 지하 깊은 곳에서도 가능하다는 것은 놀라운 점이다. 이것은 먼 화학적 성질에서 궁극적인 목표다. 연소되는 탄층의 온도는 화씨 1500도(섭씨 약 815도)에 이른다.

탄층 가스화 연료의 주요 장점은 석탄을 파내지 않고도 석탄 에너지를 얻을 수 있다는 것이다. 뿐만 아니라 재가 제자리에 남기 때문에 그것을 처리할 필요가 없다는 것이다(석탄재는 발암 물질이다). 생산된 물질은 에너지 그 이상을 위해서 사용될 수 있다. 석탄 가스는 합성연료를 생성하기 위한 피셔-트로프슈 과정의 시작점이며, 메탄올과 같은 다른

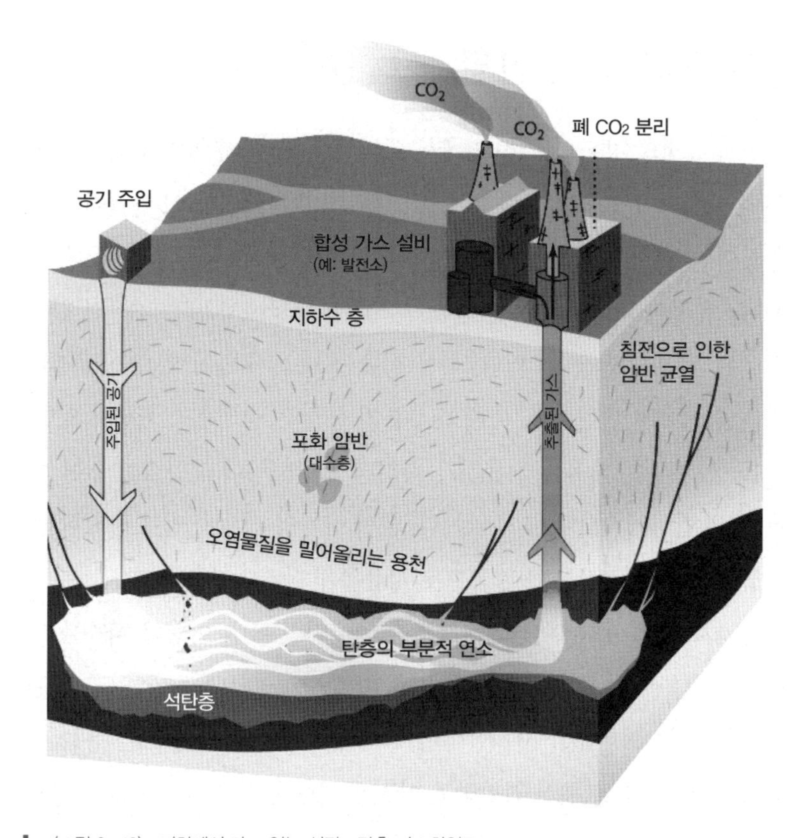


〈그림 3-16〉 지하에서 타고 있는 석탄-탄층 가스화연료.

화학물질을 위한 원재료로 사용될 수 있다. 지하 탄층 가스화 연료의 단점은 일부 에너지가 땅속에서 열기가 퍼져나가면서 상실된다는 점이다. 일부 석탄은 연소되지 않은 채 남아 있게 되고, 이때 암반층을 오염시킬 수 있는 위험이 발생한다.

이 방법은 널리 사용될까? 잘 모르겠다. 여전히 나에게는 이런 방법이 효과가 있다는 것이 놀라울 따름이다.

## 석유 회수 증진법

초기 유정의 경우, 석유는 땅에서 뿜어져 나왔다. 이 엄청난 압력은 상부에 매장되어 있는 암석의 무게로 인한 것이다. 그러나 이 압력에만 의존한다면, 아마도 매장량 중 20% 정도만 회수할 수 있을 것이다. 왜 그럴까? 유정의 모식도를 보면 석유가 거대한 동굴에서 발견되는 것 같은 잘못된 인상을 받을 수 있다. 사실 석유는 다소 구멍이 있으며 균열이 있는 암석에서 발견된다. 이때 대부분의 용적은 암석으로 채워져 있다. 이들 중 일부는 자유롭게 흘러가 버리지만 상당량이 고착되어 있어 매우 높은 압력에서도 흐르지 않는다. 뿐만 아니라 석유의 일부 중요한 요소들은 점성이 있어서 좁은 틈으로 자유롭게 움직이지 않는다.

천연가스, 물, 또는 이산화탄소로 쓸어내리면 40% 이상의 석유를 얻을 수 있다. 이런 추출법은 이차적 석유 회수secondary oil recovery라고 불린다. 만약 이산화탄소를 사용한다면 추가적 이점이 있는데, 그 이유는 이산화탄소를 대기로부터 격리하고 이렇게 하는 것이 지구온난화에 도움을 줄 수 있기 때문이다(그리고 일부 국가에서는 탄소 배출권을 얻을 수도 있을 것이다). 안타깝게도 고갈된 유정은 우리가 만들어내는 이산화탄소 중 아주 일부만을 격리할 수 있을 뿐이다.*

석유 회수 증진법Enhanced Oil Recovery, EOR의 목적은 아직 시추된 구멍에 남아 있는 석유의 60% 중 일부를 추출하기 위한 것이다. 이는 잠재적으로 엄청난 자원이다. 상승하는 석유 가격은 불과 수십 년 전에는 생각

---

* 이건 하나의 탄소 원자가 하나의 이산화탄소 분자를 만들고, 탄소 덩어리가 이산화탄소 기체보다 밀도가 높다는 사실 때문에 생기는 당연한 결과이다.

지도 못했을 방법까지 쓰도록 만들고 있다. 이런 방법 중에는 석유의 점성을 감소시키기 위해 증기를 주입함으로써 석유에 열을 가하는 방법도 있다. 이와 관련된 방법으로, 공기나 산소를 주입하여 석유의 일부에서 아직 연소하는 부분으로 들어가게 하는 방법이 있다. 암석의 표면으로부터 석유를 씻어내기 위해 비누와 같은 계면활성제를 주입할 수도 있다. 특정 종류의 미생물을 아래로 보내는 방법도 있다. 이 방법은 석유를 먹어 치우는 미생물과 관련된 방법인데, 이 미생물은 멕시코만 석유 유출 사고 때 상당 부분 사용된 것으로, 보다 점성이 강한 석유 분자(긴 고리모양을 구성하고 있다)를 파괴하여 보다 쉽게 흐를 수 있는 분자로 만든다. 미생물의 장점은 만약 미생물이 지하에서 증식하기 시작하면 더 이상 미생물을 추가하지 않아도 된다는 것이다. 왜냐하면 미생물이 스스로 자유롭게 증식하기 때문이다. 물론 미생물이 가장 무겁고 긴 분자에서만 증식하도록 해야 하며, 가장 가치가 높은 연료인 (프로판에서 옥탄까지의) 짧은 분자에서는 증식하지 않도록 할 때도 미생물을 사용할 수 있다.

## 오일 샌드

상식 퀴즈 하나. 사우디아라비아와 베네수엘라는 회수 가능한 석유가 세계에서 가장 많이 매장되어 있다(일단 셰일오일은 제외하자). 세 번째는 어느 나라일까?

바로 캐나다다. 그러나 캐나다는 10년 전에는 3위가 아니었다. 캐나다는 석유 가격이 배럴당 60달러 이상으로 상승했을 때 3위를 차지했다. 그리고 2007년 6월에 잠시 이 가격에서 하락했을 때 3위 자리를 내주었다.

이런 복잡한 상황에 대한 설명은 간단하다. 캐나다 석유의 대부분은 매우 무거운 원유 상태인데, 이 상태는 역청bitumen이라 불리며, 진흙과 모래가 혼합되어 있다. 이것들을 오일 샌드Oil Sand라고 부르며, 때때로 (하지만 부정확하게) 타르 모래라고 불리기도 한다. 보유량은 엄청나다. 국제에너지기구International Energy Agency는 약 2,000억 배럴이라고 추정하고 있는데, 거기서 석유를 퍼 올리는 회사 중 하나인 쉘 사는 10배 이상인 2조 배럴이 매장되어 있을 거라고 보고 있다. 이것이 의미하는 것은 세계에서 석유 매장량이 가장 많은 나라는 캐나다이며(역시 셰일오일은 무시하자), 사우디아라비아의 매장량을 한참 뛰어넘는다. 이런 수치에서 보면, 캐나다의 2조 배럴은 전체 미국에서 소비되는 양을 기준으로 250년 이상을 공급할 수 있으며 (에너지 증가가 없다고 가정하면) 전 세계에 60년 이상 공급할 수 있는 양이다.

캐나다의 오일 샌드는, 셰일오일과 같이, 허버트의 법칙Hubbert's law의 단순한 적용이 말이 안 된다는 것을 보여 주고 있다. 이 이론은 모든 보유량은 예측 가능한 종모양의 곡선을 따른다는 법칙인데, 만약 채산 문제로 전에는 손대지 않았던 엄청난 매장량이 경제적으로 보이게 되는 가격의 임계점이 있는 경우에는 이 법칙을 적용하기 어렵다.

오일 샌드를 이용하는 것에 반대하는 의견도 있다. 캐나다의 매장물은 거의 지표면에 가깝게 위치해 있는데, 이곳은 노천 채굴이 가능한 지역이다. 지역의 수질 오염 위험성이 크고, 북쪽에 면해 있는 삼림지대는 파괴되고 있다. 석유 수요에 반하는 환경적 고려에 대해 어떻게 균형을 맞추겠는가? 뿐만 아니라 채굴 작업에는 많은 양의 물이 필요하다. 정유사들은 필요한 물의 양은 생산된 석유 부피의 약 20%라고 말하고 있다. 하지만 환경주의자들은 이 숫자를 반박하면서, 실제로는 10배 이상이 필요하다고 주장하고 있다. 물론 결과는 얼마나 많은 양의 물이 재사용되는지에 따라 달라진다.

보다 깊이 매몰된 오일 샌드의 경우, 석유의 점성을 감소시키기 위해 증기를 주입하면서 석유를 추출할 수 있다. 이 과정은 상당량의 에너지 소비를 필요로 한다. 비록 현장에 원자력발전소를 건설하자는 제안도 있지만 현재 사용되는 자원은 천연가스다. 원칙적으로는, 석유 그 자체가 에너지를 공급할 수 있다. 1배럴의 석유를 추출하기 위해 필요한 에너지는 석유 에너지의 약 12%이다. 그래서 현실적으로 가능하다는 것이다.

이 캐나다 석유를 바짝 뒤쫓고 있는 경쟁 상대는 천연가스로부터 얻은 합성연료이며, 장기적인 경쟁 상대는 셰일오일이다. 합성연료의 가격은 거의 같은 수준으로, 배럴당 약 50~60달러 정도가 든다. 내 생각에 이런 사실은 석유의 장기적인 가격이 이보다 훨씬 높게 유지될 것 같지 않다는 것을 나타낸다. 그리고 심지어 더욱 낮아질지도 모르며, 일부 산업 전문가들은 셰일오일을 배럴당 30달러 수준으로 퍼 올릴 수 있다고 말하고 있다.

# 대체연료:
# 수소, 지열, 조력, 파력

## 수소

수소 경제hydrogen economy에 무슨 일이 일어났는가? 2003년 연두교서에서 조지 부시 대통령은 주요 계획의 일환으로 수소 경제를 언급했다. 「워싱턴 포스트」에 실린 대통령의 말은 다음과 같다.

> 오늘밤 저는 12억 달러의 연구비 지원을 제의하며, 미국은 깨끗한 수소동력 자동차 개발에서 세계를 주도할 것입니다.
>
> (박수갈채)
>
> 수소와 산소의 단순한 화학반응을 이용하면 매연 없이 물만 만들어내면서도 자동차를 움직일 에너지를 얻을 수 있습니다. 새로운 국가 공약으로 우리의 과학자들과 엔지니어들은 자동차를 연구실에서 전시장에 올려놓기까지의 난관을 극복할 것이며, 오늘 태어난 아이가 운전하는 첫 자동차는 수소로 작동되어 공해를 일으

키지 않을 것입니다.

(박수갈채)

대기를 훨씬 더 깨끗하게 하고 해외 에너지 의존도를 줄일 수 있는 이 중요한 혁신에 동참해주십시오.

부시 대통령의 거창한 비전에 무슨 일이 일어났는가? 이 비전은 근본적으로 문제가 있었기 때문에 아무 일도 일어나지 않았다. 수소 자동차는 절대 좋은 생각이 아니다. 수소 자동차는 배터리 구동 자동차와 같은 2가지 중요한 결함이 있다.

첫째, 수소는 에너지 자원이 아니라 단지 에너지를 전달하는 수단일 뿐이다. 순수한 수소를 땅에서 캐거나 퍼내지 않는다. 전기 분해를 통해서 물($H_2O$)을 얻거나 물과의 화학적 반응을 이용하여 천연가스에서[주로 메탄($CH_4$)] 얻는다. 전기 분해는 에너지를 소모하며, 우리가 수소를 연료로 사용할 때 투입한 것의 일부만을 되돌려받는다. 메탄에서 수소를 얻을 때에는 여전히 이산화탄소가 생기기 때문에 그 처리 과정이 지구온난화의 공포를 해결하지 않는다. 또한 메탄 연료전지에서 메탄을 연소시키거나 이용하여 메탄 자체를 연료로 사용하는 것이 더 저렴하고 효율적이다.

둘째, 수소는 매우 큰 부피를 차지하므로, 수소 자동차는 단거리만 운행하거나 거대한 가스 탱크가 있어야 한다. 혹은 둘 모두여야 한다. 많은 사람들이 수소가 휘발유보다 파운드당 2.6배의 에너지를 포함하고 있다고 알고 있다. 그것은 사실이지만 1파운드의 수소는 더 많은 공간을 차지한다. 단위 부피당, 갤런당으로 따져보면 그리 편리한 수단이 아니다. 최대 압력에서 1갤런의 휘발유 에너지와 맞먹으려면 10갤런의 수소가스가 필요하다.* 이것은 내연 엔진을 위한 것이며, 전기 엔진을 작동시키기 위해서는, 연료전지에서 수소를 사용하더라도 1갤런의 휘발유와 맞먹으려면 6갤런의 수소가 필요하다. 원칙적으로 수소를 액화시키면 갤런당 에너지가 3배로 늘어나지만 아주 낮은 온도(절대영도에 아주 가까운 -474°F)와 증발을 막는 강력한 보온병이 있어야 한다. 수소는 가벼운 기체라서 공기 중에서 빠르게 날아가버리지만 차고 같은 밀폐된 공간에 갇히게 되면 웬만한 혼합비율(4%~75%)에서도 폭발할 가능성이 있다(천연가스는 훨씬 범위가 좁으며 5%~15%다). 이런 문제 때문에 수소의 운반과 충전소 저장은 매우 어렵고 위험하다.

이러한 부정적인 면에도 불구하고 수소 자동차인 혼다 FCX 클라리티Clarity는 2008년부터 한정 생산되었다. 클라리티는 혼다가 10개의 수소 충전소를 세운 로스앤젤리스에서만 판매(실제로는 리스)되었다. 이 제품의 출시는 대중의 관심을 측정할 뿐 아니라 수소 연료 공급과 관련된 문제를 배울 수 있었던 실험적인 것이었다.

수소 연료는 무게가 용적보다 중요한 로켓에 매우 좋고, 액체 수소를 사용하기 위해 고도의 안전장치들을 사용할 수 있었다. 수소를 비행기에 쓰는 것도 가능할 것 같다. 그러나 자동차용으로는 훨씬 가벼운 연료라고 해서 가치가 부가되지 않는다.

여러 사람들이 수소 자동차가 300마일을 달릴 수 있다고 주장한다.

---

* 수소가스를 바로 엔진에 주입하지 않고 연료전지로 사용하여 전자 모터를 돌리는 데 사용한다면 연료 효율성을 1.7배로 늘릴 수 있다. 연료전지 자동차의 탱크-휠 효율은 신 유럽 주행 모드로 실험했을 때 평균 36%가 나온다. 그리고 기존의 디젤엔진의 효율성은 22%다. 혼다의 (아주 비싼) 클라리티 차종은 60%의 효율성까지 도달할 수 있다고 주장한다. 하지만 도요타가 프리우스가 1갤런당 60마일을 간다고 주장했으나 실제로 그 수치를 도달한 운전자는 내가 아는 바로는 없는 걸 고려하면 무작정 믿기는 좀 위험하다.

〈그림 3-17〉 최초 수소 동력 자동차 혼다 FCX 클라리티.

우리가 해야 할 일은 자동차를 더 가볍고 더 효율적으로 만드는 것이다. 물론 맞는 말이지만 그런 류의 개선은 다른 연료에도 마찬가지로 적용된다. 유사한 무게 감량으로 연비가 갤런당 35마일(35mpg)인 자동차를 100mpg로 만들 수 있다.

수소 자동차의 주요 매력은 이산화탄소 배출을 제거할 수 있다는 잠재성에 있다. 하지만 이를 위해서는 태양, 바람 또는 원자력과 같은 저탄소 전력원을 이용하는 전기분해에 의해 수소를 얻어야 한다. 미국의 자동차가 향후 50년 동안 지구온난화에 미칠 것으로 예상되는 기온은 합리적인 효율을 기준으로 보면, 거의 40분의 1도라는 점을 염두에 두어야 한다. 더욱이 이 정도의 온도 상승은 휘발유 자동차에서 경량 소재를 이용하여 얻을 수 있는 100mpg를 달성하면 더 낮아질 것이다. 우리가 휘발유를 대체할 무언가를 찾게 된 큰 문제는 기후변화가 아닌 운송 에너지의 확보였다.

천연가스와의 경쟁은 매우 힘들 것이다. 일반적인 휘발유 엔진을 천연가스나 천연가스와 휘발유 모두에서 작동하도록 변환시키는 것은 훨씬 쉽다. 이에 대해서는 제17장에서 다루겠다.

수소 차량이 그렇게 비현실적이라면 왜 자동차 회사들은 수소 차량을 도입하고 증산 계획을 발표하는 것일까? 나는 그것이 자사가 친환경적인 회사임을 홍보하려는 것이라고 본다. 자동차 회사들은 항상 여러 가지 이유로(일부는 현실적으로 다수는 상상에서) 대중의 공격을 받는다. 공익을 위해 현란하고 새로운 기술로 열심히 일하고 있다는 것을 보여주는 것은 좋은 광고다. 그러나 그들의 주장을 잘 살펴보라. 만약 실제로 생산되는 수소 자동차의 수가 매우 적다면, 이 회사의 진정성을 의심하게 될 것이다. 매스컴의 보도는 뛰어나고 저렴한 광고가 될 수 있다. 2009년 「포춘」은 수소 연료로 움직이는 혼다 클라리티의 생산비용이 대당 30만 달러라고 추정했다. 2010년 혼다는 이 차 중 50대를 미국에서 리스할 수 있었으며 목표는 세계적으로 200대가 되도록 하는 것이라고 알렸다. 혼다는 빠르면 2018년에 대규모 생산이 가능하겠지만 수소 충전소가 부족해서 판매가 제한될 수도 있을 것이라고 밝혔다. 곧 대규모 생산이 이루어질 것이라고는 기대하지 말자.

## 지열

지열은 풍력처럼 개발하기만 하면 되는 자원처럼 보인다. 지구 내부는 44테라와트의 열 에너지를 생성하는데, 대부분 지구 상부 지각의 방사능에서 오는 것이다. 환산하면 4만 4,000기가와트다. 〈그림 3-18〉의 지도는 내부 지구에서 표면까지의 열 흐름을 보여준다.

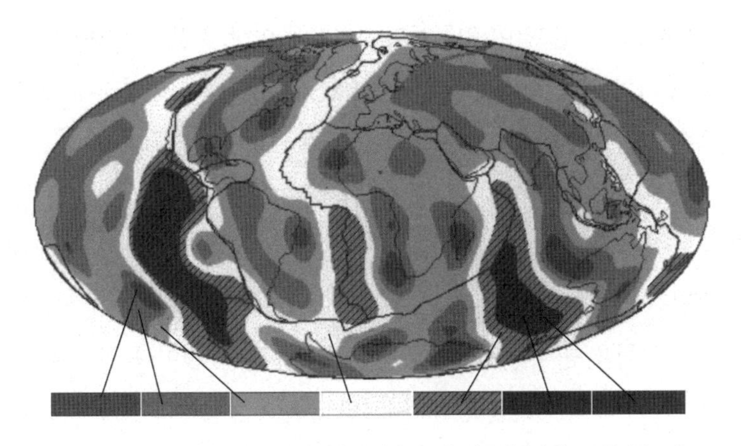

〈그림 3-18〉 지구의 열 흐름 지도. 지구 전체 면적의 평균은 제곱미터당 약 100밀리와트다.

지열에너지는 전 세계 수많은 곳에서 매우 유익한 것으로 입증되었다. 아이슬란드는 지열에서 전기의 4분의 1 이상을 생산한다. 나머지 대부분은 댐에서 가져온다. 난방까지 포함한다면 아이슬란드에서 지열은 모든 에너지 사용의 절반 이상을 차지한다. 캘리포니아에 있는 30제곱마일의 지열 구역('간헐천')은 표면으로 상승하는 수증기로 저비용의 전기를 생산한다. 캘리포니아의 지열에서 생산되는 총 전기의 양은(캘리포니아 주 전체 전력의 약 6%) 2.5기가와트다.

44테라와트는 큰 것 같지만 지구는 크고, 몇 곳을 제외하면(아이슬란드) 열 흐름은 매우 흩어져 있다. 〈그림 3-18〉을 보라. 지구 표면의 평균은 제곱미터당 약 0.1와트다. 햇빛과 비교하면 최대일 때 제곱미터당 1,000와트를 전달하고, 주야간 남쪽에서 북쪽으로 평균이었을 때는 약 250와트다. 태양은 지열보다 2,500배 강하다! 분산된 지열에너지를 경쟁적으로 활용하고 싶으면 제곱미터당 태양열 집전장치보다 2,500배 더 싼 집전 시스템을 구축해야 한다. 불가능할 것 같지 않은가? 내 생각엔 그렇다. 지열은 열이 평균보다 1,000배 이상 밀집된 지역에서는 앞으로도 가치 있는 에너지원이 되겠지만 전 지구적인 에너지 문제에 해결책은 되기 어렵다.

'지열은 어디에나 있다'는 점을 이용하겠다는 제안들을 조심하자. 어떤 이들은 바위를 파쇄해서(셰일가스 추출할 때 썼던 방법) 물을 내려보내서 뜨거워진 물이 돌아오도록 한다는 아이디어를 제시한다. 이 접근법의 문제는 암석을 통과하는 열 흐름이 매우 느리다는 것이다. 물론 물에 열이 전달되긴 하겠지만 일단 이 지역의 열을 추출해버리면 그 열을 다시 채우는 데에는 엄청난 시간이 걸린다. 다시 말해 〈그림 3-18〉을 보라. 제곱미터당 0.1와트의 밀도에서 기가와트를 얻으려면 100억 제곱미터(1만 제곱킬로미터)에서 열흐름을 수집해야 한다.

문제는 낮은 등급의 지열은 전기로 변환하기가 아주 어렵다는 사실 때문에 더 골치 아프다. 암석의 온도는 1킬로미터씩 깊어질 때마다 약 30℃씩 증가한다. 열에서 추출한 에너지 효율은 카르노 효율식(태양력에너지를 설명할 때 언급했다)에 의해 제한된다. 지표보다 30℃ 높은 물의 경우, 뽑아낼 수 있는 에너지의 최대 효율을 구하기 위해서 절대 온도를 대입해보자(지표는 300, 물은 330).

$$\text{효율} = 1 - \frac{300}{330} = 9\%$$

상당히 낮은 효율이다. 1와트를 얻으려면 이미 엄청난 면적으로 보이는 4,000제곱마일이 아니라 4만 4,000제곱마일이 필요하다. 또는 2배 더 깊게 (2킬로미터 그리고 주위 수온이 60도) 파서 효율을 18%로 높여야 한다. 천연가스 파쇄 작업을 하는 것은 천연가스가 가치 있는 상품이기 때문이다. 저온의 열은 그다지 가치가 없다.

이 물리학적 결과로 인해, 기반암에서 에너지를 얻기 위한 지열 시설은 실패할 가능성이 높아지고 있다. 알타록 에너지AltaRock Energy에 의한 대형 프로젝트는 오바마 행정부가 세운 주요 계획이었다. 이 회사는 정부자금에서 600만 달러, 벤처 투자자로부터 3000만 달러를 받았지만 2009년 프로젝트가 중단되었다. 스위스 바젤 인근에서 진행된 유사한 프로젝트는 지하 펌핑이 (정부 주장에 의하면) 현지에 지진을 유발했기 때문에 스위스 정부에 의해 종료되었다. 정부가 절대 성공하지 못하리라는 것을 깨달은 프로젝트를 체면을 잃지 않으면서 취소하기 위한 변명으로 지진을 이용한 것 같다. 또한 열 파쇄는 천연가스를 위한 파쇄에 반대하는 사람들이 또 반대할 것이다.

왜 지열에 대해 긍정적인가? 2007년 MIT가 주도한 공청회에서 '열 채굴heat mining'이 미래의 핵심 에너지원이라는 것이 입증될 것이라는 결론을 내렸다. 채굴이라는 용어를 사용한 것에 주목하자. 참석자들은 지열이 재생가능하지 않으며 한 번 열을 뽑아내고 나면 다시 채워지는 데 수백, 수천 년이 걸리기 때문에 다른 장소로 옮겨야 한다는 점을 이해하고 있었다. MIT 보고서는 긍정론("기술은 계속해서 향상될 것이다.") 대 회의론(천연가스가 "점점 더 비싸진다"-그러나 곧바로 가격이 75% 떨어졌다)의 대결로 채워졌다. 열 채광이 환경에 미치는 영향은 "기존의 원자력보다 훨씬 낫다."라고 했다. 한 문장에 낙관론과 회의론의 편견이 섞여 있다니!

지열에 이처럼 계속 열광하는 것은 뜨거운 암석은 지구의 어느 곳에서나 발견되고 심지어 뒤뜰에서도 발견된다는 점에 일부분 이유가 있다. 다른 나라가 텍사스와 알래스카 그리고 그들의 어마어마한 석유 매장량을 항상 부러워할 수도 있다. 골드러시나 천연가스러시를 그리워했을 수도 있고, 열 러시에 참여할 수도 있다.

(다음에 설명할) 조력과 함께 열은 지각 구조에 의해 열이 모이는 제한된 지역에서만 지속적으로 경제성이 있을 것이다.

## 조력

바다의 조수는 느리기 때문에 조수의 전력 밀도는 낮다. 중앙 해령의 조수 간만은 12시간마다 약 1미터다. 평균 에너지 밀도는 제곱미터당 0.1와트로, 지열과 비슷한 수준이며 태양에너지보다는 2,500배 약하다. 그럼에도 불구하고 일부 조력발전소는 상당한 상업적 성공을 누리고 있으며, 결과적으로 새로운 발전소가 자주 제안된다. 여러분은 미래의 대통령으로써, 조력이 왜 어떤 경우엔 효과가 있지만 앞으로의 에너지 수요에 중요한 기여를 할 수는 없는지를 알아둬야 한다.

지금까지 가장 성공적인 조력발전소는 1966년에 프랑스에서, 랑스강 조수 분지 입구를 가로지르며 건설되었다. 발전소의 상업적 성공을 이루게 한 것은 이 분지의 거대한 조수였는데, 기본적으로 26피트(약 8미터)의 조수 간만이 하루 두 번씩 일어나 발전소가 이용하기에 적당했다. 조수가 그렇게 큰 이유는 무엇일까? 그것은 주로 '공진' 효과 덕분이다. 분지에서 들어오고 나가는 밀물과 썰물의 빈도가 하루에 두 번씩이다. 부모가 아이들의 그네를 주기적으로 밀어주는 것처럼 조수 빈도에 맞춰 분지에서 주기적으로 밀어내는 조수는 매우 높게 출렁인다.

프랑스는 강의 하구를 가로지르는, 기본적으로 댐인 약 800미터 정도의 둑을 건설하여 이 높은 조수를 활용한다(그림 3-19). 매일 두 번 저장 장소를 재충전하는 댐처럼 둑은 밀물 때 22제곱킬로미터의 분지로 물이 흐르도록 한 다음 썰물에 분지를 떠날 때 물에서 에너지를 얻는다. 발전소는 당시 매우 비싸다고 생각됐으나 46년간 운용한 후 모든 융자를 다 갚았고, 증분 원가는 아주 낮다. 현재 킬로와트 시간당 약 1.8센트의 비용으로 전기에너지를 전달하는데, 이는 원자력보다 더 낮은 것이다(프랑스에서는 킬로와트 시간당 2.5센트). 240메가와트의 최대 전력을 전달하지만 평균은 훨씬 낮아 약 100메가와트다.*

왜 이런 발전소를 더 많이 짓지 않는가? 2가지 기본적인 이유가 있다. 첫째는 그처럼 높은 조수가 지구상에서 매우 드물기 때문이다. 이용할 수 있는 전력은 조수 높이의 제곱에 비례한다.** 뉴욕이나 샌프란시스코의 경우 기본적인 조수 높이는 6피트(약 2미터)여서 동일한 지역에서 이용할 수 있는 전력은 $(6/26)^2 = 1/19$이 된다. 이것이 100메가와트짜리 발전소와 5메가와트 발전소의 차이를 만든다. 더 많이 조력을 이용하지 못하는 둘째 이유는 분지를 드나드는 어류의 경로를 바꿀 뿐 아니라 분지의 염분을 변화시켜 둑이 부수적인 환경 피해를 줄 수 있기 때문이다. 1966년으로 돌아가보면 프랑스는 상당히 가난한 나라였고, 아직 제2차 세계대전의 황폐함에서 완전히 복구되지 않았으며, 환경은 최우선의 관심 사항이 아니었다.

조력발전소를 건설하면서 환경에 피해를 덜 주는 방법은 수중 발전기

---

* 물의 질량 m(kg)과 높이 h(meter)만 있으면 물에서 생성되는 동력을 mgh공식으로 (g는 중력 상수 9.8이다). 동력은 이 에너지(joule)를 12시간의 시간을 초로 변환하여 나누면 구해진다. 질량(높이×넓이×밀도)은 kg으로 대입하고 43,200(12시간)으로 나누면 유역의 조류로 구할 수 있는 에너지는 약 300 메가와트로 계산된다. 그리고 발전소는 거기서 실질적으로 약 100메가와트의 전력으로 뽑아낸다.

** 각 주기마다 생성하는 에너지는 물의 높이와 물의 양 (물의 양은 물의 높이에 비례하기도 한다)에 비례한다. 즉, 각 주기마다 생성하는 에너지와 평균은 물의 높이의 제곱에 비례한다.

〈그림 3-19〉 프랑스 랑스 강 입구의 댐. 이 설비의 조수 흐름은 약 100메가와트의 평균 전력을 생산한다.

를 이용하는 것으로, 뉴질랜드의 카이파라Kaipara 항의 입구에서 이용했던 방법이다. 다시 말하지만, 경제적으로 가치가 있으려면 조수의 차가 커야 하며, 이곳의 조수 높이는 7피트(약 2미터)다. 전력은 각 1메가와트를 생산하는 200대의 수중 발전기에 의해 생성된다. 수중 발전기를 수중 터빈으로 생각할 수 있는데, 여기에서는 흐르는 물이 전기를 만드는 회전자rotor를 돌린다. 뉴질랜드 사람들은 물 위에서 발전기가 보이지 않고 조용하다는 점을 자랑스럽게 생각한다. 이 발전기의 추정 원가는 처음 10년 동안은 6억 달러다. 설치 와트당 3달러는 합리적이지만 저렴하지는 않다. 유지·보수 비용은 아직 알려지지 않았지만 매우 높을 것이라고 생각한다. 아마도 여러 어류가 죽겠지만 수중 발전기 방식은 둑보다 환경 피해가 덜하다.

세계에서 가장 큰 조력발전소(아주 드물게)는 조수간만의 차가 18피트

(약 5.5미터)인 한국의 시화호 조력발전소다. 이 발전소는 2011년에 시운전을 했으며, 최대 생산 전력량은 254메가와트다(랑스 발전소의 240메가와트보다 조금 높다). 시화호 발전소 역시 둑을 이용하지만, 프랑스의 시설과 달리, 한국은 환경적으로 유익할 것이라고 주장한다. 홍수 관리와 농업용 목적을 위해 1994년에 같은 위치에 세워진 방파제는 오염을 형성하는 원인이었다. 지금 세워진 둑이 원래의 흐름과 환경을 원래대로 회복하기를 한국인들은 바라고 있다. 자연상태보다 더 나을 수는 없겠지만 적어도 이전에 인간이 미친 피해를 개선할 수는 있어야 할 것이다.

그리고 놀랄 일은 아니지만 (공진 효과에 의해 발생하는) 가공할 56피트(약 17미터) 조수로 유명한 캐나다의 펀디 만에도 조력 발전소가 세워졌다. 펀디 만은 입구가 매우 넓어 발전소가 파도의 일부분만 가로막아도 20메가와트를 생성한다.

조력발전소는 미국에도 제안되었다. 최근 골든게이트 에너지Golden Gate Energy 사는 퍼시픽 가스 앤드 일렉트릭Pacific Gas and Electric 사와 샌프란시스코 만으로 하루 두 번 거대한 유수가 들어오고 나가는 골든게이트 입구 가까이에 수중 발전기를 놓는 것을 고려하여 샌프란시스코 시와 협력 성명서를 체결했다.

결국 조력발전소 건설은 지역적 이점을 얻을 수 있는 곳으로 제한될 것이다. 조력발전소는 흔하지 않은 큰 조수가 있는 곳이나 그렇지 않으면 (골든게이트처럼) 협수로를 통과하며 조수 에너지가 집중되는 장소가 필요하다. 조력발전소는 전 세계 전력 수요에 큰 영향을 미치지는 못할 것이다. 세계에서 둘째로 큰 랑스 조력발전소조차도 프랑스 전력 수요의 0.01%만을 공급한다.

# 파력

바람이 태양열에 의해 만들어지는 것처럼, 파도 역시 바람에 의해 만들어지고, 바람과 파도의 힘은 거대하게 보인다. 해안을 치는 전 세계 파도의 힘은 3테라와트, 3,000기가와트다. 전 세계 에너지 사용량을 다 합해도 그것의 5배밖에 되지 않는다.

문제는 파도의 높이가 전 세계적으로 평균 약 1미터로 아주 높지 않다는 데 있다. 이 파도를 100미터 가로막고 거기에서 모든 전력을 얻는다면 1메가와트만을 얻을 수 있다. 대형 풍력 터빈 하나로 7메가와트를 만들 수 있다는 점을 떠올려보자. 부식성이 있는 파도가 어떻게 전력 자원으로 바람과 경쟁할 수 있을까?

이러한 모든 문제에도 불구하고 파력발전소는 만들어졌었다. 포르투갈은 펠라미스 파력 컨버터(Pelamis Wave Energy Converter, 〈그림 3-20〉)라는 실험적인 장치를 만들었다. 파도가 장치 아래를 통과하도록 하는 750톤의 부낭float를 연결한 것이다. 기본적으로 1미터 높이의 파도에서 전력의 반 정도를 성공적으로 전환시킨다고 하면 킬로미터당 5메가와트를 얻을 수 있고, 따라서 길이가 140미터인 이 장치는 750킬로와트를 생성할 수 있다.

그러한 전력이 저렴하다면 약간 관심이 갈 수 있다. 하지만 기계가 부식성을 띠는 바닷물에서 작동해야 한다는 것에 주의하라. 해군에서 근무하거나 외항선을 소유하고 있는 사람이라면 그런 상황에서 어떤 골칫거리가 발생할지 알고 있다. 단일 펠라미스 장치의 비용은 560만 달러로 추정된다. 설치 와트당 7.5달러 수준이다. 유지·보수 비용이 없다면 그렇게 나쁘지 않을 수도 있지만, 바다 환경은 거칠다. 바다는 가혹하고

〈그림 3-20〉 유러피언 해양 에너지 센터의 펠라미스 시제품.

에너지 밀도가 낮은 탓에 파력에너지를 이용하는 것은 앞으로도 절대 쉽지 않을 것이다.

# 전기자동차

우리가 가솔린 자동차에 푹 빠진 데에는 몇 가지 아주 훌륭한 이유가 있다. 다음 사항을 보자.

**충전율:** 연료 탱크를 채울 때 분당 약 2갤런의 비율로 휘발유를 넣는다. 휘발유의 에너지 밀도를 따져보면 놀랍게도 4메가와트에 해당한다.[*] 그러나 내연 엔진은 단지 20~25%의 효율이라(전기 엔진은 80~90%다) 유용한 에너지가 단지 1메가와트의 비율로 전환되는 것을 의미한다. 그렇더라도 큰 수이며 작은 집 1,000가구에는 충분한 전기다.

**주행 거리:** 10갤런을 채우는 데 5분이 걸리며, 미국의 자동차는 이 양으로 300마일을 달릴 수 있다.

**잔여물:** 탱크에 있는 모든 에너지를 사용한다면 재나 잔여물, 치워

---

* 휘발유 1갤런에는 33 kWh어치의 에너지가 있다. 1분에 2갤런을 채운다면, 1갤런에는 0.5분이 걸린다. 즉 에너지를 채우는 속도는 33,000 Wh/(1/120 h) = $3.96 \times 10^6$ watts = 3.96MW이다.

야 할 것이 아무것도 없다.(나는 브롱스에서 자랐는데 난방을 위해 석탄을 태웠다. 삽으로 석탄을 퍼넣었기 때문에 보일러에서 재를 삽으로 퍼내는 일이 늘 힘들었다.)

**비용:** 갤런당 3.50달러이며 35마일을 간다. 따라서 1마일당 연료 비용은 단 10센트다. 저렴하다는 장점 때문에, 직장이 멀어 교통 체증에 시달리지만 더 나은 집에 사는 혜택을 누리며 매일 장시간 장거리 출퇴근하는 수많은 사람들이 이용한다. 2005년 마케팅 조사 회사 TNS에서 실시한 차량 출퇴근자에 대한 조사에 따르면, 자동차를 이용한 출퇴근 거리는 평균 16마일이고, 편도 26분이다. 매일 1갤런의 휘발유 또는 약 3.50달러인 셈이다. 싸기 때문에, 연료에 들이는 것보다 호화로움과 편안함에 더 많이 돈을 쓴다. 유럽에서는 약간 다른데, 연료 가격에 미국보다 2배 높은 세금을 물린다.

**배출:** 휘발유의 배출물은 주로 이산화탄소와 수증기다(그을음과 아산화질소는 현재 미국의 주된 규제 대상이다). 우리가 숨 쉴 때 내보내는 것과 동일한 가스다. 지구온난화를 우려하기 전에는 이산화탄소는 무해한(식물이 자라는 데 도움을 주는) 것으로 간주되었다.

휘발유 자동차의 이러한 특성 때문에 (마지막 사항은 제외하고) 어떠한 획기적인 방식도 우리가 이동하는 방법을 바꾸기는 어렵다.

자동차의 미래에 대하여 생각할 때 기억해야 할 몇 가지 추가적인 핵심 사항들은 다음과 같다(이 중 몇 가지는 앞에서 언급했지만 여기에서 같이 정리한다).

**지구온난화:** 미국의 자동차는 지금까지의 온난화에 약 섭씨 40분의 1도 영향을 끼쳤다. 실현 가능한 연비 기준으로 보면, 다른 변

화 없이 향후 50년간 단지 40분의 1도를 더 높이게 될 것이다.

**무역수지 적자:** 미국의 무역수지 적자의 반은 석유 수입에서 오며, 대부분 운송을 위해 사용된다.

**배터리 자동차 주행 거리:** 전기에너지 1킬로와트시로 주행할 수 있는 거리는 2~3마일이다. 킬로와트에서(평균 가정 전기에너지율) 그 수준으로 배터리를 충전하는 데 한 시간이 걸린다.

**배터리 비용:** 모든 전기자동차의 경우 전기에너지는 중요한 비용이 아니다. 훨씬 더 중요한 것은 500번 충전한 후 배터리를 교체할 때 드는 비용이다.

첫 번째 사항부터 시작해보자. 미국의 자동차는 지난 50년 동안 단 40분의 1도만 지구온난화에 영향을 끼쳤다. 이 숫자는 제13장에서 계산했으며, 주석에서 계산을 반복해 설명하겠다.* 앞으로 50년 동안 미국의 자동차가 얼마나 많이 지구온난화에 영향을 미칠까? 미국 에너지정보청에 따르면 미국의 차량 전체 운행거리는 앞으로 아마도 60%까지 증가할 것이다. 예상되는 미래의 온난화의 원인으로 미국의 자동차가 40분의 1도에서 25분의 1도까지 증가시킬 것이다. 정부가 실현 가능한 연비 기준 도입하면 증가가 40분의 1도로 유지될 수도 있다.

미국의 자동차가 지구온난화에 그렇게 적게 영향을 끼친다면 왜 그렇게 주행 거리를 개선하고 전기자동차와 하이브리드 자동차 같은 대체

* IPCC는 최근 50년간 지구의 온도가 0.64도 오른 것 의 '대부분'은 인류의 책임이라고 한다. '대부분'이 약 80%라고 치면 인류의 책임은 약 0.5도이다. 또한 미국의 책임은 다른 나라들보다 훨씬 더 많다, 약 20%정도이다. 즉 지구의 온도가 0.1도 오른 것은 미국의 책임이라는 것이다. 그 중의 자동차가 1/4는 기여하니, 미국의 자동차들이 0.025도를 올린 것이다.

기술을 개발하기 위해 열심히 일하는 것일까? 사실은 '열심히 하고 있지 않다.' 2010년 미국에서 판매된 하이브리드 자동차의 수는 전체 미국 자동차 판매의 2.5%에 해당하는 2만 8,592대였다. 지금까지 판매된 전기자동차의 수는 훨씬 더 적다. 전기자동차의 수는 늘어날 수도 있지만, 늘어나지 않을 수도 있는 핵심적인 이유들이 있다.

## 전기자동차 유행

전기자동차를 한때의 유행이라고 부르는 건 아마 이 책에서 내가 다루는 내용들 중 어떤 것보다 공격받기 쉬울 것 같다. 유행? 맞다. 다른 부분에서 조금 더 공격적인 것을 용서하기 바라지만 이러한 자세는 필요한 것 같다. 사실상 전기차 분야에서처럼 그렇게 광고를 많이 하는 에너지 과학 및 정치 분야도 없다. 그리고 전기차에 흥분하는 사람들보다 더 열정적이고 더 낙관적이며 더 열광적인 그룹이 있는 분야도 없다.

지금 전기와 휘발유 모두를 통합하여 사용하는 하이브리드 자동차에 대해 이야기하는 것이 아니라는 점을 잊지 말라. 하이브리드 자동차는 진정한 가치와 강력한 미래를 가지고 있다. 나는 10년이나 20년 안에 실제로 모든 자동차가 하이브리드 자동차가 될 것이라고 예상한다. 테슬라 로드스터, 니산의 리프, 셰비 볼트와 같은 순수 전기자동차와 플러그인 하이브리드 자동차를 전기 전용으로 쓰는 것들이 이런 유행의 일부다. 그런 류의 자동차에 대한 관심은 그리 오래가지 않을 것이라고 본다.

모든 전기차가 미국에서 널리 사용되려면 3가지 근본적인 문제(에너지 밀도, 비용, 재충전 시간)가 해결되어야만 한다. 에너지 밀도의 문제는 전기 배터리가 휘발유에 비해 무게당 저장할 수 있는 에너지가 1%밖에 되지 않는다는 점이다. 이 단점을 약간 보상하는 것은 전기 엔진이 휘발유 자동차에서 사용되는 내부 연소 엔진보다 약 4배가량 효율적으로 작동할 수 있다는 사실이다. 따라서 사용가능한 에너지 밀도로 따지면 배터리의 에너지 밀도는 휘발유의 4% 정도다. 단거리만 운전하는 게 아니라면 배터리가 많이 필요하다는 말이다.

이제 가격에 대해 살펴보자. 대개 전기의 비용이 적게 든다고 생각한다. 그러나 전기자동차를 위한 주요 비용은 배터리에 있다. 조심하라. 전기자동차에 대한 수많은 기사들이 전기 비용만 보고 배터리 교체 비용은 간과해서 실제 운용 비용을 대단히 과소평가하고 있다.

이러한 차에 사용되는 배터리는 리튬이온으로, 가격 범위가 광범위하다. 파운드당 30~150달러다. 휴대용 컴퓨터의 교체 배터리는 1파운드당 120달러다. 일반적으로 말해서 저렴한 배터리는 수명이 훨씬 짧기 때문에 사실상 싸다고 할 수 없다. 나는 더 이상 싸구려 배터리를 구매하지 않는데, 제공되는 재충전 수가 100번 미만이라는 것을 알았기 때문이다. 좋은 배터리(휴대용 컴퓨터용과 같은 것)는 400번까지 재충전할 수 있다. 일부 배터리 제작자들은 배터리를 1,000번 이상 재충전할 수 있다고 주장하긴 하지만 경계하자. 나의 계산에 따르면, 대량으로 산 배터리는 파운드당 40달러가 들고, 500번 재충전할 수 있다. 1킬로와트시의 에너지를 유지하려면 배터리 25파운드가 들고, 이는 1,000달러 가치가 있다. 와트시당 1달러다. 500번 재충전한 후에 교체해야 하기 때문에 배터리 비용은 500와트시당 1달러이고 공급되는 비용은 킬로와트시당 2달러다. 이것을 콘센트의 킬로와트시당 10센트와 비교해보라. 교체 비용은 전기 비용을 압도한다.

### :: 테슬라 로드스터

우리가 살펴볼 첫 번째 전기자동차의 예는 테슬라 로드스터Tesla Roadster다. 배터리 무게는 1,100파운드(파운드당 40달러), 배터리 가격은 4만 4,000달러다. 배터리가 차 무게의 44%를 차지한다. 광고된 주행 거리는 250마일이지만 평균 16마력으로 차를 운전해야 할 것이다. 운전자들은 보다 일반적인 주행거리는 125마일이고 셰비 볼트의 킬로와트시당 주행거리와 매우 비슷하다고 말하고 있다. 500번 재충전 후 배터리를 교체해야 하기 전에 6만 2,500마일을 갈 수 있다. 테슬라는 3만 6,000마일이나 3년의 기간 중 먼저 도달하는 것을 배터리 보증 기준으로 하고 있다. 차를 운행하기 위한 마일당 주요 비용은 전기 비용이 아니라 배터리 교체를 위해 할당된 비용이다. 배터리 비용 4만 4,000달러를 6만 2,500마일로 나누면 마일당 70센트에 이른다.

갤런당 3.50달러의 휘발유 비용과 연비 35마일/갤런인 내연 엔진 자동차와 비교하면, 3.50달러/35mpg의 마일당 비용은 10센트다. 테슬라 로드스터는 마일당 운행하는 데 7배 더 든다. 물론 11만 달러짜리 테슬라 로드스터를 구매하는 많은 사람들은 연비를 보고 사는 건 아니지만.

절대 배터리를 교체하지 않을 것(단지 차를 팔 것)이라고 주장할 수도 있다. 그러나 로드스터는 예상 구매자가 4만 4,000달러의 새로운 배터리를 설치해야 한다면, 6만 2,500마일 주행 후의 값어치는 훨씬 떨어질 것이다. 테슬라는 3만 6,000달러로 배터리를 교체할 것이라고 말한다. 그렇다면 배터리 가격의 하락에 기대하거나 (당분간 더 많이 기대되는) 교체 이익(또는 손실)이 없다고 믿을 수 있다.

테슬라는 2011년 후반 로드스터 생산을 중단했다. 테슬라가 발표하는 이유인 즉 시장이 충분히 크지 않았기 때문이다. 예상되는 또 다른 이유는 배터리가 파운드당 40달러보다 더 많이 비싸기 때문이다(컴퓨터 배터리는 파운드당 120달러다). 고급 차체에 더하여 테슬라는 모든 차에서 부수적으로 손해를 보았다는 결론을 내릴 것이다.

테슬라는 왜 그렇게 했을까? 아마도 배터리 가격이 내려갈 것이라고 낙관했으며 그렇게 되지 않자 좌절했기 때문일 것이다. 아니면 아마도 미래의 더 작고 덜 비싼 자동차 판매를 위해 테슬라의 이름을 각인시키기 위한 노력이었을 것이다(테슬라는 2012년에 테슬라 S라는 신모델을 출시해서 승승장구하고 있다. 리튬이온 배터리를 장착하고 있으며 400마력에 400km 이상의 주행거리를 자랑한다. - 옮긴이).

### :: 셰비 볼트

셰비 볼트Chevy Volt는 1만 5,000달러의 375파운드짜리 배터리를 달고 있다(파운드당 40달러). 아직 GIU는 한 번 충전으로 40마일을 달릴 것이라고 주장한다. 그처럼 짧은 주행 거리는 실제로 볼트 운전자가 보고한 것과 완전히 일치한다. 500회 충전하면 2만 마일을 갈 수 있다. 볼트는 배터리가 방전되어 꼼짝 못하게 될 것을 우려해 휘발유로도 가동할 수 있게 만들었으니 이 숫자에 대해서 GM이 솔직했을 거라고 생각한다. 배터리 비용은, 1만 5,000달러로 2만 마일을 가기 때문에 마일당 75센트다. GM의 관리자는 이 차를 4만 달러에 판매하면 이익이 없다고 공개적으로 밝혔다. 어마어마한 배터리 비용을 감안한다면 그럴 듯하다.

### :: 니산 리프

마지막으로 약 1만 6,000달러의 400파운드 배터리를 장착한 니산 리프Nissan Leaf를 살펴보자. 한 번 충전하면 100마일을 갈 수 있다고 광고하지만 미국 환경보호청에 따르면 실제 주행 거리는 73마일(약 117킬로미터)이다(모든 숫자가 볼트에서 50마일로 광고한 주행 거리보다 이상하게 더 높은 것 같으며 배터리 무게는 거의 동일하다). 1만 6,000달러의 새로운 배터리 세트를 구매하기 전까지 500번 충전할 수 있으며 3만 6,500마일 이상을 주행한다. 마일당 비용은 44센트다.

2011년 말 니산 리프의 가격은 3만 4,700달러였다. 가정용 저속 충전기는 추가 2,000달러다(고속 충전기는 4만 달러인데, 대부분의 사람들에게 너무 비싸다). 비슷한 일반적인 휘발유 차인 니산 버사 콤팩트는 약 1만 4,000달러다. 2만 700달러 차이가 난다. 버사는 갤런당 약 35마일(약 56킬로미터다. 리터 단위로 환산하면 리터당 14.8킬로미터다)을 간다. 이는 갤런당 3.50달러이며 마일로 따지면 리프의 경우 44센트이고 버사는 10센트의 비용이 든다. 돈을 절약하고 싶다면 전기차를 구매하지 말라.

미국 정부가 제공한 7,500달러의 보조금이 구매 가격의 차이를 줄여 리프는 버사보다 단지 1만 3,200달러만 더 비싸다. 그러나 보조금이 마일당 비용을 변경하지는 않는다. 10만 9,500마일을 운전한다면(3개의 배터리를 교환해야 한다) 리프 운전자는 마일당 34센트 추가된 연비에 따라 운행 및 연료 비용으로 3만 7,230달러를 소비할 것이다. 1만 3,200달러의 구매 가격 차이에 더하여 리프의 소유주는(유사한 성능을 위해) 버사 소유주보다 5만 430달러를 더 지불했다.

배터리 교환이 필요하고 소유주가 그 값이 얼마인지 안다면 전기자동차에 대한 관심이 곧 사라질 것이다.

## 플러그인 하이브리드 전기자동차

가장 유명한 하이브리드 전기자동차인 도요타 프리우스Toyota Prius는 작은 배터리로 4~6마일을 주행할 수 있다. 가장 최신의 프리우스는 비상시나 가까운 식료품점에 갈 때 유용한 전기자동차 스위치가 있다. 전기로 더 많은 거리를 달리고 싶으면 1만 875달러로 차를 '하이브리드 전기자동차'로 전환하기 위한 키트를 구매할 수 있다. 이 키트에는 5킬로와트시 배터리가 들어 있다. 이것은 배터리 파운드당 약 40달러를 지불하고 있다는 것을 의미한다. 「컨슈머리포트」가 조사한 바에 따르면, 3년간 이 키트를 이용해서 전기 전용으로 운전할 경우 휘발유 값으로 2,000달러를 절약할 수 있다. 그러나 배터리를 교체할 때 1만 875달러를 더 내야 한다. 최신 프리우스를 소유하고 절약에 관심이 있다면 절대 EV 스위치를 누르지 말라.

도요타는 일본에서 플러그인 프리우스를 판매하고 있다. 휘발유의 가격(내가 마지막으로 확인했을 때)은 리터당 150엔(약 2달러)이었고, 갤런당 7.60달러로 환산된다. 이는 일본에서 플러그인 하이브리드를 주행하는데 드는 추가 비용이 미국에서만큼 크지 않다는 것을 의미한다. 3년 후 4,000달러를 절약하는 대신에 1만 875달러를 지출하게 된다.

전기자동차를 지지하는 사람은 내가 제시하는 배터리 비용이 너무 높다고 주장한다. 나는 이에 동의하지 않는다. 배터리가 얼마나 험하게 다뤄지는지 보라. 배터리는 자동차에서 온도 변화, 비, 진동 그리고 바운싱에 시달린다. 엄격하게 관리되는 고품질 배터리만이 그러한 환경에서 500번 주기를 지속할 수 있다. 나는 배터리 가격이 내려갈 것이라고(적어도 빠르지 않게) 기대하지 않는다. 프리우스를 위한 배터리 키트는 2008년에 1만 달러였고, 2011년에는 1만 875달러였다. 단지 3년 동안이지만 키트는 A123이라는 매우 인기 있고 자주 광고된 배터리였는데 그 가격은 그 기간 동안 분명히 떨어지지 않았다.

## 납축전지

미래의 전기자동차를 위한 가장 확실한 방책은 일반적인 자동차 시동을 위해 사용하는 구형 납축전지가 될 것이다. 리튬이온 배터리에 비해 납축전지는 파운드당 에너지의 절반밖에 담을 수 없지만 오랜 시간 동안 있어 왔고 저렴하다. 100달러면 좋은 50파운드 배터리를 살 수 있다. 리튬이온은 파운드당 40달러인 데 비해 이것은 파운드당 2달러다. 500번 재충전할 때 교체 비용은 마일당 5~10센트다. 전기 비용(마일당 5센트)을 추가하고 휘발유의 가격과 유사한 합계를 얻는다.

골치 아픈 것은 제한된 주행 거리다. 2006년 영화 〈누가 전기차를 죽였을까?〉는 60마일의 주행 거리를 제공하기 위해 납축전지를 사용했던 GM EV1 배터리 자동차에 대한 것이었다. 결국 EV1 배터리는 니켈수소합금(NiMH) 배터리로 교체되었고, 100마일 이상으로 주행 거리가 확장되었다. 안타깝게도 NiMH는 동일한 에너지 저장용 납축전지보다 약

10배 비싸 배터리 가격을 2,000달러에서 거의 2만 달러까지로 올려 연비를 10배로 증가시키고 자동차를 완전히 비경제적으로 만들었다. 여전히 배터리로는 100마일만 갈 수 있다.

몇몇 사람들은 사업을 중단하게 될까 두려워했던 석유 회사들의 압력 때문에 GM이 EV1을 죽였다고 말한다. 그러나 대다수가 GM이 납축전지 자동차는 주행 거리가 너무 짧고 NiMH 자동차는 운영하기에 너무 비싸서, 추가 비용을 낼 수 있는 전기자동차 열성 팬들에 기대 성공하기에는 시장이 너무 작다고 정확하게 판단했다고 한다. 누가 전기차를 죽였을까? 그것은 누가가 아니라 무엇(바로 배터리 비용)이었다.

## 재충전 시간

전기자동차에는 또 다른 문제가 있다. 바로 충전하는 데 걸리는 시간이다. 예를 들어 테슬라 로드스터를 살펴보자. '고전력 커넥터'로 3.5시간 재충전하도록 설계되었다. 이 장치는 240볼트에 70암페어를 사용하는데, 와트로는 둘을 곱해서 16.8킬로와트를 쓴다. 전형적인 미국의 가정에서 사용되는 평균 전력보다 약 10~16배 더 높은 전력이다. 로드스터의 1,100파운드 배터리는 약 66킬로와트시의 에너지를 보유한다. 16.8킬로와트에서 배터리를 충전하려면 66 나누기 16.8=3.9시간이 걸린다. 주유소에서 더 빨리 충전할 수 있을까? 일반 납축전지 또는 컴퓨터 배터리를 충전한 적이 있다면 급속 재충전이 배터리 수명을 단축시킬 수 있다는 것을 알 것이다. 새로운 테슬라 모델 S는 고전압 충전소에서 자동차를 1시간 만에 재충전할 수 있다고 자랑한다.

일부 사람들은 오랜 충전 시간에 대한 해결책이 배터리 교환이라고 믿는다. 배터리를 충전시키기보다 이미 충전된 것으로 거래소에서 배터리를 교체하는 것이다. 500파운드짜리 배터리를 교환하는 것은 가능하지만 쉽지는 않다. 볼트의 경우 최대 주행 거리는 40마일이고 리프의 경우 73마일이라는 점을 기억하면 1시간마다 주유소에 멈추어야 할 것이다. 배터리가 사용되기 때문에 교체할 때 주행 마일당 44~75센트에 이르는 감가상각을 지불해야 한다. 나의 견해로는, 교환 시스템의 한 가지 이득이 있다면 운전자가 모든 전기자동차에 사용되는 높은 비용을 직접적으로 인지하게 되리라는 것이다.

## 효율적인 연비

수많은 새로운 전기자동차는 갤런당 믿기 힘든 MPGe(Miles Per Gallon of Eguivalent, 2010년 11월부터 미국에서 적용되는 친환경차 연비 기준.-옮긴이) 자랑한다. 미국환경보호청(EPA)에 따르면 니산 리프는 99MPGe를 얻고 셰비 볼트는 93MPGe를 얻는다. 이러한 높은 숫자는 자랑스럽게 전시실에 전시된다. 뛰어난 도요타 프리우스는 고작 50MPGe이다.

환경보호청은 또한 1만 5,000마일에 해당하는 연료 비용(리프, 볼트, 프리우스 각각 561달러, 594달러, 1,137달러)을 발표했다.

이러한 숫자는 환상적으로 들린다. 기존의 35mpg인 휘발유 차의 경우 10센트인 데 비해 볼트의 경우 마일당 4센트의 연비인 셈이다. 맙소사, 이 숫자들은 엄청나게 잘못되었고, 사람들에게 절약을 위해 차를 구매하라고 조장하지만, 실제로 배터리 교체 비용이 포함된다면 훨씬 더 많은 비용이 들 것이다. 볼트의 경우 실제로 정확한 숫자는 '연료에 마일당 4센트 + 배터리 교환에 마일당 75센트'가 될 것이다.

1갤런의 휘발유는 33.7킬로와트시의 에너지를 만들 수 있어 EPA는 이것을 전환계수로 정의한다. MPGe를 그렇게 오해하게 된 이유는 대부분 에너지의 손실이 전기 '연료'가 자동차로 들어가기 전에 발생하기 때문이다. 일단 배터리가 효율적이라면 전기자동차도 그렇다. 발전기와 전송로에서 손실은 모두 외부적이며 포함되지 않는다. 이 손실은 전기자동차가 일반 휘발유 자동차보다 훨씬 더 연료 효율적이라는 오해를 제공한다. 계산을 해보자.

**최신식 발전소에서 연소 효율:** 45% 효율

**전기 전송로 효율:** 93%

**배터리 충전 및 방전:** 80%

**전동기:** 80%

이것을 모두 곱하면 전기자동차의 효율은 약 27%로 MPGe는 제시하는 것처럼 내부 연소 엔진에 의해 얻을 수 있는 20%보다 약간 더 높지만 그다지 더 효율적이지 않다. 전기가 석탄에 의해 생성된다면 배출되는 이산화탄소는 전기 '제로 배출' 자동차에서 훨씬 더 많다.

## 일반 하이브리드

프리우스와 같은 일반 하이브리드에 대해서는 어떻게 생각하는가?

나는 다른 전기자동차들과 같이 분류되어서는 안 된다고 생각한다. 다른 자동차와 달리 일반 하이브리드는 정말로 경제적이라 할 수 있다. 환경보호청에 따르면 프리우스의 연비는 휘발유 갤런당 50마일이다. 다시 말해서 실제로 약간 주의하여 운전하면 더 빨리 간다 해도 65mph에서 속도를 유지하고 가끔 다른 차들을 지나쳐 가는 것이다.

프리우스는 4~6마일을 가기에 충분한 약 2킬로와트시의 에너지를 저장하는 매우 작은 NiMH 배터리를 사용한다.* 배터리는 차가 초기에 가속할 때 사용되며 차가 감속할 때 재충전한다. 차의 운동에너지를 열로 버리는 대신 브레이크가 하듯이 프리우스는 바퀴의 힘으로 발전기를 돌려 마찰력이 아닌 발전기를 돌리는 데 드는 힘으로 차를 멈추는 '회생제동'을 이용한다. 배터리가 다 떨어지면 휘발유 전동기에 의해 작동하는 발전기로 재충전된다.

가장 중요한 것은 차가 65mph를 따라 효율적으로 주행할 때 프리우스는 이 배터리를 전혀 사용하지 않는다는 것이다. 이것은 매우 지능적인 설계다. 주행 사이클 중에서 일반적인 자동차가 가장 비효율적인 때만 잠깐 비싼 재충전 배터리를 사용하기 때문이다. 장거리 여행을 한다면 못해도 350마일은 이동해야 하는데 배터리 수명은 단지 10마일만 줄어들 뿐이다. 이는 배터리를 이용하는 자동차의 주요 경비인 배터리 교체 비용을 최소화 할 수 있는 동시에 하이브리드가 아니었다면 낭비되었을 휘발유도 절약할 수 있다는 의미다. 차를 플러그인으로 전환한다면 이 스마트 엔지니어링은 무효가 된다.

---

* 배터리의 사양을 보면 273V와 6.5Ah를 제공한다고 되어 있다. v(볼트)와 Ah(암페어시)를 곱하면 Wh(와트시)를 구할 수 있다. 이 배터리는 273×6.5 = 1774Wh = 1.774kWh이다.

「컨슈머리포트」는 8년 동안 20만 마일을 주행했던 프리우스의 배터리를 테스트했으며 배터리의 성능이 저하되지 않았음을 확인했다고 결론을 내렸다. 그러나 이 결론은 아마도 배터리가 거의 사용되지 않았던 고속도로에서 대부분의 마일을 소비한 연간 2만 5,000마일을 주행한 차이기 때문에 오해가 있을 수 있다. 도요타 프리우스의 교체 배터리 비용은 약 2,200달러다. 모든 전기 로드스터와 리프 자동차의 경우 내가 생각했던 것과 비교해 2킬로와트시 배터리의 경우 킬로와트시당 1,100달러다.*

플러그인 차량은 현재 7,500달러의 세금 공제를 받는다. 오바마 대통령의 2012년 예산 요청안은 이 공제를 판매 시점에 환급해주는 식으로 변환하여 바로 환급된다. 이 환급은 그렇지 않으면 소비자가 3년간 탄 후 부담해야 할 8,000달러의 추가 비용을 벌충할 수 있었다. 환급은 수입되는 석유의 수요를 낮추기 때문에 일부 에너지 안보 차원에서 납득이 되지만, 목적을 달성하기에는 매우 값비싼 방법이다. 플러그인 하이브리드를 장려하는 법의 진짜 목적이 충분히 고려되지 않았다. 일반 하이브리드를 장려하거나 평균연비제도Corporate Average Fuel Economy, CAFE의 제한을 통해 단순히 자동차 산업에 필요한 mpg 표준을 높이는 것이 훨씬 나을 수 있다.**

프리우스 일반 하이브리드의 설계가 중요시되어 하이브리드가 장시간 동안 모든 전기자동차에서 훨씬 더 인기 있는 옵션으로 판명될 것이라고 믿는다. 프리우스를 갖고 있는데 비용이 걱정된다면 플러그인 하이브리드로 전환하지 마라.

---

* 1파운드당 40달러로 가정하고 1파운드당 40Wh라고 가정하면 1Wh당 1달러이고 1kWh당 1,000달러이다.

** 연비 효율 기준(CAFE)은 모든 제조사들의 자동차와 소형 트럭의 연비에 제한을 둔다.

## 배터리가 남긴 과제

배터리가 더 많이 좋아진다면 전기 전용자동차에도 희망이 있다. 이러한 자동차가 실제로 경쟁력을 갖추기 위해 해결해야만 하는 과제들을 정리하면 다음과 같다.

- 파운드당 에너지는 휘발유의 에너지보다 25배 나쁘다.
- 마일당 비용은 휘발유보다 5~8배 더 높다(전기 및 배터리 교체 비용 포함).
- 저장 탱크는 10배 더 공간을 차지한다(동일한 주행거리).
- 재충전 시간은 충전소에서 몇 분이 아니라 몇 시간이고 가정에서는 훨씬 더 길다.
- 배터리의 초기 자본 비용은 수천, 수만 달러다.

배터리는 점점 나아지고 있지만 그 속도가 느리다. 문제는 배터리의 화학 반응에 있는 것이 아니다. 우리는 그 점을 아주 잘 알고 있다. 문제는 전극과 전해질의 나노 기술에 있다. 앞으로 20년 안에 특히 휘발유의 mpg를 개선한다면, 배터리를 휘발유와 경제적으로 경쟁력 있게 만들기에는 개선만으로 충분할 것 같지는 않다.

미국인이 40마일의 주행 거리를 기꺼이 수용한다면 납축전지를 사용하는 전기 전용자동차는 이미 경쟁력이 있다. 왜 우리는 장거리용 자동차를 요구하는가? 이유 중 일부는 의심할 필요 없이 습관이자 장거리

여행에 대한 사랑이다. 그중 하나는 연료를 다 쓰는 것 그리고 충전소에서 멀리 떨어진 곳에 고립되어 버리는 것에 대한 두려움 때문이다. '주행 거리 불안'은 이미 리프 운전자들이 보고했다. 이유 중 일부는 단지 연료를 주입하기 위해 멈추는 것을 싫어하기 때문이다. 그러나 전 세계 대부분이 미국처럼 장거리 운전에 중독되지는 않았다. 차를 소유한 적이 없던 수많은 사람들이 있는 중국, 인도, 아프리카에서 40~60마일의 주행 거리에 대한 생각은 매력적인 것으로 보일 수 있다. 그리고 이러한 국가 여러 곳은 연료 가격이 미국보다 더 높다. 이러한 이유 때문에 나는 전기자동차의 진짜 미래는 모든 배터리 중 가장 저렴한 것(납축전지)을 사용하는 개발도상국에 있을 것이라고 생각한다.

배터리로 운행하는 자동차가 지구온난화에 어떤 영향을 미치는가? 전기자동차는 현재 주로 화석연료에서 에너지를 얻는다. 석탄을 때는 발전소의 전기로 달리는 자동차는 송전망과 다른 손실을 포함할 때 휘발유 자동차보다 더 많은 이산화탄소를 대기 중에 버린다.

효율성 개선이 높은 비용을 정당화하는가? 아니면 전기자동차를 늘리는 데 소비한 돈(예를 들어, 보조금이나 환급금)이 향상된 인프라(송전망), 태양열, 바람, 원자력 장려(예를 들어, 그러한 연료를 위한 시장을 만드는 캘리포니아 AB32와 같은 입법 행위를 통해), mpg(CAFE) 표준 개선에 소비한 것보다 나은가? 그것은 대통령이 씨름해야 할 문제다.

# 천연가스자동차

미국의 천연가스 횡재 덕분에 자동차를 천연가스로 달리게 할 가능성을 보다 심각하게 살펴보는 것은 이해가 간다. 최고의 후보는 액화 천연가스가 아니라 압축 천연가스(CNG)인데, 액체는 끓는점까지 가지 않기 위해 화씨 -259도(섭씨 -162도) 이하로 유지해야 하는 단순한 이유 때문이다. 휘발유는 같은 에너지를 위해 소비자가 2.5배 더 비용을 지불해야 하고, 그 비율은 상승 중이다.*

천연가스는 손쉽게 250기압으로 압축될 수 있다. 즉 정상보다 밀도가 250배 더 크고, 이 고압가스는 강철이나 섬유 복합 탱크로 운반할 수 있다. 이 수준으로 압축되었을 때 천연가스는 갤런당 11킬로와트시의 에너지를 가지며, 휘발유의 3분의 1이지만 리튬이온 배터리보다 10배 더 낫고, 동일한 압력으로 압축된 수소보다 4배 낫다. 게다가 이것은 천연이다.

---

* 현재 소비자가 천연가스에 내는 값은 29.3kWh당 1.2달러, 즉 1kWh당 4센트이다. 휘발유 1갤런은 3.5달러이고 33.7kWh를 제공한다. 3.5달러/33.7kWh=1kWh 당 10.4센트, 즉 천연가스보다 2.5배 더 비싸다. 대량으로 공급할 경우엔 더욱 격차가 벌어진다.

〈그림 3-21〉 혼다 시빅 GX 천연가스자동차.

1998년부터 혼다는 미국에 시빅Civic GX〈그림 3-21〉 천연가스자동차를 판매해왔다. 가격은 2만 5,490달러다(제작사가 제안한 소매가격). 보통 시빅 승용차는 성능은 나무랄 데 없으며 가격은 1만 5,805달러다. 9,685달러 차이가 의욕을 꺾는다. GX의 가격은 왜 그렇게 높은가? 가장 큰 원인은 혼다가 모든 차에 포함한 '필Phill'이라는 장치에 있다. 필은 가정 천연가스를 몇 시간 안에 GX 탱크로 압축할 수 있는 압축기다.

필이 당신의 탱크를 채운다. 별도로 팔면 집에 설치하는 것을 포함하여 가격이 6,200달러다. 차량용 고압 탱크는 1,500달러를 더 추가해야 한다. 탄소섬유 복합 압력 탱크는 기본적으로 담을 수 있는 가스의 무게보다 5배나 더 무겁다.

확실히 천연가스자동차는 압축기를 구매할 필요가 없거나 압축기를 다른 사람들과 공유할 수 있다면 훨씬 더 저렴하다. 이러한 이유 때문에 대부분의 천연가스자동차는 동일한 재충전 시설을 사용할 수 있거나 천연가스 충전소 인프라를 가진 나라에서 사용했던 많은 자동차 중 일부였다. 대체연료와 최신 자동차 데이터 센터Nature Gas Fueling Station Location의

웹사이트를 확인하여 집 가까이에 있는 충전소를 찾을 수 있다.

www.afdc.energy.gov/afdc/fuels/natural_gas_locations.html

이 웹 사이트에서 미국 여러 주의 지도를 보게 될 것이다. 캘리포니아에는 200개 이상의 천연가스 충전소가 있다. 뉴욕은 100개 이상이다. 〈그림 3-22〉는 2011년 뉴욕 시의 충전소 위치를 보여준다. 많은 충전소가 있는 지역에서는 가정용 압축기가 필요 없으며, 천연가스자동차의 경제성을 더 매력적으로 만든다.

2,000달러에서 4,000달러 사이의 비용이 드는 전환 키트를 설치해 기존 자동차를 천연가스로 전환할 수 있다. 키트는 새로운 탱크를 추가하기 때문에(기본적으로 공간을 차지한다) 오래된 휘발유 탱크는 그대로 둔 채 이중모드로 자동차를 달릴 수 있다. 이용 가능할 때는 천연가스로 주행하고, 가까운 곳에 천연가스 충전소가 없다면 휘발유로 주행할 수 있다.

1마일을 주행하기 위한 천연가스 비용은 약 4센트다. 마일당 겨우 10센트인 휘발유의 현재 비용이나 마일당 44~75센트인 전기자동차 배터리 교체 비용을 비교하자. 천연가스 탱크는 배터리보다 훨씬 더 저렴하고 배터리와 달리 500번 재충전 후 교체가 필요하지 않다.

간단히 비용을 계산하면 다음과 같다. 가까이에 천연가스 충전소가 있다고 가정하면 필이 필요 없다. 전환 키트와 탱크를 3,000달러에 설치하고, 해마다 1만 5,000마일을 달린다. 마일당 6센트를 절약하고(10센트와 4센트의 차이) 해마다 900달러까지 늘어날 것이다. 투자에 대한 900달러 ÷3000달러 = 30%의 환급이다. 감가상각을 위해 10%를 뺄 수도 있지만 그래도 투자대비 20%의 수익이다.

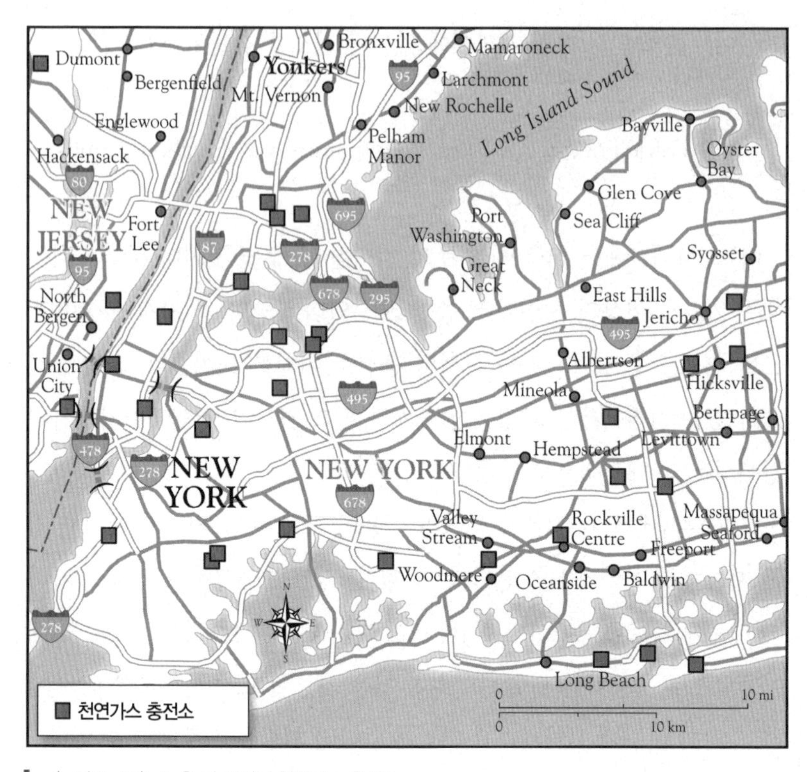


〈그림 3-22〉 뉴욕 시 주변의 천연가스 충전소.

필을 포함하니 투자가 아주 좋아 보이지는 않는다. 해마다 900달러를 절약하지만 전환 비용 3,000달러에 필 비용 6,200달러를 더하면 9,200달러였고, 연간 환급은 900/9200-10%(감가상각)=-0.2%이다. 그다지 좋지 않지만 그다지 나쁘지도 않다. 더욱이 집에서 탱크를 재충전할 수 있고 자랑할 수 있는 자동차를 갖게 된다.

천연가스의 경제는 휘발유 가격이 더 높은 나라에서(천연가스 가격도 더 높지 않다는 가정 아래) 더 강력하다. 이러한 나라들은 주로 휘발유 주소와 천연가스 충전소가 함께 있다. 이러한 이유 때문에 미국에서는 비록

15만 대 정도(대부분 택시, 버스, 지방정부의 차량)지만 전 세계에는 1,200만 대 이상의 천연가스자동차가 있다. 파키스탄은 천연가스자동차가 거의 300만 대, 인도는 100만 대 이상 있다. 선진국(OECD 회원국)은 약 50만 대다.

천연가스에는 다른 장점도 있다. 탱크가 (압력을 유지하기 위해) 튼튼하기 때문에 정면 충돌과 같은 사고가 나도 거의 훼손되지 않는다. 제안자에 따르면 천연가스는 휘발유보다 안전하다. 또한 공기보다 가볍기 때문에 더 안전하고, 차에서 새더라도 (휘발유처럼 고이지 않고) 재빨리 하늘로 올라간다. 또한 휘발유보다 점화 온도가 높아 갇히더라도 점화할 가능성이 더 적다. 마지막으로 천연가스의 사용은 엔진의 마모를 감소시키는 것 같다. 이 효과는 차량의 감가상각률을 늦추는 데 도움을 줄 수 있다. 천연가스자동차가 통하는 데에는 많은 이유들이 있다. 천연가스에 비해 오히려 합성연료가 문제다.

천연가스의 주요 단점은 주행 거리다. 250기압에서(제곱인치당 3,600파운드) 같은 볼륨의 탱크의 경우 천연가스는 휘발유에 비해 3분의 1 정도 거리밖에 갈 수 없다.* 혼다 시빅 GX에서 천연가스 탱크는 바닥 아래 숨겨져 쓸 만한 트렁크 공간을 가질 수 있으며, 공인 250마일의 주행 거리를 제공하기에 충분하다. 하지만 이 하부 탱크 덕분에 차체가 무거워져 연비는 줄어들었다.

2003년에 조지 부시 대통령이 미국에 수소 연료 충전소를 세우기 위한 프로그램을 제안했다. 수소는 현재 킬로그램당 약 8달러에 판매된다.

---

* 1기압에서 천연가스의 밀도는 $1m^3$당 0.8kg이다. 250기압에서는 $1m^3$당 200kg이다. 이 수치는 휘발유 밀도의 4분의 1이다. 하지만 천연가스는 kg당 에너지가 휘발유보다 30% 높기 때문에 실질적 차이는 3분의 1정도이다.

연료로써 킬로와트시당 27센트다. 반대로 천연가스는 공급된 킬로와트시당 4센트다. 또한 수소의 4분의 1 부피에 같은 에너지를 저장할 수 있다. 부시 대통령은 수소 대신 천연가스를 내세웠어야 했다.

# 연료전지

연료전지는 100년 동안 배터리를 위한 궁극적인 대체물로 여겨졌다. 현재 연료전지는 표준 발전소와 자동차 엔진을 위한 궁극적인 대체물로 불리고 있다. 이런 낙관론에 보증이 있을까?

물의 전기분해를 본 적이 있다면 한편으로는 연료전지의 동작을 본 셈이다. 〈그림 3-23〉에서와 같이 전해질에서 전기 흐름은 물을 통과하여 한쪽에서 수소가스가, 그리고 다른 쪽에서는 산소가 나온다. 전해질 전지를 연료전지로 돌리려면 배터리를 전선으로 바꾸고, 각각 해당하는 종단에 수소와 산소 가스를 공급한다. 그러면 밖으로 전기가 나온다. 화학적으로 작동하는 방법은 이렇다 일부 수소 원자가 전자를 잃고 물을 통해 이동하여 물을 형성하기 위해 산소와 다른 전극에서 반응한다. 두 전극은 충전된 상태로 남게 되는데 전선으로 이것을 연결하면 전기를 얻을 수 있다. 그리고 나서 이 전기를 램프나 전동기를 작동시키는데 사용한다. 중요한 사실은 연료전지는 변하지 않고, 재충전할 필요가 없다는 것이다. 몇 가지 기술적인 세부 사항을 제외하고 단지 연료를

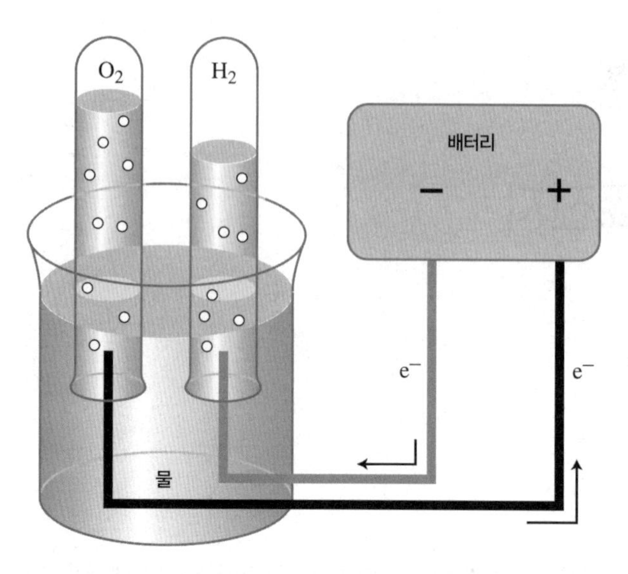


▌ 〈그림 3-23〉 전해질. 이 장치를 연료전지로 변경시키려면 단지 배터리를 램프와 교체하면 된다.

공급하고(수소와 산소) 생산물(초과되는 물)을 제거하면 밖으로 전기가 나온다.

전기를 생성하기 위해 그저 수소를 태우고 그 결과로 생긴 열을 이용할 수도 있지만, 이 접근방식의 효율성은 낮으며 기본적으로 20~35%이다. 사람들이 연료 전지에 열광하는 이유 중 하나는 실제로 도달하긴 어렵지만 이론적인 효율이 83%에 달한다는 점이다. 연료전지는 또한 상대적으로 간단하고 작으며 깨끗하고 조용하다는 장점이 있다.

연료전지는 또한 메탄과 공기로도 작동한다. 고온에서 운용하면 전해질로 고체를 사용할 수도 있는데, 세라믹을 많이 이용한다. 〈그림 3-24〉의 블룸 에너지Bloom Energy 사의 연료전지는 캘리포니아의 파이어맨스 펀드Fireman's Fund 본사에 설치된 예다. 영화 〈2001〉에 나온 돌기둥이 연상되는 아름답고 삭막한 단순성을 볼 수 있다. 연료는 전력이 필

▎〈그림 3-24〉 캘리포니아의 파이어맨스 펀드 본사에 설치된 블룸 에너지의 메탄 연료전지.

요한 곳, 바로 사업장 부지나 공장 가까이에 놓일 수 있어 7%라는 일반적인 전기 전송에 따른 손실을 막는다. 둘이 가까운 경우에는 전력을 만드는 동안 생성된 열을 건물의 난방에 이용할 수 있다(전기로 전환되지 않은 에너지 부분). 이 '열병합발전'은 실제로 낭비되는 연료가 없다는 것을 의미한다.

폐열이 사용될 수 있다는 사실이 일부 80~90%의 초고효율에 대한 주장을 이끌었다. 일부 기자들은 이 주장을 보고 천연가스 터빈의 40% 효율에 비하면 엄청난 것이라고 열광했다. 그러나 열에너지는 전기에너지만큼 가치가 있지 않으므로 둘을 함께 묶는 것은 잘못된 것이다. 그런 식으로 정의하면 건물의 난방을 위해 낭비하는 열을 사용한다면, 모든 엔진은 100% 효율을 보일 것이다. 더욱이 난방을 위해 천연가스를 연소할 때 100%의 효율을 확보할 수 있다. 열 펌프를 작동시키는 데 천연가스를 사용한다면 100%보다 더 큰 효율을 확보할 수 있다.* 이러한 착각 때문에 많은 사람들이 블룸 에너지의 연료전지가 실제로는 단지 이전 기술의 점진적인 개선일 뿐이었음에도 (특히 세라믹이기 때문에) 기술상 근본적인 돌파구를 제시했다고 생각했다.

실제로 전지는 효율적이어야 할 뿐 아니라 합리적인 가격을 유지하면서 고성능이어야 하고, 전극이 부식되거나 더러워지지 않아야 하고 전극과 전해질 사이의 재질이 변하지 않고 유지되어야 한다. 사용되는 구조 또한 연료전지에 스트레스를 주는 반복적인 가열과 냉각을 버텨야 한다.

기본적으로, 저온에서 사용하는 전지는 화학적 반응이 더 빨리 일어나게 하는 촉매를 사용해야 한다. 안타깝게도 최고의 촉매제(백금, 자동차 촉매 변환장치에서 사용되는 동일한 물질)는 매우 비싸다. 현재(2012년) 백금의 가격은 트로이온스당 1,600달러 혹은 그램당 51달러다(트로이온스는 귀금속, 보석류를 재는 단위이며, 1트로이온스는 31.1034g이다.-옮긴이). 노트북을 구동할 수 있을 정도의 보통 크기의 연료 전지라고 해도 그 안에 들어가는 백금만으로 수백 달러가 된다. 우주 차량space vehicle이나 전장의 군인을 지원하기 위한 특별한 상황에서 사용할 때는 이 높은 비용이 장애가 되지는 않지만 다른 지상 에너지 자원과 경쟁하기엔 심각한 제한 사항이다.

비용 때문에 백금을 대체할 수 있는 물질을 찾기 위한 막대한 연구가 진행되고 있다. 기본적으로 촉매제는 반응이 필요한 분자 표면에 흡수

---

* 열 펌프는 소량의 에너지로 외부의 열을 빌딩 내부로 '펌프' 한다. 냉장고도 이런 걸 한다, 냉장고 내의 열을 바깥으로 분출한다. 소량의 에너지로 대량의 열을 이동시킬 수 있다는 것이다, 즉 이동한 열을 소모한 에너지로 나눈다면 에너지 소모 효율이 1 이상이다. 효율이 1 이상이란 게 의아하다면 자동차에 원유를 채울 때 당신의 힘을 많이 소모하지 않는다는 걸 생각해 보라. 열 펌프로 비슷하게 소량의 에너지를 소모하여 대량의 에너지를 한 공간에서 다른 공간으로 옮기는 것뿐이다.

되어 운동하고, 그렇게 함으로써 분자가 서로 가까운 곳에 놓이고 화학 반응을 강화시키기 위한 최적의 방향으로 맞춘다. 이런 이야기를 보면 나노 기술에서 많이 들은 것 같을 텐데, 실제로 이런 연구가 활발히 진행되는 분야다. 그러나 핵심은 더 나은 촉매를 만드는 것이 아니라 사용할 가치가 있는 충분히 저렴한 분자를 만드는 것이다.

백금 비용을 피하기 위한 대안은 고온 운용, 기본적으로 약 1,000℃로 가는 것이다. 고온에서는 2가지 일이 일어난다.

첫째, 일반적인 연료전지의 화학반응이 빨라진다. 둘째, 매우 유용한 새로운 화학반응이 일어난다. 메탄이 물과 반응해서 수소와 일산화탄소를 내놓기 시작한다. 이는 훨씬 비싼 수소 대신 메탄을 연료전지에 이용할 수 있다는 뜻이다. 사실상 연료전지 자체에서 수소를 분리해내는 개질 Reforming을 하는 셈이다. 이것이 블룸 에너지의 연료전지가 천연가스로 작동할 수 있는 이유다.

고온 연료전지가 거둔 최상의 성공은 그 전해질에 신형 세라믹 YSZ* 를 사용한 것이다. 이것은 놀라운 재질로 가열 시 자유 전자는 통과하지 못하게 하면서 산소 이온(모두 2개의 전자를 운반)은 흐를 수 있게 한다. (물리학자가 아닌 사람들에게는 놀랍겠지만) 중이온은 실제로 양자역학 측면에서 전자보다 '더 작기' 때문에 결정 구조 사이로 살금살금 지나갈 수 있다. 이것이 바로 연료전지를 위해 필요한 것이다. 산소 이온은 YSZ를 통해 이동하고 화학적으로 반대편의 수소와 반응하여 물을 만들고 과잉 전자

---

* Y는 산화이트륨(이트륨은 원자 번호 39인 드문 원소다)를 뜻한다. Z는 지르코늄(지르코늄은 원자 번호 40이다)의 산화물을 뜻한다. S는 안정된 상태를 뜻한다. 이를 합친 YSZ는 이트리아 안정화 지르코니아라고 불린다. 지르코늄 결정체가 가열되면 결정체의 구조가 바뀌어서 결정체의 크기가 변하고 세라믹에 금이 갈 수 있기 때문에 안정화가 필요하다. 산화이트륨은 저런 결정체의 구조 변화를 막아 안정화할 수 있다.

(산소에 붙어 있지만 물은 아니다)를 금속 전극 위에 남긴다. 전자는 YSZ를 통과할 수 없기 때문에 외부 전선으로 돌아와 전력을 제공한다.

게다가 백금은 자동차 연료전지용으로는 너무 비싸고, YSZ 전지는 너무 뜨거워 재료과학자들이 대체 물질을 열심히 찾는 중이다. 한 가지 가능성은 세륨 가돌리늄 산화물cerium gadolinium oxide, CGO이다. 이러한 모든 물질 세륨, 가돌리늄, 이트륨이 낯설게 보이는가? 이 낯선 것 같은가? 과학자들이 모든 것을 테스트하는 것이야말로 현재 재료과학의 놀라운 측면이며, 자주 진짜로 놀랍고 시장성 있는 특성을 발견한다. 블룸 박스Bloom Box에 사용되는 재료는 아직까지 비밀이지만 전문가들은 세리움이 추가된 YSZ를 포함한다고 추측했다.

연료전지는 어마어마한 잠재적인 이득을 가지고 있다. 그런데 왜 보다 광범위하게 사용되지 못할까? 확실한 대답은 가격 때문이다. 블룸 에너지가 연료전지가 킬로와트시당 14센트로 에너지를 생산할 수 있다고 주장하지만 그 주장을 입증하기 위한 데이터를 발표하지 않았으며 폐열의 이용까지 포함했을 수도 있다. 수많은 투기적인 회사들은 놀랍게도 시가에 기반한 것이 아니라 판매가 해마다 10억 달러로 성장한다면 앞으로 그 비용이 낮아질 거라는 예측에 근거하여 주장을 펼친다. 2010년 4월 「뉴스위크」와의 인터뷰에서 블룸 에너지의 최고경영자인 K. R. 스리다르Sridhar는 자사 연료전지의 시가가 설치 와트당 7~8달러라는 것을 인정했다.* 이것은 천연가스 터빈 발전소보다 7배 더 비싼 것이다. 이 숫자는 미국에너지정보청이 2010년 11월에 발표한 「전기 발전소를 위한

---

* 'This Is Brand New': The CEO of Bloom Energy on a New Way of Powering the Planet"(in *Newsweek magazine*), The Daily Beast, April 22, 2010.
http://www.thedailybeast.com/newsweek/2010/04/22/this-is-brand-new.html.

최신 자본비 산출」[*]에 있는 숫자와 일치한다. 에너지정보청의 보고서에 따르면 연료전지는 설치 와트당 6.83달러인 반면 보다 재래식인(복합 사이클) 천연가스 터빈 발전소 비용은 와트당 단 99센트다.

상업 전력 생산을 위한 연료전지의 주요 제작사는 원래 우주에서 수행할 임무를 위한 연료전지를 공급하는 유나이티드 테크놀로지 코퍼레이션United Technologies Corporation, UTC이다. UTC는 19개국에 75메가와트의 인산형 연료전지phosphoric acid fuel를 설치했다. 이 숫자가 얼마나 작은지 주목하라. 이 연료 전지가 생산하는 총 전력은 기본적인 원자력발전소나 석탄발전소 한 기가 생산하는 전력량의 7.5%다. 이러한 발전소에는 수소가 있어야 하는데, 이것은 물과 천연가스가 반응하는 별도의 리포머reformer에 의해 얻어진다. UTC의 연료전지의 전기 효율은 약 40%다.

그렇게 비싼데도 어떻게 연료 전지가 상업적으로 경쟁력이 있을까? 블룸 에너지의 CEO인 스리다르는 같은 인터뷰에서 '바로 지금은 보조금 때문에 경제적일 뿐'이라고 인정했다. 2005년 에너지정책법Energy Policy Act은 30% 또는 킬로와트당 3,000달러와 가속화된 감가상각에 대한 세금 공제를 허락했다. 캘리포니아는 350메가와트 이상을 출력하는 연료전지를 위한 인센티브로 6억 3,000만 달러 이상을 지불했다. 현재 28개 주가 공공기관이 신재생에너지 자원으로 전력의 특정 부분을 감당하는 것을 의무화하는 '신재생에너지 의무할당제renewable portfolio standard, RPSs'라는 법을 시행하고 있다. 연료 전지가 바이오메탄을 사용할 수 있다는 점 때문에 많은 주가 이 목록에 연료전지를 포함한다(제13장에서 적

* USEIA, "Updated Capital Cost Estimates for Electricity Generation Plants," November 2010, http://205.254.135.24/oiaf/beck_plantcosts.

어도 이산화탄소 배출이라는 관점에서 보면, 탄소를 매장해 두는 편이 낫다고, 다시 말해서 모든 '바이오'를 재생으로 간주해서는 안 된다고 했다). RPS는 사실상 공공기관이 이익을 보장할 뿐 아니라, 그들이 비싼 연료전지를 사용함으로써 고객이 늘어나는 셈이기 때문에 보조금이나 마찬가지다. 정치인들은 정부 세금으로 보이지 않는 자금을 제공해주기 때문에 RPS를 좋아한다.

이동형 메탄 연료전지를 만드는 것이 정말 어렵기 때문에(날씨, 부딪힘, 가속의 우여곡절을 견뎌야 하기 때문에) 10~20년 내로 자동차에 연료전지 탑재를 실용화하는 건 매우 어려울 것 같다. 혼다 클라리티(그림 3-17)는 메탄이 아니라 수소로 달린다. 상대적으로 저온에서 달릴 수 있지만, 비싼 백금이 있어야 한다. 도요타는 2015년까지 수소 연료전지 자동차를 생산할 계획이다. 내가 볼 때 주로 홍보용이다. 미국(뉴욕에 9개, 캘리포니아에 23개를 포함하여 전국에 56개의 충전소가 있다)이나 일본(국가 전체에 충전소 12개)에 만만찮은 수소 인프라를 세우지 않고는 도요타의 자동차를 대량으로 생산하기 위한 인센티브는 없을 것이다. 테슬라 로드스터처럼 역사의 뒤안길로 사라질 것이다.

연료전지는 발전소의 대체재로써 고정 시설로도 이용될 것인가? 직접적인 경쟁 상대는 연소 터빈 기술이다. (둘째 터빈을 구동하여 첫째 터빈에서 나오는 폐열과) '복합 사이클' 방식으로 운용하는 천연가스 발전소는 50% 이상의 에너지 대 전기 효율을 달성할 수 있으며, 7배 더 낮은 자본 비용을 투자해도 가능하다.

# 청정석탄

석탄은 우리가 쓰는 것 중 가장 더러운 연료다. 아래와 같은 여러 이유가 있다.

- 석탄은 주로 탄소이며, 전기를 생산하는 데 천연가스보다 이산화탄소를 2배 더 많이 만든다.*
- 저질 석탄을 연소하면 이산화황이 생성된다. 이산화황은 대기에서 물과 섞여 황산이 되고, 황산이 침전하면 산성비가 된다. 산성비는 숲을 파괴하고(그림 3-25), 대리석 기념비에 손상을 입히고, 호수의 산성을 변화시킨다.
- 석탄은 어류를 오염시키는 수은의 출처다.

---

* 이건 석탄의 대부분이 탄소여서 석탄을 태울 때 나오는 에너지는 대부분 이산화탄소를 생성하는 과정에서 나오는 것이기 때문이다. 메탄이 탈 때 나오는 에너지의 반은 수소가 물이 되는 과정에서 나온다. 즉 이만큼의 에너지는 이산화탄소를 생성하지 않는다는 것이다.

- 석탄발전소는 비산회를 만드는데, 머리카락을 훼손시키고, 창턱에 쌓이며, 그린란드의 얼음을 녹이는 '검은 탄소'라 불리는 작은 흑색의 탄소 조각들이다.

- 석탄은 수많은 중국 도시의 압도적인 공기 오염과 국가 비상사태에 이를 정도로 심각한 호흡기 질환의 원인이다. 세계가 그 도시의 숨 막힐 정도의 공기를 텔레비전으로 보지 못하도록 올림픽 동안 중국 정부는 베이징으로부터 수마일 안에 있는 모든 석탄발전소의 가동을 중지시켰다.

왜 석탄을 좋아하는 걸까? 명백한 대답은 석탄이 엄청나게 싸기 때문이다. 탄광 가까이에 산다면(와이오밍, 아이다호, 켄터키) 킬로와트시당 6~7센트로 전기를 살 수 있다(캘리포니아에서는 15센트를 지불한다). 미국 에너지정보청에 따르면 새로운 재래식 석탄발전소를 지으면 킬로와트

〈그림 3-25〉 인근 석탄발전소에 의한 산성비 때문에 생긴 숲의 피해.

시당 8.6센트에 전기를 판매할 수 있다(캘리포니아는 온실가스 문제 때문에 새로운 석탄발전소를 허용하지 않는다).

지역 오염과 심각한 건강 문제 때문에 중국은 석탄발전소로부터의 배기가스를 정화하기 위해 필사적으로 노력 중이다. 미립자들은 전기 집진기electrostatic precipitato로 제거할 수 있다. 이것은 기본적으로 입자들을 끌어당기고 가스에서 입자들을 제거하기 위해 금속판을 고압으로 충전한 것이다. 이산화황은 다양한 종류의 비누와 기타 화학 약품(수산화나트륨, 석회, 아황산나트륨, 암모니아)과 가스를 분사하여 씻어낼 수 있다. 이러한 방법은 비싸며, 킬로와트시당 1~2센트까지 값을 올린다. 충분히 납득할 만한 수준이고, 그렇게 하지 않을 경우에 감당해야 할 보건 비용이 높기 때문에 앞으로 수십 년에 걸쳐 중국은 대부분의 발전소에 집진기를 설치할 것이라고 본다.

청정기가 석탄을 깨끗한 에너지 자원으로 만들까? 전통적인 측면에서는 그렇다. 청정기를 설치하면 높은 굴뚝에서 나오는 검은 연기를 더 이상 볼 수 없을 것이다. 청정기를 작동하는 석탄 운용을 전통적으로 '청정석탄clean coal'이라 불렀다. 요즈음 수많은 사람들은 기존의 청정석탄이 충분히 깨끗하다고 생각하지 않는다. 기가와트 단위의 전기를 생산하는 석탄발전소는 2초마다 1톤의 이산화탄소를 배출한다.*

---

* 이걸 계산하려면 먼저 표 〈4-1〉을 보아야 한다. 1파운드의 석탄은 3.2kWh의 열에너지를 생성하고, 일반적인 발전소의 열에너지에서 전력에너지로 변환하는 변환율은 31%다. 또한 1톤은 약 2,000파운드, 1시간은 3,600초다. 따라서 1톤(2,000 파운드)의 석탄은 3.2×2000=6400 kWh=6.4 MWh의 열에너지를 생성하고, 6.4×31%=2 MWh의 전력에너지를 생성한다. 이 에너지는 1시간(3,600 초) 동안 2MW의 전력에너지로 사용되거나 1초 만에 7.2GW의 전력에너지로 사용될 수 있다. 1톤의 석탄이 7.2초 동안 1GW의 전력에너지로 사용될 수 있는 만큼의 에너지를 생성한다는 것이다. 계산을 좀 더 간단하게 하기 위해서 석탄이 순수한 탄소라고 가정해보자. 1톤의 탄소가 산소와 합성하여 이산화탄소를 만들면 3.7톤 무게의 이산화탄소가 만들어진다. 7.2/3.7=1.95초 만에 1톤의 이산화탄소가 만들어지는 것이다.

석탄을 싫어하는 사람들은 "청정석탄은 모순이다."라고 한다. 인터넷으로 이 문장을 확인하면, 최근에 이 문장을 사용한 정치인과 평론가 목록을 길게 볼 수 있다. 수백만 명의 미국인들이 이 별칭의 광범위한 사용에서 모순이라는 단어의 의미를 배웠다고 생각한다. 청정석탄은 어마어마한 양의 온실가스를 생산한다는 것으로 받아들여진다. 중국은 매주마다 한 개의 새로운 기가와트 단위 석탄발전소를 추가 중이다. 이는 다음 주 중국의 이산화탄소 배출량이 이번 주에 비해 2초마다 1톤씩 더 많아질 것이라는 의미다.

그러나 오바마 대통령은 청정석탄을 공개적으로 반복해서 지지했다. 무슨 일일까? 오바마 대통령이 이 문제(대부분 사람들이 혼란스러워하는 모순)에 대해서 모르기 때문에 그런 것이 아니다. 오바마가 '청정석탄'을 언급할 때 석탄은 굴뚝 청정기의 '오래된 청정석탄old clean coal'*을 의미하는 것이 아니라 탄소를 격리한 '새로운 청정석탄new clean coal'을 의미한다.

탄소 격리carbon sequestration는 연소하는 석탄에 의해 생성된 이산화탄소가 대기에 들어가는 것을 막는 것을 목표로 한다. 보다 정확한 표현은 '이산화탄소 격리'일 것이다. '탄소 포집 및 격리carbon capture and sequestration' 혹은 CCS라고도 부르는데, 일부에서는 CCS는 탄소 포집 및 저장carbon capture and storage이라고도 한다. 용어에 대해서는 너무 신경쓰지 말자. 진짜 문제는 이산화탄소를 알맞은 가격으로 매장할 수 있는지와 장기간 동안 계속 안전하게 묻혀 있을 것인가 하는 2가지 문제다.

---

* 늙은 왕 석탄은 나이 들고 즐거운 영혼은 아니었다(Old king coal is not a merry old soul). 썰렁한 유머에 양해를…….["Old King Cole was a merry old soul(늙은 콜 왕은 나이 들고 즐거운 영혼)." 스코틀랜드와 잉글랜드의 전승 동요인 〈늙은 콜 왕(Old King Cole)〉의 한 라임을 패러디한 것. - 옮긴이]

굴뚝에서 이산화탄소를 격리하는 것은 쉽지 않다. CCS는 최상의 방법으로 전체 석탄발전소의 재설계, 효율 개선(톤당 에너지 극대화), 그리고 굴뚝이 아닌 발전소 자체에서 탄소 포집을 요구한다. 이것을 실행하기 위한 미국의 주요 프로젝트를 퓨처젠FutureGen이라 한다. 퓨처젠의 첫 단계에서 에너지는 대기에서 산소를 격리하는 데 사용되어 순수한 산소로 연료를 연소시킬 수 있다. 질소는 따로 남게 된다. 공기 대신 순수한 산소를 이용하는 것이 터빈의 효율성과 이산화탄소를 쉽게 격리하는 데 도움을 준다는 것을 확인했다. 석탄을 뜨거운 물과 반응시켜 기화시키면 수소와 이산화탄소가 생성된다. 이들 가스는 쉽게 분리할 수 있다. 수소는 터빈에서 연소되고 폐열은 두 번째 증기 터빈을 구동시키는 데 사용된다. 2개의 터빈 사용이 이 시스템을 설명하기 위한 복합 순환combined cycle이라는 용어를 생기게 한다. 퓨처젠은 '석탄가스화복합발전(IGCC, integrated gasification combined cycle)'이라 불린다. 배출된 이산화탄소는 압축되어 지하로 펌핑되어 내려보내진다. 저장소를 위한 여러 가지 제안이 있었고, IPCC는 이 주제에 대해 특별한 보고서를 작성했다. 한 가지 옵션은 오래된 유정에 가스를 펌프질하여 석유 추출에 도움을 주는 것이다. 이미 텍사스에서 1만 개 이상의 유정이 이 방법을 사용하고 있다. 수익성이 있는 격리이기 때문에 굉장한 해결책이다.

이산화탄소는 또한 빈 탄광과 열화된 석유 및 가스정에 저장할 수 있다. 내가 좋아하는 장소는 현재 염수를 포함하는 암석층의 지하 저장소이다. 이런 장소는 현재 상업적인 가치가 없으나 전 세계에 걸쳐 발견되고, 수십만 년 넘게 탄소를 지하에 가둬둘 수 있는 불침투성을 갖고 있다. 1,100만 톤의 이산화탄소는 이미 노르웨이 슐라이프너 연안의 염수에 격리되었다.

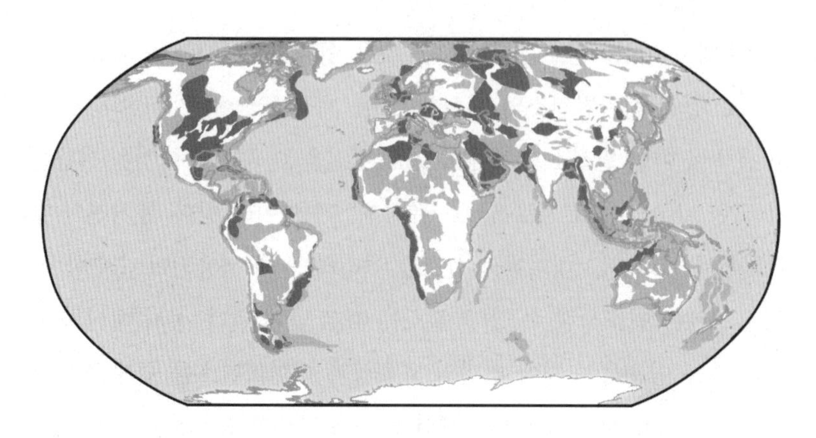

〈그림 3-26〉 IPCC가 추천한 이산화탄소 격리를 위한 후보지.

2009년 퓨처젠이 취소되었다. 그 이유는 프로젝트가 예산을 훨씬 초과했다는 것이었다. 그 당시 나는 청정석탄을 강력히 지지하는 사람에게 말했고, 그는 안도감을 표시했다. 그는 그것이 취소되었을 때 기뻐했다. 그가 우려한 것은 퓨처젠이 완료되면 효과가 있을 수도 있지만 워낙 거창하게 실행되어 자칫 잘못된 교훈(포집과 격리는 실행하기에 너무 비싸다)을 가르칠 뻔했기 때문이다. 그의 생각에 퓨처젠의 성공은, CCS가 무척 힘든 일임을 세계에 확신시킬 뿐이다.

〈그림 3-26〉의 지도가 보여주듯이 이산화탄소를 격리시킬 수 있는 지역은 전 세계에서 볼 수 있다. 모든 염수 지역이 무기한으로 이산화탄소를 지하에 유지하기에 올바른 종류의 불침투막을 가지고 있을까? 안타깝게도 우리는 확실하게 모르며, 따라서 이 방법이 효과가 있을 것이라고 장담하지도 못한다. 그러나 이론적으로는 좋아 보이고, 시도해볼 가치가 있다. 이산화탄소 포집과 격리가 실패할 것이라면 초기 누수에서 곧 알게 될 것이다.

청정석탄은 회의론에 치우치기 쉽다. 당신이 이에 관해 읽는다면 '입증되지 않은' 것이라는 끊임없는 비난을 들을 것이다. 그러나 대안에너지 자원이 무엇을 입증했을까? 태양열이 저렴하다고 입증됐나? 저가 배터리 기술이 입증됐나? 오늘 중국의 (매주 새로 건설되는 1기가와트의 석탄 전력으로) 이산화탄소 증가를 감소시키기 위해 할 수 있는 유일한 재정적 해결책은 천연가스로의 전환이다. 그러나 그것조차도 이산화탄소를 만든다. 당신이 진짜로 지구온난화에 대해 걱정한다면(적어도 중국이 계속해서 에너지 사용을 극적으로 증가하는 한) 탄소 포집과 저장은 오랜 희망일 뿐일 수 있다. 태양력발전에 대해 낙관할 수 있지만 명심하라. 중국은 2011년 태양열로 1기가와트(평균 전력)의 8분의 1만을 추가했다. 이것이 한 기술에 회의론을 적용하고 다른 기술에 낙관론을 적용하는 진정한 편향이다.

격리는 저렴하지 않을 것이다. 이산화탄소를 바닷속 깊은 곳에 넣기 위해 압축해야 하고 에너지와 돈이 든다. 미국에너지정보청은 이산화탄소 격리 과정을 추가하면 전기 비용이 킬로와트시당 3센트 증가할 것이라고 추정한다. 수많은 사람들은 그 이상일 것이라고 생각하지만 에너지정보청의 계산을 고수해보자. 미국의 새로운 석탄발전소가 소비자에게 킬로와트시당 약 10센트의 비용으로 전기를 공급하는 것을 고려하면 이것은 지불하기에 적합한 프리미엄인 것 같다.

그러나 문제는 미국에 있는 것이 아니다. 미래의 대부분의 이산화탄소는 중국의 석탄에서 나오고 나머지는 개발도상국에서 생긴다. 이러한 국가들이 그 3센트의 프리미엄을 기꺼이 지불하거나 아니면 애초에 지불할 수나 있겠는가? 현재 중국은 세계에서 둘째로 전기를 많이 생산하고 세계에서 가장 온실가스를 많이 만든다. 앞에서 〈그림 1-16〉은 미국과 중국의 2010년 이산화탄소 배출량의 변화를 보여주었다. 2010년 중국의 배출량은 미국의 배출량보다 70%나 더 컸으며, 지금은 미국의 2배가 될 것이다.

이 모든 이산화탄소를 격리하는 데 얼마큼의 비용이 들까? IPCC는 석탄의 에너지 비용이 50~100%까지 상승할 것이라는 결론을 내렸다. 이것은 킬로와트시당 3센트인 미국에너지정보청의 계산을 넘는다. 2011년 석탄으로부터 생산한 전체 중국의 전력량 역시 4조 킬로와트시보다 더 컸다. 킬로와트시당 3센트에서, 격리를 위한 비용은 연간 1,200억 달러가 될 것이다. 더욱이 중국의 전기 사용은 연간 10% 이상 빠르게 증가하고 있어 해마다 그와 동일한 비율로 이 비용도 상승하리라고 예상한다.

중국이 이 비용을 감당할 수 있을까? 중국은 가난한 나라이며, 중국에 남지 않는 오염(지구 표면의 2% 미만을 차지)에 많은 돈을 지불하는 데 주저할 것이다. 중국이 연간 1,200억 달러를 소비하는 가장 좋은 방법은 빈곤을 줄이고 보건과 교육을 개선하며 지방 정부를 깨끗하게 하고 지속적인 성장을 자극하는 데 훨씬 도움을 주는 것이다. 중국의 주석이라면 무엇을 결정하겠는가? 이 자금을 자신의 국민들에게 즉각적인 혜택을 제공하는 데 쓰지 않고 온실가스를 줄이는 데 쓰겠는가?

대통령이라면 대부분의 온실가스 오염은 개발도상국에서 생길 것이라는 사실을 감안해야 한다. 해마다 1,200억 달러를 소비하는 최상의 방법은 미국의 선진 산업(최신 송전망이나 최신 자동차 기술 또는 최신 태양열과 풍력 및 원자력발전)을 위한 것이 아니다. 아니, 이러한 목적을 위해 많은 돈을 쓰는 최적의 방법은 중국에 돈을 보내 중국이 매주 그들이 짓고 있는 새로운 기가와트급 석탄발전소에서 배출을 격리하는 데 도움을 주는 것이다. 나는 정치인이 아니라 물리학자이지만 이 접근 방식을 제안한다면 대통령 선거에 도움이 되지 않을 것이라고 생각한다.

보다 현실적인 해결책은 중국으로 하여금 석탄을 천연가스로 전환하도록 장려하는 것이다. 이 방법은 50%까지만 배출을 줄일 수 있지만 이것으로도 상당하며 (사람에 대한 기여가 맞는다면) 확실하게 지구온난화의 시작을 늦출 것이다. 그 덕분에 우리는 앞으로 탄소 배출이 없는 새로운 에너지원 개발에 쓸 시간을 벌 수 있을 것이다.

제4부

# 에너지는 무엇인가?

# Energy for Future Presidents

"우리는 에너지를 절약해야 한다." - 지미 카터

"에너지는 보존된다." - 물리학 교수

"에너지는 사랑과 같다. 관계를 갖기 위해 이해할 필요는 없다. 하지만 사랑과는 달리, 실제로 에너지를 이해할 수 있는 기회가 있다." - 작가 미상

제4부는 사실 이 책에서 읽을 필요가 없는 부분이다. 부담 없이 건너뛸 수 있다. 아니면 더 좋은 방법은, 무언가를 배워야 한다는 생각을 하지 않고 가볍게 읽는 것이다. 에너지는 매우 유용한 도구다. 비록 에너지의 내밀한 특징을 깊이 이해하지 않는다 해도, 에너지는 아주 흔한 것일 수 있으며, 재미없는 것일 수 있고(음식의 칼로리로 에너지를 측정할 수도 있다), 또는 추상적이고 에테르 같은 것일 수 있다(물리학자들이 에테르를 시간에 대한 활용 변수라고 할 때랑 같은 의미로).

# 에너지의 속성

## :: 음식, 연료 및 사물 안의 에너지

평범한 것에서부터 시작해보자. 〈표 4-1〉은 다양한 종류의 음식, 연료 및 사물의 1파운드에서 이용할 수 있는 에너지를 나타낸 것이다. 맨 오른쪽 줄에 TNT의 에너지와 비교한 항목을 보자. 여러분을 놀라게 하

| | 음식 칼로리 | 킬로와트시 | TNT와의 비교 |
|---|---|---|---|
| 총알 (1,000피트/초) | 4.5 | 0.005 | 0.015 |
| 자동차 배터리 | 14 | 0.016 | 0.046 |
| 컴퓨터 배터리 | 45 | 0.053 | 0.15 |
| 알카라인 배터리 | 68 | 0.079 | 0.23 |
| TNT | 295 | 0.343 | 1 |
| 고성능 폭약 (PETN) | 454 | 0.528 | 1.5 |
| 초콜릿 칩 쿠키 | 2,269 | 2.6 | 7.7 |
| 석탄 | 2,723 | 3.2 | 9.2 |
| 버터 | 3,176 | 3.7 | 11 |
| 에탄올 | 2,723 | 3.2 | 9 |
| 휘발유 | 4,538 | 5.3 | 15 |
| 천연가스 (메탄) | 5,899 | 6.9 | 20 |
| 수소 | 11,798 | 14 | 40 |
| 소행성 (30킬로미터/초) | 48,435 | 57 | 165 |
| U-235 | 9억 | 11,000만 | 3,200만 |

〈표 4-1〉 다양한 사물과 물질에 대한 파운드당 에너지.*

* 이 표에는 여러 가지 연료와 합성되는 산소의 무게가 포함되어 있지 않다. 파운드 대신 킬로그램을 원한다면 그냥 수치를 2로 곱하면 된다(1킬로그램=2.2 파운드). TNT 에너지는 군 목적을 위하여 1그램당 1킬로칼로리로 정의되어 있다. 하지만 여기선 실제로 폭발용을 위한 TNT의 에너지를 표기했다.

는 항목이 있는가?

이 표에서 놀라운 점 중 나의 마음에 가장 드는 것은 (처음으로 이를 계산했을 때 무척 놀랐다) 초콜릿칩 쿠키가 같은 무게의 TNT보다 7.7배나 더 많은 에너지를 전달한다는 점이다. 놀랍게도, 휘발유는 TNT보다 15배나 더 많은 에너지를 갖고 있다! 파운드당 에너지가 그렇게 적은데, 왜 우리는 휘발유나 쿠키가 아닌 TNT를 사용하고 있는 것일까? 대답은 이러하다. TNT는 에너지를 훨씬 더 빨리 방출할 수 있어서, 높은 동력(초당 에너지)을 전달한다. 높은 동력은 큰 힘을 만들어낼 수 있으며, 그러한 이유로 바위와 콘크리트를 깨뜨릴 수 있다. 나는 에너지와 동력 간의 차이를 설명하기 위해서 수업에서 이 예시를 사용하고 있다. 동력은 에너지 전달의 비율이다. 만일 아주 큰 폭발을 원하지만 운반할 수 있는 무게가 제한된다면, 고성능 폭약보다는 휘발유를 사용하는 것이 좋다. 그러한 이유로 군대에서는 항공 연료 폭탄을 아프가니스탄에 떨어뜨린 것이다.

## :: 에너지는 사물인가?

나는 이 장의 제목에서 제기된 문제에 대한 답을 아직 찾지 못했다. 에너지란 무엇인가? 잠시 대답을 미루고, 진실로 이해하기 힘들지만 또한 얼마나 이해하기 힘든지 여러분이 깨닫지 못하고 있을 수 있는 몇 가지 속성에 대해 상기시키고자 한다. 야구 배트로 야구공을 치면, 에너지는 전환된다. 하지만 어떠한 사물도 전환되지 않는다. 배트는 공에게 어떤 속성(높은 속도)을 주지만, 물체나 물건을 전달하지는 않는다. 이 상황은 음파에 대해서도 유사하다. 소리가 지나갈 때, 공기 중에 있는 각각의 분자들은 아주 멀리 이동하지 않으며, 그것들이 시작된 동일한 지점에서 끝나게 된다. 분자들은 잠시 동안 이동하는데, 그것들이 지나온 것은 질량이나 정체성이 아니며, 그것들의 운동 패턴이다. 이러한 패턴이 에너지인가?

물론, 패턴은 에너지를 보유할 수 있지만 에너지는 더 복잡한 것이다. 우리가 열이라고 부르는 에너지의 하위 범주에 대해 생각해보자. 열은 분자의 무작위 운동이다. 실온에서, 분자들은 평균적으로 약 시속 770마일(1,240킬로미터)의 순간 속도로 진동한다. 어떤 분자들은 그 절반의 속도로 움직이며, 어떤 분자들은 두 배의 속도로 움직이지만, 그 평균은 770마일이다. 그래서 시간당 770마일로 이동하는 총알에 대해, 분자의 대다수는 실제로 뒤쪽으로 움직이고 있는 것이다. 무작위 운동이 총알이 앞으로 나아가는 운동에 대해 반대로 이동하는 것이다. 사실, 이러한 무작위 운동에는, 총알이 앞으로 이동하는 운동만큼이나 많은 에너지가 축적되어 있다. 그러한 일관적인 속도에서 에너지는 총알이 타격할 때 손상을 주는 힘이 된다. 동일한 양의 열 에너지는 그저 총알을 따뜻하게 해줄 뿐이다.

움직이지 않는 총알 하나와, 시간당 770마일로 움직이는 또 하나의 총알이 있다고 가정하자. 움직이지 않는 총알의 열에너지를 움직이는 총알의 운동에너지와 비교해보라. 그 둘은 동일하다. 유감스럽게도, 대부분의 열에너지는 유용한 작업을 위해 추출하지 못한다. 열에너지는 해체되어 있기 때문이다. 분자들은 무작위 방향으로 이동한다(해체의 개념은 물리학에서 엔트로피 이론으로 공식화된다). 해체된 에너지에 대한 일반적인 물리학의 정리가 있다. 유용하게 조직된 에너지(효율성)로 전환될 수 있는 부분은 카르노의 등식이라 불리는 간단한 등식으로 구할 수 있다.

$$효율성=\left(1-\frac{저온}{고온}\right)\times 100\%$$

이 등식을 사용할 때, 고온은 일반적으로 연소된 연료의 온도, 또는 집중된 태양광선으로 가열된 물의 온도다. 저온은 보통 배기가스의 온도이거나, 냉각탑의 온도이다. 유일한 문제점은, 이 등식에 있어서 온도는 화씨 또는 섭씨로 표시하는 것이 아니라 절대온도로 표시해야 한다는 점이다. 그렇게 하기 위해서, 화씨온도에 459를 더하거나, 섭씨온도에 273을 더해야 한다.

카르노의 등식은 터빈이나 내연 기관 같은, 열로 가동하는 모든 모터의 한정된 효율성을 설명하는 데 도움이 된다. 제15장에서 소개한 지열에너지에 대한 논의에서, 나는 바위에 의해 섭씨 30도로 가열된 물은 그 에너지의 단지 9%만을 전달할 수 있다는 것을 보이기 위해 이 등식을 사용했다. 이제 가열하여 끓게 되는 물을 생각해보자. 섭씨 100도, 화씨 212도는 간헐천과 원자로에서(압력이 다르기 때문에 사실 100도는 아니다.-옮긴이) 끓는 물의 온도다. 우리가 에너지를 추출한 후 물을 실온인 화씨 65도(섭씨 18도)로 냉각시킨다고 가정하자. 고온은 화씨 212+459=671(섭씨 355도)이고 저온은 화씨 65+459=524(섭씨 291도)이다. 그래서 에너지 추출의 최대 효율성은 다음과 같이 계산된다.

$$효율성=\left(1-\frac{524}{671}\right)\times 100\%=22\%$$

이는 전기 또는 다른 유용한 에너지를 만들기 위해 끓는 물의 열 중 단지 22%만을 추출할 수 있다는 것을 의미한다.

카터 대통령이 에너지를 절약하자고 했을 때, 유용한 에너지에 대해 이야기했었다. 전기에너지는 매우 유용하다. 전기에너지는 효율적으로 역학 운동 또는 (만일 원한다면) 열로 전환될 수 있다. 하지만 일단 열로 전환된 다음에는 카르노 효율에 의해 정해지는 비율만큼만 운동에너지로 전환할 수 있다.

## 에너지의 정의

에너지란 무엇인가? 간단한 답이 있지만, 그 대답은 너무 추상적이어서 대답을 배우기 위해 물리학을 전공하는 데 보통 4년이라는 시간이 걸린다. 4년간 물리학 입문을 위해 배우는 내용을 몇 개의 문단으로 압축하려 한다. 해당 내용을 읽는 동안, 노련한 물리학자가 경험한 지적인 변신을 엿볼 수 있을 것이다.

### :: 고등학생과 대학교 신입생들이 배우는 에너지

에너지 개론은 가장 흥미 없는 과목이다. 이 부분이 너무 지루해서 읽다가 포기하지 않길 바란다. 더 깊이 들어가고, 더 추상적이 될수록, 에너지에 대한 흥미로운 정의들이 나오기 때문이다. 초보자들에게, 에너지란 일을 하는 능력으로 정의된다. 일 = 힘 × 거리. 힘이란 질량을 가속하는 어떤 것이다. 힘 = 질량 × 가속도, 즉 $F = ma$이다.

사실상 여러 가지 이유로, 물리학을 전공하는 신입생 중에 이러한 등식들을 실제로 이해하는 이들은 없다. 능력이라는 단어가 정의되지 않고 있으며, 아마도 정의할 수 없기 때문이다. $F=ma$라는 등식은 실제로 법칙이 아니라 질량이라는 용어에 대한 정의라고 볼 수 있다(법칙은, 등식에서 $m$이라 표현되는 질량은 속도의 독립 상수라는 것이다). 그것은 중요하지 않다. 이 책에서, 첫 번째 단계는 에너지에 대해 배우는 것이며, 언어와 등식을 다루는 법을 배우는 것이다. 규칙을 배울 수 있고, 규칙을 사용하는 법을 배울 수 있는 학생이라면 실제로 아무것도 이해하지 않고도 수업에서 A를 받을 수 있다.

### :: 2학년생이 배우는 에너지

이제, 조금 더 흥미로워진다. 에너지는 질량으로 전환될 수 있으며, 그 반대 또한 가능하다. 이러한 사실은 아인슈타인의 등식으로 나타낸다.

$$E = mc^2$$

많은 사람들이 이 등식으로 인해 혼란스러워하는데, 그 이유는 숫자를 올바른 방법으로 연결할 때에만 맞아 들어가기 때문이다. 만일 질량 m을 킬로그램으로 표시하고, 빛의 속도 $c$를 미터초로 표현한다면($c = 3 \times 10^8$ 미터초), 이 등식은 줄 단위의 에너지를 도출한다. 이를 킬로와트시로 전환하고자 한다면, 360만으로 나누면 된다. 그리고 질량 $m$은 더 이상 상수가 아니다. 만일 사물이 속도를 가지면, 질량은 증가한다.*

* 정지되어 있는 물체의 무게가 $m_0$이라면 운동질량은 $m$은 $m_0 \div \sqrt{1-(v/c)^2}$ 으로 계산된다. ($v$는 물체의 속도, $c$는 빛의 속도를 뜻한다). 하지만 뉴턴의 법칙, $F=ma$는 운동질량을 사용해도 성립되지 않는다는 점을 조심하라.

2학년생은 또한 플랑크Planck의 법칙을 배운다[양자물리학에서 에너지 $E$는 양자 주파수 $f$와 관계가 있다($E=hf$, 여기서 $h$는 우리가 플랑크 상수라 부르는 숫자다)]. 비록 그들은 이 단순한 법칙을 배우지만 대부분의 2학년 학생들은 그것이 무엇을 의미하는지 이해하지 못한다. 주파수는 초당 사이클 수로 측정된다. 플랑크의 등식은 에너지와 시간 사이의 깊은 관계에 대한 힌트인 것처럼 보이는데 실제로 그렇다.

### :: 3학년생이 배우는 에너지

에너지와 질량은 실제로 같은 것이다. 만일 에너지가 존재한다면, 이는 질량을 가질 뿐 아니라 실제로, 그 자체가 질량이다. 에너지와 질량은 단순히 동일한 것이 아니라, 등가다. 이것이 $E=mc^2$의 실제 의미다. 우리는 원자에서 이를 알 수 있다. 전자를 핵에 결합시키는 결합 에너지와 같이, 어떤 종류의 에너지는 마이너스다. 가장 놀라운 것은 이러한 마이너스 결합 에너지의 존재는 원자의 질량을 감소시킨다는 것이다! 이는 마치 마이너스 에너지가 마이너스 질량에 기여하는 것과 같다. 실제로 그러한 원자에서 나오는 중력은(질량에서 유래한 어떤 것) 마이너스 질량 때문에 더 낮다.

3학년 학생들은 또한 에너지·시간의 관계의 더 깊은 의미에 대해 다시 살펴보게 된다(첫 번째는 플랑크의 법칙에서 나왔다). 어떤 물체가 고유한 에너지 값을 가지려면 양자역학적 파동함수가 시간에 따라 사인파 형태로 진동해야만 한다. 다시, 에너지는 $E=hf$라는 등식에 의해 계산된다. 만일 파동함수가 다르게 진동한다면(사각 파형 혹은 두 사인파의 맥놀이 같은), 에너지는 불확정성을 갖게 된다. 이는 에너지를 측정하려 노력한다면, 하나의 분명하고 예측 가능한 값이 아니라, 가능한 값의 목록 중 하나를 얻을 것임을 의미한다. 이는 하이젠베르크Heisenberg의 불확정성 원리와 플랑크의 등식의 핵심이다. 그리고 에너지와 시간 간의 연결성에 대한 또 하나의 힌트가 있다. 에너지에 있어 불확정성은 에너지를 측정하는 데 사용되는 시간의 간격을 곱하여, 항상 플랑크의 상수보다 더 크다는 것이다. 에너지와 시간은 연결되어 있는 것처럼 보인다.

### :: 4학년생과 졸업생이 배우는 에너지

에너지에 대한 가장 매력적이고, 정확하며, (물리학자들에게) 실용적인 정의는 가장 추상적인 것이다. 너무 추상적이어서 물리학을 공부하는 처음 몇 년 동안에는 논의조차 할 수 없다. 이는 $E=mc^2$와 같은 물리학의 실제 등식들은 오늘 진실인 것만큼 내일도 진실일 것이라는 관찰에 기반한다.*

이는 대부분의 사람들이 당연하게 생각하는 가설이다. 비록 몇몇 사람들이 계속해서 실험하고는 있지만. 만일 그들이 편차를 발견한다면, 이는 노벨상 감일 것이다. 물리학 용어에서, 등식은 변하지 않는다는 사실은 시간 불변성이라 불린다. 이는 물리학에서 사물은 변하지 않는다는 것을 의미하는 게 아니다. 사물은 움직이기 때문에, 물리학 세계에서 많은 사물들은 시간에 따라 변화한다. 하지만 그러한 움직임을 설명하는 것이 등식은 아니다. 다음 해에도 우리는 여전히 $E=mc^2$라는 등식

* 내가 물리학의 진실의 등식들이 시간의 영향을 받지 않는다고 했을 때, 그 등식들에 대한 인류의 지식을 뜻한 게 아니다. 1900년도에는 $E=mc^2$ 라는 공식을 몰랐었다. 그리고 몇 년 이후에는 그 공식을 발견했다. 물리의 공식은 바뀌지 않았다. 그 공식에 대한 우리의 이해가 변한 것뿐이다.

을 가르칠 것이다. 이 등식은 여전히 사실이기에.

시간 불변성은 사소하게 들리지만, 수학적으로 표현한다면, 놀라운 결론을 도출하게 될 것이다. 에너지는 보존된다는 것을 증명할 수 있다. 그 증거는 에미 뇌터Amalte Emmy Noether가 발견했는데, 그녀는 아인슈타인과 동시대의 사람으로서, 아인슈타인은 그녀를 역대 가장 '중요하고' '창의적인' 수학자라 불렀다(그림 4-1). 아인슈타인처럼, 그녀는 나치 독일을 피해서 미국으로 건너와 살았다.

〈그림 4-1〉 에미 뇌터. 시간과 에너지의 연결을 발견했다.

뇌터가 개괄한 이 절차를 따라서, 물리학의 등식으로 시작하여, 시간에 따라 변하지 않을 여러 변수(위치, 속도 등등)의 결합을 항상 발견할 수 있다. 몇 가지 간단한 사례에 이 방법을 적용하면(고전 물리학, 힘과 질량, 그리고 가속도와 함께), 시간에 따라 변하지 않는 양(달리 말하면, 구조의 고전적 에너지)은 운동 및 위치에너지의 합계임이 판명된다.

그게 무엇이 중요한가? 에너지가 보존된다는 것을 우리는 이미 알고 있었다. 하지만 이제 철학과도 매력적으로 연결된다. 에너지가 보존되는 이유가 있다! 이는 시간 불변성 때문이다.

그리고 훨씬 더 중요한 결과가 있다. 그 절차는 우리가 그 방법을 현대 물리학의 훨씬 더 복잡한 등식에 적용할 때도 작용한다는 사실이다. 다음의 질문을 상상해보라. 상대성 이론에서, 보존되는 것은 무엇인가? 그것은 에너지인가, 아니면 에너지+질량에너지인가? 아니면 다른 어떤 것인가? 그리고 화학에너지는 어떠한가? 그리고 위치에너지는? 전기장에서 어떻게 에너지를 계산할 수 있는가? 핵자들을 붙들고 있는 등의 양자장은 어떠한가? 그것들도 포함되어야 하는가? 직관적으로 답을 얻을 수 없는 질문들이 꼬리를 문다.

오늘날, 그러한 질문들이 제기되면서, 물리학자들은 뇌터가 개괄한 절차를 적용하고 있으며, 분명한 해답을 얻고 있다. 아인슈타인이 자신의 움직임에 대한 상대론적 방법에 그 방법을 적용했을 때, 그는 새로운 에너지, 질량에너지인 $mc^2$를 담고 있는 에너지를 도출했다. 우리가 양자물리학에 뇌터의 방법을 적용하면, 양자 에너지를 설명하는 용어를 내놓게 된다.

이는 '오래된 에너지'는 보존되지 않는다는 것을 의미하는가? 그렇다. 만일 우리가 등식을 향상시키면, 이는 입자의 예측된 움직임은 다를 뿐 아니라, 우리가 보존된다고 생각했던 사물들이 그렇지 않다는 것을 알게 된다. 고전적 에너지는 더 이상 상수가 아니다. 질량에너지(그리고 양자장 에너지도)를 포함해야 한다. 전통에 의하면, 우리는 보존된 양을 계의 '에너지'라 부른다. 그래서 비록 에너지 자체는 시간에 따라 변하지 않을지라도, 우리가 물리학의 더 깊은 등식을 파헤치고 알아냄에 따라, 에너지에 대한 우리의 정의는 시간에 따라 변한다.

## 에너지의 아름다움

여러분이 여전히 나와 함께하고 있다면, 좀 더 깊이 들어가 보도록 하자. 이 질문에 대해 생각해보라. 뉴욕에서 작용하는 물리학의 등식이 버클리에서도 동일하게 작용하는가? 물론이다. 실제로 그러한 관찰은 사소하지 않다. 이는 엄청나게 중요한 결과를 가진다. 우리는 등식은 위치에 의존하지 않는다고 말한다. 우리는 다양한 질량 또는 다양한 전압을 가질 수 있다. 하지만 이것들은 변수다. 핵심 질문은, 사물과 장의 행동 물리학을 설명하는 등식은 다양한 장소에서 장소에 따라 달라지느냐는 것이다.

오늘날 우리가 물리학에서 알고 있는 등식들은(표준 물리학의 일부인 것들, 이들은 실험적으로 증명되어 왔다) 어디서든 작용한다는 특성을 갖고 있다. 어떤 사람들은 이 점이 매우 놀라워서 그 예외를 발견하는 데 자신들의 삶을 바치곤 한다. 그들은 물리학의 법칙이 다소 다를 수 있음을 발견하길 기대하면서, 멀리 떨어진 은하 또는 준항성과 같은 매우 먼 곳에 있는 사물을 관찰한다. 하지만, 그렇게 운이 좋을 리 없다. 노벨상을 타기엔 이르다. 아직은 아니다.

이제 놀라운 결과가 있다. 시간에 따라 변하지 않는 등식에 대해 작용하는 동일한 뇌터 수학은 또한 장소에 따라 변하지 않는 등식에 대해서도 작용한다. 만일 우리가 뇌터의 방법을 사용한다면, 우리는 시간에 따라 변하지 않는 변수들(질량, 위치, 속도, 힘)의 조합을 찾을 수 있을 것이다. 이러한 방법을 뉴턴이 고안한 고전 물리학에 적용하면, 우리는 속도를 곱한 질량과 동일한 양을 얻게 된다. 즉 우리는 고전적인 운동량 momentum을 얻게 된다. 운동량은 보존되며 이제 우리는 그 이유를 알고 있다. 이는 물리학의 등식은 공간에 있어 불변하기 때문이다.

상대성 이론과 양자물리학에서 동일한 방법을 사용할 수 있으며, 상대론적 양자역학이라 불리는 조합에서도 그러하다. 시간에 따라 변하지 않는 조합은 조금 다르지만, 우리는 여전히 이를 운동량이라 부른다. 이는 상대론적인 용어인데(전기장과 자기장, 그리고 양자 효과와 마찬가지로) 하지만 전통적으로, 우리는 여전히 이를 운동량이라 부른다.*

여기서 양자물리학과 하이젠베르크의 불확정성 원리에 대해 몇 가지 지적을 덧붙여야겠다. 양자물리학에 따르면, 우리가 정의할 수 있을지라도, 계의 일부의 에너지와 운동량은 종종 불확실하다. 우리는 특정한 전자 또는 양자의 에너지를 결정하지 못할 수도 있지만, 그 원리가 계의 전체 에너지에 대해 유사한 불확정성을 가지는 것은 아니다. 전체 집합은 그 다양한 부분 사이로 에너지를 왔다 갔다 이동시킬 수 있지만 전체 에너지는 고정되어 있다. 에너지는 보존된다.

훨씬 더 깊이 들어가보자. 상대성 이론에서, 물리학자들은 공간과 시간은 밀접하게 한데 얽혀 있다고 본다. 우리는 이 조합을 시공간space-time이라 말한다. 시간에 있어 물리학의 불변성은 에너지 보존energy conservation으로 이어진다.** 공간에 있어 물리학의 불변성은 운동량 보존momentum conservation으로 이어진다. 이 둘을 합치면, 공간·시간에 있어 물리학의 불변성은 에너지 · 운동량이라 불리는 양의 보존conservation of quantity으로 이어진다. 물리학자들은 에너지와 운동량은 동일한 사물의 2가지 측면이라고 여긴다. 이러한 관점에서, 물리학자들은 에너지는 4차원적인 에너지·운동량 벡터의 네 번째 구성 요소라 말할 것이다. 만일 운동량의 3가지 구성 요소를 $Px$, $Py$, $Pz$라고 한다면, 에너지·운동량 벡터는 $(Px, Py, Pz, E)$이다. 많은 물리학자들은 4가지 구성 요소를 다르게 여긴다.

---

* 빛보다 매우 느리게 움직이는 물체에 대해서는 이 새로운 운동량도 고전적인 운동량과 같다. : $m_0 v \sqrt{1-(v/c)^2}$. ($v$는 물체의 속도, $c$는 빛의 속도를 뜻한다) 이 운동량은 상대론적 운동량이라고도 불린다.

** 여기서 에너지와 시간은 물리학 용어로 켤레변수라고 한다. 위치와 운동량도 마찬가지로 켤레변수이다.

몇몇은 에너지는 너무 중요해서 에너지가 처음에 나와야 한다고 생각한다. 그들은 에너지는 벡터의 네 번째 구성 요소가 아니라 0순위의 구성 요소라 말한다. ($E$, $Px$, $Py$, $Pz$)

물리학자들은 에너지(물리학 등식의 시간 불변성 때문에 보존되는 양)에 대한 진보한 정의에 대해 생각할 때 거의 종교적이 되는 경향이 있다. 이는 단순하게 들리지만, 여전히 매우 심오하다. 이는 보통은 완전히 관계가 없어 보이는 2가지 개념과 관련이 있다. 에너지와 시간. 물리학자들은 에너지와 시간을 '켤레 변수 conjugate variable'라 한다. 이 연결은 물리학자들이 공학을 넘어서고 종교의 경계를 넘어서는 기분이 들게 하는 통찰을 제시한다. 에너지와 시간(그리고 운동량과 공간)의 관계와 같은, 심오한 관계는 물리학자들이 물리학의 '아름다움'이라 여기는 것이다.

아름다움을 나타낸다는 데에 동의할 필요는 없다. 무지개나 어린아이의 눈이 훨씬 더 감동적이라고 생각할 수 있다. 하지만 최소한, 이제 물리학자들이 무엇을 말하는지는 알 것이다.

제5부

# 미래 대통령을 위한 조언

# Energy for Future Presidents

과학 기술 보좌관의 역할은 대통령이 올바른 결정을 내릴 수 있도록, 충분히 알고 이해할 수 있게 정보를 주고 교육을 시키는 것이지, 조언을 하는 것이 아니다. 당신이 대통령이 된다면, 외교, 경제, 사법, 그리고 정치 등을 포함해서 많은 것들의 균형을 이룰 필요가 있을 것이다. 나와 같은 과학자들이 통달하지 못한 것들이다. 내가 주는 모든 조언은 세상에 대한 나의 좁은 과학 기술적 이해에 기반하며, 그런 이유로 이런 조언들이 당신에게 주는 가치는 제한적일 수밖에 없다.

그렇지만 그저 내 의견이 궁금할 수도 있기에 제5부에 남겨본다.

미국과 세계의 여러 곳에서 실제적인 에너지 위기는 대부분 2가지 문제에서 비롯된다. 에너지 안보와 지구온난화다. 안보 문제는 에너지 고갈(우리는 충분히 갖고 있다)로 인해 야기되는 것이 아니라, 석유 고갈로 인해 야기된다. 더 정확하게는, 국내 석유 생산비율과, 휘발유, 디젤유와 제트 연료에 대한 수요의 차이가 증가하고 있기 때문에 야기된다. 지구온난화 문제는 주로 개발도상국에서 빠르게 증가하는 석탄 사용에서 비롯된다.

석유 부족으로 인해 우리는 어마어마한 수입을 강요 받아왔다. 이는 군사적 불안정뿐 아니라(석유 수입이 중단되면 우리는 전쟁을 할 수 있을까?) 경제적 안녕을 위협하는 거대한 무역수지 적자를 야기한다. 이러한 위기를 대비한 즉각적인 조치로써, 우리의 셰일가스 및 석유 매장량을 빠르게 분석하고, 유통을 위한 사회 기반시설을 건설하며, 강력한 합성연료 역량을 만들어 내고자 한다.

이산화탄소 배출로 인한 지구온난화의 위협을 감소하기 위해서, 우리는 이 가스가 주로 개발도상국에서 나오게 될 것임을 깨달아야 한다. 단순히 가난한 국가들이 지킬 수 없는 기준을 세우는 데 돈을 쓰는 것이 해법이 아니다. 정밀한 검증을 통과하고 경제적으로도 납득할 수 있는 유일하게 타당한 방법은 석탄에서 천연가스로 전환하는 것이다.

천연가스의 시대는 우리에게 달려 있다. 비록 풍력, 태양에너지 그리고 원자력에너지가 경쟁상대이긴 하지만 천연가스가 대부분의 대안들보다 훨씬 경쟁력 있을 것이다. 휘발유와 석유에서 얻는 에너지는 천연가스에서 얻는 에너지보다 2.5배에서 5배의 비용이 더 든다. 천연가스나 석탄에서 만들어내는 합성연료는 우리 에너지 미래의 핵심적인 부분이 될 것이다. 그 존재는 휘발유값을 장기적으로 갤런당 3.5달러 미만으로 유지시켜줄 테지만 이러한 상한가는 우리가 충분한 수의 합성연료 공장을 운영할 때 효과를 나타내기 시작할 것이다. 천연가스, 합성연료와 셰일오일은 우리의 무역수지 적자를 줄이는 데 가장 큰 효과를 낼 것으로 예측되는 3가지 기술이다.

아래 내용은 주요 에너지 기술의 중요성을 정리한 것이다.

**우리의 에너지 미래에 중요한 부분이 될 기술**

- 에너지 생산성(효율성과 절약)
- 향상된 주행 거리를 가지는 하이브리드 및 다른 자동차들
- 셰일가스(석탄 대체, 자동차 및 합성연료를 위한)
- 합성연료(가스를 액체로, 석탄을 액체로)
- 셰일오일
- 지능형 전력망

**엄청난 잠재력을 가지는 기술**

- 태양광발전(PVs)
- 풍력(그리고 이를 전송할 향상된 전력망)
- 원자력(구세대 및 신세대)
- 배터리(광전지와 풍력을 지원할)
- 바이오연료(특히 억새 등의 풀)
- 연료전지(특히 메탄 기반)
- 플라이휠

**우리의 문제를 해결할 가능성이 가장 낮은 기술**

- 수소 경제
- 전기 전용자동차 및 플러그인 하이브리드 자동차
- 옥수수 에탄올
- 태양열
- 지열

- 파력 및 조력
- 메탄 하이드레이트
- 해조 바이오연료

대통령이라면, 올바른 기술을 어떻게 장려하고 향상시킬 것인가? 어떤 것들에 대해선, 활발한 연구 프로그램이 적절할 수 있다. 다른 기술들에 대해선, 주의 깊은 규제가 필요하다(깨끗하고 환경을 염두에 두고 수압 파쇄 시험을 실시하도록 확인하는 등). 여전히 다른 몇몇 기술에 대해서는, 과도한 규제를 철폐하는 것만이 필요하다. 예를 들어, 원자력 규제 중 몇몇(비상 노심냉각장치에 대한 요구 사항 등)은 오래된 설계 모델에 해당하는데, 최근의 모델들에는 필요하지 않거나 부적절하다. 이러한 기술들이 정책에 시사하는 점 몇 가지를 살펴보자.

## 에너지 기술 정책

### :: 에너지 생산성

가장 저렴한 형태의 에너지는 사용되지 않는 에너지[비가시적 에너지, 네가와트(negawatt)]다. 절약과 효율 개선을 통해 에너지를 절약할 수 있지만, 그러한 용어들을 조심해야 한다. 카터 대통령은 보존 때문에 오명을 남겼고 사업가들은 종종 효율성과 낮은 수익을 잘못 연관 짓기도 한다. 게다가 효율성은 더 많은 사용을 장려하지 않는 한, 에너지를 절약하지 않는다. 그러한 이유로, 나는 에너지 생산성이라는 용어를 사용하며, 독자들도 고민해볼 필요가 있다. 맥킨지의 차트가 보여주듯이(제7장의 〈그림 2-16〉), 얻을 수 있는 엄청난 이익이 있다. 공공기관은 올바른 형태의 장려 사업을 통해서 에너지 생산성을 높일 수 있다. 지금까지 가장 성공적이었던 것 중 하나는 애매한 이름이 붙었던 '디커플링 플러스'다. 이는 공공기관이 에너지 대신 생산성을 판매함으로써 이윤을 얻도록 하는 시스템이다.

에너지 생산성이 핵심이며, 이에 대한 이야기는 뒷부분에서 다시 하기로 한다.

### :: 천연가스

우리는 천연가스라는 뜻밖의 행운을 얻었다. 만일 이를 적절히 개발한다면, 앞으로 수십 년에 걸쳐 엄청난 도움이 될 것이다. 이 덕분에 우리는 휘발유 위기를 넘길 수 있을 뿐 아니라 이산화탄소 배출량도 감소할 수 있을 것이다. 우리는 천연가스 공급을 위한 사회 기반시설을 장려해야 한다. 동시에, 수압파쇄 시험으로 야기될 수 있는 지역의 오염을 방지하는 강력한 법안도 필요하다.

천연가스의 사용은 미국에서뿐 아니라 전 세계에서도 빠르게 증가할 것이다. 이 연료는 매우 중요해질 것이며, 따라서 천연가스 경제natural gas economy 등으로 불리는 전국적인 프로그램에 착수하는 것을 고려할 것이다. 이는 새로운 가스 원천의 가치를 깨닫고, 그 가스의 개발을 장려하는 일관적인 정책과 사회 기반시설을 개발하는 프로그램이다.

## :: 셰일오일

단지 몇 년 전만 해도, 에너지에 대해 염려하는 많은 사람들은 셰일가스의 무시무시한 중요성을 완전히 과소평가했다. 이제 그들은 셰일오일에 대해 같은 일을 반복하고 있다. 이 잠재적으로 영향을 주는 (좋은 의미로) 기술은 이제 막 시작되려 하고 있으며, 나는 수년 안에 이 기술이 엄청나게 중요해질 것이라 예상한다. 다가오는 10년이 끝나갈 때쯤, 우리가 사용하는 석유의 25%는 여기서 나올 것이다. 셰일오일은 우리의 에너지 안보 문제를 해결해줄 것이며, 무역수지 적자를 감소시켜줄 것이다. 이 석유가 미국을 다시 한번 석유 수출국으로 만들어, 적자를 실제로 없애주는 모습을 상상할 수 있다. 전문가들은 셰일오일의 대부분이 배럴당 30달러의 낮은 가격으로 뽑아 올릴 수 있을 것으로 예상하고 있다. 만일 이것이 사실로 판명된다면, 셰일오일은 합성연료에 심각한 위협이 될 것이다. 비록 천연가스가 여전히 달러당 더 큰 에너지를 제공할지라도 말이다.

휘발유는 주로 교통 분야에 사용되며, 자동차를 악이라 여기는 사람들은 어떠한 새로운 기름의 원천도 반대할 것이다. 하지만 셰일오일은 경제적 이유 및 에너지 안보라는 이유 모두에서, 저항하기 힘들 것이다. 환경 문제에 대한 최선의 접근법은 자동차의 효율성에 대한 평균연비제도의 기준을 계속해서 강화하는 것일 수 있는데(이는 자동차 제조업체에게 부과된 제약이다), 이는 갤런당 100마일을 가는 자동차라는 실현 가능한 목표를 향해 나아가는 것이다.

### :: 합성연료

합성연료에 대한 활발한 프로그램은 우리의 안보(군대에 긴급히 연료를 제공하기 위한)를 위해서뿐 아니라, 적자를 줄이기 위한 경제를 위해서도 중요하다. 합성연료에 대한 주요 비판은, 그것이 친환경적이지도 지속적이지도 않다는 것이다. 하지만 지난 50년 동안 미국의 자동차가 지구온난화에 미친 영향은 지구 온도의 단지 40분의 1도를 올린 것뿐이다. 합리적인 CAFE 기준에 따라, 미국에서 자동차의 영향은 앞으로도 낮게 유지될 수 있음을 염두에 두자. '지속 가능성'에 대해서, 우리는 수십 년 동안 사용할 충분한 천연가스와 100년 이상 사용할 충분한 석탄이 있으며, 그 후에는 아마도, 분명히 충전식 배터리, 핵연료 또는 반물질 또는 지금은 상상조차 할 수 없는 어떤 것으로 자동차를 운전할 것이다.

### :: 하이브리드 및 플러그인 하이브리드

전기 전용자동차all-electric automobile는 배터리 기술에 거대한 돌파구가 생기지 않는 한, 미국 교통 에너지의 미래에 그다지 기여하지 못할 것이다. 그리고 그럴 가능성은 없다. 순전기자동차는 보조를 받거나 장려되어서는 안 된다. 하지만 배터리의 개발은 지속적으로 지원할 만하다. 에너지 저장을 위한 설치형 배터리는 자동차에 필요한 것들과는 매우 다르다. 반면에 100마일 이상 운행할 자동차가 많이 필요하지 않은 개발도상국에서, 납축전지는 휘발유 엔진과 경쟁할 수 있다.

미국에서 전기자동차에 대한 공격적인 개발은 배터리 교체에 따른 높은 비용을 무시하고 있다. 나는 순전기에 대한 열광은 배터리 시장의 성장에 따라 그 비용이 급락할 것이라는 희망에 휘둘리는 것이라 의심하고 있다. 하지만 배터리 기술은, 특히 자동차 배터리 기술은 매우 힘든 도전이다. 배터리 가격은 가격이 급락할 가능성이 매우 낮으며, 화석연료와 동등한 비용에 도달하기 위해서는 가야 할 길이 멀다.

순전기자동차에 대한 열광은, 이산화탄소 배출량을 저감하려면 그러한 자동차들이 반드시 필요하다는 지나친 믿음에 의해 유발되기도 한다. 석탄 화력발전소에서 만든 전기로 충전하는 전기자동차는 휘발유자동차보다 더 많은 이산화탄소를 배출한다는 사실을 잊지 말라.

반면에 하이브리드 자동차는 태생적으로 훨씬 범용 기술이다. 그들은 경량 고강도 재료와 함께 자동차 주행 거리를 향상시키는 데 있어 가장 효과적인 수단 중 하나가 될 것이다. 앞으로 10년 또는 20년 안에 우리 중 대부분은 하이브리드 자동차를 운전하게 될 것이다.

### :: 원자력

활발한 원자력 프로그램을 장려하라. 대통령은, 국민들에게 자국과 세계에서 에너지의 미래에 있어 이 기술이 가진 중요성을 설득하게 될 것이다. 원자력은 에너지 미래의 안전하고 실행 가능한 요소가 된다는 사실을 알고 설명해야 한다. 지금까지 후쿠시마에서 일어난 방사능 누출로 인한 사망자는 없었고, 후쿠시마 사태로 인해 발병된 암으로 사망한 사람들의 예상 숫자는 100명 이하이며, 이 수치는 쓰나미로 인해 희생된 1만 5,000명의 사망자 수에 비하면 아주 미미한 숫자라는 사실을 대중들에게 확인시켜줄 필요가 있다. 쓰나미에 대한 공포는 쓰나미 그 자체이지, 그것이 원자력발전소를 파괴했다는 사실에서 오는 것이 아니다. '덴버의 피폭량'을 기준으로 생각해야 한다. 어떠한 방사능 수치가 덴버의 수치보다 낮다면 걱정할 필요가 없다는 것이다. 물론 이러한 접근법이 가져다줄 정치적 결과는 뻔하다.

원자력은 이미 안전하고 깨끗하며, 우리는 그 사실을 반영하는 세계의 다른 나라들에 본보기를 보일 필요가 있다. 원자력은 또한 개발도상국에서 온실가스 배출을 감소시키는 데 있어 매우 중요해질 것이다. 새로운 제3세대 및 제4세대 원자력발전소 중 몇몇은 더 가난한 나라들에 더 적절하다. 사려 깊은 정책으로, 미국은 그러한 발전소의 주요 제조업자와 공급자가 될 수 있을 것이다.

네바다 주 유카 산에 있는 원자력 폐기물 시설의 문을 닫은 것은 끔찍한 실수였다. 그곳에 사용한 핵 연료를 저장하는 것은 충분히 안전하며, 핵반응 현장에 폐기물을 보관하는 것보다 훨씬 더 안전하다(후쿠시마에서 그랬던 것처럼). 유카 산의 시설을 재개장하고 확장할 필요가 있다. 그곳에는 폐기물을 처리할 많은 공간이 있지만 새로운 터널을 뚫어야 한다. 우리는 또한 더 많은 저장 시설을 건설해야 한다. 유카 산 시설을 재개장하는 일은 리더십에서도 중요하다. 전 세계의 공학자들은 그 나라의 수상이 "그렇다면 왜 미국은 달리 생각하는가?"라고 물을 때마다, 핵폐기물을 저장하는 것이 이미 해결된 문제임을 설득하는 데 어려움을 겪을 것이다.

## 핵심 고려 사항

### :: 지구온난화와 중국

지구온난화는 비록 실제적이고 주로 인간에 의해 야기되지만(아마도 100%), 우리가 중국 및 개발도상국에서 온실가스 배출량을 감소시킬 저렴한 (또는 더 낫고 수익성이 있는) 방법을 발견하게 될 때에야 지구온난화는 통제될 것이다. 지구온난화에 미세한 영향(40분의 1도)을 미치지만, 사람들이 뭔가를 하고 있다고 착각할 수 있는, 기분 좋게 해주는 조치(전기자동차와 같은)를 조심하라.

대통령이 에너지에 대해 내리게 될 가장 어려운 결정은 아마도 중국에 대한 문제일 것이다. 2010년 중국의 온실가스 배출량은 이미 미국 배출량의 70%를 넘어섰으며, 그들은 이제 미국 수준의 2배로 증가했을 것이다.

아마도 중국이 앞으로 이산화탄소 배출량을 감소시킬 최선의 방법은, 중국이 석탄에서 셰일가스로 전환하도록 하는 방법일 것이다. 수평시추법과 수압 파쇄 실험에 있어 독점적인 기술의 방법은 거의 없지만 이는 그 방법이 쉽게 채택될 것임을 의미하지는 않는다. 셰일가스 개발이 실제로 요구하는 것은 많은 전문화된 장비와 고도의 훈련을 받은 직원들이다. 2012년 5월에, 멀런 다우니Marlan Downey와 나는 〈지구온난화를 막는 법〉이라는 글에서 실용적인 해법을 제시했다. 우리는 중국의 기술자 100명을 1년 간 미국으로 초대하여, 미국 기업을 면밀히 관찰시켜 셰일가스 기술을 배우도록 했다. 그들이 돌아갈 때, 그들이 배운 새로운 전문 지식은 중국에서 셰일 및 석탄 가스 붐을 쉽고 더 신속하게 일으킬 것이다. 이러한 자원의 빠른 개발은 중국이 자국의 국민들에게 심각한 건강 문제를 일으켰던 석탄에서, 단지 절반의 온실가스만을 배출하며 지역에 수은 및 황 오염을 일으키지 않는 천연가스로의 전환을 가능하게 할 것이다. 이러한 제안은 인간이 지구온난화를 야기한다고 믿지 않는 이들이라도 지원해줄 것 같다. 석탄에서 천연가스로의 전환은 중국 국민들의 건강에 엄청난 혜택을 주기 때문에 단지 인도주의적인 이유만으로도 해볼 만한 가치가 있는 것이다.

어떤 사람들은 지역의 오염에 대한 위험 때문에 그러한 개발을 반대할 수도 있다. 하지만 우리의 에너지에 대한 도전 과제가 안고 있는 모든 기술적 문제 중에 이것이야말로 가장 다루기 쉬운 것이다. 개발 회사들이 개발로 인한 폐기물을 모두 처리하도록 하는 강력한 법안을 만들어야 한다. 벌금을 크게 물려야 한다. 그러면 개발은 수익을 낼 것이며, 폐기물 처리를 감당할 수 있다.

중국은 또한 가능한 한 많은 태양에너지 및 풍력을 생산할 필요가 있다. 여기 대통령을 위한 정치적 난제가 있다. 이 목표를 성취하기 위한 최선의 방법은 중국의 태양에너지 및 풍력 산업을 장려하는 것이다. 만일 중국이 기꺼이 그러한 기술을 지원한다면 아주 훌륭하지만 중국이 과연 그렇게 할까? 세계 시장에서, 중국은 미국의 태양 및 풍력 산업과 직접적으로 경쟁하고 있으며, 미국은 대출 담보를 통해 그 산업을 지원하고 있다. 이미 미국의 태양발전 회사들은 더 저렴한 중국산 전지에 의해 사업에서 밀려나고 있다. 해법은 무엇인가? 활발한 중국의 산업 가치와 활발한 미국의 산업가치를 놓고 어떻게 균형을 잡을 것인가? 그 대답이 무엇이든 간에, 이는 과학 자문이 조언하기에는 그 능력을 벗어난 것이다. 이 문제에 행운이 있기를.

중국 소비자들은 아직 한 번에 수백 마일을 달릴 수 있는 차들에 매료되지 않았기 때문에, 납축전지를 이용한 전기자동차도 잠재적인 시장이 있다. 어떤 사람들은 납이 오염을 유발한다고 걱정하지만, 더 가난한 국가에서, 납은 버리기에는 너무나 가치 있는 것이다. 버리기보다는, 납을 함유한 배터리를 수리하여 재활용한다.

### :: 에너지 생산성에 대한 첨언

에너지 생산성은 모두에게 좋은 것이다. 돈을 절약해주고, 수입량을 줄이면서 또한 경제를 자극한다. 얻을 수 있는 이익이 많다. 자동차를 훨씬 더 효율적으로 만들 수 있지만, 시장 원리로만으로는 이런 개선을 이룰 가능성이 낮다. 이는 부분적으로 '공유지의 비극' 때문이다. 이 유명한 역설에 대해 들어본 적이 없다면 찾아보길 바란다. 이익과 자원을 공유할 때(옛날 영국 마을의 '공유' 목초지), 공유지를 비례적으로 사용해야 최선의 이익이 창출될 것이다. 하지만 그러한 상황은 안정적일 수 없다, 욕심을 부리는 자가 과도하게 이익을 가져갈 수 있기 때문이다. 예를 들어, 자동차 효율에 대해 모두가 경차를 모는 상황이라면 모든 사람들이 혜택을 얻을 것이다. 하지만 그러자 어떤 사람이 중형차를 몰기 시작하면 그 사람은 더 안전해질 것이지만, 다른 이들을 위험하게 만들 수 있다. 해법은 사람들이 요구하는 경제적 이익을 널리 공유할 수 있도록 보장하는 CAFE 기준 같은 공동의 법률이다.

수십 년 전 내가 처음으로 자동차를 구입했을 때, 일반적인 주행 거리는 갤런당 14마일이었고, 크기가 매우 작고 가속하는 데 시간이 오래 걸렸던 (그리고 또한 엄청난 아산화질소를 배출하는 무척 뜨거운 엔진을 가진) 폭스

바겐 비틀은 갤런당 32마일의 연비를 나타냈다. 그 당시에는 극적인 것처럼 보였다(석유값이 갤런당 29달러였음에도). 곧 미국에서 CAFE의 평균은 전체 자동차에 대해 갤런당 35마일이 될 것이며, 이는 무겁고 커다란 고마력 자동차도 마찬가지다. 그렇다. 우리는 한때 불가능해보였던 일을 해냈고, 여전히 많은 더 나은 일들을 할 수 있다. 섬유 복합체가 중금속 몸체만큼, 또는 그보다 더 안전하다는 것을, 쿨 페인트(적외선을 반사하는 페인트.-옮긴이)를 자동차에 칠함으로써 에어컨을 가동하는 데 사용되는 휘발유를 절약할 수 있음을, 개선된 CAFE 기준이 실제로 성능 또는 소비자들이 인지하는 안락함의 수준을 감소시키지 않고도 성취할 수 있음을 대중들에게 알릴 필요가 있다.

에너지 생산성의 다른 측면은 어마어마하게 향상될 수 있다. 맥킨지 차트[제7장의 〈그림 2-16〉는 에너지 절약이 수익으로 돌아올 수 있는 수많은 방법들을 보여 준다. 에너지 사용을 감소시키는 기술들(차갑거나 흰색의 지붕, 더 나은 가정용 단열재, 더 효율적인 기기들, 콤팩트 형광등 또는 LED 조명)에 대한 투자는 모두 메이도프의 폰지 투자로 얻을 수 있는 이익보다 더 나은 수익을 창출할 수 있다. 그리고 또한, 그 수익은 법적으로 면세다]

미국의 대중들은 에너지 절약이 삶의 질을 낮추는 것이 아님을 이해해야 한다. 적절한 절약 대책을 통해 원할 때에만 가정의 온도조절장치를 켤 수 있다. 심지어 변화를 눈치 채지도 못하면서, 에너지 생산성 투자로 돈을 벌 수도 있다.

대중들이 자신의 생활 방식을 방해한다고 느낄 수 있는 절약 방법은 피하는 것이 정치적으로 현명할 것이다. 그 예로는 텅스텐 필라멘트 전구를 형광등으로 바꾸도록 강제하는 일을 들 수 있다. 유감스럽게도, 많은 사람들은 잘못된 종류의 전구를 쓰는 바람에 화장실 거울에서 창백한 얼굴의 자신을 보게 될 것이다. 그 결과는 앞으로의 절약 대책에 반하는 반응을 낳을 수도 있다. 반면에, 콤팩트형 형광등 전구를 사용하도록 장려한다면, 수많은 발전소를 건설하지 않고도 돈을 절약할 수 있을 것이다. 이렇게 하려면, 더 따뜻한 색과 온도를 가진 전구에 보조금을 주는 것을 잊지 말아야 한다.

## :: 전기 공급망과 벤처 기업 투자

만일 추가적인 보조금이 필요하다고 생각한다면, 전력망 개선에 그 돈을 사용하라. 그러한 사회 기반시설은 풍력과 태양에너지에 더 쉽게 접근하고 더 수익을 낼 수 있도록 만들 수 있다. 또한 우리의 현재 전력망이 겪고 있는 7%의 에너지 손실을 줄일 수 있다.

우승자를 고르는 데 주력하라. 벤처 기업에 대한 투자는 매우 힘든 사업이며, 보통 벤처 투자자들은 그들이 투자한 회사의 4분의 3이 파산할 것이라 전망한다. 아마도 정부는 그러한 실패율로 대중들에게 판매할 수 없으며, 심지어 25%의 성공률 또한 엄청난 기술을 요할 것이다. 만일 아마추어나 정치가 또는 학자들에게 책임을 맡긴다면, 그들은 아마도 잘못된 회사를 고를 가능성이 클 것이다. 그들은 더 나은 가능성을 가진 회사에 충분한 재원을 대지 않을 것이며, 결국은 망하게 될 회사에 과도한 자금을 줄 수도 있다. 벤처 투자자들은 비교적 성공적인데, 그 성공에 그들의 밥줄이 달려 있기 때문이다. 비록 많은 벤처 투자 회사들이 사업에 실패하고 밀려나기도 하지만 그들은 매우 숙련된 기술을 가지고 있다.

### :: 보조금

보조금은 빠른 경쟁적 발전을 자극할 때에만 뜻을 이룰 수 있다. 태양열의 급락하는 비용은 보조금과 경쟁의 놀라운 조합 때문이다. 동시에, 내 생각으로는 장기적인 전망이 거의 없는 기술인, 대규모 태양열발전을 가능하게 만든 것도 같은 종류의 보조금 덕분이었다.

### :: 에너지 대참사

에너지 대참사는 어려운 도전 과제다. 대통령은 대중들에게 겁을 주어 그 부정적인 영향을 악화시키지 않도록 하기 위해 주의를 기울여야 하지만, 만일 사람들이 대통령이 실제 위험을 대단치 않게 여긴다고 생각한다면 정치적 곤란에 직면하게 될 것이다. 모든 사고를 재난이라 부르도록 유도 당할 것이다. 이전 대통령들에게 가장 안전한 정치적 내기였다고 판명된 일을 하면서. 그 쉬운 접근법을 취하라. 그럼 문제 처리에 실패할 경우에도 용서를 받을 수 있고, 문제를 극복해낸다면 (혹은 애당초 문제가 그 정도로 심각하지 않아서 그럴 필요가 없었다면) 영웅 대접을 받을 수 있을 것이다. 하지만 과장은 위험한 길이다. 대중들은 바보 취급을 받았다는 사실을 알게 되면 좋아하지 않을 것이기 때문이다.

세상에 존재하는 실제적인 많은 위협을 고려해볼 때, 감지할 수 없고 측정할 수 없는 모든 위험은 정책에 영향을 미쳐서는 안 된다고 나는 주장한다. 덴버 피폭량 기준을 채택하라.

## 주의사항

### :: 유행을 경계하라

모든 기술이 낙관적 기대에 부응하진 않을 것이다. 혁신적이되 현실적이어야 한다. 과학 및 공학적 관점에서 본다면, 수소 경제, 지역, 파력 또는 조력 분야에서 위대한 진보를 기대하지 마라. 바이오연료는 잠재력을 갖고 있지만, 이 또한 불리한 점을 갖고 있다, 특히 음식 공급에 영향을 미치는 부분에 있어서 그렇다. 현재 바이오연료라 불리는 모든 재료들이 온실가스를 감소시키는 데 도움이 되지는 않는다. 결국, 석탄과 석유 또한 식물과 동물로부터 만들어지는 것이기 때문이다. 좋은 효소와 미생물들이 개발되고 있다 하더라도, 바이오연료는 토지 이용 형태를 대규모로 전환시킨다. 그 가치는 수년이 아니라 수십 년에 걸쳐 측정될 것이다.

### :: 위험·수익 계산에 주의하라

위험과 수익에 대한 지나치게 단순화한 계산은 사람들을 오도할 수 있다. 지난 30년간 사실상의 신규 원전 건설 중지로 우리는 생명을 구했는가? 아니면, 수은, 황산 및 다른 오염 물질을 배출해 피해를 야기하는 석탄의 사용을 증가시키는 결과를 낳았는가? 핵폐기물 저장에 따른 위험을 어떻게 계산할 수 있으며, 핵폐기물의 위험과 석탄재 저장의 위험을 어떻게 비교할 수 있는가?

1980년대에, 나는 시에라 클럽(미국의 자연환경 보호단체)에서 탈퇴했다.

그때 내가 쓴 편지(지금은 갖고 있지 않지만)에서, 나는 원자력에 대한 조직의 반대는 미국이 더 많은 화석연료를 사용하도록 충동할 것이며, 이는 지구온난화에 대해 위험한 시사점을 가질 수 있음을 지적했다. 나는 로저 르빌Roger Revelle과 고던 맥도널드Gordon MacDonald 덕분에 그 가능성에 대해 이미 알고 있었다. 1980년에, 맥도널드는 지구온난화를 상세하게 분석한 책을 최초로 썼다. 2000년에 그는 나와 함께 고기후paleoclimate에 대한 기술 서적을 함께 출판했다.

이산화탄소 배출이 낳는 간접 비용은 무엇인가? 이산화탄소가 기온을 상승시킨다는 데에는 의견이 일치하지만, 얼마나 상승시키는가? 그리고 그것이 얼마나 피해를 입힐 것인가? 또는 그것이 나아질 것인가? 여분의 이산화탄소가, 식물의 성장을 촉진하는 것과 같은 이점을 가질 것인가? 우리가 이러한 효과를 계산할 수 있다는 어떤 희망이 실제로 존재하는가? 솔직히 말해 나는 알지 못하지만, 이러한 문제들을 마음속에 새기는 것이 중요하다. 원하는 답을 얻도록 미리 결정된 방향으로 당신의 논리를 이끌어갈 실제적인 위험이 존재한다. 완전히 나쁜 것 또는 완전히 좋은 것은 없다는 사실을 깨달을 필요가 있다.

### :: 예방 원리를 주의하라

예방 원리precautionary principle는 그 자체로 자명한 것으로 들린다. 사람들은 항상 안전의 측면에서 실수를 범하려 한다. 하지만 안전이란 무엇인가? 환경적 문제를 어떻게 국가 안보 및 경제적 안녕과 균형을 이룰 수 있는가? 대중들에게 가장 명백한 그럴듯한 문제들을 지나치게 강조하라고 설득할 수도 있다. 그렇게 하는 것이 정치적인 예방책이 될 수도 있지만 이것이 대통령의 책임감을 끌어내지는 못한다. 문제는 예방의 의미는 옹호하는 사람들의 마음속에만 있기에 실제로는 예방 원리가 아무런 의미를 가지지 못한다는 점이다.

### :: 낙관적 편견과 회의적 편견을 주의하라

낙관적 편견은 모든 기술이 빠르게 진보할 수 있다는 믿음이다. 그것이 가져가는 모든 것은 충분한 노력과 충분한 돈이다. 자주 인용되는 사례로, 맨해튼 프로젝트와 빠르게 발전하는 가정용 컴퓨터가 있다. 주의하라. 대통령이라면 반례를 잊어선 안 된다. 혁명적인 결과를 약속하지만 단지 새로운 결과만을 만들어 내는 거대한 프로그이 있었다. 암과의 전쟁, 가난과의 전쟁, 약물과의 전쟁, 테러와의 전쟁 등이다.

회의적 편견은 좋아하지 않는 기술에 대해서, 문제에 대처할 수 없다는 믿음의 덫이다. '아니다, 파쇄로 인한 오염이 진행되는 것을 막을 수 없다. 아니다, 우리는 결코 이산화탄소 격리를 성공시킬 수 없을 것이다. 아니다, 원자력은 결코 안전하지 않을 것이다.'와 같은 것들 말이다. 때로는 사람들이 선호하는 기술에 대한 낙관적 편견과 함께할 것이다. 그렇다, 태양전지는 저렴하게 만들 수 있다. 그렇다. 1만 번 충전할 수 있는 배터리를 개발할 수 있다. 그렇다. 파도에서 에너지를 창출하는 저렴하고 효율적인 방법을 찾을 수 있다.

낙관적 편견은 작은 회사가 이루어낸 기술적인 '돌파구'에 관한 머리기사를 볼 때마다 거의 분명해질 것이다. 회의적 편견은 브리티시 퍼트롤리엄(멕시코만 석유 유출 회사) 같은 회사가 환경을 보호하기 위해 열심히 노력하고 있다며 빈정대는 조롱을 들을 때마다 분명해진다.

회의적 편견과 낙관적 편견 모두 강한 신념 아래 숨겨질 것이다. 자신의 의견이 옳다고 강하게 믿고 있는 사람들은 특정 사실을 강조하면서 다른 의견을 묵살할 것이다. 그들은 스스로를 기만하고 있는 것이다. 그들이 당신 또한 기만하도록 내버려 두지 말라. 확신에 기반한 주장은 객관적인 분석에 기반한 주장만큼 타당하지 않다.

## :: 경구에 휘둘리지 마라

내가 어린 아이였을 때, 나는 '오염의 해법은 희석solution to pollution is dilution'이라고 배웠다. 농담하는 것이 아니다. 나는 그 음운을 생생하게 기억한다. 이제 그 말은 몹시 순진해 빠진 것으로 들린다. 사람들은 대양(뉴욕 시의 쓰레기를 버려 왔던 곳) 또는 대기(황산, 질산 그리고 이산화탄소를 버려 왔던 곳)가 유한하며, 곧 끝장을 보일 것이라는 사실을 깨닫지 못하는 것처럼 보였다.

오늘날 동일하게 오도되는 주문이 있다.

"전 세계적으로 생각하고, 지역적으로 행동하라."

나는 이 문구가 효과가 있길 바란다. 문제는 지역적인 해법은 항상 전 세계적인 해법이 되는 것이 아니라는 점이다. 지역적 해법은 때로 듣기 좋은 조치에 불과하다. 우리는 지역의 오염을 감소시키기 위해서 값비싼 조치를 손쉽게 채택할 수 있지만, 만일 그러한 조치들이 더 큰 세상과 무관하다면, 그들은 실제적인 문제를 다루는 것이 아니다. 그러한 사례로 순전기자동차와 리튬이온 자동차가 있다.

'녹색' 또는 '재생가능한' 그리고 '청정' 등의 듣기 좋은 단어를 사용하는 에너지원에 대한 언급을 피하라. 이들 모두는 원자력, 천연가스, 그리고 합성연료와 같은 중요한 기술들을 제외하는 것으로 해석될 수 있다. 그보다는 '지속가능한'이라는 용어를 사용하고, 이를 '향후 20~40년에 걸쳐 지속할 수 있는'으로 해석하라. 우리는 그 지평을 넘어서는 기술에 대해 짐작조차 할 수 없기 때문이다. 훨씬 더 나은 것은 대안적인alternative이라는 용어를 쓰는 것이다. 국제 수지와 교통 에너지에 대한 안보가 현재의 위기를 만들었기 때문이다. 셰일가스처럼 장기간에 걸쳐 지속가능하지 않은 에너지원은 힘든 시기를 거쳐 위대한 미래로 연결되기 위해 우리가 필요로 하는 바로 그것일 것이다.

현명하게 들리지만 실제로 써먹을 수 없는 경구들은 많이 있다. 그중에서도 진실일 수 있는 하나의 경구가 있다.

"진짜로 지속가능하려면, 수익이 나야 한다(To be truly sustainable, it must be profitable)."

물론 수익은 환경에 대한 비용 등 간접비를 포함할 수 있고, 또 포함해야 한다. 유감스럽게도, 그러한 비용을 어떻게 측정하느냐에 대해서는 실제적인 의견 일치가 없으며, 자신이 선호하는 접근법에 대한 사례를 만들려 애쓰는 옹호자들은 그 비용을 쉽게 조작한다. 간접비의 견적을 조심스럽게, 그리고 객관적으로 조사하는 것이 중요하다.

여기 내가 좋아하는 또 하나의 경구가 있다. 이 책의 앞 부분에서 썼던 것이다.

"절약한 1갤런은 수입하지 않아도 되는 1갤런이다."

## 대통령의 유산

대통령의 임기가 끝나자마자, 몇몇 전문가들은 그를 역사상 최악의 대통령이라 말할 수도 있다. 동시에 어떤 사람들은 그를 워싱턴이나 링컨과 비교할 수도 있다. 하지만, 역사는 결국 그가 남긴 단기간의 인상이 아니라 지속적인 성과를 통해 평가할 것이다.

대통령에게 주어진 가장 커다란 에너지 도전 과제는 지구온난화와 에너지 안보 간의 균형을 찾는 것이다. 사람들이 좋아하는 조치를 취하도록 압력을 받을 것이며, 장기적인 관심을 희생하여 단기적인 문제를 다루라는 압력도 있을 것이다. 역사에 당신의 이름을 남기고 싶다면 비전을 가져야 하며, 과학과 객관적 분석을 믿어야 하며 장기적으로 생각해야 한다.

대통령은 세상에서 가장 힘든 직업이다. 그리고 그에 따르는 모든 책임은 대통령인 당신이 지는 것이다. 에너지는 논쟁을 불러일으키고, 잘못 이해되고, 정치적 이슈가 되곤 한다. 대통령은 올바른 결정을 내릴 필요가 있을 뿐 아니라, 대통령이 옳은 결정을 내렸음을 대중들이 깨달을 수 있도록 그들을 교육시킬 필요도 있을 것이다. 에너지에 대한 대통령의 이해는 위대한 자산이 될 것이다. 행운을 빈다.

# :: 찾아보기

## 숫자, 기호



## 알파벳



## ㄱ

## ㅇ

ㅍ



ㅎ

# 대통령을 위한 에너지 강의

펴낸날 **초판 1쇄 2014년 8월 5일**

지은이 **리처드 뮬러**
옮긴이 **장종훈**
펴낸이 **심만수**
펴낸곳 **(주)살림출판사**
출판등록 **1989년 11월 1일 제9-210호**

주소 **경기도 파주시 광인사길 30**
전화 **031-955-1350** 팩스 **031-624-1356**
기획·편집 **031-955-4667**
홈페이지 **http://www.sallimbooks.com**
이메일 **book@sallimbooks.com**

ISBN 978-89-522-2889-5 03400

※ 값은 뒤표지에 있습니다.
※ 잘못 만들어진 책은 구입하신 서점에서 바꾸어 드립니다.

이 도서의 국립중앙도서관 출판시도서목록(CIP)은 서지정보유통지원시스템 홈페이지(http://seoji.nl.go.kr)와 국가자료공동목록시스템(http://www.nl.go.kr/kolisnet)에서 이용하실 수 있습니다.(CIP제어번호: CIP2014016003)

책임편집 **이남경**